Lehrbuch

der

Geometrischen Optik.

Von

R. S. Heath, M. A., D. Sc.,

Professor der Mathematik am Mason College in Birmingham.

***

Deutsche autorisirte und revidirte Ausgabe

von

R. Kanthack, M. Inst. M. E.

Mit 155 in den Text gedruckten Figuren.

Berlin.

Verlag von Julius Springer.

1894.

ISBN-13:978-3-642-89339-1   e-ISBN-13:978-3-642-91195-8

DOI: 10.1007/978-3-642-91195-8

Softcover reprint of the hardcover 1st edition 1894

Vorwort des Verfassers.

In dem vorliegenden Werke ist der Versuch gemacht worden, innerhalb des beschränkten Raumes eines einzelnen Bandes das Gebiet der modernen Optik unter Berücksichtigung der Arbeiten von Gauss, Listing, Maxwell, Helmholtz und Abbe möglichst vollständig zu behandeln. Leider konnte vieles in theoretischer und praktischer Hinsicht Interessante der gestellten Grenzen halber nicht berücksichtigt werden. Die Gegenstände sind thunlichst in natürlicher Reihenfolge, von den einfachsten zu den allgemeinsten und verwickeltsten Problemen übergehend, behandelt worden. So geht die Besprechung der Reflexion und Refraktion einzelner Strahlen derjenigen der entsprechenden Eigenschaften von Strahlenbüscheln vorauf, und der vollständigen angenäherten Theorie der Linsen folgen die Kapitel über Kaustiken und Aberrationen und diesen wieder die Theorie enger Strahlenbüschel. Die ausführliche Behandlung heterogener Medien, welche streng genommen kaum in das Gebiet der Optik gehört, ist in das letzte Kapitel verlegt worden. Die Gauss'sche Theorie der Linsen ist zuvörderst auf elementar-geometrischem Wege behandelt worden, um deren Studium auch den mit höherer Mathematik Unvertrauten verständlich zu machen, während, unbeschadet unvermeidlicher Wiederholung, Gauss's eigene elegante Entwicklung in einem besonderen Kapitel nachfolgt. Der Behandlung enger Strahlenbüschel nach Maxwell'scher Methode geht eine kurze Untersuchung der allgemeinen Eigenschaften aller engen Strahlenbüschel, welche nicht Systeme von Normalen bilden, voraus. Ich habe ein Verzeichnis vorausgeschickt der wichtigsten, diesen Gegenstand behandelnden

Aufsätze und Werke, welche ich meist zu Rathe zu ziehen Gelegenheit hatte[1]). Das Verzeichnis macht keinen Anspruch auf Vollständigkeit; indessen sind eine grosse Anzahl voń Abhandlungen so oft in Lehrbüchern benutzt worden, dass es nicht nöthig ist, diese Quellen besonders anzuführen. Erwähnt sei aber Lloyd's „Treatise on Light and Vision", ein werthvolles, wenngleich seltenes Werk, das mir besondere Dienste geleistet hat. Das Kapitel über sphärische Aberration und die allgemeine Beschreibung der Instrumente sind hauptsächlich diesem Werke entlehnt. Cayley's Abhandlungen über Kaustiken, Maxwell's Aufsätze über enge Strahlenbüschel, Helmholtz's Physiologische Optik und Abbe's Schriften über das Mikroskop bilden die Grundlage für die Behandlung der betreffenden Gegenstände.

Angaben von Unrichtigkeiten und Winke, welche geeignet sind, die Nützlichkeit des vorliegenden Buches zu fördern, werden mit grösstem Danke berücksichtigt werden.

Mason College, Birmingham, April 1887.

R. S. Heath.

---

[1]) Dieses Verzeichnis ist wegen seiner Unvollständigkeit als kaum nützlich in der deutschen Ausgabe fortgelassen worden. R. K.

Vorwort des Herausgebers.

Die vorliegende Ausgabe ist im Wesentlichen eine Uebersetzung des englischen, unter dem Titel „A Treatise on Geometrical
Optics" i. J. 1887 in Cambridge erschienenen Originals; indessen
habe ich mich bemüht, bei der Bearbeitung dieser Ausgabe mit
kritischer Sorgfalt vorzugehen und möglichst zur Korrektheit,
Uebersichtlichkeit und zum Verständnis des Buches beizutragen.

Man wird es vielleicht als eine Schwäche des Buches empfinden müssen, dass es fast gänzlich vom Standpunkte des
Mathematikers geschrieben ist, eine Schwäche, die sich namentlich
in den leider sehr unvollständigen Kapiteln über optische Instrumente fühlbar macht. Gern hätte ich mich der grösseren
Arbeit unterzogen, das Gleichgewicht zwischen diesen Kapiteln
und dem rein theoretischen, geometrisch-optischen Theile des
Buches herzustellen. Einerseits wäre dies aber nicht möglich gewesen, ohne dem Original Gewalt anzuthun, andererseits fühlte
ich mich vor der Hand dieser Arbeit nicht gewachsen. Ich
musste mich also damit begnügen, das Vorhandene möglichst klar
in's Deutsche zu übertragen, an einigen Stellen fühlbare Lücken
auszufüllen und vorgefundene Fehler und Ungenauigkeiten zu
beseitigen.

Während der Drucklegung dieses Buches erschien indessen
das die Theorie der optischen Instrumente auf weit vorgeschrittener Basis behandelnde Werk von Dr. S. Czapski und ich
fühle mich um so leichter bei der unvollkommenen Behandlung dieser Kapitel im vorliegenden Buche beruhigt, als ich
glaube, dass selbst in dieser Form ein Durchblick derselben

immerhin eine nützliche Vorstufe für das Studium jenes Werkes sein wird.

Zur Erleichterung des Studiums habe ich alle zu weiteren Folgerungen benutzten Formeln in jedem Kapitel fortlaufend beziffert und bei Hinweisen auf eine in einem vorhergehenden Kapitel enthaltene Formel der Formelziffer die betreffende Kapitelnummer beigefügt. Es bedeutet demnach z. B. (1): Formel (1) im nämlichen Kapitel, (11, III): Formel 11 im III. Kapitel.

Ich unterlasse es als uninteressant, die von mir eingeführten Aenderungen besonders anzuführen. Grössere Abweichungen und Zusätze finden sich auf den folgenden Seiten: 29—31, 84, 85, 108—111, 225, 314, 315, 316, 321, 322, 323, 324, 326, 327, 329, 331, 339.

Die Figuren haben durch die Bereitwilligkeit des Herrn Verlegers eine bedeutende Vermehrung erfahren und sind sämmtlich neu gezeichnet und hergestellt worden.

Herr Dr. Czapski in Jena wies mich zur Zeit meiner Thätigkeit als technischer Assistent an der dortigen Optischen Werkstätte von Carl Zeiss auf das Heath'sche Original hin und regte mich zu dessen Uebersetzung an, wie er auch bei derselben mit Rath und That mich unterstützte; so rühren ausser einer allgemeinen Durchsicht und Korrektur der Uebersetzung mehrere Anmerkungen und Einschaltungen von ihm her. Er hat mir dadurch einen neuen Beweis seiner freundschaftlichen Gesinnung gegeben, für welchen ich mich ihm ausserordentlich verbunden fühle.

Dem Herrn Verleger gehört mein voller Dank für die sorgfältige Einrichtung und schöne Ausstattung des Buches.

Zum Schlusse spreche ich Herrn Dr. Heath und den Herren C. J. Clay & Sons meinen Dank aus für die freundliche Bewilligung der Herausgabe des Werkes in Deutschland, sowie für die mir hierbei eingeräumte Freiheit.

London, im Februar 1894.

R. Kanthack.

Inhaltsverzeichnis.

Kapitel III.

Reflexion und Brechung centraler Strahlenbüschel.

Kapitel IV.

Elementare Theorie der Brechung durch Linsen.

Kapitel V.
Die Gauss'sche Theorie der Linsen.

Kapitel VI.
Allgemeine Sätze. Brennlinien und Brennebenen.

Allgemeine Theorie der Brechung dünner Strahlenbüschel.

Kapitel IX.
Dispersion und Achromasie.

Achromasie der Linsen.

Seite

Kapitel X.
Das Auge und das Sehen durch Linsen.

Kapitel XI.
Optische Instrumente.

Inhaltsverzeichnis.   XIII

Kapitel XII.
Optische Instrumente und Bestimmung optischer Konstanten.

Kapitel XIII.
Brechung durch Medien von variabler Dichtigkeit.
Meteorologische Optik.

Kapitel I.

Das Wesen und die allgemeinen Eigenschaften des Lichtes.

§ **1.** Das Licht wollen wir schlechthin definiren als ein ausserhalb unseres Auges befindliches Agens, welches, indem es seine Wirkung auf unser Auge erstreckt, in unserem Gehirn jene Empfindung hervorruft, welche wir mit dem Worte „Sehen" bezeichnen. Verschiedene Zeiten der Entwickelungsgeschichte optischer Forschung haben auch verschiedene und zum Theil einander schroff gegenüberstehende Theorien über das Wesen des Lichtes entstehen lassen. Die gegenwärtige Optik baut sich auf der Hypothese auf, dass das Licht die Wirkung sei einer eigenthümlichen schwingenden Bewegung eines überaus elastischen, den Weltenraum erfüllenden Mediums, das einige der Eigenschaften fester Körper besitzt und das man vorläufig als Aether bezeichnet hat. Gingen und gehen nun auch die Meinungen über das Wesen des Lichtes auseinander, so haben wir doch einige seiner wesentlichsten Eigenschaften durch die Beobachtung als Wahrheiten kennen gelernt, und es bilden diese unbestreitbaren, von allen Hypothesen unabhängigen Wahrheiten das Fundament, auf welchem wir das Gebäude der Optik aufbauen können. Nur diejenige Theorie über das Wesen des Lichtes kann eine allgemeine Annahme finden, welche vollkommen ausreicht, um alle Ergebnisse der Beobachtung zu erklären. Die Aufgabe nun der geometrischen Optik ist es, auf dem Wege der mathematischen Deduktion aus den gegebenen allgemeinen Eigenschaften des Lichtes weitere Schlüsse zu ziehen auf die den verwickelteren Erscheinungen zu Grunde liegenden Gesetze und die Ergebnisse solcher Untersuchungen auf die Herstellung optischer Instrumente zu übertragen, die dazu∙dienen sollen, sei es unsere Sehkraft zu unterstützen oder sei es die Prüfung solcher Gegenstände zu ermöglichen, welche das unbewaffnete Auge vermöge ihrer Kleinheit oder ihrer grossen Entfernung nicht deutlich zu unterscheiden vermag.

§ **2.** Jeder Raum, durch den das Licht hindurchgehen kann, gleichgültig ob dieser mit Materie ausgefüllt ist oder nicht, heisst ein Medium. In jedem homogenen Medium pflanzt sich das Licht geradlinig mit gleichmässiger Geschwindigkeit fort.

Das Licht besteht aus trennbaren und von einander unabhängigen Theilen. Wird ein Theil des von einem leuchtenden Körper ausgehenden Lichtes durch einen undurchsichtigen Gegenstand abgeschnitten, so wird hierdurch der übrige Theil des Lichtes nicht im Geringsten beeinflusst. In demselben Sinne können auch zwei verschiedene leuchtende Körper ihr Licht auf ein und demselben Wege aussenden, ohne dass dabei gegensätzliche Wirkungen auftreten. Diese beiden auf dem Wege des Experimentes festgestellten Thatsachen zeigen, dass das Licht quantitativ bestimmbar ist. Für's Erste werden wir annehmen, dass das Licht, mit welchem wir uns beschäftigen, gleichartig und homogen ist und dass seine Quantität oder Intensität nach Einheiten einer festen Scala gemessen werde.

Wenn Licht durch ein sinnlich wahrnehmbares Medium tritt, so wird ein Theil desselben durch das Medium absorbirt, während ein anderer Theil durchgelassen, transmittirt wird. Im Folgenden indessen sollen, wo nicht anders diesbezüglich das Entgegengesetzte ausdrücklich bemerkt wird, die Media als vollkommen durchsichtig angenommen werden, d. h. derart, dass sie sämmtliches auf sie einfallende Licht transmittiren.

Die leichtere Uebersicht erfordert es oft, dass man den Theil des Lichtes, welcher sich längs einer bestimmten Linie fortpflanzt, von seiner Umgebung loslöst und für sich betrachtet; ein so für sich betrachtetes Element nennt man einen Strahl und es soll mit diesem die Vorstellung eines unendlich spitzen Kegels, dessen Axe eben jener Strahl ist, verbunden werden. Eine Gruppe von Strahlen, welche während ihres ganzen Verlaufes um ein unendlich Geringes von der Richtung eines bestimmten, als festliegend gedachten centralen Strahles abweichen, wird ein Strahlenbündel genannt, und jener centrale Strahl heisst die Axe des Strahlenbündels. Schneiden sich die Strahlen eines Bündels in einem Punkt, so nennt man diesen den Focus oder Vereinigungspunkt des Strahlenbündels.

Da wir im Verlaufe unserer Untersuchungen fortwährend Veranlassung haben werden, das Auge zu erwähnen, so wird ein kurzer Hinweis auf die Wirkungsweise des Auges schon hier am Platze sein; eine vollständige Ausführung dieser Theorie müssen wir uns allerdings für einen späteren Zeitraum aufsparen.

Das von einem Punkt ausgehende und durch die Oeffnung der

Pupille begrenzte Strahlenbündel wird durch die Krystalllinse des Auges auf der Retina in einem Punkte vereinigt, und infolge dieses Strahlenganges und seiner Einwirkung auf die Retina wird jener Punkt sichtbar. Jedem Punkte einer ausserhalb des Auges befindlichen Fläche entspricht ein solcher Abbildungspunkt und wir erhalten auf diese Weise den Eindruck einer gesehenen Fläche.

§ 3. Die Beobachtung führt uns auf die Unterscheidung gewisser Körper, deren Vorhandensein durch die von ihnen auf unsere Gesichtsorgane ausgeübten Eindrücke bedingt werden und welche wir als selbstleuchtende Körper bezeichnen wollen. Körper, welche an und für sich nicht leuchtend sind, werden in diesen Zustand übergeführt durch die Gegenwart solcher selbstleuchtender Körper und werden dadurch für uns sichtbar. Diese Unterscheidung ist indessen im Hinblick auf unseren gegenwärtigen Zweck unwesentlich; denn bei der Untersuchung der von einem Körper ausgehenden Lichtstrahlen bleibt es gleichgültig, ob dieser selbstleuchtend ist oder ob er sein Licht von einer anderen Quelle empfängt; die Gesetze des Strahlenganges sind in beiden Fällen die nämlichen.

Es sei dQ eine Lichtmenge, welche von einem hellen Punkte oder einem unendlich kleinen Element einer leuchtenden Fläche innerhalb eines sehr kleinen Kegels mit dem körperlichen Oeffnungswinkel $d\omega$, dessen Apex mit der Lichtquelle zusammenfällt und dessen Axe in einer gegebenen Richtung liegt, ausgestrahlt wird; es giebt dann der Quotient $\dfrac{dQ}{d\omega}$ ein Maass für die Ausstrahlungsintensität in dieser Richtung.

Ein leuchtender Körper sendet nach allen Richtungen Lichtstrahlen aus, aber die Intensität des ausgestrahlten Lichtes ändert sich mit der Richtung der Ausstrahlung. Das Gesetz der Ausstrahlung lässt sich leicht durch einen bekannten Versuch demonstriren. Glühende (selbstleuchtende) Körper erscheinen uns mit unveränderter Helligkeit, welchen Winkel auch immer die leuchtende Fläche mit der Gesichtslinie einschliessen mag. Bringt man daher z. B. einen cylinderförmigen Körper aus Silber zur Weissglut und damit auch zum Leuchten, so wird man ihn in einem dunklen Raume nicht von einem flachen Stabe unterscheiden können; und in ganz analoger Weise wird eine leuchtende Kugel (man denke an die durch den Nebel sichtbare Sonnenscheibe) uns als eine kreisrunde, gleichmässig helle Scheibe erscheinen. Dasselbe Experiment findet Anwendung auf die Intensität der von einem Körper ausgehenden Wärmeausstrahlung.

Aus diesem Experiment leiten wir das folgende Gesetz ab:

Die Ausstrahlungsintensität des von irgend einem Element einer leuchtenden Fläche nach irgend einer Richtung ausgestrahlten Lichtes ist proportional dem Kosinus des Winkels, welchen diese Richtung mit der Normalen zu jenem Flächenelement einschliesst.

Um uns eine Vorstellung von der Richtigkeit dieses Satzes zu verschaffen, denken wir uns einen leuchtenden Körper durch eine Röhre von sehr enger Oeffnung betrachtet. Wenn die Röhre eine solche Stellung hat, dass die Sehrichtung normal zur leuchtenden Fläche ist, so mag die Grösse des sichtbaren Flächenelementes mit ω bezeichnet sein; wird dagegen die Röhre so aus ihrer normalen Lage gedreht, dass die Sehrichtung mit der Normalen zur leuchtenden Fläche einen Winkel θ einschliesst, so wird das dann durch die Röhre sichtbare Flächenelement die Grösse $\omega' = \dfrac{\omega}{\cos\theta}$ haben. Bezeichnen wir mit $f_{(\theta)}$ die Intensität des von der Flächeneinheit in einer mit der Normalen zum Flächenelement einen Winkel θ einschliessenden Richtung ausgestrahlten Lichtes, so ist das ganze zum Auge gelangende Licht, wenn das leuchtende Flächenelement um den Winkel θ von der Normallage zur Sehrichtung abweicht, ausgedrückt durch das Produkt:

$$\frac{\omega}{\cos\theta} \cdot f_{(\theta)}.$$

Dieses Produkt ist aber erfahrungsgemäss und wie bereits hervorgehoben unabhängig von θ und es muss daher $f_{(\theta)}$ direkt proportional $\cos\theta$ sein.

§ 4. Bedeutet dS ein Element der leuchtenden Fläche und $\mu\,dS$ die Helligkeit des von diesem leuchtenden Flächenelemente in der Richtung der Normalen zur letzteren ausgestrahlten Lichtes, so mag μ als die **specifische Helligkeit** des Elementes bezeichnet werden.

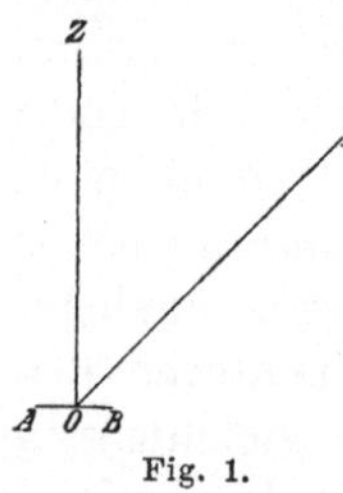

Fig. 1.

Es sei in Fig. 1 AB das besagte Element, OZ die Normale dazu und OP eine Richtung, welche einen Winkel θ mit der Normalen OZ einschliesst, so zwar, dass die Ebene POZ einen Winkel Φ mit einer gegebenen durch OZ gelegten Ebene einschliesst. Um OP als Axe denke man sich einen Kegel mit dem sehr kleinen Oeffnungswinkel $d\omega$ beschrieben. Dann ist die Helligkeit der innerhalb dieses Kegels in der Richtung OP ausgestrahlten Lichtmenge nach § 3:

$$\frac{dQ}{d\omega} = \mu\,dS\cos\theta,$$

somit die innerhalb dieses Kegelelementes ausgestrahlte Lichtmenge

oder
$$dQ = \mu\, dS\, \cos\theta\, d\omega$$
$$dQ = \mu\, dS\, \cos\theta\, \sin\theta\, d\theta\, d\Phi$$
$$\qquad\qquad\ldots\ldots\ldots \quad (1)$$

Die Integration dieses Ausdruckes innerhalb der Grenzen

$$\Phi = 0 \quad \text{bis} \quad \Phi = 2\pi$$

und

$$\theta = 0 \quad \text{bis} \quad \theta = \frac{\pi}{2}$$

ergiebt die Gesammtmenge des durch das Flächenelement dS ausgestrahlten Lichtes. Wir erhalten also hierfür die Grösse:

$$Q = \mu\, dS \iint \sin\theta\, \cos\theta\, d\theta\, d\Phi$$

oder nach ausgeführter Integration

oder
$$Q = \mu\, dS\, 2\pi \cdot \frac{1}{2}$$
$$Q = \mu\, \pi\, dS$$
$$\qquad\qquad\ldots\ldots\ldots\ldots \quad (2)$$

als die gesammte, von dem Flächenelement dS ausgestrahlte Lichtmenge.

Bezeichnen wir daher die ganze pro Flächeneinheit von dem
Element ausgestrahlte Lichtmenge mit μ', so drückt sich die Intensität der Ausstrahlung pro Flächeneinheit, wenn die Richtung der
Ausstrahlung einen Winkel θ mit der Normalen einschliesst, aus
durch: $\mu\cos\theta = \dfrac{\mu'}{\pi}\cos\theta$, und es ist somit $\dfrac{\mu'}{\pi}$ die specifische Helligkeit der Lichtquelle.

Bezeichnet man endlich die nach allen Richtungen von einem
leuchtenden Punkte ausgestrahlte Lichtmenge mit μ'', so wird $\dfrac{\mu''}{2\pi}$
die Grösse der Intensität einer allseitigen Ausstrahlung bedeuten.

§ 5. Bedeutet dQ die Lichtmenge, welche auf ein einen gegebenen Punkt einer beleuchteten Fläche umgebendes Theilchen dA
dieser Fläche ausgestrahlt wird, so nennt man $\dfrac{dQ}{dA}$ die Beleuchtungsintensität der Fläche in jenem Punkte.

Wir bestimmen nun zunächst die durch ein leuchtendes Flächenelement dS hervorgebrachte Beleuchtung eines Flächenelementes dA.
Es sei in Fig. 2 O der Mittelpunkt des betrachteten Elementes der
leuchtenden Fläche, C der Mittelpunkt des beleuchteten Flächenelementes dA und die Entfernung OC sei mit r bezeichnet. Ferner

sei die Neigung von OC zu der Normalen in O mit θ, diejenige von OC zur Normalen in C mit Φ bezeichnet.

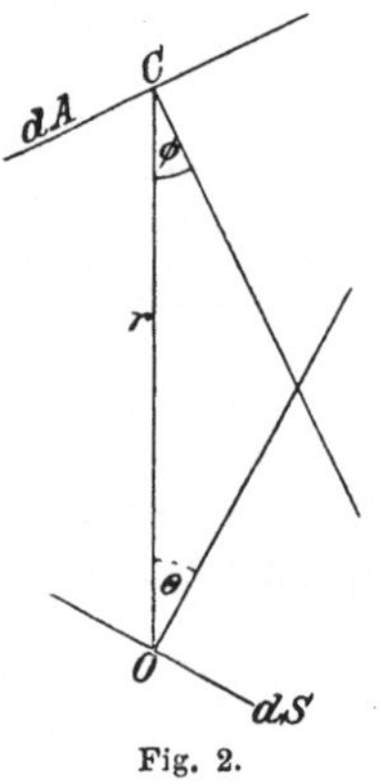

Fig. 2.

Schliessen nun sämmtliche von O nach dA gehenden äussersten Randstrahlen den körperlichen Winkel $d\omega$ bei O ein, so ist die von O aus auf dA ausgestrahlte Lichtmenge nach (1)

$$d\mathrm{Q} = \mu\, d\mathrm{S} \cos\theta\, d\omega,$$

wo μ wieder die specifische Helligkeit des leuchtenden Elementes bedeutet.

Es ist aber, da $d\omega$ die Grösse der orthogonalen Kegelschnittfläche im Abstande 1 von O bedeutet,

$$d\omega = \frac{d\mathrm{A} \cos\Phi}{r^2};$$

daher die von dem Element dS auf dA ausgestrahlte Lichtmenge

$$d\mathrm{Q} = \mu\, d\mathrm{S}\, d\mathrm{A}\, \frac{\cos\theta \cos\Phi}{r^2}.$$

Es ist daher dieser Werth symmetrisch in Bezug auf die beiden Elemente und würde daher auch die von dem Elemente dA auf dS ausgestrahlte Lichtmenge darstellen, unter der Voraussetzung, dass ersteres die specifische Helligkeit μ hat.

Schliessen die von dem leuchtenden Flächenelement dS nach C gehenden äussersten Randstrahlen den körperlichen Winkel $d\sigma$ ein, so dass also

$$d\sigma = \frac{d\mathrm{S} \cos\theta}{r^2},$$

so hat die durch das Element hervorgebrachte Beleuchtungsintensität der Fläche dA die Grösse

$$d\mathrm{I} = \mu\, d\sigma \cos\Phi \quad \ldots \ldots \ldots \ldots \quad (3)$$

§ 6. Wir gehen nun über zur Bestimmung der Beleuchtung einer sehr kleinen Fläche dA durch eine endliche leuchtende Fläche von gleichmässiger Helligkeit.

Man gehe wieder von einem um O als Mittelpunkt gedachten Element der leuchtenden Fläche aus und bezeichne mit $d\sigma$ den Oeffnungswinkel eines zwischen C als Spitze und über jenem Elemente als Grundfläche beschriebenen Kegels. Es sei ferner Φ der von OC und der Normalen in C eingeschlossene Winkel. Als die von der Ausstrahlung des leuchtenden Elementes herrührende Helligkeit der beleuchteten Flächeneinheit ergiebt sich dann nach (3)

$$dI = \mu \cos \Phi \, d\sigma. \quad\ldots\ldots\ldots \quad (4)$$

Denkt man sich eine Kugel vom Radius 1 um C als Mittelpunkt beschrieben, so wird der zwischen O und C liegende Kegel auf dem Mantel dieser Kugel ein Flächenelement von der Grösse $d\sigma$ abschneiden und $d\sigma \cos \Phi$ ist dann die Projektion des Schnittflächenelementes auf die Ebene der beleuchteten Fläche in C. Bezeichnet man diese Projektion, also $d\sigma \cos \Phi$, mit $d\Omega$, so wird

$$dI = \mu \, d\Omega. \quad\ldots\ldots\ldots \quad (5)$$

Durch Integration dieses Ausdruckes gelangen wir dann zu folgender Bestimmungsmethode der von einer endlichen leuchtenden Fläche herrührenden Beleuchtung eines in C befindlichen Elementes.

Von C aus denke man sich nach sämmtlichen Begrenzungspunkten der von C aus sichtbaren leuchtenden Fläche Radien gezogen. Der so entstehende Kegel schneidet die mit dem Radius 1 um C beschriebene Kugel in einer Schnittfläche, welche, auf die Ebene des beleuchteten Elementes projicirt, die Fläche Ω ergiebt. Als Helligkeit des beleuchteten Elementes erhält man dann:

$$I = \mu \, \Omega. \quad\ldots\ldots\ldots \quad (6)$$

Soll z. B. die durch eine sphärische Lichtquelle hervorgebrachte Beleuchtung bestimmt werden, so verfährt man folgendermaassen:

Es sei α der halbe Oeffnungswinkel des Kegels, welcher seine Spitze in dem Mittelpunkte C der beleuchteten Fläche hat und die leuchtende Kugel tangirt. Die durch den Kegelmantel auf der Oberfläche der um den Punkt C beschriebenen Kugel mit dem Radius 1 abgeschnittene Fläche ist ein Kreis mit dem Radius $\sin \alpha$, hat also die Grösse $\pi \sin^2 \alpha$.

Bezeichnet man dann noch mit θ die Zenithdistanz der Lichtquelle, so ist $\pi \sin^2 \alpha \cos \theta$ die Horizontalprojektion dieser Fläche und somit nach unserer oben gefundenen Formel (6) die Beleuchtungsintensität einer kleinen Horizontalfläche

$$I = \mu \pi \sin^2 \alpha \cos \theta.$$

§ **7.** *Leuchtende Körper erscheinen uns in jeder Entfernung mit unveränderter Helligkeit.* Die scheinbare Helligkeit eines Körpers bestimmt sich als der Quotient der gesammten von diesem Körper in das Auge gelangenden Lichtmenge und der Flächengrösse des auf der Retina gebildeten Bildes jenes Körpers. Es sei in Fig. 3 P irgend ein Punkt des sichtbaren Körpers, p der zugehörige Punkt des Bildes auf der Retina. Wir werden alsbald sehen, dass die Verbindungslinie stets durch einen festen Punkt O, das optische Centrum des Auges, tritt. Bezeichnen wir mit S die Fläche eines sehr kleinen Objektes, mit s diejenige seines Bildes, ferner mit R den Objekt-abstand O P und mit r den Bild-abstand O p, so erhalten wir die Proportion:

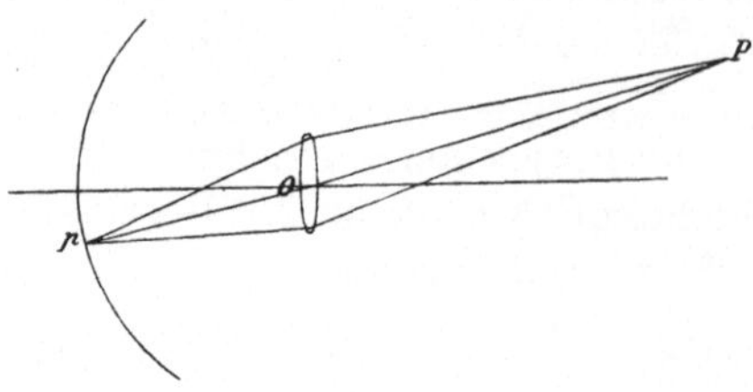

Fig. 3.

$$\frac{S}{R^2} = \frac{s}{r^2}.$$

Es gelangt aber ins Auge, das eine Oeffnung von der Flächengrösse ω haben möge, die Lichtmenge

$$q = \frac{\mu S \omega}{R^2}.$$

Da aber $\frac{S}{R^2} = \frac{s}{r^2}$ ist, so können wir hierfür setzen

$$q = \frac{\mu s \omega}{r^2}.$$

Dividiren wir diesen Werth der in das Auge tretenden Lichtmenge durch s, so ergiebt sich $\frac{\mu \omega}{r^2}$ als die specifische Helligkeit des Bildes. Wir machen hierbei die vorläufige Annahme, dass sich, während das Auge sich auf verschiedene Distanzen akkommodirt, r nicht ändert. Unter dieser Voraussetzung ist $\frac{\mu \omega}{r^2}$ konstant und wir dürfen behaupten:

Die scheinbare Helligkeit leuchtender Körper ist im Allgemeinen unabhängig von deren Entfernung.

Die Oeffnung des Auges verändert sich mit der Helligkeit des Lichtes. Stellen wir uns aber vor, dass die Oeffnung unverändert bleibe, während das Objekt fortgerückt werde, so ist in der Helligkeit keine Veränderung vorgegangen und die Oeffnung des Auges bedarf nun keiner weiteren Akkommodation.

Ist die Entfernung des Objektes eine sehr grosse, so wird das Bild im Auge ein überaus kleines, so dass infolge des begrenzten Unterscheidungsvermögens der Sehnerven der Eindruck einer Fläche in denjenigen eines Punktes übergeht. In solchem Falle sind Helligkeit und Lichtmenge der Grösse nach gleichbedeutend; und nach dem Vorhergehenden *ist* dann *die Helligkeit umgekehrt proportional* R², *dem Quadrat der Entfernung.*

Kapitel II..

Reflexion und Refraktion der Lichtstrahlen.

§ 8. Beim Uebergange eines Lichtstrahles von einem Medium in ein anderes wird der Strahl im Allgemeinen in dreifacher Weise beeinflusst und giebt dadurch zu verschiedenen Erscheinungen Anlass:

1. Ein Theil wird in das erste Medium zurückgeworfen oder reflektirt und zwar stets in einer nach einem bestimmten Gesetze zu ermittelnden Richtung.

2. Ein zweiter Theil geht in das zweite Medium über, wobei der Strahl seine Richtung nach einem zweiten Gesetze ändert; dieser Theil der von einem in ein anderes Medium übergehenden Strahlen nennt man die gebrochenen Strahlen.

3. Ein dritter Theil wird durch die Trennungsfläche der beiden Medien zerstreut oder diffundirt; hierdurch wird die Trennungsfläche beleuchtet und wirkt selber wie eine nach allen Richtungen Lichtstrahlen aussendende Lichtquelle. Fällt ein Lichtstrahl auf einen vollkommen undurchsichtigen Körper, so kommt der zweite Theil in Wegfall; es wird also sämmtliches Licht entweder reflektirt oder diffus gemacht. Die reflektirte Lichtmenge hängt von der Beschaffenheit der reflektirenden Fläche ab; je glatter dieselbe und je vollkommener die auf ihr erzielte Politur ist, um so mehr Licht wird zurückgeworfen. Die Diffusion des Lichtes lässt sich mit Wahrscheinlichkeit auf die Unebenheit der Fläche zurückführen; das auffallende Licht wird von den einzelnen Theilchen der Oberfläche reflektirt, indem letztere ganz so wie unzählige unregelmässig über die Fläche vertheilte und nach allen denkbaren Richtungen geneigte Spiegelelemente wirkt. Durch diese Zerstreuung des Lichtes eben erklärt es sich, dass nicht leuchtende Körper sichtbar werden, sobald sie sich im Bereiche eines leuchtenden Körpers befinden.

§ 9. Die Ebene, welche den einfallenden Strahl und die Normale zur Trennungsfläche der beiden Medien einschliesst, heisst die

Einfallsebene; der von der Normalen und dem einfallenden Strahl eingeschlossene spitze Winkel heisst der **Einfallswinkel** und der zwischen der Normalen und dem reflektirten Strahl liegende spitze Winkel der **Reflexionswinkel**. Wenn die Richtung eines Lichtstrahles durch Reflexion oder Brechung verändert wird, so nennt man den Winkel, welchen die Verlängerung des einfallenden Strahles mit der Richtung des reflektirten oder gebrochenen Strahles bildet, die **Ablenkung** des Strahles.

Das Gesetz, nach welchem ein Strahl von einer Fläche reflektirt wird, lässt sich folgendermaassen ausdrücken:

Einfalls- und Reflexionswinkel liegen in derselben Ebene und sind einander gleich.

Es ist dies ein Erfahrungsgesetz, dessen Richtigkeit durch direkte Beobachtung leicht nachgewiesen werden kann. Am genauesten lässt sich das Reflexionsgesetz experimentell mit Hülfe eines astronomischen Transitionsinstrumentes und des künstlichen Horizontes, d. h. eines mit Quecksilber gefüllten Behälters, demonstriren. Das Fernrohr wird zunächst auf den Stern, dessen Höhe gemessen werden soll, gerichtet und dann gegen den Quecksilberbehälter, welcher so aufgestellt wird, dass der Stern durch Reflexion an der Oberfläche des Quecksilbers gesehen werden kann. Es werden die zwei diesen beiden Einstellungen entsprechenden Ablesungen gemacht und man findet, dass die Differenz der beiden Ablesungen gleich der doppelten Höhe des Sternes ist. Da nun die Oberfläche des Quecksilbers vermöge der Wirkung der Schwere eine horizontale Ebene darstellt und, da die von einem Stern ausgehenden Strahlen als parallel anzusehen sind, so müssen nach dem Reflexionsgesetz der auf die Oberfläche des Quecksilbers einfallende und der von derselben reflektirte Strahl mit der Normalen zur Oberfläche des Quecksilbers gleiche Winkel einschliessen. Das Transitionsinstrument lässt äusserst genaue Messungen zu und bis zu dem Grade seiner Genauigkeit haben sich die Resultate der Messungen als mit dem Reflexionsgesetz streng übereinstimmend herausgestellt.

§ 10. Für den auf eine Ebene einfallenden Strahl lässt sich durch eine einfache geometrische Konstruktion die Richtung des zugehörigen Reflexionsstrahles finden. Ist in Fig. 4 P irgend ein Punkt in der Richtung des einfallenden Strahles PQ und fällt man von P aus ein Perpendikel PN auf die reflektirende Ebene und verlängert dieses bis P', so dass $PN = NP'$, so folgt ohne Weiteres, dass die Verlängerung von $P'Q$ die Richtung des reflektirten Strahles ist.

Ist die reflektirende Fläche nicht eine Ebene, sondern eine beliebige krumme Fläche, so wird man immer das den in Frage kommenden Punkt umgebende Flächenelement als eine Ebene ansehen können, und es gilt dann die die gegebene Fläche im Punkte Q tangirende Ebene als die reflektirende Ebene.

§ 11. Um zu einem allgemeinen Ausdruck für das Reflexionsgesetz zu gelangen, wollen wir in dem Folgenden dasselbe analytisch behandeln.

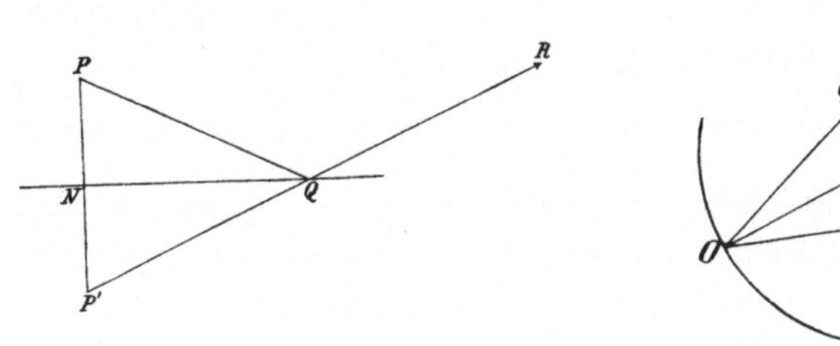

Fig. 4.   Fig. 5.

Es sei in Fig. 5 ON die Normale zur reflektirenden Fläche, das sogenannte Einfallsloth, PO und OQ der einfallende resp. reflektirte Strahl und Φ der Einfallswinkel. Nimmt man nun OQ und OP gleich der Längeneinheit an und verbindet P und Q, so wird nach dem Reflexionsgesetz die Verbindungslinie PQ durch das Einfallsloth ON im Punkte N halbirt und ON steht senkrecht auf PQ, so dass

$$ON = \cos \Phi.$$

Bezeichnet man mit l_x, l_y, l_z die Richtungskosinusse des Einfallslothes und mit i_x, i_y, i_z resp. r_x, r_y, r_z diejenigen des einfallenden resp. reflektirten Strahles, bezogen auf ein räumliches rechtwinkeliges Koordinatensystem, dessen Koordinatenursprung mit dem Fusspunkt O des Einfallslothes zusammenfällt, so sind auch, da OP und OQ die Längeneinheit darstellen, i_x, i_y, i_z die Koordinaten von P, r_x, r_y, r_z die Koordinaten von Q und $ON l_x$, $ON l_y$, $ON l_z$ diejenigen von N. Berücksichtigt man die Thatsache, dass N der Mittelpunkt der Linie PQ ist, so erhält man die Gleichungen:

$$\frac{i_x + r_x}{2} = ON \cdot l_x,$$

$$\frac{i_y + r_y}{2} = ON \cdot l_y,$$

$$\frac{i_z + r_z}{2} = ON \cdot l_z,$$

und hieraus durch Einsetzung des Werthes von ON:

$$
\left.
\begin{aligned}
i_x + r_x &= 2\cos\Phi\, l_x \\
i_y + r_y &= 2\cos\Phi\, l_y \\
i_z + r_z &= 2\cos\Phi\, l_z
\end{aligned}
\right\} \qquad \ldots \ldots \ldots \quad (1)
$$

Setzt man nun in (1) für $\cos\Phi$ seinen Werth, ausgedrückt durch die Richtungskosinusse der ihn einschliessenden Geraden nach den beiden Gleichungen:

$$
\left.
\begin{aligned}
\cos\Phi &= i_x\, l_x + i_y\, l_y + i_z\, l_z \\
\cos\Phi &= r_x\, l_x + r_y\, l_y + r_z\, l_z
\end{aligned}
\right\}, \qquad \ldots \ldots \ldots \quad (2)
$$

so erhält man lineare Gleichungen nach i_x, i_y, i_z und r_x, r_y, r_z. Kennen wir nun die Richtungskosinusse des Einfallslothes und des Einfallsstrahles, so ergeben sich aus diesen Gleichungen die Richtungskosinusse des reflektirten Strahles. Die Gleichungen (1) lassen sich durch nur zwei unabhängige Gleichungen ersetzen; denn multipliciren wir sie der Reihe nach mit l_x, l_y, l_z und addiren die Resultate, so erhalten wir eine Identität. Die aus den Gleichungen sich ergebenden Werthe für r_x, r_y, r_z genügen der Bedingung:

$$
r_x^2 + r_y^2 + r_z^2 = 1 \qquad \ldots \ldots \ldots \ldots \quad (3)
$$

§ 12. *Wird ein Strahl von einer Ebene reflektirt, so schliessen der einfallende und reflektirte Strahl gleiche spitze Winkel ein mit irgend einer in der reflektirenden Ebene liegenden oder zu ihr parallel gerichteten Linie.*

Es lässt sich dies leicht auf elementarem Wege nachweisen:

Es seien in Fig. 6 PO und OQ die Richtungen des einfallenden und reflektirten Strahles und MON sei die Schnittlinie der Einfalls-

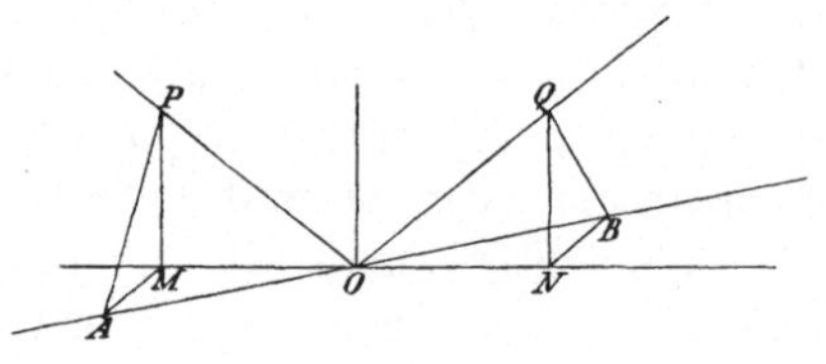

Fig. 6.

ebene mit der reflektirenden Ebene; ferner sei AOB eine durch O gehende zur gegebenen Linie parallele Gerade. Auf den Richtungen des einfallenden und reflektirten Strahles trage man die gleichen Strecken PO und OQ ab und lege durch die Punkte P und Q zwei zu MN senkrechte Ebenen, welche MN in M resp. N und die Linie AB in A resp. B schneiden mögen. Da nun $OP = OQ$ und $\angle POM = \angle QON$, so folgt ohne Weiteres, dass $OM = ON$ und $PM = QN$, hieraus wieder, dass $AO = OB$, $MA = NB$, weiterhin, dass $AP = BQ$ und hieraus schliesslich, dass die Dreiecke AOP und BOQ kongruent sind, somit $\angle AOP = \angle BOQ$.

Umgekehrt können zwei Linien PO und OQ, welche in einer zur reflektirenden Ebene senkrechten Ebene liegen und mit irgend einer in der ersteren Ebene liegenden Linie gleiche spitze Winkel einschliessen, als einfallender resp. reflektirter Strahl angesehen werden. Der Beweis würde dem vorhergehenden analog zu führen sein.

Bei der analytischen Behandlung dieser beiden letzten Sätze lassen wir das Einfallsloth zur Z-Axe des räumlichen Koordinatensystems werden, während der Fusspunkt desselben wieder mit dem Nullpunkt zusammenfällt, so dass unter Beibehaltung der früheren Bezeichnungen $l_x = \cos 90^0 = 0$ und $l_y = \cos 90^0 = 0$ wird.

Aus der Formel (1), $i_x + r_x = 2 \cos \Phi\, l_x$, wird nun

$$i_x + r_x = 0 \quad\ldots\ldots\ldots\ldots \quad (4)$$

Diese Gleichung gilt für jede beliebige Richtung der X-Axe und es geht aus ihr hervor, dass der einfallende Strahl mit irgend einer als X-Axe gewählten Linie, unter der Voraussetzung, dass die Z-Axe durch die Normale gebildet wird, Supplementwinkel einschliessen.

Um die Richtigkeit der Umkehrung des Satzes nachzuweisen, lassen wir die Einfallsebene mit der XZ-Ebene zusammenfallen und nennen die Richtungskosinusse der gegebenen Linie (λ_x, λ_y, $\lambda_z = 0$). In diesem Falle ist $i_y = \cos 90^0 = 0$ und ebenfalls $r_y = \cos 90^0 = 0$, und da PO und OQ mit der Linie (λ_x, λ_y, $\lambda_z = 0$) Supplementwinkel einschliessen, so ist

$$\lambda_x\, i_x + \underbrace{\lambda_y\, i_y}_{=\,0} + \lambda_x\, r_x + \underbrace{\lambda_y\, r_y}_{=\,0} = 0,$$

somit

$$\lambda_x\, (i_x + r_x) = 0$$

oder

$$i_x + r_x = 0. \quad\ldots\ldots\ldots\ldots \quad (5)$$

Das bedeutet aber nichts anderes, als dass PO und OQ sich genau so verhalten, wie einfallender und reflektirter Strahl.

Aus dem letzten Satz lässt sich folgender Schluss ziehen:

Wenn ein Lichtstrahl in beliebiger Weise an zwei ebenen Flächen nach einander reflektirt wird, so schliessen der eintretende und austretende Strahl gleiche Winkel mit der Schnittlinie der beiden Flächen ein.

§ 13. *Wenn ein Lichtstrahl von einer Fläche reflektirt wird, so folgen auch die Projektionen des einfallenden und reflektirten Strahles auf irgend eine durch das Einfallsloth gelegte Ebene dem Gesetze der Reflexion.*

Trägt man nämlich auf der Richtung des einfallenden und reflektirten Strahles gleiche Strecken $OA = OB$ ab (Fig. 7) und stellt NO das Einfallsloth dar, OP und OQ die Projektionen des einfallenden und reflektirten Strahles auf irgend eine beliebige, durch das Einfallsloth gelegte Ebene, so folgt ohne Weiteres, dass $PN = NQ$ und daher OP und OQ mit dem Einfallsloth NO gleiche Winkel einschliessen. Ferner folgt aus der Kongruenz der beiden Dreiecke AOP und BOQ, dass $\angle AOP = \angle BOQ$ ist; mit andern Worten: *Der einfallende und reflektirte Strahl schliessen gleiche Winkel mit irgend einer durch das Einfallsloth gelegten Ebene ein.*

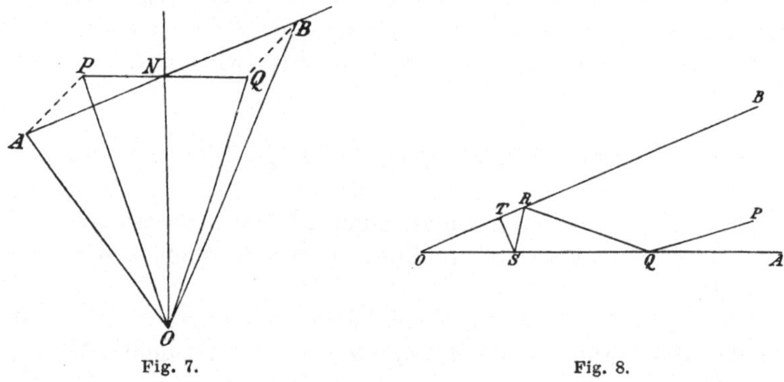

Fig. 7.   Fig. 8.

§ 14. Bestimmen wir nun die Richtung eines von zwei ebenen Spiegeln beliebig oft reflektirten Strahles und betrachten wir zunächst den Fall, wo sämmtliche Strahlen in einer senkrecht zu den spiegelnden Flächen stehenden Ebene, also innerhalb eines Hauptschnittes, liegen.

AO und OB deuten in Fig. 8 die Lage der beiden reflektirenden Spiegel an, $PQRST\ldots$ den Gang des successive bei Q, R, S, $T\ldots$ reflektirten Strahles. Der Winkel zwischen den beiden Spiegeln sei mit ε bezeichnet und θ_1, θ_2, $\theta_3 \ldots$ seien die spitzen Winkel, welche die Strahlen der Reihe nach mit den reflektirenden Flächen einschliessen, so dass also θ_1 sich auf die beiden gleichen Winkel bei Q, θ_2 auf jene bei R u. s. f. bezieht. Man findet dann ohne Weiteres:

$$\theta_2 = \theta_1 + \varepsilon,$$

$$\theta_3 = \theta_2 + \varepsilon,$$

$$\theta_4 = \theta_3 + \varepsilon \text{ etc.}$$

Diese Gleichungen lassen sich auch in dieser Form schreiben:

$$\theta_2 - \theta_1 = \varepsilon,$$

$$\theta_3 - \theta_2 = \varepsilon,$$

$$\theta_4 - \theta_3 = \varepsilon,$$

$$\cdots \cdots \cdots$$

$$\theta_{m+1} - \theta_m = \varepsilon,$$

und man erhält daher durch Addition:

$$\theta_{m+1} - \theta_1 = m\varepsilon \quad \ldots \ldots \ldots \ldots \quad (6)$$

Wenn m eine gerade Zahl ist, so beziehen sich θ_{m+1} und θ_1 auf von demselben Spiegel reflektirte Strahlen und es stellt daher $\theta_{m+1} - \theta_1$ die Grösse des Winkels zwischen der Richtung des einfallenden und zuletzt reflektirten Strahles dar; daher *ist die gesammte Abweichung ein m-faches der Neigung der beiden Spiegel zu einander*. Die Abweichung bleibt also bei ein und demselben Spiegelpaar unverändert, welches auch immer der Einfallswinkel sein mag. Hieraus folgt: *Jedes Strahlenpaar schliesst nach der Reflexion denselben Winkel ein, unter welchem die Strahlen vor dem Einfall zu einander geneigt waren.*

Wenn der Strahl zweimal reflektirt wird, einmal an jedem Spiegel, so beträgt der Ablenkungswinkel das Doppelte der Neigung der beiden Spiegel zu einander. Hierauf beruht die Einrichtung des Hadley'schen Spiegelsextanten.

Bei jeder Reflexion wächst der Werth des Winkels θ um ε. Wenn θ grösser als $\frac{\pi}{2}$ wird, so beginnt der Strahl zurückzukehren, im Allgemeinen auf einem anderen Wege, als er eintrat; nur dann wenn der Winkel θ so gewählt wird, dass der nach einer Reihe von Reflexionen auftretende Einfallswinkel genau $\frac{\pi}{2}$ wird, wird der betreffende Einfallsstrahl in sich selbst zurückgeworfen und kehrt somit infolge der weiteren Reflexionen auf demselben Wege, auf welchem er eintrat, zurück. Sobald θ grösser wird als π, hören die Reflexionen auf, denn der Strahl wird entweder parallel zu einem der Spiegel gerichtet oder trifft diesen nur in seiner Rückwärtsverlängerung.

Wenn der einfallende Strahl nicht in einer zur Schnittlinie der beiden Spiegel senkrechten Ebene, dem Hauptschnitt, liegt, so gilt das eben Ausgeführte für die Projektion des Strahlenganges auf eine solche senkrechte Ebene. Wenn wir ferner berücksichtigen, dass die Neigung der Strahlen zu dieser Ebene genau in derselben Weise sich ändert, als ob sie selber die reflektirende Ebene wäre, wie dies in § 13 ausgeführt wurde, so lässt sich die schliessliche Richtung des austretenden Strahles vollständig bestimmen. Nach einer beliebigen geraden Anzahl von Reflexionen schliesst der Strahl mit der Hauptebene denselben Winkel ein wie zu Anfang, und nach einer ungeraden Anzahl von Reflexionen entsteht der gleiche Winkel auf der anderen Seite der Ebene.

§ 15. Tritt ein Lichtstrahl von einem Medium in ein anderes über, so nennt man den Lichtstrahl in dem ersten Medium den einfallenden, denjenigen in dem zweiten Medium den gebrochenen Strahl, und die spitzen Winkel, welche beide mit dem Einfallsloth einschliessen, beziehungsweise Einfalls- und Brechungswinkel.

Einfalls- und Brechungswinkel liegen immer in derselben Ebene und das Verhältnis ihrer Sinusse ist konstant.

Dieses ist das sogenannte Brechungsgesetz. Wie wir später sehen werden, giebt es sehr sichere Mittel, um die Richtigkeit des Satzes experimentell nachzuweisen.

Das konstante Sinusverhältnis hängt von der Beschaffenheit der beiden Medien und der Art des transmittirten Lichtes ab und wird als der dem Uebergange des Lichtes von dem ersten in das zweite Medium entsprechende Brechungsexponent bezeichnet.

Tritt ein Lichtstrahl aus dem Vakuum in ein gegebenes Medium über, so nennt man jenes konstante Sinusverhältnis den absoluten Brechungsexponenten dieses Mediums.

Bezeichnet man mit i den Einfallswinkel, mit i' den Brechungswinkel beim Uebergange eines Strahles von einem Medium in ein anderes, so lässt sich das Brechungsgesetz folgendermaassen ausdrücken:

$$\frac{\sin i}{\sin i'} = n, \qquad \ldots \ldots \ldots \ldots \quad (7)$$

wo n den Brechungsexponenten für den Uebergang von einem Medium in das andere bedeutet.

§ 16. Ein empirisches Gesetz lehrt, dass der Gang eines Lichtstrahles umkehrbar ist; mit anderen Worten, wenn ein Strahl auf dem Wege des ursprünglich gebrochenen Strahles aus dem zweiten in das erste Medium übergeht, so beschreibt er nach der Brechung in das erste Medium einen Weg, welcher sich vollständig mit demjenigen des ursprünglich einfallenden Strahles deckt.

Bezeichnen wir die beiden Media mit A und B, den dem Uebergange des Lichtstrahles von A nach B entsprechenden Brechungsindex mit n_{ab}, denjenigen für den Uebergang von B nach A mit n_{ba}, so erhalten wir unter Beibehaltung der oben gewählten Bezeichnungen:

$$\frac{\sin i}{\sin i'} = n_{ab}, \qquad \frac{\sin i'}{\sin i} = n_{ba} \quad \cdots \cdots \quad (8)$$

oder, wenn wir i und i' eliminiren,

$$n_{ab} \cdot n_{ba} = 1 \quad \cdots \cdots \cdots \quad (9)$$

§ 17. Weiter lehrt die Beobachtung, dass, wenn ein Lichtstrahl durch eine beliebige Anzahl von Medien, welche von parallelen Ebenen begrenzt sind, hindurchgeht und das erste und letzte Medium gleicher Art sind, die Richtungen des Strahles im ersten und letzten Medium parallel sind. Bezeichnet also in Fig. 9 A das erste, B, C... die folgenden Medien, i den Einfallswinkel für den Uebergang von A

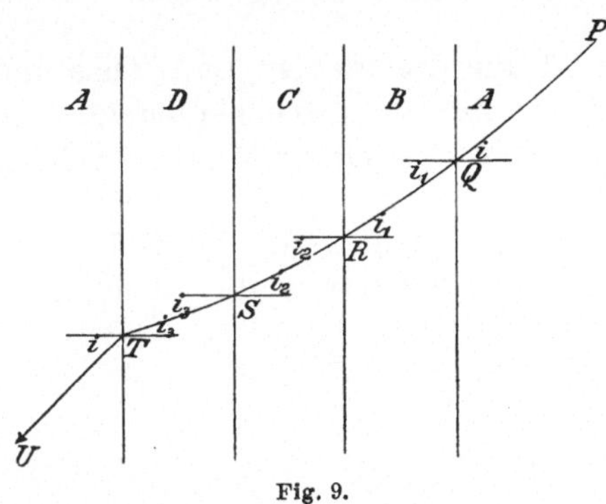

Fig. 9.

nach B, i_1 den zugehörigen Brechungswinkel, so ist i_1 auch der Einfallswinkel in Bezug auf C, i_2 der zugehörige Brechungswinkel und auch der Einfallswinkel in Bezug auf D u. s. f. Der schliessliche Brechungswinkel für das dem ersten gleichartige letzte Medium ist nun erfahrungsgemäss gleich dem Einfallswinkel i.

Uebertragen wir die oben bei den Formeln (8) angewandte Bezeichnungsweise auch auf diesen Fall, so erhalten wir die Gleichungen:

$$\frac{\sin i}{\sin i_1} = n_{ab},$$

$$\frac{\sin i_1}{\sin i_2} = n_{bc},$$

$$\frac{\sin i_2}{\sin i_3} = n_{cd},$$

$$\cdots \cdots \cdots$$

$$\frac{\sin i_m}{\sin i} = n_{ka}.$$

Aus der Multiplikation dieser sämmtlichen Gleichungen mit einander ergiebt sich:

$$1 = n_{ab} \cdot n_{bc} \cdot n_{cd} \cdot \ldots \cdot n_{ka} \qquad (10)$$

Sind nun drei Medien vorhanden, so lautet diese Beziehung:

$$n_{ab} \cdot n_{bc} \cdot n_{ca} = 1,$$

oder

$$n_{ab} \cdot n_{bc} = \frac{1}{n_{ca}},$$

oder

$$n_{ac} = n_{ab} \cdot n_{bc}.$$

Setzen wir z. B. die drei Medien Luft, Glas und Wasser voraus und kennen wir deren Brechungsexponenten für den Uebergang von Luft in Glas und ebenso von Luft in Wasser, welche wir beziehungsweise mit n_{lg} und n_{lw} bezeichnen wollen, so lässt sich aus der letzten Gleichung der Brechungsexponent für den Uebergang von Glas nach Wasser bestimmen. Man hat nur in die Gleichung

$$n_{gw} = n_{gl} \cdot n_{lw}$$

die Werthe

$$n_{gl} = \frac{2}{3}$$

und

$$n_{lw} = \frac{4}{3}$$

einzusetzen und erhält dann

$$n_{gw} = \frac{2}{3} \cdot \frac{4}{3} = \frac{8}{9},$$

d. h. der Brechungsexponent für den Uebergang von Glas in Wasser ist $\frac{8}{9}$. Bezeichnet man ferner die absoluten Brechungsexponenten der Medien A und B mit n und n' und deutet der Index v an, dass der Uebergang aus dem Vakuum erfolgt, so ist $n_{ab} = n_{av} \cdot n_{vb}$. Nun ist aber n_{av} der reciproke Werth von n_{va}, also auch derjenige von n, somit

$$n_{ab} = \frac{1}{n} \cdot n'$$

oder

$$n_{ab} = \frac{n'}{n};$$

d. h. *der relative Brechungsexponent zwischen zwei Medien ist gleich dem Quotienten, welcher entsteht durch Division des absoluten Brechungsexponenten des zweiten durch denjenigen des ersten Mediums.*

Wir erhalten hierdurch ein Mittel, das Brechungsgesetz in mehr symmetrischer Form unter Zugrundelegung der Begriffe der absoluten Brechungsexponenten n und n' zweier Media zum Ausdruck zu bringen und gelangen somit, wenn wir die für Einfalls- und Brechungswinkel gewählten Bezeichnungen beibehalten, zu der Relation:

$$n \sin i = n' \sin i'. \qquad \ldots \ldots \ldots \quad (11)$$

§ 18. Angenommen $n' > n$, d. h. B sei ein stärker brechendes Medium als A, so lautet bei gegebenem Winkel i die Gleichung zur Bestimmung von i':

$$\sin i' = \frac{n}{n'} \sin i.$$

Dieser Werth ist immer kleiner als die Einheit, was auch immer der Werth von i sein mag, so dass für irgend einen Werth von i immer der zugehörige Werth von i' gefunden werden kann. Wenn daher ein Lichtstrahl aus irgend einem Medium in ein stärker brechendes Medium übergeht, so liefert die Anwendung des Brechungsgesetzes in allen Fällen einen Richtungswerth für den gebrochenen Strahl.

Geht dagegen der Strahl aus einem dichteren Medium B in ein dünneres A über, und nehmen wir an, dass der Winkel i' gegeben sei, so dass

$$\sin i = \frac{n'}{n} \sin i' = \frac{\sin i'}{\left(\dfrac{n}{n'}\right)},$$

so kann der Fall eintreten, dass $\sin i' > \dfrac{n}{n'}$, und es wird dann der zugehörige Werth von $\sin i$ grösser als 1, so dass das Brechungsgesetz dann nicht mehr im Stande ist, einen Werth für die Richtung des gebrochenen Strahles zu ergeben. Den Winkel $\arcsin \dfrac{n}{n'}$, d. h. den grössten, unter welchem ein Lichtstrahl aus einem stärker in ein schwächer brechendes Medium übergehen und noch gebrochen werden kann, nennt man den Grenzwinkel.

Tritt ein Lichtstrahl unter einem grösseren Winkel als dem Grenzwinkel aus einem stärker brechenden in ein schwächer brechendes Medium über, so wird sämmtliches Licht an der Trennungsfläche der beiden Medien reflektirt; der gebrochene Theil existirt nicht. Diese Erscheinung nennt man totale Reflexion.

§ 19. Ebenso wie bei der Behandlung der Reflexionsgesetze, so lassen sich auch hier allgemeine Formeln aufstellen zur Bestimmung der Richtungskosinusse des gebrochenen Strahles bei gegebenem Richtungskosinus des einfallenden Strahles und des Einfallslothes.

Es stelle in Fig. 10 MQN die Normale zur brechenden Fläche dar, PQR den Gang des Lichtstrahles. Auf den Richtungen des einfallen-

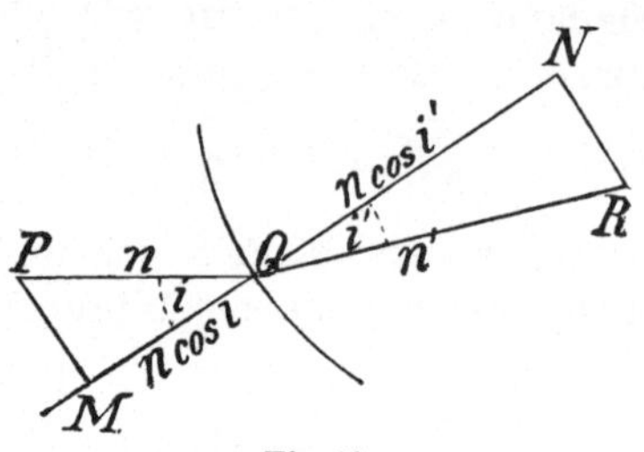

Fig. 10.

den und gebrochenen Strahles trage man die Strecken PQ und QR ab, so zwar, dass $\dfrac{\mathrm{PQ}}{\mathrm{QR}} = \dfrac{n}{n'}$ (unter n und n' wieder die Brechungsexponenten der beiden Medien verstanden) und ziehe PM und RN senkrecht zum Einfallsloth. Da nun

$$n \sin i = n' \sin i',$$

so muss auch PM = RN sein.

Ferner ist die Projektion von PQ auf irgend eine Gerade gleich der Projektion der gebrochenen Linie PMQ und ebenso die Projektion der Linie QR auf diese Gerade gleich der Projektion der gebrochenen Linie QNR. Die Projektionen aber der Theile PM und RN auf jene Gerade sind einander gleich, da diese Theile einander gleich und parallel sind. Somit muss die Differenz der Projektionen von PQ und MQ ebenso gross sein als die Differenz der Projektionen von QR und QN.

Bezeichnet man mit l_x, l_y, l_z die Richtungskosinusse des Einfallslothes, mit i_x, i_y, i_z und r_x, r_y, r_z beziehungsweise die Richtungskosinusse des einfallenden und gebrochenen Strahles und berücksichtigt, dass PQ, QR, MQ und QN beziehungsweise proportional sind n, n', $n \cos i$ und $n' \cos i'$, so ergeben sich folgende Gleichungen für die Werthe der Differenz der Projektionen von PQ und QR einerseits und MQ und QN andererseits auf die Axe des Koordinatensystems:

$$\left.\begin{aligned}
n\,i_x - n'r_x &= (n \cos i - n' \cos i')\,l_x \\
n\,i_y - n'r_y &= (n \cos i - n' \cos i')\,l_y \\
n\,i_z - n'r_z &= (n \cos i - n' \cos i')\,l_z
\end{aligned}\right\} \quad \ldots \ldots \quad (12)$$

Substituiren wir in diesen Gleichungen die Werthe von $\cos i$ und $\cos i'$, nämlich

$$\cos i = i_x\, l_x + i_y\, l_y + i_z\, l_z,$$

$$\cos i' = r_x\, l_x + r_y\, l_y + r_z\, l_z,$$

so erhalten wir lineare Gleichungen nach i_x, i_y, i_z und r_x, r_y, r_z. Diese Gleichungen lassen sich indessen durch nur zwei unabhängige Gleichungen ersetzen; denn multipliciren wir die drei Gleichungen der Reihe nach mit l_x, l_y, l_z und addiren sie, so erhalten wir eine Identität. Die aus den Gleichungen sich ergebenden Werthe für r_x, r_y, r_z genügen der Bedingung:

$$r_x{}^2 + r_y{}^2 + r_z{}^2 = 1.$$

Setzen wir $n' = -n$, so wird $i = -i'$, d. h. aus der Refraktion wird eine Reflexion. Setzen wir diese Werthe in die allgemeinen Gleichungen für die Richtung des gebrochenen Strahles, so stimmen die hierdurch erhaltenen Gleichungen mit den entsprechenden für die Reflexion gefundenen Gleichungen überein. Alle folgenden Sätze über Refraktionserscheinungen können durch Anwendung der Substitution $n' = -n$ auch auf die Reflexionserscheinungen übertragen werden.

§ 20. Wir führen zwei weitere bemerkenswerthe Sätze über die Brechung eines Strahles an, welche sich aus Formel (11) ableiten lassen. Wir ziehen aber die folgenden einfacheren Beweise vor. Die Sätze lauten:

I. *Die Winkel, welche der einfallende und gebrochene Strahl mit irgend einer durch die Normale zur brechenden Fläche gelegten Ebene einschliessen, folgen dem Brechungsgesetz.*

II. *Die Projektionen des einfallenden und gebrochenen Strahles auf irgend eine durch die Normale gelegte Ebene sind einem dem Brechungsgesetz analogen Gesetz unterworfen, wobei aber als Brechungsexponent ein anderer von der Neigung des einfallenden Strahles zu jener Ebene abhängiger Brechungsexponent gilt.*

Trägt man nämlich, wie in Fig. 11 dargestellt, auf der Richtung zweier beliebiger gebrochener Strahlen die im Längenverhältniss von n zu n', den Brechungsexponenten der beiden Medien, zu einander stehenden Strecken AO und OB ab und zieht AM und BN von A und B senkrecht zum Einfallsloth, so sind AM und BN einander gleich und parallel.

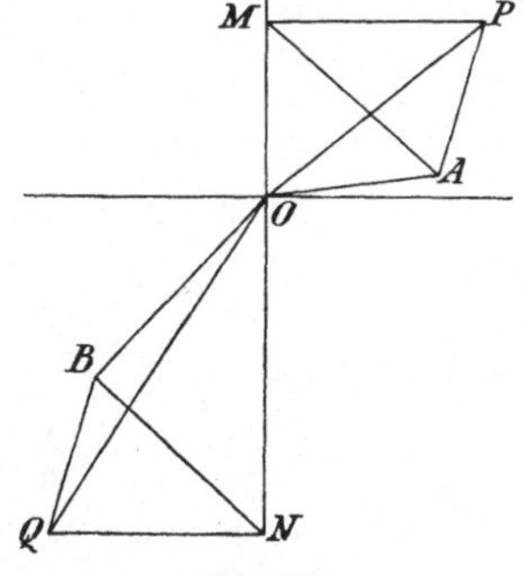

Fig. 11.

Es seien ferner PO und OQ die Projektionen von AO und OB auf irgend eine durch die Normale gelegte Ebene, wobei P und Q die Projektionen der beiden Punkte A resp. B sein sollen. Es sind dann die Dreiecke APM und BQN kongruent.

Bezeichnet man mit η, η' die spitzen Winkel, welche der einfallende und der gebrochene Strahl mit dieser Ebene einschliessen, mit $\varPhi$, $\varPhi'$ die spitzen Winkel zwischen den Projektionen dieser Strahlen auf die Ebene und dem Einfallsloth, so ist $AP = n \sin \eta$, $BQ = n' \sin \eta'$ und daher, da $AP = BQ$,

$$n \sin \eta = n' \sin \eta', \quad \ldots \ldots \ldots \ldots \quad (13)$$

was die Richtigkeit des ersten Satzes beweist. Ferner ist

$$OP = n \cos \eta, \quad OQ = n' \cos \eta',$$

oder

$$OP = \frac{MP}{\sin \varPhi} = n \cos \eta; \quad OQ = \frac{NQ}{\sin \varPhi'} = n' \cos \eta',$$

oder, da $MP = QN$,

$$n \cos \eta \sin \varPhi = n' \cos \eta' \sin \varPhi', \quad \ldots \ldots \ldots \quad (14)$$

was den zweiten Satz beweist. Man beachte, dass der Brechungsexponent für den projicirten Strahl stets grösser als für den gebrochenen Strahl ist.

§ 21. *Bei jeder Brechung entspricht dem grösseren Einfallswinkel immer die grössere Ablenkung.* Denn sind i, i' der Einfalls- resp. Brechungswinkel, so ist

$$\sin i = n \sin i'$$

und daher

$$\frac{\sin i - \sin i'}{\sin i + \sin i'} = \frac{n - 1}{n + 1},$$

oder

$$\frac{\operatorname{tg} \frac{1}{2} (i - i')}{\operatorname{tg} \frac{1}{2} (i + i')} = \frac{n - 1}{n + 1},$$

oder endlich

$$\operatorname{tg} \frac{1}{2} (i - i') = \frac{n - 1}{n + 1} \operatorname{tg} \frac{1}{2} (i + i').$$

$i - i'$ stellt aber die Ablenkung dar. Einem Wachsthum von i, und somit auch von i', entspricht daher ein Wachsthum von $\operatorname{tg} \frac{1}{2} (i + i')$, da $\frac{1}{2} (i + i') < \frac{\pi}{2}$. Es nimmt also die Ablenkung mit wachsendem Einfallswinkel zu.

Tritt der Strahl in ein dünneres Medium über, so haben wir nur den Strahlengang umzukehren. Da nun der Brechungswinkel mit dem Einfallswinkel wächst, so bildet dieser Fall keine Ausnahme von dem eben bewiesenen Satze.

Dieser Satz lässt sich auch nachweisen durch Logarithmirung und Differentiation der Gleichung $\sin i = n \sin i'$, woraus sich ergiebt:

$$\frac{di}{\operatorname{tg} i} = \frac{di'}{\operatorname{tg} i'},$$

und hieraus folgt, dass $di > di'$, d. h. $d(i - i')$ immer einen positiven Werth haben muss. Mit anderen Worten: *Die Ablenkung wächst mit dem Einfalls- und Brechungswinkel.*

Durch Differentiation der Gleichung

$$\sin i = n \sin i'$$

erhält man ferner:

$$\cos i \, di = n \cos i' \, di'$$

oder

$$\frac{di}{di'} = n \frac{\cos i'}{\cos i},$$

und daher

$$\left(\frac{di}{di'}\right)^2 = n^2 \frac{1 - \sin^2 i'}{\cos^2 i} = \frac{n^2 - \sin^2 i}{\cos^2 i},$$

oder

$$\left(\frac{di}{di'}\right)^2 = \frac{n^2 - 1 + \cos^2 i}{\cos^2 i} = 1 + \frac{n^2 - 1}{\cos^2 i}.$$

Hieraus können wir den Schluss ziehen, dass $\frac{di}{di'}$ mit dem Einfallswinkel wächst, und zwar: *Lässt man den Brechungswinkel stetig zunehmen, so wächst die Ablenkung in steigendem Maasse.*

§ 22. Die beiden letzten Sätze lassen sich geometrisch beweisen:

In Fig. 12 sei C der Mittelpunkt irgend eines Kreises mit dem Radius r, O sei ein solcher Punkt ausserhalb des Kreises, dass $OC = nr$. Man ziehe nun irgend eine Linie OPQ durch O, welche den Kreis in P und Q schneiden möge, und verbinde C mit P und Q. Bezeichnet man dann den Winkel CPQ mit i und den Winkel COP mit i', so ist

$$\sin i : \sin i' = CO : CP = n : 1,$$

oder

$$\sin i = n \sin i'.$$

Die Winkel i und i' stehen also in demselben Verhältniss zu einander, wie Einfalls- und Brechungswinkel eines Lichtstrahles.

Die Ablenkung ist dargestellt durch den Winkel PCO, den wir mit $\varDelta$ bezeichnen wollen. Lässt man die Linie OPQ aus der Lage OAB in die Lage der Kreistangente OT übergehen, so wächst dabei der Winkel i von O bis $\dfrac{\pi}{2}$ und während dieses Wachsthums von i wächst auch die Ablenkung $\varDelta$. Hiermit ist auch nachgewiesen, dass die Ablenkung mit dem Einfallswinkel wächst. Der Brechungswinkel wächst von O bis zum Werthe COT; dieser Winkel stellt also den Grenzwinkel dar.

Ferner war zu beweisen, dass, wenn i oder i' stetig zunehmen, die Ablenkung in einem schneller wachsenden Verhältniss zunimmt.

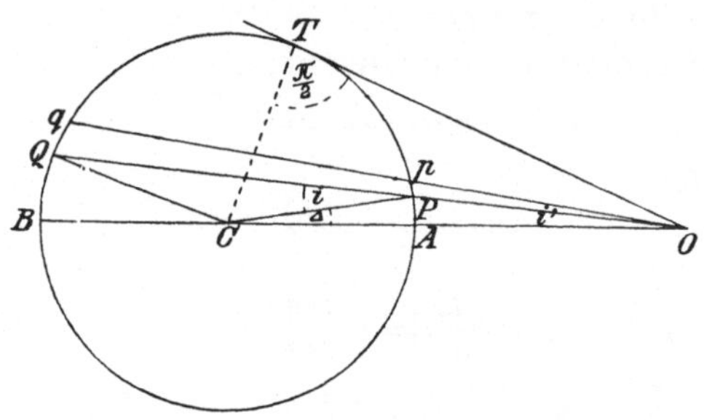

Fig. 12.

Ist Opq eine andere, von OPQ um ein Geringes entfernte Sehne des Kreises, so ist die Veränderung des Winkels dargestellt durch den zum Bogenstück Pp gehörigen Centriwinkel. Da nun Winkel $PCQ = \pi - 2i$, so ist ein Wachsthum von i dargestellt durch den Bogen $\dfrac{1}{2}(Qq + Pp)$ und daher die Zunahme von i', d. h. $i - \varDelta$, durch den Bogen $\dfrac{1}{2}(Qq + Pp) - Pp = \dfrac{1}{2}(Qq - Pp)$. Nehmen wir an, i, i' und $\varDelta$ seien um x, x' und δ gewachsen, so besteht das Verhältniss:

$$\frac{x}{\delta} = \frac{1}{2}\left\{\frac{Qq}{Pp} + 1\right\}$$

oder, wenn man QqO und PpO als ähnliche Dreiecke ansieht,

$$\frac{x}{\delta} = \frac{1}{2}\left\{\frac{Oq}{OP} + 1\right\},$$

daher schliesslich bei unendlich kleiner Verschiebung von OQ

$$\frac{x}{\delta} = \frac{1}{2}\left\{\frac{OQ}{OP} + 1\right\},$$

und analog

$$\frac{x'}{\delta} = \frac{1}{2}\left\{\frac{OQ}{OP} - 1\right\}.$$

Während aber P sich von A nach T bewegt, nähert sich OQ immer mehr der Grösse von OP; d. h. es wird $\frac{x}{\delta}$ resp. $\frac{x'}{\delta}$ immer kleiner.

Die in diesem Paragraphen angegebene Konstruktion rührt von Prof. P. G. Tait her.

§ 23. Jedes durch zwei sich schneidende Ebenen begrenzte Medium wird ein Prisma genannt. Der Neigungswinkel der beiden Ebenen zu einander heisst der brechende Winkel des Prismas. Vor der Hand werden wir nur den Gang derjenigen Lichtstrahlen verfolgen, welche in einer zu beiden Prismenflächen und somit auch zur Kante des Prismas senkrechten Ebene, dem sogenannten Hauptschnitt, verlaufen.

Tritt ein Lichtstrahl durch ein Prisma, welches stärker brechend ist als das dasselbe umgebende Medium, so erfolgt in allen Fällen die Ablenkung von dem brechenden Winkel nach dem dickeren Theile des Prismas zu.

PQRS stelle den Gang eines in einem Hauptschnitt durch ein Prisma gehenden Strahles dar. Q und R seien die Fusspunkte der Einfallslothe, welche sich in L schneiden mögen. Es treten nun drei Fälle auf, je nachdem das Dreieck OQR ein spitzwinkliges oder rechtwinkliges oder stumpfwinkliges ist.

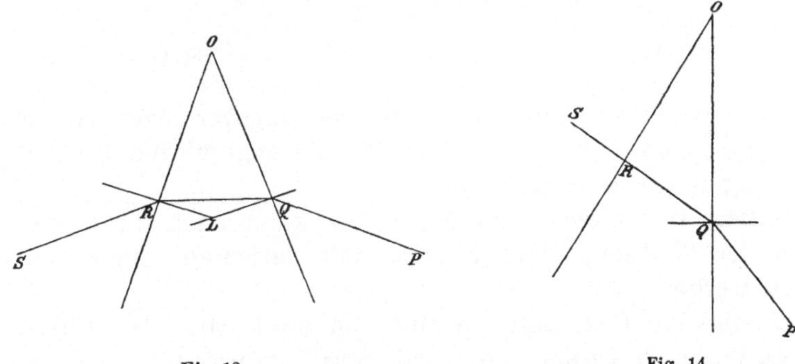

Fig. 13.   Fig. 14.

In dem erstgenannten Falle (Fig. 13) liegen die Strahlen PQ und RS auf der von dem Scheitel O abgekehrten Seite und daher erfolgen die Ablenkungen sowohl beim Eintritt als auch beim Austritt des Strahles in einer von der Prismenkante abgekehrten Richtung.

In dem zweiten Falle (Fig. 14) ist einer der Winkel des Dreieckes OQR ein rechter; wo dieser seinen Scheitelpunkt hat, findet also beim Eintritt gar keine Ablenkung statt, während bei dem anderen Eintrittspunkt die Ablenkung nach der vom Scheitel O abgekehrten Seite erfolgt.

Im letzten Falle (Fig. 15), wo einer der Winkel, ORQ, ein stumpfer, der andere also ein spitzer ist, liegt der Strahl SR auf der dem Scheitel O zugekehrten Seite des Einfallslothes, so dass die zugehörige Ablenkung nach dem Scheitel zu liegt, während bei O die Ablenkung vom Scheitel fort gerichtet ist. Der Brechungswinkel bei Q ist immer grösser als derjenige bei R, indem der erstere ein Aussenwinkel des Dreieckes QRL, der letztere ein Innenwinkel ist. Es ist daher die Ablenkung bei Q grösser als bei R, so dass die resultirende Ablenkung nach der von O abgekehrten Richtung erfolgt.

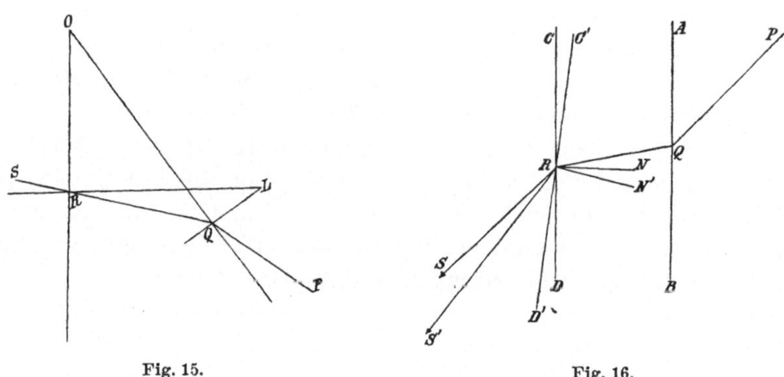

Fig. 15. Fig. 16.

Hat das Prisma ein geringeres Brechungsvermögen als das dasselbe umgebende Medium, so gilt für die angeführten Brechungserscheinungen das Umgekehrte.

§ 24. Der eben ausgeführte Satz kann auch durch den Vergleich der Wirkung eines Prismas mit derjenigen einer Platte bewiesen werden.

Dringt ein Lichtstrahl in eine von zwei parallelen Ebenen begrenzte Platte, so ist der austretende Strahl dem eintretenden parallel. Ist PQRS (Fig. 16) der Weg eines Strahles durch eine von den zwei Ebenen AB und CD begrenzte Platte, RN das Einfallsloth zur zweiten Ebene und denkt man sich nun diese zweite Ebene um R nach AB hin gedreht, so dass hierdurch ein Prisma entsteht, dessen Kante senkrecht zur Einfallsebene des Strahles ist, und RN' die Lage der Normalen zur zweiten Ebene, RS' der neue austretende

Strahl wird, so hat diese Drehung, wie die Figur zeigt, eine Zunahme des Einfallswinkels zur Folge; es ist also die Ablenkung an der zweiten Ebene vergrössert. Wie oben tritt daher auch hier eine Ablenkung nach dem dickeren Theile des Prismas auf.

In analoger Weise stellt sich eine Verminderung der Ablenkung an der zweiten Ebene ein bei einer Drehung derselben in dem entgegengesetzten Sinne und wir gelangen zu dem nämlichen Resultate.

§ 25. In Fig. 17 sei PQRS der Gang eines Strahles durch ein Prisma, dessen Kante in O liegt und dessen brechender Winkel

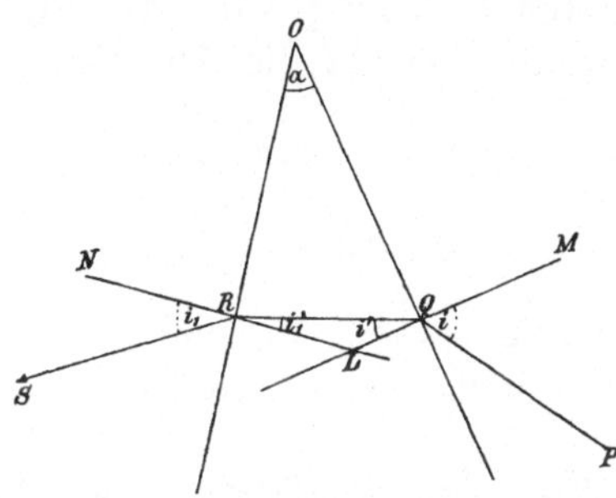

Fig. 17.

mit α bezeichnet sein mag. NR und MQ seien die Einfallslothe in R resp. Q zu den Prismenflächen. Ferner bezeichne

i den Einfallswinkel bei Q,

i' den Brechungswinkel bei Q,

i_1' den Eintrittswinkel bei R,

i_1 den Austrittswinkel bei R.

Wir wollen i und i_1 als positiv ansehen, wenn sie von dem Einfallsloth aus nach dem dickeren Theile des Prismas gemessen werden, so dass also i' und i_1' ebenfalls als positiv anzusehen sind, wenn sie von dem Einfallsloth nach dem Scheitel O gemessen werden. In der Figur sind i, i', i_1, i_1' demnach alle positiv. Nach dem Brechungsgesetz haben wir

$$\left.\begin{array}{l} \sin i = n \sin i' \\ \sin i_1 = n \sin i_1' \end{array}\right\} \quad \ldots \ldots \ldots \quad (15)$$

Da ferner

$$\sphericalangle ORQ + i_1' + OQR + i' = \pi$$

und ebenfalls

$$\sphericalangle ORQ + OQR + \alpha = \pi,$$

so ist

$$i' + i'_1 = \alpha \quad \ldots \ldots \ldots \ldots \quad (16)$$

Diese Relation besteht auch dann, wenn das Dreieck OQR ein stumpfwinkliges ist; in diesem Falle ist indessen einer der Winkel i' oder i_1' negativ.

Bezeichnet γ den Werth des Grenzwinkels der Brechung, so können i' und i_1' niemals grösser als γ sein. Wenn daher der brechende Winkel des Prismas grösser als 2γ ist, so kann kein Strahl durch das Prisma hindurch treten. Ist $\alpha > \gamma$, so müssen i' und i_1' stets beide positiv sein.

$\varDelta$ sei die gesammte, durch das Prisma hervorgebrachte Ablenkung. Bei der ersten Brechung wird der Strahl um $i - i'$ abgelenkt und bei der zweiten beträgt die Ablenkung $i_1 - i_1'$.

Somit ist

$$\varDelta = i - i' + i_1 - i_1'$$

oder

$$\varDelta = i + i_1 - \alpha. \quad \dots \dots \dots \dots \quad (17)$$

Durch die Gleichungen (15), (16) und (17) ist der Strahlengang durch ein Prisma innerhalb eines Hauptschnittes vollständig charakterisirt.

§ 26. *Die Ablenkung wird ein Minimum, wenn der Strahl symmetrisch durch das Prisma tritt.*

Untersuchen wir die Richtigkeit des Satzes. Wird für diesen symmetrischen Strahlengang der Werth des Winkels i mit i_0 bezeichnet und lässt man nun diesen Winkel i_0 allmählich anwachsen, so hat ein bestimmtes Wachsthum des Winkels i' eine gleichgrosse Verminderung des Winkels i_1' zur Folge, indem ja $i' + i_1'$ die konstante Summe α darstellt. Während also bei wachsendem Winkel i der Winkel i' immer grösser wird als i_1', wächst (vgl. § 21) die Ablenkung an der ersten Fläche in einem schnelleren Grade, als die Ablenkung an der anderen Fläche abnimmt; es wird somit die gesammte Ablenkung grösser.

Zu demselben Schluss gelangt man, wenn sogar i_1' negativ wird (wenn es überhaupt negativ wird, ehe i den Werth $\frac{\pi}{2}$ erreicht). Während also i von dem Werthe i_0 aus wächst, nimmt die Ablenkung stetig zu.

Lässt man nun i von i_0 aus abnehmen, so wächst i_1 von i_0 aus und wir haben nur den umgekehrten Weg zu verfolgen, um zu demselben Schluss zu gelangen.

Wenn daher *der Lichtstrahl symmetrisch durch das Prisma tritt, so liegt das einzig mögliche Minimum der Ablenkung vor.*

Dieser Satz kann auch durch die Formeln des vorigen Paragraphen bewiesen werden. Nach Gleichung (15) haben wir:

$$\left.\begin{array}{l} \sin i \ = n \sin i' \\ \sin i_1 = n \sin i_1' \end{array}\right\}.$$

Aus der Addition dieser beiden Gleichungen ergiebt sich

$$\sin i + \sin i_1 = n \left(\sin i' + \sin i_1'\right),$$

oder

$$2 \sin \frac{i + i_1}{2} \cos \frac{i - i_1}{2} = 2\,n \sin \frac{i' + i_1'}{2} \cos \frac{i' - i_1'}{2},$$

das heisst

$$\sin \frac{\varDelta + \alpha}{2} = n \sin \frac{\alpha}{2} \cdot \frac{\cos \dfrac{i' - i_1'}{2}}{\cos \dfrac{i - i_1}{2}}.$$

Angenommen, i und i_1 seien ungleich, etwa $i > i_1$, so ist die Ablenkung $i - i'$ grösser als die Ablenkung $i_1 - i_1'$, somit $i - i_1$ grösser als $i' - i_1'$ und daher auch

$$\cos \frac{i' - i_1'}{2} > \cos \frac{i - i_1}{2}.$$

Ebenso ist $\cos \dfrac{i' - i_1'}{2} > \cos \dfrac{i - i_1}{2}$, wenn $i_1 > i$, daher in allen Fällen, wo i und i_1 ungleich sind, $\sin \dfrac{\varDelta + \alpha}{2} > n \sin \dfrac{\alpha}{2}$. Wenn aber $i = i_1$, ist

$$\sin \frac{\varDelta + \alpha}{2} = n \sin \frac{\alpha}{2}. \quad \ldots \ldots \ldots \quad (18)$$

Daher ist $\varDelta$ ein einziges Minimum, wenn $i = i_1$, d. h. wenn der Strahlengang ein symmetrischer ist.

Es lässt sich der direkte Beweis unter mehreren anderen auch so führen, dass man $i + i_1$ als Funktion von i' ausdrückt und den ersten Differentialquotient dieser Funktion $= 0$ setzt. Der Gang der Rechnung ist folgender:

Die Ablenkung ist nach Gleichung (17) $\varDelta = i + i_1 - \alpha$ und es ist die Bedingung zu finden, unter welcher $\varDelta$ ein Minimum wird.

Nach Gleichung (15) ist:

$$\left.\begin{array}{l} \sin i \ = n \sin i' \\ \sin i_1 = n \sin i_1' \end{array}\right\},$$

somit

$$i = \arcsin \left(n \sin i'\right)$$

$$i_1 = \arcsin \left(n \sin i_1'\right)$$

oder

$$i_1 = \arcsin\left[n \sin\left(\alpha - i'\right)\right],$$

daher

$$\varDelta = i + i_1 - \alpha = \arcsin\left[n \sin i'\right] + \arcsin\left[n \sin\left(\alpha - i'\right)\right] - \alpha.$$

Differentiirt man und setzt den ersten Differentialquotienten $= 0$, so ergiebt sich:

$$\frac{d\varDelta}{d i'} = n\left\{\frac{\cos i'}{\sqrt{1 - n^2\sin^2 i'}} - \frac{\cos\left(\alpha - i'\right)}{\sqrt{1 - n^2\sin^2\left(\alpha - i'\right)}}\right\} = 0.$$

Hieraus:

$$\frac{\cos i'}{\sqrt{1 - n^2\sin^2 i'}} = \frac{\cos\left(\alpha - i'\right)}{\sqrt{1 - n^2\sin^2\left(\alpha - i'\right)}},$$

oder

$$\frac{1 - \sin^2 i'}{1 - n^2\sin^2 i'} = \frac{1 - \sin^2\left(\alpha - i'\right)}{1 - n^2\sin^2\left(\alpha - i'\right)}$$

oder

$$1 - \sin^2 i' - n^2\sin^2\left(\alpha - i'\right) + n^2\sin^2 i'\,\sin^2\left(\alpha - i'\right)$$

$$= 1 - \sin^2\left(\alpha - i'\right) - n^2\sin^2 i' + n^2\sin^2 i'\,\sin^2\left(\alpha - i'\right)$$

oder

$$\left(n^2 - 1\right)\sin^2 i' = \left(n^2 - 1\right)\sin^2\left(\alpha - i'\right),$$

und hieraus

$$i' = \alpha - i',$$

oder endlich

$$i' = \frac{\alpha}{2}.$$

Um zu bestimmen, ob $i' = \dfrac{\alpha}{2}$ die Bedingung für ein Maximum oder Minimum liefert, bilden wir die zweite Derivirte.

Wir erhalten dann:

$$f_{(i')}'' = n\left\{\frac{-\sqrt{1 - n^2\sin^2 i'}\cdot\sin i' - \cos i'\,\dfrac{-n^2\sin i'\cos i'}{\sqrt{1 - n^2\sin^2 i'}}}{1 - n^2\sin^2 i'} - \right.$$

$$\left. - \frac{\sin\left(\alpha - i'\right)\sqrt{1 - n^2\sin^2\left(\alpha - i'\right)} - \cos\left(\alpha - i'\right)\,\dfrac{n^2\sin\left(\alpha - i'\right)\cos\left(\alpha - i'\right)}{\sqrt{1 - n^2\sin^2\left(\alpha - i'\right)}}}{1 - n^2\sin^2\left(\alpha - i'\right)}\right\}.$$

Hierfür erhalten wir unter gleichzeitiger Einsetzung des Bedingungswerthes $i' = \dfrac{\alpha}{2}$

$$f\left(\frac{\alpha}{2}\right)'' = n\ \frac{-\left(1-n^2\sin^2\frac{\alpha}{2}\right)\sin\frac{\alpha}{2}+n^2\sin\frac{\alpha}{2}\cos^2\frac{\alpha}{2}-}{\left(1-n^2\sin\frac{\alpha}{2}\right)\sqrt{1-n^2\sin^2\frac{\alpha}{2}}}$$

$$\frac{-\left(1-n^2\sin^2\frac{\alpha}{2}\right)\sin\frac{\alpha}{2}+n^2\sin\frac{\alpha}{2}\cos^2\frac{\alpha}{2}}{\left(1-n^2\sin\frac{\alpha}{2}\right)\sqrt{1-n^2\sin^2\frac{\alpha}{2}}},$$

$$= n\ \frac{2n^2\sin\frac{\alpha}{2}\cos^2\frac{\alpha}{2}-2\left(1-n^2\sin^2\frac{\alpha}{2}\right)\sin\frac{\alpha}{2}}{\left(1-n^2\sin\frac{\alpha}{2}\right)\sqrt{1-n^2\sin^2\frac{\alpha}{2}}},$$

$$= 2n\sin\frac{\alpha}{2}\ \frac{n^2\cos^2\frac{\alpha}{2}-1+n^2\sin^2\frac{\alpha}{2}}{\left(1-n^2\sin\frac{\alpha}{2}\right)\sqrt{1-n^2\sin^2\frac{\alpha}{2}}} =$$

$$= \frac{n^2-1}{\left(1-n^2\sin^2\frac{\alpha}{2}\right)\sqrt{1-n^2\sin^2\frac{\alpha}{2}}}$$

Da nun n stets grösser als 1 und $n\sin\frac{\alpha}{2}=n\sin i'$ auch in seinem grösstmöglichen, durch den Grenzwinkel gegebenen Werth kleiner als 1 ist, so ist die zweite Derivirte positiv.

Es ist daher $i'=\frac{\alpha}{2}$ die Bedingung dafür, *dass $\varDelta$ ein Minimum wird.*

Ist aber $i'=\frac{\alpha}{2}$, so muss auch $i_1'=\frac{\alpha}{2}$ sein, da nach (16) $i'+i_1'=\alpha$, d. h. *es muss der Strahlengang ein symmetrischer sein.*

§ 27. Wenn der brechende Winkel des Prismas klein ist, so kann auch die Ablenkung nur klein sein. Da nun nach (16) und (17)

$$i_1'=\alpha-i'$$

und

$$i_1=\alpha+\varDelta-i,$$

so ist

$$\sin(\alpha+\varDelta-i)=\sin i_1=n\sin i_1'=n\sin(\alpha-i'),$$

oder, da α und $\varDelta$ klein sind,

$$(\alpha+\varDelta)\cos i-\sin i=n\alpha\cos i'-n\sin i',$$

oder

$$\Delta \cos i = \alpha \left\{ n \cos i' - \cos i \right\};$$

daher

$$\Delta = \alpha \left\{ \frac{n \cos i'}{\cos i} - 1 \right\}. \quad \ldots \ldots \ldots \quad (19)$$

Tritt der Strahl fast senkrecht zu den brechenden Flächen durch das Prisma, so werden i und i_1 beide klein, so dass man die höheren Potenzen vernachlässigen kann, und die Ablenkung hat dann den Näherungswerth

$$\Delta = (n - 1)\, \alpha \quad \ldots \ldots \ldots \ldots \quad (20)$$

und *es ist*, wie man sieht, *dieser Annäherungswerth unabhängig von dem Einfallswinkel.*

§ 28. Wir wollen nun den Fall betrachten, wo der Strahl nicht in einer zur Schnittlinie der brechenden Flächen senkrechten Ebene, also nicht in einem Hauptschnitt liegt.

Es gelte für die Projektion des Strahlenganges auf diesen Hauptschnitt die auf den vorigen Fall angewandte Bezeichnungsweise. Bedeuten ausserdem η, η' die Neigungen des einfallenden und gebrochenen Strahles zum Hauptschnitt bei der ersten Ablenkung, ξ, ξ' die Neigungen des gebrochenen und einfallenden Strahles zu dieser Ebene bei der zweiten Ablenkung, so ist nach (13)

$$\left. \begin{array}{l} \sin \eta = n \sin \eta' \\ \sin \xi = n \sin \xi' \end{array} \right\}.$$

Da nun aber ξ' und η' die Neigung ein und desselben Strahles zur selben Ebene bezeichnen, so ist $\xi' = \eta'$ und somit nach der letzten Gleichung $\xi = \eta$. Hieraus ist ersichtlich, dass *der einfallende und austretende Strahl dieselbe Neigung zum Hauptschnitt, somit auch zur brechenden Kante des Prismas haben.*

Ferner bestehen für die Brechung nach (14) die folgenden Relationen:

$$\left. \begin{array}{l} \sin i \cos \eta = n \sin i' \cos \eta' \\ \sin i_1 \cos \eta = n \sin i_1' \cos \eta' \\ i' + i_1' = \alpha \end{array} \right\} \ldots \ldots \ldots \quad (21)$$

und

Aus diesen drei Gleichungen lässt sich der Strahlengang durch ein brechendes Prisma in jedem einzelnen Fall ableiten.

§ 29. Wir gehen nun über zur Bestimmung der durch das Prisma hervorgerufenen Ablenkung, wieder unter der Voraussetzung, dass der einfallende Strahl in einer zum Hauptschnitt beliebig geneigten Ebene liegt. Bezeichnet Δ_0 die Ablenkung der auf einen Hauptschnitt projicirten Strahlen, so haben wir

$$\Delta_0 = i + i_1 - \alpha.$$

Es sei in Fig. 18 OAB der Hauptschnitt, OA und OB die Projektionen des einfallenden und austretenden Strahles, OP und OQ diese Strahlen selbst und man nehme an, dass die Endpunkte dieser Linien auf einer um O als Mittelpunkt beschriebenen Kugel liegen. Der Bogen AB stellt dann Δ_0 und der Bogen PQ die wirkliche Ablenkung dar. Die Bögen AP und BQ sind aber jeder gleich η, so dass PQ die Linie AB in N halbirt. Wir erhalten dann aus dem rechtwinkligen Dreieck PAN die Gleichung

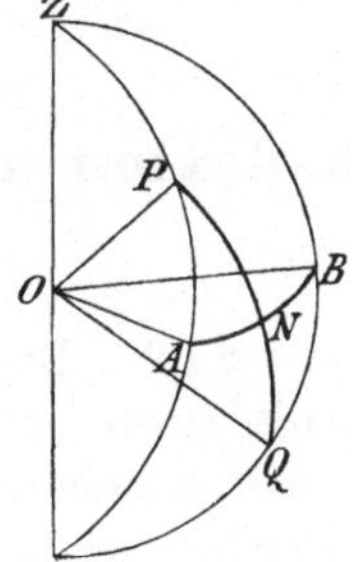

Fig. 18.

$$\cos\frac{\Delta}{2} = \cos\frac{\Delta_0}{2} \cdot \cos\eta$$

als Bestimmungswerth der gesammten Ablenkung.

Aus dieser Gleichung lässt sich der Schluss ziehen, dass Δ immer grösser als Δ_0 ist. Die Bedingung für den kleinsten Werth von Δ_0 lässt sich analog dem in § 26 behandelten Fall auffinden. Die Ablenkung wird nämlich ein Minimum, sobald $i = i_1$ wird; für diesen Fall erhalten wir dann für die Ablenkung nach (18) und (21) die Gleichung:

$$\sin\frac{\Delta_0 + \alpha}{2}\cos\eta = n\sin\frac{\alpha}{2}\cos\eta'. \quad \ldots \ldots \quad (22)$$

Setzen wir in dieser Gleichung $\eta = 0$, so gelangen wir zu demselben, die minimale Ablenkung kennzeichnenden Werth, den wir oben für den im Hauptschnitt verlaufenden Strahl fanden; es ist dieser Werth kleiner als Δ_0, da $\cos\eta' > \cos\eta$. Wir gelangen also zu folgendem Resultat:

Die durch ein Prisma hervorgerufene Ablenkung ist ein Minimum, wenn der Lichtstrahl in einem Hauptschnitt verläuft und wenn der Einfalls- und Austrittswinkel einander gleich sind.

Kapitel III.

Reflexion und Brechung centraler Strahlenbüschel.

————

§ 30. Bisher haben wir nur die Reflexion und Brechung eines einzelnen Strahles betrachtet; wir werden nun zu untersuchen haben, welchen Einfluss die Reflexion und Brechung auf ein Strahlenbüschel ausübt.

Reflexion eines Strahlenbüschels an einer Ebene.

QR (Fig. 19) sei ein beliebiger von einem festen Punkt Q ausgehender Strahl und RS die Richtung des zugehörigen reflektirten Strahles. Man ziehe QM senkrecht zur Spiegelebene und verlängere

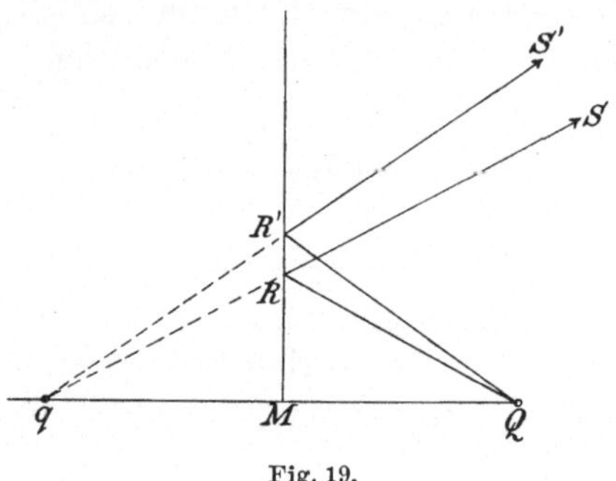

Fig. 19.

RS rückwärts, so dass es die Linie MQ in q schneidet. Diese Konstruktion wird unter allen Umständen möglich sein, da die Linien QM, QR und RS, d. h. die Richtungen des einfallenden und reflektirten Strahles sowie des Einfallslothes, in einer Ebene liegen. Nach dem Reflexionsgesetz ist dann der Winkel qRM $=$ QRM, und somit sind die Dreiecke QRM und qRM einander kongruent, so dass also qM $=$ QM. Die Lage bleibt, wie man leicht erkennt, dieselbe für jeden von Q ausgehenden Strahl, so dass das Strahlenbüschel nach der Reflexion von q auszugehen scheint. Mit anderen Worten: Die Vereinigungspunkte des einfallenden und reflektirten Strahlenbüschels liegen auf derselben Senkrechten zur Spiegelebene, auf entgegengesetzten Seiten derselben und in gleichen Abständen von ihr.

§ 31. *Reflexion eines zwischen zwei ebenen Spiegeln befindlichen Punktes* (Fig. 20). Durch den zwischen zwei parallelen Spiegelebenen befindlichen leuchtenden Punkt Q denke man sich eine zu denselben senkrechte Gerade A Q B von unbegrenzter Länge gelegt. Nimmt man dann $Aq' = AQ$, so ist q' der Vereinigungspunkt aller von Q ausgehenden, durch den ersten Spiegel reflektirten Strahlen. Diese reflektirten Strahlen, welche von q' auszugehen scheinen, fallen auf den zweiten Spiegel. Nehmen wir daher $Bq'' = Bq'$ an, so ist q'' der Vereinigungspunkt aller zum zweiten Male reflektirten Strahlen, und so fort.

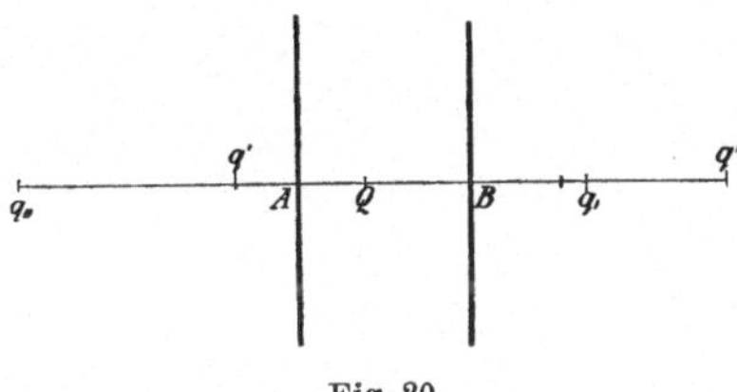

Fig. 20.

Ferner haben die von Q ausgehenden, auf den zweiten Spiegel fallenden Strahlen den Vereinigungspunkt $q_{,}$, wobei wieder $Bq_{,} = BQ$; die von diesem Vereinigungspunkt ausgehenden und auf den ersten Spiegel fallenden Strahlen haben den Vereinigungspunkt $q_{,,}$, wobei $Aq_{,,} = Aq_{,}$ u. s. f. Man erhält somit eine unendliche Anzahl von Vereinigungspunkten, welche sämmtlich auf der Geraden AB liegen und nach jeder Reflexion in immer weiteren Entfernungen von den Spiegeln liegen. Die Abstände Qq', Qq'' ... können leicht berechnet werden. Denn macht man $QA = a$, $QB = b$ und $AB = a + b = c$, so findet man:

$$Qq' \ = 2\,AQ = 2a,$$
$$Qq'' \ = BQ + Bq' \ = Qq' \ + 2\,BQ = 2a + 2b = 2c,$$
$$Qq''' \ = AQ + Aq'' \ = Qq'' \ + 2\,AQ = 2c + 2a,$$
$$Qq'''' = BQ + Bq''' = Qq''' + 2\,BQ = 2a + 2b + 2c = 4c \ldots \text{u. s. f.}$$

Analog ergiebt sich:

$$Qq_{,} = 2b; \quad Qq_{,,} = 2c; \quad Qq_{,,,} = 2c + 2b; \quad Qq_{,,,,} = 4c \ldots \text{u. s. f.}$$

§ 32. *Reflexion eines zwischen zwei ebenen, zu einander geneigten Spiegeln befindlichen leuchtenden Punktes; Lage und Anzahl der Vereinigungspunkte der reflektirten Strahlen* (Fig. 21). O A und O B seien die Schnittlinien zweier Spiegel mit einer durch den leuchtenden Punkt Q rechtwinklig zu ihnen gelegten Ebene. Man fälle von Q aus ein Loth auf den Spiegel OA und verlängere dasselbe, so dass Qq' durch den Spiegel halbirt wird. Es ist dann q' der Vereinigungspunkt der Strahlen nach der ersten Reflexion durch OA. Fällt man nun ferner ein Loth von q' auf OB und verlängert es bis q'', so dass $q'q''$ von der Spiegellage OB halbirt wird, so ist q'' der Vereinigungspunkt der Strahlen nach der zweiten Reflexion u. s. f. In ganz derselben Weise erhalten wir eine zweite Reihe von Vereinigungspunkten $q_{,}$, $q_{,,}$, $q_{,,,}$ ..., wenn wir die auf OB fallenden Strahlen verfolgen.

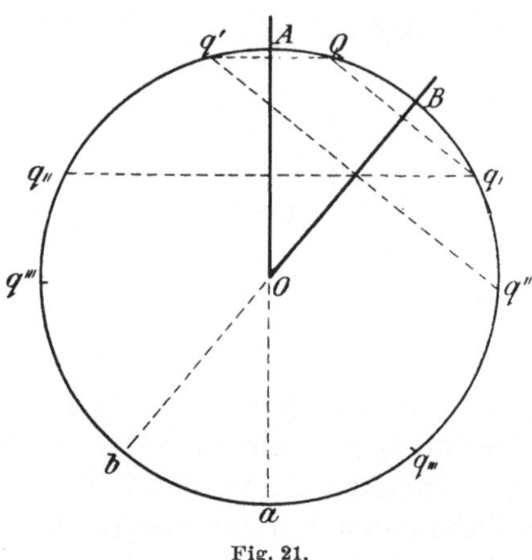

Fig. 21.

Aus der Konstruktion folgt ohne Weiteres, dass $Oq' = OQ$ und ebenso dass $Oq'' = Oq' = OQ$ ist. Der geometrische Ort aller Vereinigungspunkte ist also ein Kreis mit dem Mittelpunkte O und dem Radius OQ. Um die Lagen der Vereinigungspunkte zu bestimmen, bezeichnen wir den Bogen QA mit φ, QB mit φ' und AOB mit α.

Es ist dann Bogen

$$Qq' = 2\,QA = 2\varphi,$$

$$Qq'' = BQ + Bq' = Qq' + 2\,BQ = 2\varphi + 2\varphi' = 2\alpha,$$

$$Qq''' = QA + Aq'' = 2\,QA + Qq'' = 2\alpha + 2\varphi \text{ u. s. f.}$$

Analog ist:

$$Qq_{,} = 2\varphi', \quad Qq_{,,} = 2\alpha, \quad Qq_{,,,} = 2\alpha + 2\varphi' \text{ u. s. f.}$$

Allgemein sind die Abstände in der ersten Reihe:

$$Qq^{(2n)} = 2n\alpha, \quad Qq^{(2n+1)} = 2n\alpha + 2\varphi,$$

und in der zweiten Reihe:

$$Q q_{(2\,n)} = 2\,n\,\alpha, \quad Q q_{(2\,n+1)} = 2\,n\,\alpha + 2\,\varphi'.$$

Die Anzahl der Spiegelbilder ist eine beschränkte; denn sobald irgend eines der Bilder auf das zwischen den Verlängerungen der Spiegelschnitte liegende Bogenstück fällt, so liegt es hinter beiden Spiegeln und daher findet in diesem Falle keine Reflexion mehr statt. Ist das mit $q^{(2\,n)}$ bezeichnete Bild das erste, welches auf den Bogen ab fällt, so muss, da dieses eines derjenigen Bilder ist, welche hinter dem zweiten Spiegel liegen, der Bogen $Q q^{(2\,n)}$ grösser als QBa sein, d. h. $2\,n\,\alpha > \pi - \varphi$, oder,

$$2\,n > \frac{\pi - \varphi}{\alpha}.$$

Liegt das erste auf den Bogen ab fallende Bild hinter dem ersten Spiegel und bezeichnet man es mit $q^{(2\,n+1)}$, so muss $Q q^{(2\,n+1)}$ grösser als QAb sein; d. h. $2\,n\,\alpha + 2\,\varphi > \pi - \varphi'$, oder $2\,n\,\alpha + \varphi + \varphi' > \pi - \varphi$, oder schliesslich $2\,n + 1 > \frac{\pi - \varphi}{\alpha}$.

Dieser Ausdruck stimmt mit dem für den anderen Spiegel erhaltenen überein, indem $2\,n$ die Anzahl der Bilder in dem ersten, $2\,n + 1$ in dem zweiten Fall bezeichnet. Die Gesammtanzahl der in der ersten Reihe möglichen Bilder ist somit gegeben durch die dem Werthe $\frac{\pi - \varphi}{\alpha}$ zunächst liegende ganze Zahl; und ebenso ergiebt sich als die Anzahl der in der zweiten Reihe möglichen Bilder die dem Werthe $\frac{\pi - \varphi'}{\alpha}$ zunächst liegende ganze Zahl.

Sind α und π kommensurabel, ist also $\frac{\pi}{\alpha}$ eine ganze Zahl, so beträgt die Anzahl der in jeder Reihe erzeugten Bilder $\frac{\pi}{\alpha}$, da $\frac{\varphi}{\alpha}$ und $\frac{\varphi'}{\alpha}$ echte Brüche sind, so dass also die Gesammtanzahl der Bilder $\frac{2\,\pi}{\alpha}$ beträgt. In diesem Falle aber fallen zwei der Bilder der verschiedenen Reihen zusammen. Denn ist $\frac{\pi}{\alpha}$ eine gerade Zahl, etwa $2\,n$, so ist

$$Q q^{(2\,n)} + Q q_{(2\,n)} = 2\,n\,\alpha + 2\,n\,\alpha = 2\,\pi,$$

und es fallen daher die Bilder $q^{(2\,n)}$ und $q_{(2\,n)}$ zusammen. Wenn dagegen $\dfrac{\pi}{\alpha}$ eine ungerade Zahl ist, etwa $2\,n+1$, so ist

$$Q\,q^{(2\,n+1)} + Q\,q_{(2\,n+1)} = 4\,n\,\alpha + 2\,(\varphi+\varphi') = (4\,n+2)\,\alpha = 2\,\pi,$$

und es fallen somit die Bilder $q^{(2\,n+1)}$ und $q_{(2\,n+1)}$ zusammen.

Wenn wir daher den leuchtenden Punkt in die Anzahl der Bilder einrechnen, so ist die Gesammtanzahl der Vereinigungspunkte $\dfrac{2\,\pi}{\alpha}$.

Auf den in diesem Paragraphen enthaltenen Ausführungen beruht die Einrichtung des Kaleidoskops.

§ 33. Von dem Fall eines einzelnen Strahlenbüschels ausgehend, gelangen wir nun zur Abbildung irgend eines Objektes durch Reflexion an einem ebenen Spiegel.

Befindet sich ein Objekt einem ebenen Spiegel gegenüber, so gehen von jedem Punkte des Objektes Strahlen aus; wenn nun die von irgend einem Punkte ausgehenden Strahlen an dem Spiegel reflektirt werden, so werden sie von einem auf der entgegengesetzten Seite befindlichen Vereinigungspunkte auszugehen scheinen, so zwar, dass die beiden zusammengehörigen Vereinigungspunkte auf derselben Senkrechten zur Spiegelebene und in gleichen Abständen von letzterer liegen. Jedem Punkte des Objektes entspricht ein solcher Vereinigungspunkt und das Aggregat dieser Vereinigungspunkte nennt man das Bild des Objektes. Dieses Bild deckt sich nun vollkommen mit dem abgebildeten Objekte, da die sämmtlichen zusammengehörigen Objekt- und Bildpunkte zum Spiegel symmetrische Lagen einnehmen. Dagegen wird, da die Bildfläche und die abgebildete Objektfläche einander zugekehrt sind, der Begriff von rechts und links im Spiegelbilde eine Umkehrung erfahren. Befindet sich das Auge in einer solchen Stellung, dass es reflektirte Strahlen empfängt, so werden letztere denselben Eindruck hervorrufen, als ob sie von einem hinter dem Spiegel liegenden, an Stelle des Bildpunktes befindlichen wirklichen Objektpunkte ausgingen. Um den Strahlengang, vermöge dessen das Auge das Spiegelbild eines Objektes erblickt, zu konstruiren, zieht man ein Linienbüschel von der Pupille aus bis zur Spiegelebene in der Richtung des dem betreffenden Objektpunkte zugehörigen Bildpunktes und verbindet dann die Schnittpunkte jenes Linienbüschels und der Spiegelebene mit dem Objektpunkte.

§ 34. Bei der nun folgenden Untersuchung von Strahlenbüscheln werden wir von der Voraussetzung ausgehen, dass die Strahlen nur eine geringe Divergenz besitzen oder, mit anderen

Worten, dass der von den Randstrahlen eingeschlossene Winkel ein sehr kleiner ist.

Wenn nun die Axe eines solchen Strahlenbüschels zur Fläche, auf welche es auffällt, normal gerichtet ist, so nennt man es ein centrales Strahlenbüschel; in allen anderen Fällen hat man es mit schiefen Strahlenbüscheln zu thun.

Im Allgemeinen gehen die Strahlen eines Strahlenbüschels nach der Reflexion oder Brechung nicht genau durch einen Punkt; es giebt aber viele wichtige Fälle, wo der Strahleneintritt ein centraler ist, wo daher die Strahlen sehr angenähert in einem Punkte sich schneiden. Wir wollen zunächst einige von diesen Fällen in unsere Betrachtung ziehen.

Brechung enger centraler Lichtbüschel durch eine brechende Ebene (Fig. 22).

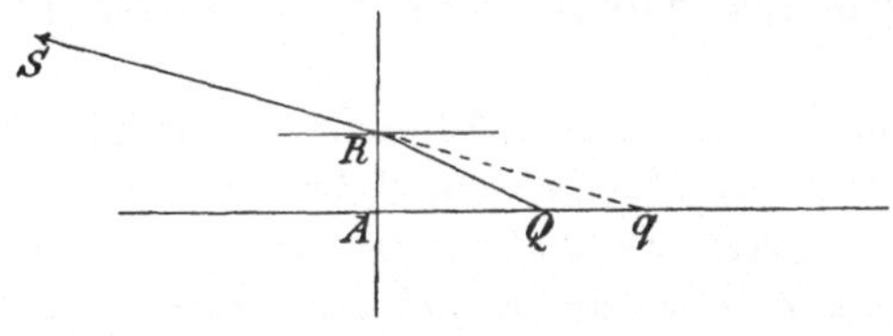

Fig. 22.

Von dem Punkte Q aus divergire ein Strahlenbüschel, dessen Axe AQ normal zur brechenden Fläche ist. QRS sei der Weg irgend eines Strahles und die Rückwärtsverlängerung von RS treffe AQ in q. Es ist dann der Winkel AQR gleich dem Einfallswinkel des Strahles, und der Winkel AqR gleich dem Brechungswinkel. Bezeichnen n und n' die Brechungsexponenten der beiden Medien, so lässt sich das Brechungsgesetz bekanntlich durch die Gleichung

$$n \sin i = n' \sin i' \qquad \dots \dots \dots \dots \quad (1)$$

ausdrücken.

Hierfür können wir nun setzen:

$$\frac{n}{\mathrm{RQ}} = \frac{n'}{\mathrm{R}q}.$$

Betrachten wir verschiedene Strahlen des Büschels, so ändert sich damit auch die Lage des Punktes R, und somit auch diejenige des Punktes q. Stellen wir uns aber das Strahlenbüschel als ein so enges vor, dass die Quadrate und höheren Potenzen der Winkelwerthe von i und i' vernachlässigt werden können, so können wir, sofern es sich nur um ein praktisches angenähertes Resultat handelt, $\mathrm{RQ} = \mathrm{AQ}$ und $\mathrm{R}q = \mathrm{A}q$ setzen und es wird dann

$$\frac{AQ}{n} = \frac{Aq}{n'},$$

oder, wie wir der bequemeren Uebersicht wegen schreiben wollen,

$$\frac{a}{n} = \frac{a'}{n'}, \quad \cdots \cdots \cdots \cdots \quad (2)$$

worin a und a' die Abstände AQ und Aq bedeuten. Unter der dieser Annäherungsformel zu Grunde liegenden Voraussetzung hat q eine unveränderliche Lage, so dass die Rückwärtsverlängerungen aller gebrochenen Strahlen sich in demselben Punkte q der Axe AQ schneiden. Der Punkt q ist also der Vereinigungspunkt des gebrochenen Strahlenbüschels. Man kann alsdann auch q den Bildpunkt von Q nennen. Ferner bezeichnet man auch Q und q auf einander bezogen als konjugirte oder einander zugeordnete Punkte.

Wir werden somit zu dem folgenden Schluss geführt:

Ein Punkt und sein Bild liegen auf derselben Normalen zur brechenden Fläche und auf derselben Seite derselben; ändert sich die Entfernung des Punktes von dieser Fläche, so ändert sich auch der Abstand des Bildpunktes in gleichem Verhältniss, und Objektpunkt und Bildpunkt verschieben sich in gleicher Richtung.

§ 35. Aus dem über ein einzelnes Strahlenbüschel Gesagten lässt sich nun ohne Schwierigkeit erkennen, wie und wo das Auge ein Objekt erblickt, welches sich in einem Medium befindet, dessen Brechungsindex von dem der Luft verschieden ist, z. B. einen Gegenstand unter Wasser. Jeder Punkt des Objektes unter Wasser sendet Lichtstrahlen aus. Beim Uebergang der Strahlen aus dem Wasser in die Luft erhalten die Strahlen eine solche Richtung, dass sie von einem dem gegebenen Punkte konjugirten Punkte auszugehen scheinen. Nimmt man den Brechungsindex von Wasser zu Luft als $^4/_3$ an, so liegt der dem gegebenen Punkte konjugirte Vereinigungspunkt der Strahlen auf derselben Normalen zur brechenden Fläche, aber in einem scheinbaren Abstande, welcher $^3/_4$ der wahren Tiefe entspricht. Jedem Punkte des Objektes ist ein solcher Bildpunkt zugeordnet und das Aggregat dieser Vereinigungspunkte stellt das Bild des Objektes dar. Ein in Luft befindliches Auge empfängt denselben Eindruck, als ob die Strahlen von einem die Lage des Bildes des Objektes einnehmenden Objekte ausgingen. Die Strahlen, vermittelst deren das Auge irgend einen Objektpunkt durch eine brechende Fläche erblickt, lassen sich leicht konstruktiv darstellen: Man zieht nämlich von der Pupille des Auges aus

Strahlen nach dem entsprechenden Bildpunkt und zwar bis zur brechenden Fläche, und verbindet dann die Schnittpunkte sämmtlicher Strahlen und der brechenden Fläche mit dem Objektpunkt.

Die der verschiedenartigen Gestaltung des Objektes entsprechenden verschiedenen Bilder lassen sich nach dem soeben Gesagten geometrisch konstruiren. Man sieht ohne Weiteres ein, dass das Bild einer Ebene wieder eine Ebene wird, wobei beide Ebenen sich unter verschiedenen Neigungswinkeln in einer in der brechenden Ebene liegenden Geraden schneiden; einer Kugel entspricht ein Rotationsellipsoid, dessen Rotationsaxe senkrecht zur brechenden Fläche steht.

Diese Darstellung des Abbildungsvorganges ist nur in beschränktem Sinne richtig; denn von den von irgend einem Punkte ausgehenden Strahlen sind es nur die annähernd centralen, welche von dem Bilde ausgehend ins Auge gelangen. Das Objekt muss daher als klein und fast direkt unter dem Auge befindlich vorausgesetzt werden, damit sämmtliche Strahlen in einer zur brechenden Fläche fast senkrechten Richtung austreten können. Die genauere Untersuchung dieser Erscheinung können wir indessen erst später folgen lassen.

§ 36. Untersuchen wir jetzt die *Reflexion und Refraktion eines engen centralen Strahlenbüschels an einer sphärischen Fläche.*

Allgemein wird dieser Fall sich nicht planimetrisch behandeln lassen; es ist indessen zweckmässig, der Untersuchung im Raum die planimetrische Untersuchung zu Grunde zu legen. Wir wollen zunächst ein von einem leuchtenden Punkte der Axe der sphärischen Fläche ausgehendes Strahlenbüschel betrachten. Das ganze System wird dann zur Axe symmetrisch sein, und wir brauchen nur die in einer durch die Axe gelegten Ebene liegenden Strahlen einer Betrachtung zu unterwerfen und uns darauf das ebene System um die Axe rotirend zu denken. Wir werden finden, dass nach der Reflexion oder Brechung das Strahlenbüschel unter gewissen Voraussetzungen nach einem ebenfalls auf der Axe liegenden Vereinigungspunkt konvergirt. Befindet sich der leuchtende Punkt nicht in der Axe der sphärischen Fläche, so verbindet man denselben mit dem Mittelpunkt der brechenden Kugelfläche; die Verbindungslinie bildet die Normale zur Fläche und kann alsdann selber als eine Axe angesehen werden, und wir gelangen so wieder zu dem Problem, von welchem wir ausgingen.

§ 37. *Reflexion enger centraler Lichtbüschel an einer Kugelfläche.* Wir behandeln, wie gesagt, diesen Fall zunächst planimetrisch (Fig. 23).

Q sei der Ausgangspunkt des einfallenden Strahlenbüschels,

dessen Axe durch QA dargestellt wird, O sei der Mittelpunkt, A der
Scheitel der reflektirenden Kugelfläche. Bezeichnen wir nun noch
den Punkt, in welchem der einfallende Strahl QR nach seiner

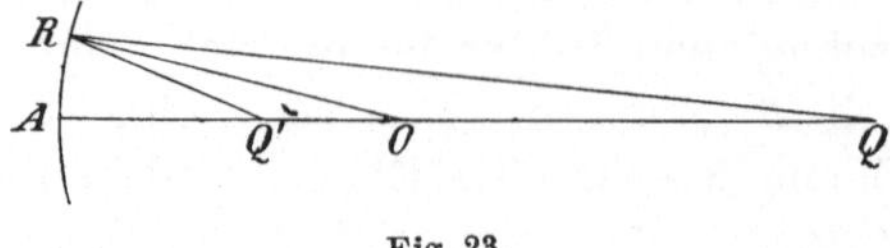

Fig. 23.

Reflexion bei R die Axe schneidet, mit Q' und setzen $AQ = x$,
$AQ' = x'$ und den Krümmungsradius gleich r, so ist, da nach dem
Reflexionsgesetz das Einfallsloth den Winkel QRQ' halbirt,

$$\frac{RQ}{RQ'} = \frac{QO}{Q'O}.$$

Setzen wir nun das Strahlenbüschel als ein sehr enges voraus,
so dass wir die Potenzen der sehr kleinen Abweichungen von der
Axe vernachlässigen können, so können wir

$$RQ = AQ \quad \text{und} \quad RQ' = AQ'$$

setzen und erhalten sodann die obige Gleichung in dieser Näherungsform:

$$\frac{x}{x'} = \frac{x-r}{r-x'},$$

oder

$$x(r-x') = x'(x-r),$$

wofür wir schreiben können:

$$\frac{1}{x} + \frac{1}{x'} = \frac{2}{r} \quad . \ . \ . \ . \ . \ . \ . \ . \ . \ . \quad (3)$$

Begnügen wir uns also mit dem oben angedeuteten Grade der
Genauigkeit, so können wir sagen: Alle durch Q gehenden Strahlen
schneiden sich nach der Reflexion in Q' und umgekehrt. Die Punkte
Q, Q' heissen konjugirte Punkte und jeder von ihnen kann als
das Bild des anderen angesehen werden.

§ 38. Die oben abgeleiteten Formeln für das Abhängigkeits-
verhältniss der Abstände konjugirter Punkte von der reflektirenden
Fläche schliessen alle Fälle ein, welche vorkommen können. Wenn
z. B. die reflektirende Fläche konvex ist, so hat man nur das Vorzeichen von r in Formel (3) zu verändern. Alle von A aus nach
rechts gemessenen Abstände sind als positiv, die nach links
gemessenen als negativ anzusehen.

Wenn die Einfallsstrahlen parallel zur Axe gerichtet sind, so dass also x unendlich gross und positiv oder negativ ist, so wird der entsprechende Werth von x' in einem jeden Falle:

$$x' = \frac{r}{2} = f. \quad \ldots \ldots \ldots \ldots \quad (4)$$

Wenn F daher der Mittelpunkt von AO ist, so stellt F den Vereinigungspunkt für axiale parallele Strahlen dar. Man nennt diesen Punkt den **Brennpunkt** des Spiegels.

Unter Zugrundelegung axialer paralleler Strahlen kann die Formel (3) auch in dieser Form geschrieben werden:

$$\frac{1}{x} + \frac{1}{x'} = \frac{1}{f},$$

oder

$$x\,x' - x\,f - x'\,f = 0,$$

oder

$$(x - f)\,(x' - f) = f^2. \quad \ldots \ldots \ldots \ldots \quad (5)$$

Bezeichnet man die Abstände eines Paares konjugirter Punkte von dem Brennpunkte beziehungsweise mit u und u', so dass also

$$\left. \begin{array}{l} u = x - f \\ u' = x' - f \end{array} \right\},$$

so ist nach (5)

$$u\,u' = f^2. \quad \ldots \ldots \ldots \ldots \ldots \quad (6)$$

Hiernach lassen sich sämmtliche Sätze über die Reflexion an sphärischen Flächen, einerlei ob konvex oder konkav, oder ob das einfallende Lichtbüschel konvergent oder divergent ist, in Kürze durch die Relation der Lage zweier konjugirter Punkte zur Brennpunktslage ausdrücken. Ist nämlich, wie gesagt, F der Brennpunkt des sphärischen Spiegels, d. h. bei der von uns gewählten Näherungsrechnung der Mittelpunkt der zwischen Scheitel und Mittelpunkt der Kugelfläche liegenden Strecke, *so liegt ein Paar konjugirter Punkte stets auf derselben Seite von* F *und in solchen Abständen u und u' von* F, *dass u u' = f²,* worin $f = \dfrac{r}{2}$.

Da Q und Q' harmonische Punkte in Bezug auf A und O darstellen, so lässt sich nach einer wohlbekannten geometrischen Konstruktion die einer gegebenen Lage des Punktes Q entsprechende Lage des Punktes Q' in einfachster Weise mittelst des Lineals bestimmen. Denn zieht man (Fig. 24) von A und O aus irgend zwei

Gerade, welche sich in L schneiden mögen, und von Q aus irgend eine Gerade, welche AL und OL in B resp. C schneidet, so trifft eine durch M, den Schnittpunkt von AC und BO, gelegte Gerade LM die Gerade AOQ in dem gesuchten Punkt Q'. Die Gleichung $(x - f)(x' - f) = f^2$ ist dann dargestellt durch die Relation $FQ . FQ' = FO^2 = FA^2$, so dass F der Mittelpunkt und A und Q die Doppelpunkte der Involution mit den Fundamentalpunkten Q und Q' sind.

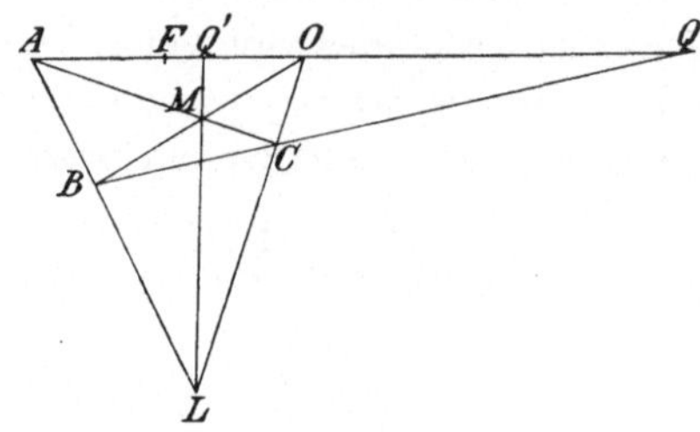

Fig. 24.

Wird nun das System um seine Axe QOA rotirt, so ist damit der Verlauf aller von Q ausgehenden Strahlen bestimmt.

§ 39. Man denke sich nun die Axe QOQ'A um den Punkt O als Drehpunkt in allen nur möglichen Ebenen einen kleinen Winkel beschreibend. Da hierbei die Axe unverändert senkrecht zur rotirenden Fläche bleibt, so bleiben auch Q und Q' konjugirte Punkte. Alle festen Punkte der um O rotirenden Geraden beschreiben Kugelflächenelemente, welchen O als gemeinsamer Mittelpunkt zukommt. Bei dem Grade der Genauigkeit, auf welchen wir uns beschränken, können die Flächenelemente als zur Axe AO senkrechte Ebenen angesehen werden. Einem kleinen in Q befindlichen Objekt entsprechend, erhalten wir ein ebenes Bild bei Q'; Bild und Objekt sind ähnlich und liegen so zu einander, dass die einander zugeordneten Punkte immer auf einer Geraden liegen, welche durch den Mittelpunkt des Spiegels geht. Der Brennpunkt F beschreibt ebenfalls ein kleines Flächenelement. Die durch dieses Flächenelement gelegte Ebene nennt man die Brennebene. Die Vereinigungspunkte sämmtlicher aus parallelen Strahlen bestehenden Büschel, welche nur eine geringe Neigung zur Axe des Spiegels aufweisen, liegen in dieser Brennebene.

§ 40. Stellen β und β' die linearen Dimensionen des Objektes und seines Bildes dar, so erhält man, da einander zugeordnete Punkte auf derselben, durch den Kugelmittelpunkt gehenden Geraden liegen, die Relation:

$$\frac{\beta}{\beta'} = -\frac{OQ}{OQ'},$$

oder angenähert

$$\frac{\beta}{\beta'} = -\frac{AQ}{AQ'},$$

d. h.

$$\frac{\beta}{\beta'} = -\frac{x}{x'},$$

oder

$$\frac{\beta}{x} + \frac{\beta'}{x'} = 0. \quad \ldots \ldots \ldots \ldots \quad (7)$$

Wir werden bei der Behandlung der Brechung enger centraler Strahlenbüschel an einer sphärischen Fläche näher auf die Eigenschaften und die graphische Bestimmung der Lagen konjugirter Punkte eingehen; was dort in Bezug auf die Brechung gesagt werden wird, gilt, entsprechend modificirt, für den vorliegenden Fall.

§ 41. *Brechung eines centralen engen Strahlenbüschels durch eine zwei verschiedenartige Medien trennende sphärische Fläche.*

Es sei in Fig. 25 O der Mittelpunkt der sphärischen Fläche, welche zwei Medien mit den Brechungsexponenten n und n' trennt.

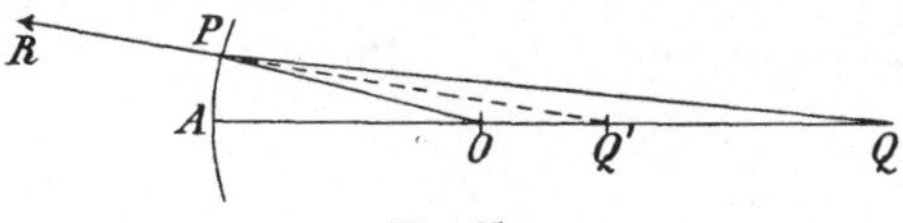

Fig. 25.

Q sei der Ausgangspunkt und QOA die Axe eines einfallenden Strahlenbüschels; ferner stelle QP einen Strahl im ersten Medium dar, und dieser werde von dem Objektpunkt Q ausgehend bei seinem Uebergange in das zweite Medium in die Richtung PR gebrochen; man denke sich diese Richtung PR rückwärts verlängert, so dass die Verlängerung die Axe in Q' schneidet. Der Kugelradius PO ist hier identisch mit dem Einfallslothe im Punkte P. Bezeichnet man nun den Einfallswinkel mit i, den Brechungswinkel mit i', so ist nach Gleichung (1)

$$n \sin i = n' \sin i'.$$

Bezeichnet man ferner den Winkel AOP mit ψ, so erhält man aus den Dreiecken OPQ und OPQ' die Relationen:

und

$$\left.\begin{array}{l}\dfrac{\sin i}{\sin \psi} = \dfrac{OQ}{QP} \\[2ex] \dfrac{\sin i'}{\sin \psi} = \dfrac{OQ'}{Q'P}\end{array}\right\};$$

und hieraus nach Gleichung (1)

$$n\,\frac{OQ}{QP} = n'\,\frac{OQ'}{Q'P}\,.$$

Vernachlässigen wir unter der Voraussetzung, dass die Neigung der in Betracht gezogenen Strahlen zur Axe eine sehr kleine ist, die quadratischen Funktionen von ψ, so können wir $QA = QP$ und $Q'A = Q'P$ setzen, so dass wir, so lange uns dieser Grad der Genauigkeit genügt, alle in der Ebene der Axe verlaufenden, von Q ausgehenden Strahlen als nach der Brechung in dem Punkte Q' homocentrisch werdend betrachten können, und wir erhalten für die Lagen des Objekt- und Bildpunktes die folgenden Relationen:

$$n\,\frac{OQ}{QA} = n'\,\frac{OQ'}{Q'A}\,. \quad\cdot\quad\cdot\quad\cdot\quad\cdot\quad\cdot\quad\cdot\quad\cdot\quad (8)$$

Es ist dieses Verhältniss zwischen den Punkten Q und Q' ein umkehrbares, und man nennt diese Punkte **konjugirte Punkte**.

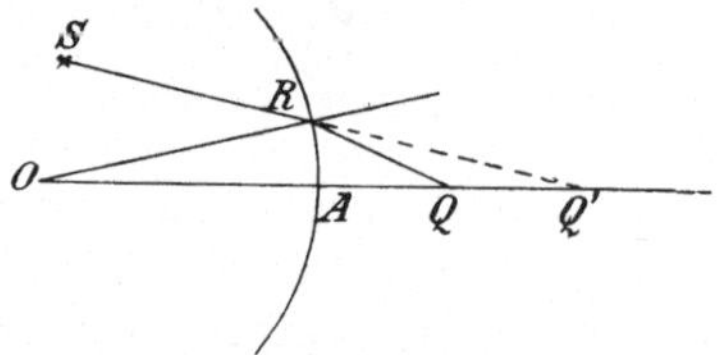

Fig. 26.

Setzt man nun $AQ = x$, $AQ' = x'$ und $AO = r$, wobei r, x und x' bei einer Messung von links nach rechts als positiv angenommen sein sollen, so ist mit Bezug auf Fig. 26

$$OQ = x - r \quad \text{und} \quad OQ' = x' - r,$$

und es kann die Relation (8) in dieser Form geschrieben werden:

$$n\,\frac{x-r}{x} = n'\,\frac{x'-r}{x'},$$

und daher

$$\frac{n}{x} - \frac{n'}{x'} = \frac{n-n'}{r}\,. \quad\cdot\quad\cdot\quad\cdot\quad\cdot\quad\cdot\quad\cdot\quad\cdot\quad\cdot\quad (9)$$

Diese Gleichung zeigt, dass x und x' gleichzeitig zu- oder abnehmen müssen, mit anderen Worten: *Die Verschiebung eines Paares konjugirter Punkte auf der Axe erfolgt stets in gleichem Sinne, d. h. auf einander folgende Objektpunkte in dem ersten Medium werden stets in derselben Reihenfolge in dem zweiten Medium abgebildet.*

Wir hätten bei der letzten Entwicklung auch vom Kugelmittelpunkte O ausgehen können. Setzt man nämlich $OQ = p$, $OQ' = p'$ und behält bezüglich der Vorzeichen die der Gleichung (9) zu Grunde gelegten Annahmen bei, so erhält man, wenn man die Gleichung (8) in der Form $n' \dfrac{QA}{OQ} = n \dfrac{Q'A}{OQ'}$ schreibt, die Relation:

$$n' \frac{p-r}{p} = n \frac{p'-r}{p'},$$

oder

$$\frac{n'}{p} - \frac{n}{p'} = \frac{n'-n}{r} \quad \ldots \ldots \ldots \ldots (10)$$

§ 42. Es ist oft bequemer, der Bestimmung der Vorzeichen eine andere Konvention zu Grunde zu legen. Wir nehmen an, der Strahlengang erfolge von links nach rechts, und setzen $QA = x$, $Q'A = x'$ (Fig. 27), wobei x als positiv anzusehen ist, wenn Q vor A, während

$$\overline{\quad Q \qquad\qquad A \quad\quad O \qquad\quad Q' \quad}$$
Fig. 27.

x' einen positiven Werth hat, wenn Q' hinter A liegt, die Begriffe „vor" und „hinter" auf die Richtung des Strahlenganges bezogen, und sehen r als positiv an, wenn der Scheitel dem Objektpunkte zugekehrt ist. Unter diesen Voraussetzungen erhält Gleichung (9) die Form:

$$\frac{n}{x} + \frac{n'}{x'} = \frac{n'-n}{r} \quad \ldots \ldots \ldots \ldots (11)$$

Unter Brennpunkten haben wir die den in der Unendlichkeit liegenden Punkten konjugirten Vereinigungspunkte der Strahlen in den beiden Medien zu verstehen; wie wir sehen werden, nehmen die Brennpunkte eine sehr wichtige Stellung in den dioptrischen Untersuchungen ein.

Zunächst wollen wir annehmen, dass x' unendlich gross wird, also nach der Brechung in das zweite Medium die Strahlen parallel verlaufen. Die Lage des Punktes, welcher einem in der Unendlichkeit liegenden Punkte zugeordnet ist, bestimmt sich aus (11), wenn man hierin $x' = \infty$ setzt, und man hat dann

$$x = \frac{nr}{n'-n}.$$

Umgekehrt, wenn die Strahlen im ersten Medium parallel zur Axe sind, so werden sie im zweiten Medium im Punkte Q' zusammenlaufen. Wir charakterisiren diesen Fall durch die Gleichung

$$x' = \frac{n'r}{n'-n}.$$

Wenn x und x' diese speciellen Werthe annehmen, seien sie mit f und f' bezeichnet und wir haben dann die Relationen

$$\text{und} \quad \left.\begin{aligned} f &= \frac{nr}{n'-n} \\[2ex] f' &= \frac{n'r}{n'-n} \end{aligned}\right\} \quad \ldots \ldots \ldots \quad (12)$$

Die durch diese Gleichungen bestimmten Punkte nennt man die Brennpunkte der brechenden Fläche und f und f' die Brennweiten derselben. Die Formel (11) lässt sich auch folgendermaassen umschreiben:

$$\frac{\dfrac{nr}{n'-n}}{x} + \frac{\dfrac{n'r}{n'-n}}{x'} = 1,$$

oder hierfür nach (12)

$$\frac{f}{x} + \frac{f'}{x'} = 1. \quad \ldots \ldots \ldots \quad (13)$$

Der Gang der Strahlen ist stets umkehrbar, so dass die Gleichung (13) sich auch auf die Fälle erstreckt, wo die Strahlen eine konkave Kugelfläche treffen.

Die Brennweiten sind, wie man ohne Weiteres aus (12) erkennt, entweder *beide positiv oder beide negativ*, so dass also *das Produkt $f f'$ immer positiv* ist. Beide sind positiv, wenn das durch die konvexe Fläche begrenzte Medium stärker brechend ist als das andere, d. h. wenn $n' > n$, beide dagegen negativ, wenn das durch die konvexe Fläche begrenzte Medium weniger stark brechend ist als das andere Medium, d. h. wenn $n' < n$ ist.

§ 43. Die Abbildungsvorgänge lassen sich in sehr einfacher und bequemer Weise durch das Verhältnis zwischen den Abständen eines Paares konjugirter Punkte von den zugehörigen Brennpunkten charakterisiren.

Es sei in Fig. 28 A der Scheitel der sphärischen Fläche, welche die beiden Medien trennt, F und F' seien die Brennpunkte dieser Fläche, Q der Ausgangspunkt der Strahlen im ersten Medium, Q' der diesem Punkte zugeordnete Vereinigungspunkt im zweiten Medium.

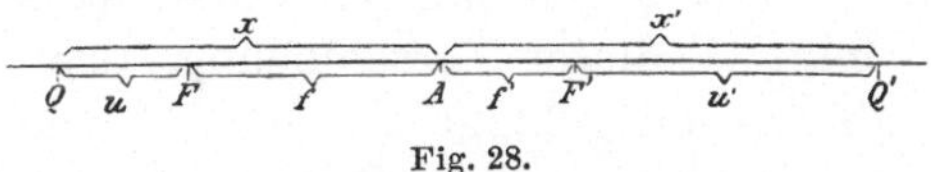

Fig. 28.

Ferner sei $QF = u$ und $Q'F' = u'$ gesetzt und man sehe u als positiv an, wenn Q vor F, u' dagegen als positiv, wenn Q' hinter F' liegt. Das in Gleichung (13) enthaltene Abhängigkeitsverhältnis zwischen x und x' kann auch in dieser Form ausgedrückt werden:

$$(x - f)(x' - f') = ff'.$$

Setzen wir nun für $x - f$ und $x' - f'$ ihre oben gewählten Bezeichnungen, so erhalten wir die folgende sehr einfache und bequeme Relation:

$$uu' = ff'. \quad\dots\dots\dots\dots (14)$$

§ 44. Die Diskussion der Gleichung (14) verschafft uns eine Vorstellung von den relativen Lagen konjugirter Punkte. Da nämlich f und f' immer gleiche Vorzeichen haben, so müssen auch nothwendigerweise u und u' gleiche Vorzeichen haben. Es sind hier zwei Fälle zu unterscheiden. Als ersten Fall setzen wir denjenigen voraus, wo das durch die konvexe sphärische Fläche begrenzte Medium, d. h. also dasjenige Medium, in welchem der Krümmungsmittelpunkt liegt, das stärker brechende Medium ist, so dass in diesem Falle nach dem in § 42 Gesagten beide Brennweiten f und f' positiv sind (Fig. 29).

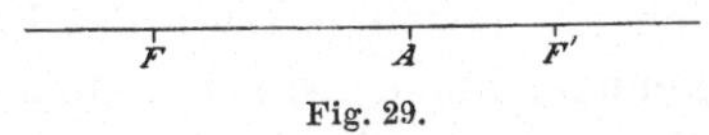

Fig. 29.

Befindet sich Q in unendlichem Abstande links von A, so fällt der Q zugeordnete Punkt Q' mit dem Brennpunkt F' zusammen. Q und Q' erfahren immer eine Verschiebung in gleichem Sinne, da einer Vergrösserung von u immer eine Verminderung von u' entspricht und umgekehrt, indem ja das Produkt uu' ein konstantes ist, so dass also, während Q aus einer unendlichen Ferne der brechenden Fläche genähert wird, Q' über F' hinaus zurücktritt, bis Q den Brennpunkt F erreicht, wo dann Q' in einem unendlichen Abstande auf der rechten Seite von A liegt. Lässt man Q über F hinaus treten, so wird u negativ und hat anfänglich einen sehr kleinen

Werth, so dass u' ebenfalls negativ ist, dagegen einen anfänglichen sehr grossen Werth hat; Q' liegt hierbei demnach im Grenzfalle auf der linken Seite von A in unendlich grosser Entfernung und folgt der Verschiebung des Punktes Q in gleichem Sinne. Befindet sich Q in A, so fällt es mit Q' zusammen. Lässt man nun Q über A hinaus gehen, so folgt Q' dieser Verschiebung, aber in einem langsameren Maasse als Q, und gelangt Q schliesslich in eine unendlich grosse Entfernung auf der rechten Seite von A, so fällt Q' mit F zusammen.

So lange als Q im ersten Medium liegt, bilden die Strahlen im letzteren ein von Q divergirendes Strahlenbüschel; sobald aber Q über A hinaus in das zweite Medium hinübertritt, bilden die Strahlen in dem ersten Medium ein Strahlenbüschel, welches in seiner Rückwärtsverlängerung nach Q' konvergiren würde; da aber die Strahlen von der brechenden Fläche abgeschnitten werden, so werden sie niemals wirklich in Q zusammenlaufen. In diesem Falle nennt man Q einen virtuellen Vereinigungspunkt. Das soeben Gesagte gilt auch für den Punkt Q'; derselbe stellt nur dann einen reellen Vereinigungspunkt dar, wenn er in dem zweiten Medium, einen virtuellen Vereinigungspunkt dagegen, sobald er links von A im ersten Medium liegt. Als zweiten Fall wollen wir annehmen, dass f und f' beide negativ sind, dass also F auf der rechten Seite von A im zweiten Medium, F' links von A im ersten Medium liegt (Fig. 30).

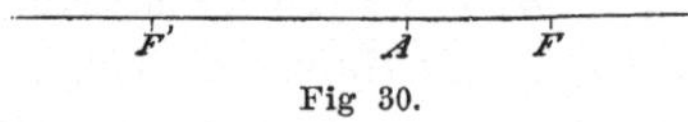

Fig 30.

Denken wir uns Q von rechts her aus der Unendlichkeit kontinuirlich nach links in eine unendlich grosse Entfernung sich verschiebend, so lässt sich die jeweilige Lage des Punktes Q' mit genau denselben Worten kennzeichnen, wie bei dem oben betrachteten Falle. Q' wird nur dann reell sein, wenn es links von A liegt, in allen anderen Fällen ist Q' ein virtueller Vereinigungspunkt.

Die Aenderung des Vorzeichens, wie solche aus der Gleichung (13)

$$\frac{f}{x} + \frac{f'}{x'} = 1$$

hervorgeht, lässt sich auch durch eine graphische Konstruktion verfolgen (Fig. 31).

K sei ein Punkt mit den Koordinaten (f, f'). Es lässt sich der durch die letztgenannte Gleichung bedingte Werth von x und x'

durch die Strecken OP und OQ darstellen, welche irgend eine durch K gelegte Gerade auf den Axen abschneidet. Es gilt nämlich für jede Lage der Geraden durch K die Proportion:

$$\frac{f}{x} = \frac{x' - f'}{x'},$$

das heisst

$$\frac{f}{x} + \frac{f'}{x'} = 1.$$

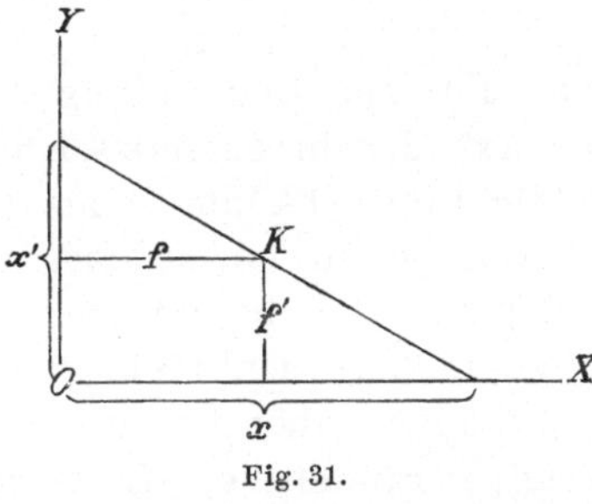

Fig. 31.

Lassen wir nun die Gerade um den gegebenen Punkt K sich drehen, so erhalten wir damit ein bequemes Mittel, um graphisch unsere Gleichung in Bezug auf die Veränderung der Vorzeichen und der Grösse der Variablen x und x' zu diskutiren.

§ 45. Ein der Formel (13) ähnlicher Ausdruck zur Bestimmung der Lage eines Paares konjugirter Punkte lässt sich durch Zugrunde-legung irgend eines festen Punktpaares als Koordinatenursprünge finden.

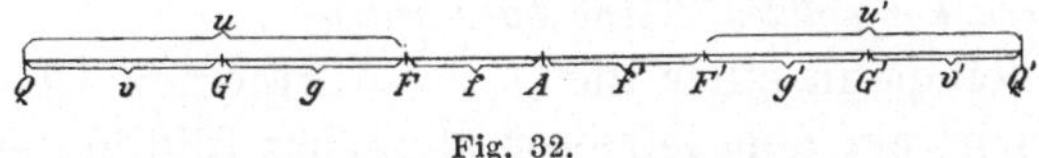

Fig. 32.

G, G' (Fig. 32) bezeichne ein solches gegebenes Paar konjugirter Punkte, deren Abstände von den Brennpunkten beziehungsweise g, g' sein mögen. Es ist dann nach (14)

$$g g' = f f'.$$

Die Entfernungen der Punkte Q und Q' von G und G' seien beziehungsweise mit v und v' bezeichnet, so zwar, dass auch hier für das Vorzeichen die bisher zu Grunde gelegten konventionellen

4*

Annahmen gelten mögen. Unter Beibehaltung der früheren Bedeutung von u und u' erhalten wir dann die Gleichungen:

$$\left.\begin{aligned} u &= v - g \\ u' &= v' - g' \end{aligned}\right\rangle,$$

und die Relation zwischen den Abscissen konjugirter Punkte wird
dann

$$(v - g)(v' - g') = ff' = gg',$$

welche auch in dieser Form geschrieben werden kann:

$$\frac{g}{v} + \frac{g'}{v'} = 1. \quad\ldots\ldots\ldots\ldots \quad (15)$$

§ 46. Gehen wir nun zur Betrachtung solcher Punkte über,
welche ausserhalb der Axe der brechenden Kugelfläche liegen.

Man denke sich die Linie OA um O als Drehpunkt innerhalb
eines sehr kleinen Winkels oscillirend, so dass also die Punkte Q, Q',
F, F' und A gleiche Bogenwinkel beschreiben. Die Linie OA wird
auch hier in ihrer neuen Lage senkrecht zur brechenden Fläche
bleiben und Q und Q' erleiden daher bezüglich ihrer Lagen als konjugirte Punkte keinerlei Veränderung. Lässt man in dieser Weise
die Linie OA alle nur möglichen Lagen annehmen, so dass sie einen
Kegel mit kleinem Oeffnungswinkel beschreibt, so beschreiben auch
die Punkte Q, Q', F und F' kleine Kugelflächenelemente. Vernachlässigen wir, wie früher, die Quadrate kleiner Grössen, so können
diese Kugelflächenelemente als zur Axe senkrechte Ebenen angesehen werden. Die durch Q und Q' gelegten, zur Axe senkrechten
Ebenen wollen wir als konjugirte oder einander zugeordnete
Ebenen bezeichnen. *Von einem Punkte einer dieser Ebenen ausgehende
Strahlen werden nach der Brechung an einer Kugelfläche in einem Punkte
einer dieser Ebene konjugirten Ebene homocentrisch.*

Einem kleinen in einer zur Axe senkrechten Ebene liegenden
Objekt entspricht ein dem letzteren ähnliches Bild in der jener Ebene
konjugirten Ebene, und sämmtliche Verbindungslinien einander konjugirter Objekt- und Bildpunkte gehen durch den Krümmungsmittelpunkt der brechenden Fläche.

Die durch F und F' gelegten, zur Axe senkrechten Ebenen
nennt man die Brennebenen. Alle von irgend einem Punkte der
Brennebenen ausgehenden Strahlen werden nach der Brechung in
dem zweiten Medium parallel und umgekehrt wird jedes in dem
ersten Medium parallel verlaufende Strahlensystem in einem Punkte
der Brennebene des zweiten Mediums homocentrisch. Wir haben
bis jetzt das in Betracht gezogene, den Scheitel A umgebende

sphärische Flächenelement als angenähert eben angesehen und
werden auch den ferneren Untersuchungen diese Voraussetzung zu
Grunde legen. Wir nennen eine solche durch A gelegte Ebene die
Hauptebene der brechenden Fläche.

§ 47. Wir können nun einige einfache geometrische Konstruktionen geben für die Bestimmung der Lage des einem gegebenen Punkte konjugirten Punktes, sowie der Richtung des austretenden Strahles, wenn der Eintrittsstrahl gegeben ist.

Es sei in Fig. 33 P der gegebene Punkt und es soll der ihm konjugirte Punkt gefunden werden. Gelingt es uns, den Verlauf nur

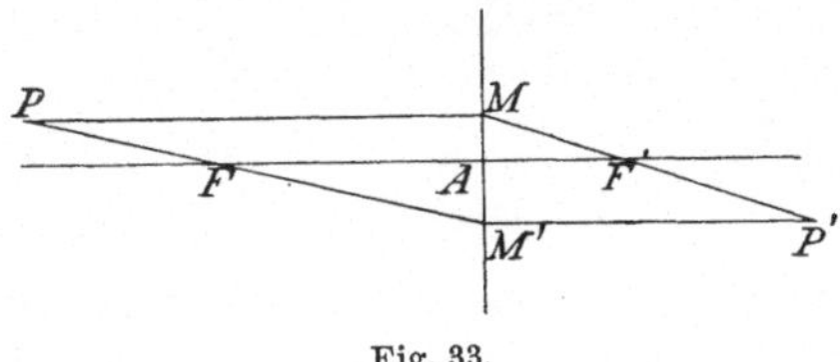

Fig. 33.

zweier beliebiger von P ausgehender Strahlen aufzufinden, so ist der
Schnittpunkt der gebrochenen Strahlen der gesuchte Punkt. Als den
einen dieser Strahlen wählen wir den zur Axe der brechenden Fläche
parallelen Strahl PM, welcher die Hauptebene in M schneiden möge.
MF' ist der zugeordnete Austrittsstrahl. Als zweiten Strahl nehmen
wir den durch den Brennpunkt F gehenden, welcher die Hauptebene
in dem Punkte M' treffen möge und von da aus nach der Brechung
parallel zur Axe verläuft. Zieht man daher M'P' parallel zur Axe,
so ist der Schnittpunkt P' von MP' und M'P' der gesuchte Punkt.

An Stelle eines dieser beiden Strahlen hätten wir auch einen
durch den Krümmungsmittelpunkt O gehenden Strahl PO wählen
können; wir erhalten dann einen Strahl, welcher ohne Ablenkung
in das zweite Medium übertritt.

Eine zweite Konstruktionsweise, welche sich darauf gründet,
dass parallel einfallende Strahlen im zweiten Medium in der Brennebene homocentrisch werden, erhält man auf folgende in Fig. 34 dargestellte Weise.

P Q sei irgend ein von P ausgehender Strahl, welcher die erste
Brennebene in Q schneiden möge; der dem Punkte Q konjugirte
Punkt und die Lage des austretenden Strahles lassen sich nun durch
folgende Konstruktion auffinden:

Man ziehe durch den Krümmungsmittelpunkt den Strahl PO;
derselbe tritt geradlinig in das zweite Medium über und der dem
gegebenen Punkt P konjugirte Punkt liegt also jedenfalls auf der
Geraden PO. Zieht man jetzt durch O parallel dem Eintrittsstrahl PQ

die Gerade ROQ', welche die zweite Brennebene in Q' treffen möge,
verbindet dann O mit Q und zieht von Q' aus $Q'P'$ parallel zu OQ,
so stellt dieses $Q'P'$ den dem Eintrittsstrahl PQ zugeordneten Austrittsstrahl dar und es schneidet letzterer die Verlängerung von PO
in dem gesuchten, dem gegebenen Punkt P konjugirten Punkte P'.
Denn da gemäss der Konstruktion RO und PQ vor der Brechung

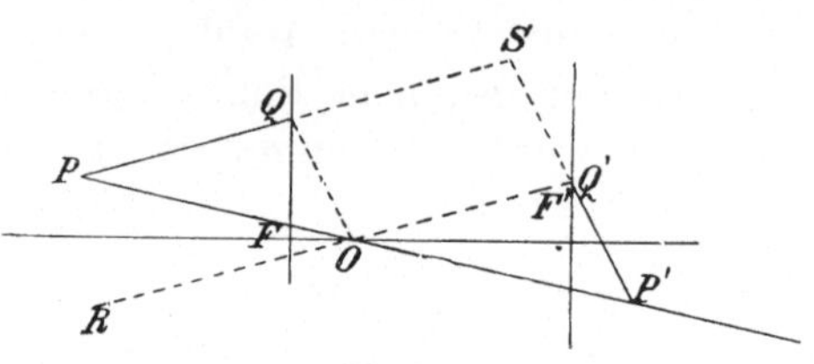

Fig. 34.

parallel sind, so werden sie nach derselben in der zweiten Brennebene homocentrisch; somit geht der Strahl PQ nach seiner Brechung
durch Q'. Ebenso stellen PQ und QO zwei von einem Punkte einer
Brennebene ausgehende Strahlen dar; sie müssen also nach der
Brechung im zweiten Medium parallel verlaufen, und zwar, da QO
durch den Krümmungsmittelpunkt geht und keine Ablenkung erleidet, parallel zu QO; und hieraus ergiebt sich, dass $Q'P'$ der gesuchte Austrittsstrahl, P' der gesuchte, dem Punkte P konjugirte
Punkt ist.

§ 48. Die Lage des Austrittsstrahles kann ferner noch auf
folgende Weise bestimmt werden:

Der Eintrittsstrahl schneide die Hauptebene in M (Fig. 35). Man
ziehe parallel dem Einfallsstrahl PM den Strahl FN, welcher die

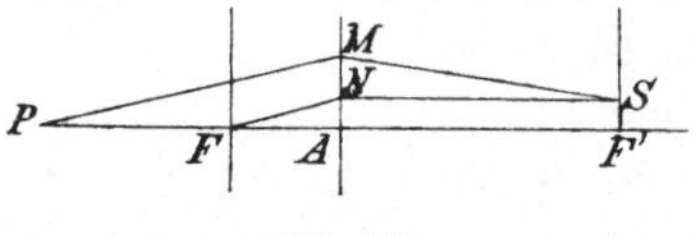

Fig. 35.

Hauptebene in N treffen mag; es wird dann die Fortsetzung dieses
von dem Brennpunkt ausgehenden Strahles FN im zweiten Medium die
zur Axe parallele Richtung NS erhalten und die zweite Brennebene
in S schneiden. Da aber PM und FN vor der Brechung parallel
sind, so müssen sich beide in der zweiten Brennebene schneiden,
und zwar in dem Punkte S und MS ist daher der gesuchte Austrittsstrahl.

Diese Konstruktionsmethoden werden wir später verallgemeinern, um dadurch ein Mittel zu gewinnen, die Lage des einem gegebenen Punkte konjugirten Punktes, sowie diejenige des Austrittsstrahles nach einer Reihe von Brechungen durch ein System centrirter Kugelflächen zu bestimmen.

§ 49. Bezeichnen in Fig. 36 β resp. β' die linearen Dimensionen des Objektes resp. seines Bildes und sieht man β resp. β' als positiv oder negativ an, je nachdem sie über oder unter der Axe liegen,

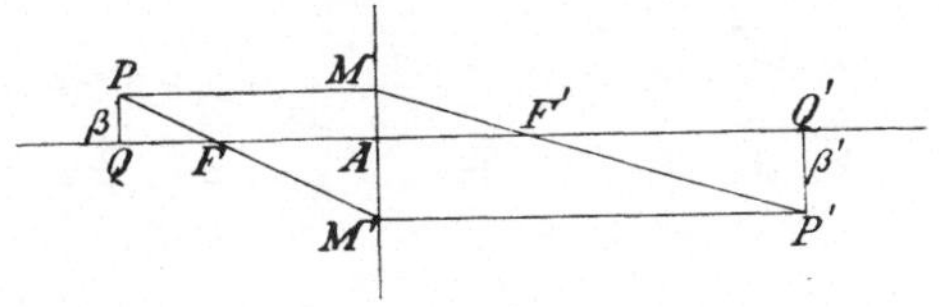

Fig. 36.

so folgt aus der Figur, welche sich auf die anfangs des § 47 besprochene Konstruktion gründet, aus der Aehnlichkeit der Dreiecke PQF und M'AF, sowie der Dreiecke P'Q'F' und MAF', dass

$$PQ:QF = AM':AF,$$

und

$$P'Q':Q'F' = AM:AF';$$

d. h. wenn wir die früheren Bezeichnungen einführen,

und

$$\left.\begin{array}{l} \dfrac{\beta}{u} = -\dfrac{\beta'}{f} \\[3mm] -\dfrac{\beta'}{u'} = \dfrac{\beta}{f'} \end{array}\right\},$$

oder

und

$$\left.\begin{array}{l} \dfrac{\beta}{\beta'} = -\dfrac{u}{f} \\[3mm] \dfrac{\beta'}{\beta} = -\dfrac{u'}{f'} \end{array}\right\} \quad \cdots \cdots \cdots \quad (16)$$

§ 50. Nach Helmholtz lässt sich das Abbildungsverhältniss als Funktion der Konvergenzwinkel der Strahlen vor und nach der Brechung, also als eine von den Abständen der konjugirten Punkte von den brechenden Flächen, sowie von deren Brennweiten, unabhängige Relation ausdrücken.

Stellen in Fig. 37 PQ und P'Q' Objekt und Bild dar, welche einander ähnlich sind und in eine solche Lage zu einander gebracht sind, dass $\beta:\beta' = OQ:OQ'$, wo O der Krümmungsmittelpunkt ist, so ist nach (8)

$$n\,\frac{OQ}{QA} = n'\,\frac{Q'O}{Q'A}\,,$$

und daher, wenn wir QA durch x, Q'A durch x' ersetzen,

$$\frac{n\,\beta}{x} = \frac{n'\,\beta'}{x'}\,, \qquad\qquad\qquad (17)$$

ein Ausdruck, welcher sich sehr zweckmässig verwenden lässt.

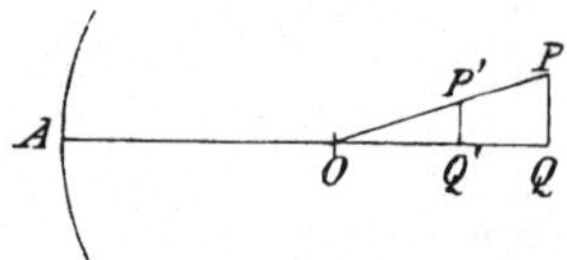
Fig. 37.

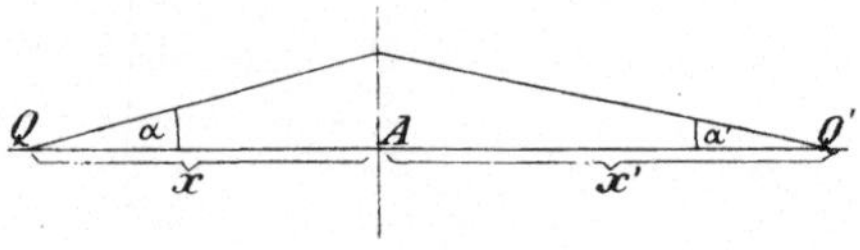
Fig. 38.

Wenn aber der Konvergenzwinkel irgend eines durch Q gelegten Strahles mit α, der Konvergenzwinkel des zugeordneten durch
Q' gehenden Strahles mit α' bezeichnet wird (Fig. 38), so ist

$$\operatorname{tg}\alpha : \operatorname{tg}\alpha' = \frac{1}{x} : \frac{1}{x'}\,,$$

und daher erhält man nach (17) die bekannte Helmholtz'sche
Formel

$$n\,\beta\,\operatorname{tg}\alpha = n'\,\beta'\,\operatorname{tg}\alpha'\,, \qquad\qquad\qquad (18)$$

Kapitel IV.

Elementare Theorie der Brechung durch Linsen.

§ 51. Unter einer Linse versteht man den Theil eines brechenden Mediums, welcher durch zwei Rotationsflächen mit gemeinsamer Axe, Linsenaxe genannt, begrenzt ist. In den allermeisten praktischen Fällen sind diese Rotationsflächen sphärisch oder eben. Wenn sich die Begrenzungsflächen nicht schneiden, hat man sich die Linse als einen an seinen beiden Enden durch die eben definirten Flächen begrenzten Cylinder vorzustellen, dessen Axe mit derjenigen der Rotationsflächen zusammenfällt.

Den Abstand der Begrenzungsflächen, gemessen als Abschnitt auf der Axe, nennt man die Dicke der Linse. Die Dicke wird im Vergleich mit den Krümmungsradien der Begrenzungsflächen im Allgemeinen klein sein.

Man unterscheidet und benennt die Linsen nach ihrer Form. Eine von zwei konvexen Flächen begrenzte Linse nennt man eine Bikonvexlinse, eine von zwei konkaven Flächen begrenzte dagegen eine Bikonkavlinse. Eine Linse, deren eine Fläche konvex, die andere konkav ist, heisst eine konvex-konkave oder eine konkav-konvexe Linse, je nachdem das Licht zuerst auf die konvexe oder konkave Fläche fällt. Die Bezeichnungen plankonvex, konvex-plan, plan-konkav und konkav-plan bedürfen hiernach keiner weiteren Erläuterung.

§ 52. Untersuchen wir zunächst die Brechung des Lichtes durch eine einzelne bikonvexe Linse, deren Krümmungsradien mit r und r' bezeichnet sein mögen. In der Folge werden wir uns der Kürze halber der folgenden aus (12, III) für den Uebergang aus Luft in ein anderes Medium sich ergebenden Bezeichnungen bedienen:

$$\frac{r}{n-1} = f; \quad \frac{r'}{n-1} = f' \quad \ldots \ldots \ldots \quad (1)$$

und setzen nc für die Dicke der Linse, wobei n der Brechungsexponent des Linsenmaterials ist, denjenigen der Luft als Einheit vorausgesetzt.

Wie wir sehen werden, liegen auf der Axe zwei Punkte, deren Eigenschaften ein bequemes Mittel liefern, um die Lagen konjugirter Punkte sowie die Richtung zusammengehöriger Ein- und Austrittsstrahlen zu bestimmen. Es sind diese Punkte ein Paar konjugirter Punkte, welche die Eigenthümlichkeit besitzen, dass jeder durch einen derselben gehende Eintrittsstrahl als zu letzterem parallel gerichteter Austrittsstrahl durch den anderen Punkt geht. Man bezeichnet solche Punkte als Knotenpunkte, und auch infolge einer weiteren ihnen zukommenden Eigenthümlichkeit, welche später behandelt werden soll, als die Hauptpunkte der Linse. Um nun die Lage und Eigenschaften jener Knotenpunkte zu bestimmen, ziehen wir in Fig. 39 zwei beliebige parallele Radien OQ und $O'Q'$ nach den beiden sphärischen Linsenflächen, verbinden Q mit Q' und be-

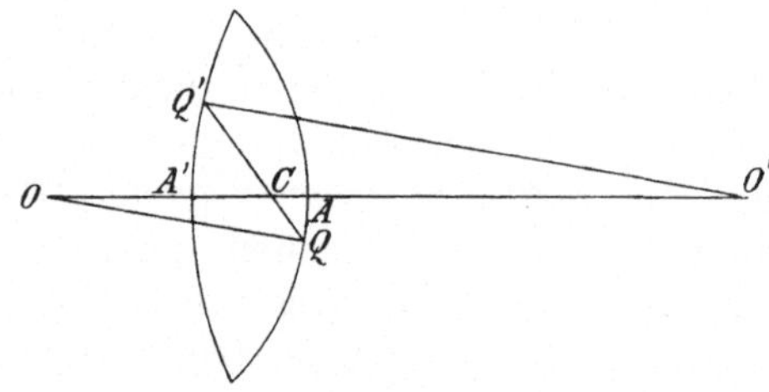

Fig. 39.

zeichnen den Schnittpunkt dieser letzteren Verbindungslinie und der Axe mit C. Aus der Aehnlichkeit der Dreiecke OCQ und $O'CQ'$ ergiebt sich die Proportion:

$$OC : O'C = r : r';$$

es ist somit C ein festliegender Punkt. Jeder bei seinem Durchtritt durch die Linse durch C gehende Strahl tritt in einer zu seiner ursprünglichen Richtung parallelen Richtung aus der Linse hervor, indem die Tangentialebenen in Q und Q' zu einander parallel sind und die Linse in diesem Falle genau wie eine plan-parallele Platte wirkt. Nehmen wir also an, N und N' seien die dem Punkte C konjugirten Punkte in Bezug auf jede der beiden Linsenflächen, so wird ein von N ausgehender Lichtstrahl nach der ersten Brechung durch C gehen, und daher nach der zweiten Brechung durch N' und parallel zu seiner ursprünglichen Richtung wieder aus der Linse hervortreten; mit anderen Worten: N und N' sind die

Knotenpunkte der Linse. Den Punkt C nennt man den Mittelpunkt der Linse.

Es lässt sich nun leicht die Lage der Knotenpunkte bestimmen. Der Abstand zwischen den Krümmungsmittelpunkten der
brechenden Kugelflächen von einander lässt sich, wie man ohne
Weiteres aus der Figur ersieht, durch die Gleichung ausdrücken:

$$OO' = r + r' - nc,$$

wobei die Krümmungsradien von den Scheiteln aus in die Linse
hinein als positiv gemessen werden. Ferner, da

$$OC : OC + O'C = r : r + r',$$

so ist

$$OC = \frac{r}{r + r'} (r + r' - nc),$$

$$= r - \frac{ncr}{r + r'};$$

somit ist

$$AC = r - OC = \frac{ncr}{r + r'} = \frac{ncf}{f + f'} \quad \left.\begin{array}{c} \\ \\ \end{array}\right\}$$

und analog

$$A'C = \frac{ncr'}{r + r'} = \frac{ncf'}{f + f'} \qquad \left.\begin{array}{c} \\ \\ \end{array}\right\} \quad \cdots \cdots \cdots (2)$$

Bezeichnet man mit h den Abstand zwischen N und A, mit h'
denjenigen zwischen N' und A', und misst man beide Entfernungen
von den Linsenflächen auswärts und giebt also diesen Abständen
ein negatives oder positives Vorzeichen, je nachdem die Abmessung
der Abstände durch die Linse hindurch oder auswärts erfolgt, so
hat man, da N und C konjugirte Punkte sind, nach (11, III) die
Relation:

$$\frac{1}{h} + \frac{n}{AC} = \frac{n-1}{r},$$

und hieraus nach Gleichung (1) und (2)

$$\frac{1}{h} = -\frac{f + f'}{cf} + \frac{1}{f}.$$

Hieraus folgt als Werth von h:

$$h = -\frac{cf}{f + f' - c};$$

analog ist

$$h' = -\frac{cf'}{f + f' - c}. \qquad \left.\begin{array}{c} \\ \\ \end{array}\right\} \quad \cdots \cdots \cdots \cdots (3)$$

§ 53. Einem gegebenen Objekt entsprechen zwei Bilder infolge der zweimaligen Brechung an den beiden Linsenflächen; wir wollen bei der folgenden Untersuchung der Abbildungsvorgänge uns einer symmetrischen Bezeichnungsweise für die Lagen der Bilder auf der Axe bedienen.

x und x' bezeichnen den Abstand des Objektes und seines ersten Bildes vor beziehungsweise hinter der Fläche A; mit y und y' sei der Abstand des zweiten und ersten Bildes hinter resp. vor der zweiten brechenden Fläche bezeichnet. Nach der Formel (11, III) für die Brechung an einer einzelnen sphärischen Fläche erhalten wir die Gleichungen

$$\left.\begin{aligned} \frac{1}{x} + \frac{n}{x'} &= \frac{n-1}{r} \\[2mm] \frac{1}{y} + \frac{n}{y'} &= \frac{n-1}{r'} \\[2mm] x' + y' &= nc \end{aligned}\right\} \quad \cdots \cdots \cdots \quad (4)$$

Denkt man sich rechtwinklig zur Axe durch die Knotenpunkte Ebenen gelegt, so entspricht diesen Ebenen, wie wir sehen werden, das Abbildungsverhältniss 1, d. h. irgend ein in der ersten der beiden Ebenen liegendes Objekt erzeugt in der zweiten der genannten Ebenen ein ihm kongruentes Bild. Es lässt sich dieser Satz in der folgenden, etwas modificirten Form zum Ausdruck bringen: *Die Verbindungslinie der Schnittpunkte des einfallenden und austretenden Strahles mit der ersten resp. zweiten der erwähnten Ebenen ist parallel der Axe des Systems.* Diese beiden Ebenen heissen die Hauptebenen und die Punkte, in welchen dieselben die Axe schneiden (und welche in diesem Falle mit den Knotenpunkten identisch sind), bezeichnet man dementsprechend als Hauptpunkte.

Um für diesen Satz einen Beweis zu liefern, bezeichnen wir die linearen Dimensionen des Objektes und seines ersten und zweiten Bildes der Reihe nach mit β, β_1 und β'. Wir erhalten dann nach der Helmholtz'schen Formel (17, III) für unseren Fall nach gehöriger Berücksichtigung der Vorzeichen die Beziehungen:

$$\left.\begin{aligned} \frac{\beta}{x} + \frac{n\beta_1}{x'} &= 0 \\[2mm] \frac{\beta'}{y} + \frac{n\beta_1}{y'} &= 0 \end{aligned}\right\} \quad \cdots \cdots \cdots \quad (5)$$

und hieraus durch Division

$$\frac{\beta}{\beta'} = \frac{x\,y'}{y\,x'}. \quad \cdot \quad \cdot \quad \cdot \quad \cdot \quad \cdot \quad \cdot \quad \cdot \quad (5\,\mathrm{a})$$

An den Knotenpunkten ist aber nach (2) das Verhältniss $\dfrac{x'}{y'}$ gleichbedeutend mit $\dfrac{r}{r'}$.

Aus den Gleichungen (4) folgt aber dann:

$$\frac{x'}{y'} = \frac{r}{r'} = \frac{\dfrac{n-1}{r'} - \dfrac{1}{y}}{\dfrac{n-1}{r} - \dfrac{1}{x}},$$

hieraus

$$n - 1 - \frac{r}{x} = n - 1 - \frac{r'}{y},$$

oder

$$\frac{r}{x} = \frac{r'}{y},$$

und hieraus

$$\frac{x}{y} = \frac{r}{r'}.$$

Es ist somit

$$\frac{x}{y} \cdot \frac{y'}{x'} = \frac{r}{r'} \cdot \frac{r'}{r} = 1,$$

daher nach (5 a)

$$\frac{x\,y'}{y\,x'} = \frac{\beta}{\beta'} = 1,$$

oder

$$\beta = \beta'.$$

§ 54. Eliminirt man x und y aus (4), so erhält man für c folgenden Werth:

$$c = \frac{1}{\dfrac{1}{f} - \dfrac{1}{x}} + \frac{1}{\dfrac{1}{f'} - \dfrac{1}{y}} \quad \cdot \quad \cdot \quad \cdot \quad \cdot \quad \cdot \quad \cdot \quad (6)$$

oder

$$c = \frac{f\,x}{x - f} + \frac{f'\,y}{y - f'}.$$

Dieser Ausdruck reducirt sich auf die bequemere Form:

$$x\,y\,(f + f' - c) - f\,y\,(f' - c) - f'\,x\,(f - c) = c\,f\,f'. \quad \cdot \quad \cdot \quad \cdot \quad (7)$$

Mittelst dieser Formel lassen sich die Fokalabstände bestimmen; es sind dies die Abstände derartig gelegener Punkte, dass die von ihnen divergirenden Strahlen nach der Brechung durch die Linse eine parallele Richtung erhalten; mit anderen Worten, sie bestimmen die Lage der beiden Punkte, welche den auf beiden Seiten der Linse in unendlichen Entfernungen liegenden Punkten konjugirt sind; man nennt diese Punkte die **Brennpunkte** der Linse. Nehmen wir y als unendlich gross an, so erhalten wir aus (7) als Werth des ersten Fokalabstandes:

und analog
$$\left.\begin{aligned} g &= \frac{f(f'-c)}{f+f'-c} \\[2mm] g' &= \frac{f'(f-c)}{f+f'-c} \end{aligned}\right\} \quad \dots \dots \dots \quad (8)$$

als Gleichung für den zweiten Fokalabstand, wenn man x unendlich gross werden lässt.

Die Entfernung zwischen dem ersten Brennpunkt und dem ersten Hauptpunkt ist, wie sich aus (3) und (8) ergiebt, gleich derjenigen zwischen dem zweiten Brennpunkt und dem zweiten Hauptpunkt und wird als die **Brennweite** der Linse bezeichnet. Bezeichnen wir diese Brennweite mit Φ, so muss nach dem eben Gesagten die Relation bestehen:

$$\Phi = g - h = g' - h';$$

denn wenn man die Werthe von g und h resp. g' und h' aus (8) und (3) einsetzt, so erhält man in beiden Fällen

$$\Phi = \frac{f f'}{f+f'-c} \quad \dots \dots \dots \dots \quad (9)$$

oder schliesslich

$$\frac{1}{\Phi} = \frac{1}{f} + \frac{1}{f'} - \frac{c}{f f'} \cdot \quad \dots \dots \dots \quad (9\,\text{a})$$

Führen wir nach der Division der Gleichung (7) durch $f+f'-c$ die Bezeichnungen g, g' und $\cdot\,\Phi$ ein, so gewinnt die Gleichung (7) die Form:

$$x y - g y - g' x = c\,\Phi,$$

oder

$$(x - g)(y - g') = c\,\Phi + g g' = c\,\Phi + \frac{f(f'-c)}{f+f'-c} \cdot \frac{f'(f-c)}{f+f'-c}$$

$$= \Phi \left\{ \frac{(f'-c)(f-c)}{f+f'-c)} + c \right\} = \Phi \frac{f f'}{f+f'-c}$$

und schliesslich nach (9)

$$(x - g)(y - g') = \Phi^2. \quad \dots \dots \dots \quad (10)$$

Bezeichnet man die Abstände eines Paares konjugirter Punkte vor resp. hinter den Brennpunkten mit u beziehungsweise mit v, so lässt sich das Abhängigkeitsverhältnis dieser Abstände durch die einfache Relation ausdrücken:

$$u\,v = \Phi^2 \quad\ldots\ldots\ldots\ldots\quad (11)$$

Bezeichnet man schliesslich die Abstände eines Paares konjugirter Punkte von den Hauptpunkten mit ε resp. ε' und verfährt bezüglich der Vorzeichen analog den bisher in diesem Kapitel behandelten Fällen, so hat man ohne Weiteres

$$u = \varepsilon - \Phi, \quad v = \varepsilon' - \Phi$$

und somit nach (11)

$$(\varepsilon - \Phi)\,(\varepsilon' - \Phi) = \Phi^2$$

oder

$$\frac{1}{\varepsilon} + \frac{1}{\varepsilon'} = \frac{1}{\Phi}. \quad\ldots\ldots\ldots\quad (12)$$

§ 55. Wir besitzen nunmehr die Mittel, durch geometrische Konstruktion die Lage des einem gegebenen Punkte P konjugirten Punktes P' zu bestimmen. F und F' (Fig. 40) seien die Brennpunkte, H und

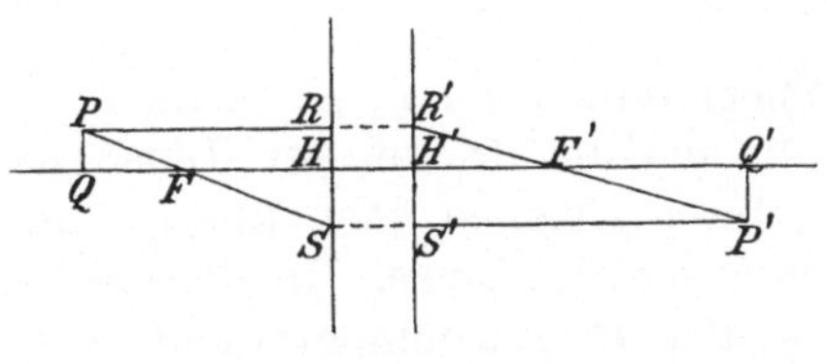

Fig. 40.

H' die Hauptpunkte der Linse. Gelingt es uns, den Gang nur zweier von P ausgehender Strahlen nach der Brechung durch die Linse darzustellen, so ergiebt sich aus dem Schnittpunkt dieser der gesuchte Punkt P'. Als den einen dieser Ausgangsstrahlen wählen wir den zur Axe parallelen Strahl PR, welcher die erste Hauptebene in dem Punkte R schneiden möge; es wird dann der zugehörige austretende Strahl durch R' treten, wenn PR' die geradlinige Verlängerung von PR bis zur zweiten Hauptebene darstellt. PR und QH sind aber zwei parallel einfallende Strahlen und müssen daher nach der Brechung in dem Punkte F' homocentrisch werden; somit stellt R'F' die Richtung des fraglichen Austrittsstrahles dar. Als zweiten Strahl nehmen wir den Strahl PF, welcher die erste Hauptebene in S schneiden mag; es wird dann der Austrittsstrahl parallel zur Axe sein und geht durch S', die Projektion des Punktes S auf die zweite Hauptebene. Hierdurch ist die Lage des Punktes P′ ohne Weiteres bestimmt.

§ 56. Bezeichnen β und β' die linearen Dimensionen des Objektes PQ und seines nach der oben angegebenen Methode konstruirten Bildes P′Q′ und sieht man diese Grössen als positiv an, wenn sie über der Axe, als negativ, wenn sie unter derselben liegen, so ergeben sich aus der Aehnlichkeit der Dreiecke PQF und SHF, sowie der Dreiecke P′Q′F′ und R′H′F′ die Proportionen:

$$PQ : QF = SH : HF,$$

und

$$P'Q' : Q'F' = R'H' : H'F'.$$

Da aber $PQ = \beta$, $QF = u$, $SH = P'Q' = -\beta'$, $Q'F' = v$, $R'H' = PQ = \beta$ und $HF = H'F' = \Phi$, so lassen sich die letzteren Relationen auch in dieser Form schreiben:

und

$$\left.\begin{array}{c} \dfrac{\beta}{\beta'} = - \dfrac{u}{\Phi} \\[2ex] \dfrac{\beta'}{\beta} = - \dfrac{v}{\Phi} \end{array}\right\} \quad . \qquad . \qquad . \qquad . \quad . \quad . \quad . \quad (13)$$

§ 57. Zwei Specialfälle seien hier besonders behandelt: Nehmen wir als ersten Fall an, die Dicke der Linse sei gegenüber den Krümmungsradien ihrer Flächen sehr klein; eine solche Linse bezeichnen wir als eine dünne Linse. In diesem Falle kann man die Scheitelpunkte als mit C zusammenfallend ansehen und ebenso decken sich, wie unmittelbar aus (3) hervorgeht, indem $c = 0$, die Knotenpunkte mit den Scheiteln A und A′. Wir haben in diesem Fall nach (4) die Gleichungen:

$$\left.\begin{array}{c} \dfrac{1}{x} + \dfrac{n}{x'} = \dfrac{n-1}{r} \\[2ex] \dfrac{1}{y} + \dfrac{n}{y'} = \dfrac{n-1}{r'} \end{array}\right\}$$

und

$$x' + y' = 0.$$

Durch Addition verschwinden x' und y' und man erhält dann nach (1)

$$\frac{1}{x} + \frac{1}{y} = \frac{n-1}{r} + \frac{n-1}{r'} = \frac{1}{f} + \frac{1}{f'},$$

daher nach (9a)

$$\frac{1}{x} + \frac{1}{y} = (n-1)\left\{\frac{1}{r} + \frac{1}{r'}\right\} = \frac{1}{\Phi} \quad \ldots \ldots \quad (14)$$

Wie oben ausgeführt, erhalten wir auch hier zwei Brennpunkte, deren jeder sich in einem Abstande Φ von der Linse befindet. Bezeichnen u und v die Abstände eines Paares konjugirter Punkte von diesen Brennpunkten, so dass also

$$\left.\begin{array}{l} u = x - \Phi \\ v = y - \Phi \end{array}\right\},$$

so ist nach (10), da in dem vorliegenden Falle $\Phi = g$,

$$u\,v = \Phi^2.$$

§ 58. Zweitens sei die Linse eine vollständige Kugel. In diesem Falle messen wir alle Abstände von dem Mittelpunkte der Kugel.

x und x' seien die Abstände des Objektes und seines ersten Bildes vor beziehungsweise hinter dem Mittelpunkt, y und y' die Abstände des letzten und ersten Bildes hinter beziehungsweise vor dem Mittelpunkt der Kugel. Wir erhalten in diesem Falle nach (10, III) die Beziehungen:

$$\left.\begin{array}{l} \dfrac{n}{x} + \dfrac{1}{x'} = \dfrac{n-1}{r} \\[2ex] \dfrac{n}{y} + \dfrac{1}{y'} = \dfrac{n-1}{r} \\[2ex] x' + y' = 0 \end{array}\right\}.$$

Hieraus

$$\frac{1}{x} + \frac{1}{y} = \frac{2\,(n-1)}{n\,r}.$$

Nach (9) ist aber $\dfrac{1}{\Phi} = \dfrac{f+f'-c}{f f'}$, und da nach (1) $f = \dfrac{r}{n-1} = f'$

und $nc = 2r$, also $c = \dfrac{2r}{n}$, so ist

$$\frac{1}{\Phi} = \frac{\dfrac{2r}{n-1} - \dfrac{2r}{n}}{\left(\dfrac{r}{n-1}\right)^2} = \frac{2\,(n-1)}{n\,r};$$

mithin

$$\frac{1}{x} + \frac{1}{y} = \frac{1}{\Phi} \quad \ldots \ldots \ldots \quad (15)$$

Setzt man in Fig. 41 $OF = OF' = \Phi$, so dass F und F' als die Brennpunkte anzusehen sind und bezeichnet PF und P'F', die Abstände zweier konjugirter Punkte P und P' von den zugehörigen

P   F   O   F'   P'

Fig. 41.

Brennpunkten F und F', mit u und v, so besteht auch hier die im letzten Paragraphen angegebene Relation:

$$uv = \Phi^2, \quad \ldots \ldots \ldots \ldots \ldots \quad (16)$$

indem wieder

$$u = x - \Phi$$

und

$$v = y - \Phi.$$

§ 59. Wir wollen an dieser Stelle an der Hand der im Vorhergehenden erhaltenen Formeln die Lagen der Kardinalpunkte für verschiedene Linsenformen bestimmen.

I. Bikonvexe Linsen (Fig. 42).

Es liegt hier der typische Fall vor, welchen wir unserer Untersuchung zu Grunde legten; wir haben die Radien r und r' hier beide als positiv anzusehen. Wir nehmen an, dass in diesem wie in allen folgenden Fällen das Licht von links nach rechts gehe und wollen dementsprechend die Reihenfolge der brechenden Flächen durch die Ziffern 1 und 2 unterscheiden.

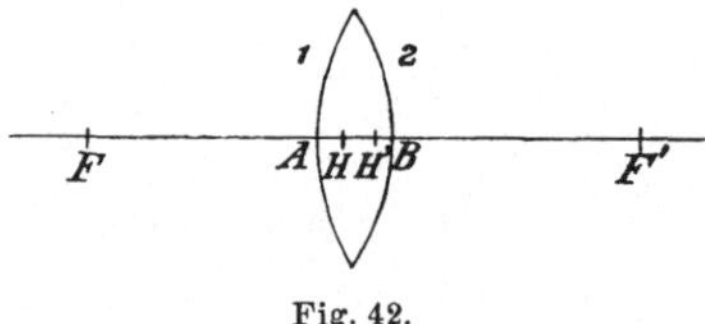

Fig. 42.

Die Abstände der Hauptpunkte gemessen von den brechenden Flächen durch den Linsenkörper hindurch sind nach (3) und (1) beziehungsweise

$$h = \frac{cf}{f + f' - c} = \frac{c\,\dfrac{r}{n-1}}{\dfrac{r}{n-1} + \dfrac{r'}{n-1} - c} = \frac{cr}{r + r' - (n-1)\,c}$$

und

$$h' = \frac{cr'}{r + r' - (n-1)\,c}$$

$$\left.\right\} \quad (17)$$

Der Abstand zwischen den Hauptpunkten von links nach rechts gemessen ist demnach $nc - h - h'$, d. h.

$$HH' = a = \frac{(n-1)\,c\,(r + r' - nc)}{r + r' - (n-1)\,c} \quad \ldots \quad \ldots \quad (18)$$

Ebenso ergiebt sich für die Brennweite aus (9)

$$\Phi = \frac{ff'}{f + f' - c} = \frac{rr'}{(n-1)\left\{r + r' - (n-1)\,c\right\}} \quad \ldots \quad (19)$$

Ist die Dicke der Linse kleiner als $r + r'$, d. h. $r + r' > nc$, so haben h, h', a und Φ alle einen positiven Werth und die in Betracht kommenden Punkte liegen in der durch Fig. 42 veranschaulichten Reihenfolge.

In dem Grenzfall, wo einer der Radien unendlich gross wird, tritt die Linse als plan-konvexe Linse auf. Wenn z. B. r als unendlich gross angenommen wird, so ist $h' = 0$, so dass in diesem Falle einer der Hauptpunkte auf der sphärischen Fläche liegt.

II. Bikonkave Linse (Fig. 43).

Bei dieser sind r und r' beide negativ, so dass h, h' und a alle positiv sind, Φ dagegen ein negatives Vorzeichen hat. Die Reihenfolge der Kardinalpunkte ist durch Fig. 43 gekennzeichnet. Wenn

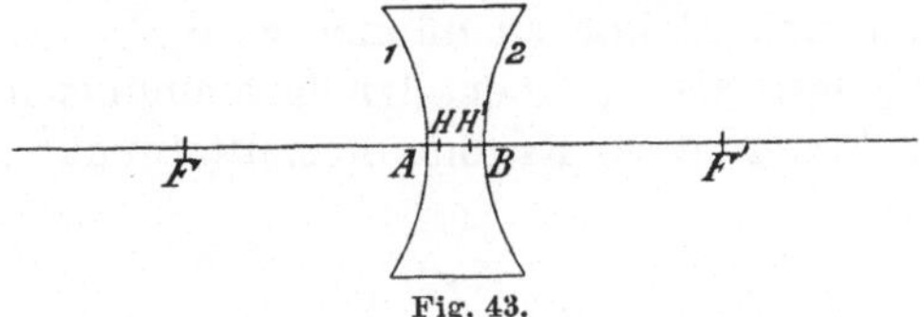

Fig. 43.

der Krümmungsradius einer der Flächen unendlich gross ist, so wird die Linse eine plan-konkave Linse und einer der Hauptpunkte liegt alsdann auf der gekrümmten Fläche.

III. Konvex-konkave Linse.

Betrachten wir den Fall, wo r positiv, r' negativ ist. Der umgekehrte Fall lässt sich dann aus diesem in der Weise ableiten, dass man sich den Strahlengang als in umgekehrter Richtung verlaufend vorstellt; die Lagen der Kardinalpunkte werden in beiden Fällen die nämlichen sein. Der bequemeren Uebersicht halber schreiben wir uns wiederum die Werthe für h, h', a und Φ mit entsprechend veränderten Vorzeichen von r hin. Es sind diese demnach

5*

$$h = \frac{cr}{r - r' - (n-1)\,c}\,,$$

$$h' = \frac{-\,cr'}{r - r' - (n-1)\,c}\,,$$

$$a = \frac{(n-1)\,c\,(r - r' - nc)}{r - r' - (n-1)\,c}\,,$$

$$\Phi = \frac{-\,rr'}{(n-1)\,\{r - r' - (n-1)\,c\}}\,.$$

Betrachten wir die verschiedenen Fälle einzeln für sich:

1. r sei kleiner als r' (Fig. 44). In diesem Falle ist h negativ, a ist positiv und ebenfalls Φ positiv. Die relative Lage der Krüm-

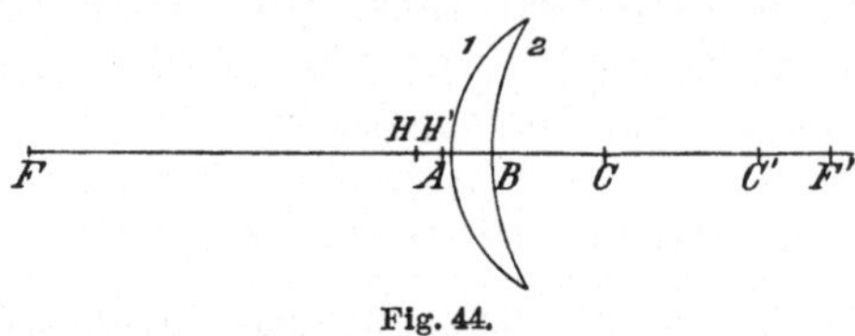

Fig. 44.

mungsmittelpunkte und der Kardinalpunkte ist in Fig. 44 ange-deutet. Eine solche Linse hat ihre grösste Dicke in der Mitte, während sie nach dem Rande zu dünner wird.

2. r sei grösser als r', aber der Krümmungsmittelpunkt der Fläche 1 liege hinter dem Krümmungsmittelpunkt der Fläche 2 (Fig. 45).

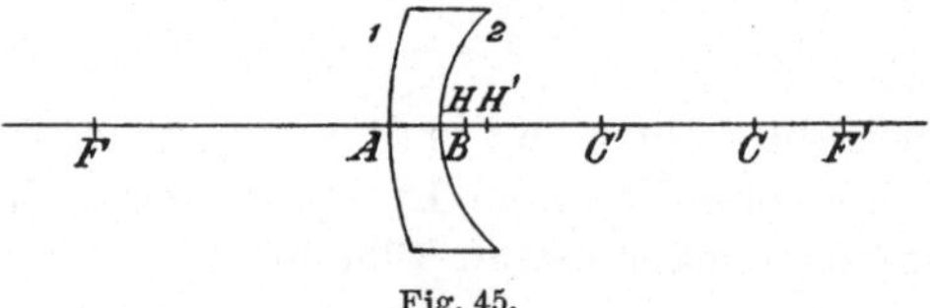

Fig. 45.

Hierdurch wird bedingt, dass $r > r' + nc$ oder $r - r' > nc$ und *a fortiori* $r - r' > (n-1)\,c$.

Der Werth von h wird positiv, a ebenfalls positiv, h' und Φ da-gegen negativ. Die relativen Lagen der Krümmungsmittelpunkte und der Kardinalpunkte für diesen Fall sind in Fig. 45 angedeutet. Diese Linse wird in der Mitte am dünnsten sein und nach dem Rande zu ihre grössere Dicke haben.

3. r sei grösser als r', aber der Krümmungsmittelpunkt der

Fläche 1 liege vor demjenigen der Fläche 2. In diesem Falle ist $r-r'<nc$, kann aber ebensowohl kleiner als grösser als $(n-1)c$ sein.

α) Nehmen wir den ersteren Fall an, dass also $r-r'<(n-1)c$ ist, so erhält h einen negativen, a einen positiven und ebenfalls Φ einen positiven Werth, und dieser Fall stimmt mit jenem unter (1) diskutirten überein.

β) Setzen wir den anderen Fall voraus, ist also $r-r'<nc$, aber $r-r'>(n-1)c$, so stellen sich Φ und a als negativ, h als positiv heraus. Die Kardinalpunkte sind in Fig. 46 ihrer Lage nach angegeben. Die unter 3. betrachtete Linse hat ihre grösste Dicke in der Mitte.

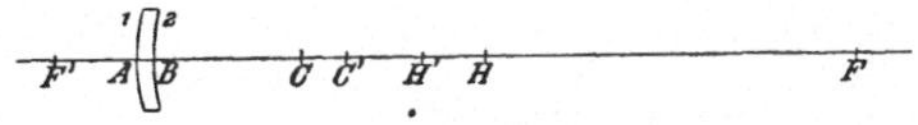

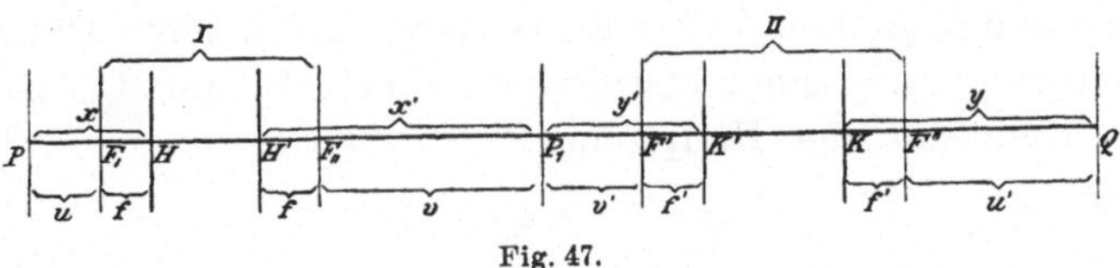

Fig. 46.

Fassen wir die Resultate der letzten Diskussionen der Gleichungen für h, h', a und Φ zusammen, so gelangen wir zu dem folgenden Schluss:

Diejenigen Linsen, welche positive Brennweiten haben, haben in der Mitte ihre grössten Dicken, während solche Linsen, welche in der Mitte ihre geringste Dicke haben, negative Brennweiten haben.

Diese Schlussfolgerungen sind indessen nicht ohne Weiteres umkehrbar; denn es giebt, wie wir sub 3 β) gesehen haben, eine Linsenform, bei welcher die grösste Dicke in der Mitte der Linse auftritt und die Linse dennoch eine negative Brennweite hat.

§ 60. In derselben Weise, wie die Untersuchung einer einzelnen Linse in § 53 u. s. f. vorgenommen wurde, lässt sich auch der Fall eines Systems mehrerer Linsen behandeln.

Es seien in Fig. 47 H und H' die Hauptpunkte und f die Brennweite der ersten Linse; ferner seien mit K und K' die Hauptpunkte und

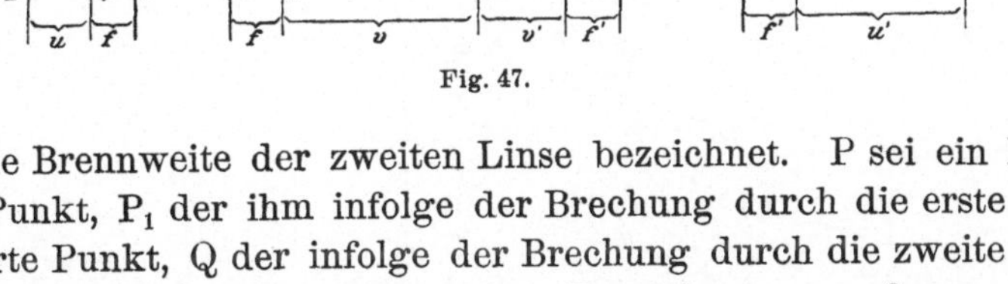

Fig. 47.

mit f' die Brennweite der zweiten Linse bezeichnet. P sei ein leuchtender Punkt, P_1 der ihm infolge der Brechung durch die erste Linse konjugirte Punkt, Q der infolge der Brechung durch die zweite Linse dem letzteren konjugirte Bildpunkt. Bezeichnet man ferner mit x und x' die Abstände der Punkte P und P_1 von den Hauptpunkten H und H' beziehungsweise, wobei diese Abstände wie bisher bezüglich ihrer Vorzeichen gemessen sein sollen, und bezeichnet man endlich mit y und y' die Abstände der Punkte Q und P_1 von den Hauptpunkten K resp. K', so ist, wenn man für $H'K'$ die Bezeichnung c wählt, $x' + y' = c$. Ferner ist, da nach (11) $uv = f^2$, $(x-f)(x'-f) = f^2$; und hieraus

und analog

$$\left. \begin{aligned} \frac{1}{x} + \frac{1}{x'} &= \frac{1}{f} \\[2mm] \frac{1}{y} + \frac{1}{y'} &= \frac{1}{f'} \end{aligned} \right\} \quad \dots \dots \dots \quad (20)$$

Eliminirt man x' und y', so erhält man die Gleichung:

$$c = \frac{1}{\dfrac{1}{f} - \dfrac{1}{x}} + \frac{1}{\dfrac{1}{f'} - \dfrac{1}{y}},$$

woraus nach gehöriger Umformung entsteht:

$$xy(f+f'-c) - fy(f'-c) - f'x(f-c) - cff' = 0. \quad \dots \quad (21)$$

Um die Lagen der Brennpunkte zu bestimmen, lassen wir einmal x und dann y unendlich gross werden; lassen wir y unendlich gross werden, so erhalten wir als Ausdruck für den ersten Fokalabstand, bezogen auf den ersten Hauptpunkt der ersten Linse, wenn wir $x = g$ setzen,

und analog

$$\left. \begin{aligned} g &= \frac{f(f'-c)}{f+f'-c} \\[3mm] g' &= \frac{f'(f-c)}{f+f'-c} \end{aligned} \right\}, \quad \dots \dots \dots \quad (22)$$

wenn $y = g'$ den zweiten Fokalabstand, bezogen auf den zweiten Hauptpunkt der zweiten Linse, bezeichnet.

Bedeuten β, β_1 und β' der Reihe nach die linearen Dimensionen des Objektes P und seiner successiven Bilder P_1 und Q, so ist gemäss der Definition der Hauptpunkte

und

$$\left. \begin{aligned} \frac{\beta}{x} &= -\frac{\beta_1}{x'} \\[3mm] \frac{\beta'}{y} &= -\frac{\beta_1}{y'} \end{aligned} \right\} \quad \dots \dots \dots \quad (23)$$

Die Hauptpunkte entsprechen, wie bereits angeführt und in § 53 bewiesen wurde, dem Abbildungsverhältnis 1, und um die Lage der Hauptpunkte des Systems zu bestimmen, haben wir demnach nür $\beta = \beta'$ zu setzen; unter dieser Voraussetzung müssen auch die zugehörigen Abscissen der Bedingung genügen $\dfrac{x}{y} = \dfrac{x'}{y'}$, wie sich ohne Weiteres aus (23) ergiebt, und aus (20) folgt, dass diese beiden Quotienten gleichbedeutend mit $\dfrac{f}{f'}$ sind. Es ist also $\dfrac{x'}{y'} = \dfrac{f}{f'}$, und daher auch $\dfrac{x' + y'}{x'} = \dfrac{f + f'}{f}$. Berücksichtigen wir endlich, dass $x' + y' = c$, so erhalten wir als schliessliche Werthe von x' und y':

$$\text{und analog} \qquad \left. \begin{aligned} x' &= \frac{cf}{f + f'} \\[2mm] y' &= \frac{cf'}{f + f'} \end{aligned} \right\} \quad \ldots \ldots \ldots \ldots (24)$$

Bezeichnen h und h' die Werthe von x und y, welche diesen soeben charakterisirten Werthen von x' und y' entsprechen, so haben wir nach (20) und (24):

$$\frac{1}{h} + \frac{f + f'}{cf} = \frac{1}{f},$$

hieraus

$$\text{und analog} \qquad \left. \begin{aligned} h &= -\frac{cf}{f + f' - c} \\[2mm] h' &= -\frac{cf'}{f + f' - c} \end{aligned} \right\} \quad \ldots \ldots \ldots \ldots (25)$$

als *die Abscissen der Hauptpunkte des Systems, bezogen auf den ersten Hauptpunkt der ersten resp. zweiten Hauptpunkt der zweiten Linse.*

Bedeutet Φ die Brennweite des Systems, so ist

$$\Phi = g - h = g' - h',$$

und somit

$$\Phi = \frac{ff'}{f + f' - c} \ldots \ldots \ldots \ldots (26)$$

Die Lage sämmtlicher Kardinalpunkte des Systems ist hiermit bestimmt und es ist damit das Problem vollständig gelöst.

Die Lage der Hauptpunkte H und H' und die Brennweite f können nun ebensowohl auf irgend ein Linsensystem wie auf eine einzelne Linse bezogen werden, und dieselbe Bemerkung gilt für die Hauptpunkte K und K' und die Brennweite f'. Diese Untersuchung eines Systems zweier Linsen giebt uns somit ein Mittel, zwei beliebige Systeme von Linsen zu verbinden.

§ 61. Wir stellen uns nun die Aufgabe, das Abhängigkeitsverhältnis zwischen den Abscissen und Dimensionen eines Objektes und seines Bildes nach der *Brechung an einer beliebigen Anzahl von centrirten brechenden Kugelflächen* zu bestimmen. Als besonderer Fall lässt sich hieraus die Brechung durch eine beliebige Anzahl centrirter Linsen beliebiger Dicke ableiten.

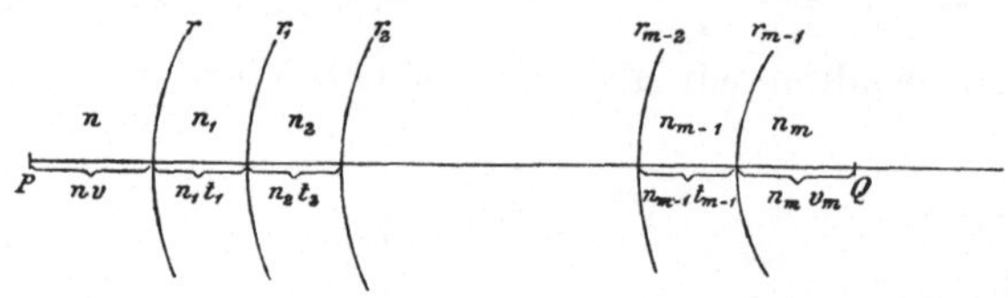

Fig. 48.

Wir wollen annehmen, es seien m brechende Flächen vorhanden und bezeichnen die absoluten Brechungsexponenten der verschiedenen Medien mit n, n_1, n_2 .... n_m, die m Radien der brechenden Flächen mit r, r_1, r_2 ... r_{m-1} und setzen der Kürze halber

$$\frac{n - n_1}{r} = k_0 ,$$

$$\frac{n_1 - n_2}{r_1} = k_1 ,$$

$$\cdot \quad \cdot \quad \cdot \quad \cdot \quad \cdot \quad \cdot \quad \cdot$$

$$\frac{n_{m-1} - n_m}{r_{m-1}} = k_{m-1}.$$

Ferner seien die Dicken der Medien auf der Axe gemessen der Reihe nach mit $n_1 t_1$, $n_2 t_2$, ... $n_{m-1} t_{m-1}$ bezeichnet. Endlich bezeichnen wir den Abstand des Objektes von der ersten Fläche mit $n\,v$, den Abstand des ersten Bildes, ebenfalls von der ersten Fläche gemessen, mit $n_1 v_1$, den Abstand des zweiten Bildes, gemessen von der zweiten Fläche, mit $n_2 v_2$ u. s. f. und schliesslich den Abstand des letzten Bildes von der letzten Fläche mit $n_m v_m$, wobei wir in der Richtung des einfallenden Lichtes gemessene Abstände als positiv ansehen, und verfolgen wir nun von dem letzten Bilde ausgehend die Abbildungsvorgänge rückwärts, um das Abhängigkeitsverhältnis dieser Grössen zu bestimmen, so erkennen wir unter Bezugnahme auf Fig. 48 als die Abstände der beiden letzten Bilder von der letzten Fläche ohne Weiteres

$$n_m v_m \quad \text{und} \quad -(n_{m-1} t_{m-1} - n_{m-1} v_{m-1}) = n_{m-1}(v_{m-1} - t_{m-1}),$$

und da dies die Abstände konjugirter Punkte in Bezug auf die letzte brechende Fläche sind, so ist nach (11, III):

$$\frac{n_m}{n_m\,v_m} - \frac{n_{m-1}}{n_{m-1}\,(v_{m-1} - t_{m-1})} = \frac{n_m - n_{m-1}}{r_{m-1}}$$

oder

$$\frac{1}{v_m} - \frac{1}{v_{m-1} - t_{m-1}} = - k_{m-1}.$$

Diese Gleichung lässt sich nun auch in dieser Form schreiben:

$$v_{m-1} = t_{m-1} + \cfrac{1}{k_{m-1} + \cfrac{1}{v_m}}.$$

In ganz analoger Weise lässt sich zeigen, dass

$$v_{m-2} = t_{m-2} + \cfrac{1}{k_{m-2} + \cfrac{1}{v_{m-1}}},$$

und daher

$$v_{m-2} = t_{m-2} + \cfrac{1}{k_{m-2} + \cfrac{1}{t_{m-1} + \cfrac{1}{k_{m-1} + \cfrac{1}{v_m}}}}.$$

Setzen wir diese Untersuchung rückwärts weiter fort, so gelangen wir schliesslich zu dem Ausdruck:

$$v_1 = t_1 + \cfrac{1}{k_1 + \cfrac{1}{t_2 + \cfrac{1}{k_2 + \cdots \cfrac{1}{k_{m-1} + \cfrac{1}{v_m}}}}}.$$

Da aber die Abstände $n\,v$ und $n_1\,v_1$ als Abscissen konjugirter Punkte in Bezug auf die erste Fläche durch die Relation

$$\frac{n}{n\,v} - \frac{n_1}{n_1\,v_1} = \frac{n - n_1}{r}$$

verbunden sind, so ist

$$\frac{1}{v} = k_0 + \frac{1}{v_1}$$

und daher

$$\frac{1}{v} = k_0 + \cfrac{1}{t_1 + \cfrac{1}{k_1 + \cfrac{1}{t_2 + \cfrac{1}{k_2 + \ldots \cfrac{1}{k_{m-1} + \cfrac{1}{v_m}}}}}}$$

§ 62. Sind $\dfrac{g}{h}$ und $\dfrac{k}{l}$ die beiden letzten Näherungswerthe des Kettenbruches

$$k_0 + \cfrac{1}{t_1 + \cfrac{1}{k_1 + \ldots \cfrac{1}{k_{m-1} + \cfrac{1}{v_m}}}},$$

so dass gemäss der Eigenthümlichkeit eines solchen Kettenbruches, dessen sämmtlichen Theilzähler gleich 1 sind, $gl - hk = 1$, so ergiebt sich der Werth von v aus der Gleichung:

$$\frac{1}{v} = \frac{v_m k + g}{v_m l + h}. \qquad \ldots \ldots \ldots \quad (27)$$

Der besseren Uebersicht halber bezeichnen wir den Abstand des Objektes und seines letzten Bildes von der ersten resp. letzten Fläche mit ξ und ξ', so dass $\xi = nv$ und $\xi' = n'v_m$, wo n' an Stelle von n_m für den Brechungsexponenten des letzten Mediums treten möge. Die Relation zwischen ξ und ξ' ist dann nach (27), wenn man Zähler und Nenner der rechten Seite mit n' multiplicirt,

$$\frac{n}{\xi} = \frac{\xi' k + n' g}{\xi' l + n' h} \qquad \ldots \ldots \ldots \quad (28)$$

oder

$$k \xi \xi' + n' g \xi - n l \xi' - n n' h = 0 \ldots \ldots \quad (29)$$

§ 63. Die **Brennebenen** des Systems sind die den in unendlicher Entfernung befindlichen Ebenen konjugirten Ebenen.

Um die Lage der ersten Brennebene zu bestimmen, müssen wir ξ' unendlich gross werden lassen; es werden dann die Strahlen im letzten Medium parallel sein müssen. Der dieser Bedingung entsprechende Werth von ξ ist nach (29), wenn man diese Gleichung durch ξ' dividirt, und analog ist

$$\xi = \frac{n\,l}{k} = \gamma_1 \\[2mm] \xi' = -\frac{n'\,g}{k} = \gamma_2 \Bigg\} \,, \quad \ldots \ldots \ldots \quad (30)$$

indem $\xi = \infty$ die Bedingung für den Parallelismus der Strahlen im ersten Medium liefert.

Das Abhängigkeitsverhältnis von ξ und ξ' kann nach (29) nun folgendermaassen geschrieben werden:

$$\xi\,\xi' + \frac{n'\,g\,\xi}{k} - \frac{n\,l\,\xi'}{k} - \frac{n\,n'\,h}{k} = 0\,,$$

oder nach (30)

$$\xi\,\xi' - \gamma_2\,\xi - \gamma_1\,\xi' = \frac{n\,n'\,h}{k}\,,$$

oder

$$(\xi - \gamma_1)\,(\xi' - \gamma_2) = \frac{n\,n'\,h}{k} - \frac{n\,n'\,l\,g}{k^2}$$

$$= -\frac{n\,n'}{k^2}\Big\{g\,l - h\,k\Big\}\,,$$

d. h., da für den vorliegenden Kettenbruch $g\,l - h\,k = 1$ ist,

$$(\xi - \gamma_1)\,(\xi' - \gamma_2) = -\frac{n\,n'}{k^2} \quad \ldots \ldots \ldots \quad (31)$$

Bedeuten u und u' die Abstände zweier konjugirter Ebenen von den Brennebenen, wobei die bisherigen Annahmen bezüglich der Vorzeichen beibehalten werden sollen, so ist $u = \gamma_1 - \xi$ und $u' = \xi' - \gamma_2$. Setzt man ferner $f = -\dfrac{n}{k}$ und $f' = -\dfrac{n'}{k}$, so nimmt die Beziehung zwischen den Abscissen konjugirter Punkte die Form an:

$$u\,u' = f\,f'. \quad \ldots \ldots \ldots \ldots \quad (32)$$

§ 64. $a,\ a_1,\ a_2 \ldots$ seien der Reihe nach die Konvergenzwinkel eines durch verschiedene Medien verlaufenden Strahles; $b,\ b_1,\ b_2 \ldots$ bedeuten der Reihe nach die entsprechenden Axenabstände der Punkte, in welchen der Strahl die sphärische Fläche trifft, die sogenannten Einfallshöhen; ferner benützen wir die Substitutionen:

$$n\,\operatorname{tg}\alpha = \beta\,; \quad n_1\,\operatorname{tg}\alpha_1 = \beta_1 \ldots$$

In Fig. 49 stelle $Q\,A\,A_1$ die Axe des Systems dar, $Q\,P$ den einfallenden Strahl, $Q_1\,P\,P_1$ die Richtung des erstmals gebrochenen

Strahles in seiner Rückwärtsverlängerung bis zum Schnittpunkt Q_1 mit der Axe. Es ist dann

$$AQ = \frac{b}{\operatorname{tg} \alpha} = \frac{b\,n}{\beta}.$$

Hieraus ergiebt sich die Relation

$$\frac{n}{AQ} = \frac{\beta}{b}.$$

Analog lässt sich zeigen, dass

$$\frac{n_1}{AQ} = \frac{\beta_1}{b}.$$

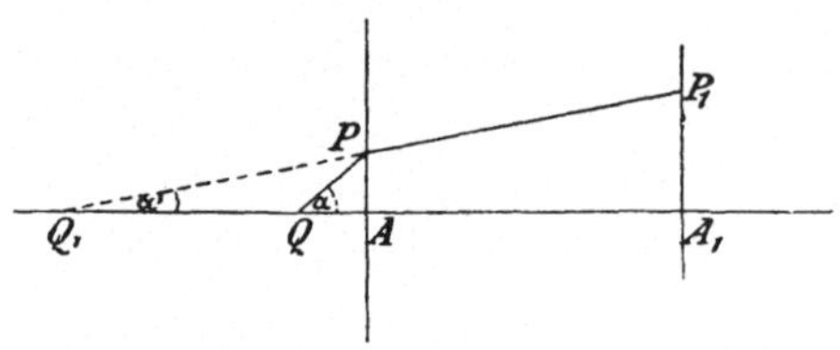

Fig. 49.

Nach (11, III) aber ist

$$\frac{n}{AQ} - \frac{n_1}{AQ_1} = \frac{n_1 - n}{r} = -\frac{n - n_1}{r},$$

oder

$$\frac{\beta}{b} - \frac{\beta_1}{b} = -k_0$$

und hieraus

$$\beta_1 = \beta + k_0\,b.$$

Aus Fig. 49 ist ferner ohne Weiteres ersichtlich, dass

$$b_1 = b + n_1\,t_1\,\operatorname{tg}\alpha_1;$$

das heisst

$$b_1 = b + t_1\,\beta_1.$$

In ganz analoger Weise lässt sich zeigen, wenn man die Relation zwischen den Abständen A_1Q_1 und A_1Q_2 bestimmt, dass

$$\beta_2 = \beta_1 + k_1\,b_1,$$

$$b_2 = b_1 + t_2\,\beta_2 \quad \text{u. s. f.}$$

§ 65. Aus diesen Gleichungen lassen sich die Grössen β_1, b_1, β_2, b_2 ... sämmtlich als Funktionen von b und β ausdrücken; es erhalten jene Grössen hierbei folgende Werthe:

$$\beta_1 = k_0\, b + \beta,$$
$$b_1 = (k_0\, t_1 + 1)\, b + t_1\, \beta,$$
$$\beta_2 = \left\{ k_1\,(k_0\, t_1 + 1) + k_0 \right\}\, b + (k_1\, t_1 + 1)\, \beta \quad \text{u. s. f.} \qquad \cdots \quad (33)$$

Die Faktoren von b und β in diesen Gleichungen erkennt man ohne Weiteres als die Zähler beziehungsweise Nenner der auf einander folgenden Näherungswerthe des Kettenbruches

$$k_0 + \cfrac{1}{t_1 + \cfrac{1}{k_1 + \cfrac{1}{t_2 + \cfrac{1}{k_2 + \cdots}}}} \cdots + \cfrac{1}{k_{m-1}},$$

indem

$$k_0 = \frac{k_0}{1},$$

$$k_0 + \frac{1}{t_1} = \frac{k_0\, t_1 + 1}{t_1},$$

$$k_0 + \cfrac{1}{t_1 + \cfrac{1}{k_1}} = \frac{k_0\, k_1\, t_1 + k_0 + k_1}{t_1\, k_1 + 1} = \frac{k_1\,(k_0\, t_1 + 1) + k_0}{t_1\, k_1 + 1} \quad \text{u. s. f.}$$

Bezeichnet man diese Näherungswerthe der Kürze halber mit $\frac{p_1}{q_1}, \frac{p_2}{q_2}, \frac{p_3}{q_3} \ldots$, so dass also

$$p_1 = k_0,$$
$$q_1 = 1,$$
$$p_2 = k_0\, t_1 + 1,$$
$$q_2 = t_1,$$
$$p_3 = k_1\,(k_0\, t_1 + 1) + k_0,$$
$$q_3 = t_1\, k_1 + 1 \ldots \ldots \ldots,$$

so lassen sich die Gleichungen (33) folgendermaassen ausdrücken:

$$\left.\begin{aligned}
\beta_1 &= p_1\, b + q_1\, \beta \\
b_1 &= p_2\, b + q_2\, \beta \\
\beta_2 &= p_3\, b + q_3\, \beta \\
b_2 &= p_4\, b + q_4\, \beta \\
&\cdot\cdot\cdot\cdot\cdot\cdot\cdot\cdot\cdot\cdot\cdot\cdot \\
b_{m-1} &= p_{2m-2}\, b + q_{2m-2}\, \beta \\
\beta_m &= p_{2m-1}\, b + q_{2m-1}\, \beta
\end{aligned}\right\} , \quad \ldots \ldots \quad (34)$$

wo m die Anzahl der vorhandenen brechenden Flächen bedeutet.

Bezeichnen wir die beiden letzten Näherungswerthe mit $\dfrac{g}{h}$ und $\dfrac{k}{l}$ und beachten, dass gemäss der Eigenthümlichkeit eines Kettenbruches, dessen Theilzähler sämmtlich $= 1$ sind, $g\,l - h\,k = 1$ ist, und führen wir endlich für die Endwerthe b_{m-1}, β_m und n_m bezw. die Bezeichnungen b', β' und n' ein, so erhalten die beiden letzten Gleichungen der Gruppe (34) die Form:

$$\left.\begin{aligned}
b' &= g\,b + h\,\beta \\
\beta' &= k\,b + l\,\beta
\end{aligned}\right\} . \quad \ldots \ldots \ldots \quad (35)$$

Lösen wir diese Gleichungen nach b und β auf, so ergiebt sich unter Berücksichtigung der Relation $g\,l - h\,k = 1$,

$$\left.\begin{aligned}
b &= l\,b' - h\,\beta' \\
\beta &= -\,k\,b' + g\,\beta'
\end{aligned}\right\} . \quad \ldots \ldots \ldots \quad (36)$$

§ 66. Suchen wir nun einen Ausdruck für das Abbildungsverhältnis eines Punktes und seines Endbildes.

Bezeichnen η, η_1, η_2 … die linearen Dimensionen eines Objektes und seiner Bilder der Reihe nach, so ist nach der Helmholtz'schen Formel (18; III)

$$n\,\eta\,\mathrm{tg}\,\alpha = n_1\,\eta_1\,\mathrm{tg}\,\alpha_1 = n_2\,\eta_2\,\mathrm{tg}\,\alpha_2, \quad \ldots \ldots \quad (37)$$

das heisst

$$\eta\,\beta = \eta_1\,\beta_1 = \eta_2\,\beta_2 = \ldots \eta'\,\beta', \quad \ldots \ldots \quad (38)$$

worin η' die lineare Grösse des letzten Bildes bedeutet. Nach (35) wurde bereits als Werth von β' gefunden $\beta' = k\,b + l\,\beta$. Aus Fig. 49 aber geht ohne Weiteres hervor, dass $b = -\,\xi\,\mathrm{tg}\,\alpha = -\dfrac{\xi\,\beta}{n}$, und es ist daher

$$\beta' = - k \frac{\xi \beta}{n} + l \beta,$$

oder

$$\beta' = \frac{k \beta}{n} \left\{ \frac{n l}{k} - \xi \right\}. \quad \ldots \ldots \quad (39)$$

Nach (30) aber ist

$$\frac{n l}{k} - \xi = \gamma_1 - \xi,$$

und führen wir, wie in § 63, für diese Differenz die Bezeichnung u ein und setzen $f = - \dfrac{n}{k}$, so nimmt die Gleichung (39) die folgende Form an:

$$\frac{\beta'}{\beta} = - \frac{u}{f}. \quad \ldots \ldots \ldots \quad (40)$$

Das Abbildungsverhältnis charakterisirt sich nach (38) demnach durch die Relation

$$\frac{\eta}{\eta'} = - \frac{u}{f}. \quad \ldots \ldots \ldots \quad (41)$$

Hieraus leitet sich unter Bezugnahme auf (32) die Gleichung ab:

$$\frac{\eta'}{\eta} = - \frac{u'}{f'}. \quad \ldots \ldots \ldots \quad (42)$$

§ 67. Machen wir $u = - f$ und daher nach (32) $u' = - f'$, so ergiebt sich aus den letzten beiden Gleichungen $\eta = \eta'$; hieraus geht hervor, dass die den Abscissen $u = - f$ und $u' = - f'$ entsprechenden Ebenen dem Abbildungsverhältnis 1 entsprechen; mit anderen Worten, jeder beliebige durch das System tretende Strahl schneidet diese beiden Ebenen in zwei Punkten, welche derart gelegen sind, dass ihre Verbindungslinie parallel zur Axe gerichtet ist. Man nennt sie die Hauptebenen und die Punkte, in welchen sie von der Axe geschnitten werden, die Hauptpunkte des Systems.

H und H′ seien die Hauptpunkte, Q und Q′ irgend ein Paar konjugirter Punkte; ferner sei $QH = x$ und $Q'H' = x'$, wobei die

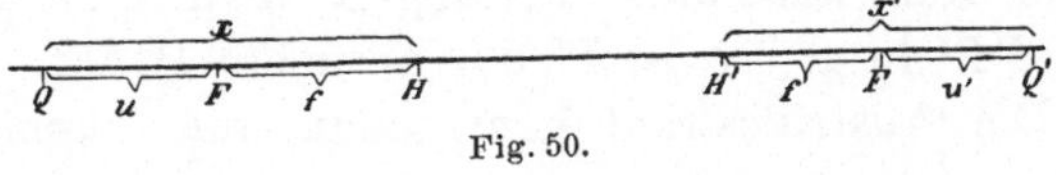

Fig. 50.

Messung der Abstände als in dem bisher üblichen Sinne vorgenommen vorausgesetzt wird (Fig. 50).

Die Gleichung (32): $u u' = f f'$ ist dann gleichbedeutend mit $(x - f)(x' - f') = f f'$, woraus wir die Beziehung ableiten:

$$\frac{f}{x} + \frac{f'}{x'} = 1. \quad \ldots \ldots \ldots \quad (43)$$

Die Abstände f und f' nennt man die **Brennweiten** des Systems.

§ 68. Wir können jetzt die Lage des Vereinigungspunktes, welcher einem gegebenen Punkte konjugirt ist, sowie die Richtung des einem gegebenen Eintrittsstrahl zugeordneten Austrittsstrahles graphisch bestimmen.

Es seien in Fig. 51 F' und F' die Brennpunkte, H und H' die Hauptpunkte des Systems. P sei ein gegebener Punkt und es ist der ihm konjugirte Punkt graphisch zu bestimmen. Können wir den Verlauf nur zweier von P ausgehender Strahlen graphisch bestimmen, so ist damit der Punkt P' bestimmt. Zunächst denke man sich einen Strahl durch F gelegt und es schneide dieser die erste Hauptebene

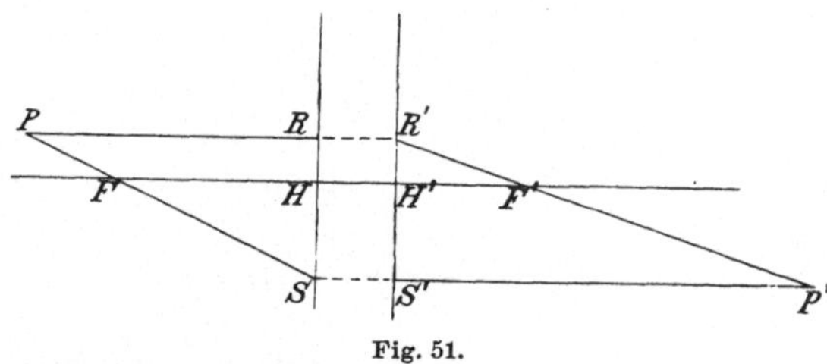

Fig. 51.

in S. Man ziehe alsdann SS' parallel zur Axe und bezeichne mit S' den Schnittpunkt dieser Parallelen mit der zweiten Hauptebene. Da nun die Strahlen FH und FS von demselben Punkte einer Brennebene divergiren, so werden beide Strahlen schliesslich parallel austreten; ziehen wir daher S'P' parallel zur Axe, so muss diese Linie den dem Strahl PF zugeordneten Austrittsstrahl repräsentiren und wird somit durch den gesuchten Punkt gehen. Zieht man alsdann als zweiten Strahl PR parallel zur Axe, bezeichnet dessen Schnittpunkt mit der ersten Hauptebene mit R und zieht RR' parallel zur Axe bis zum Punkte R' der zweiten Hauptebene, so ist R'F' der entsprechende Austrittsstrahl. Verlängert man nun R'F' bis zum Schnitte mit S'P' in P', so ist P' der gesuchte Punkt.

§ 69. Der Austrittsstrahl kann auch auf folgende Weise bestimmt werden:

Es sei in Fig. 52 QPR der Einfallsstrahl, welcher die erste Brennebene in P und die erste Hauptebene in R schneiden möge. Man ziehe RR' parallel zur Axe bis zum Schnitt mit der zweiten Hauptebene in R'. Der Austrittsstrahl geht dann durch R'. Ferner ziehe man

von F aus einen dem erstbetrachteten parallelen Strahl, welcher die
erste Hauptebene in S treffen möge. Man ziehe $SS'T$ parallel zur
Axe, so dass S' der Schnittpunkt dieser Geraden mit der zweiten
Hauptebene, T derjenige mit der zweiten Brennebene ist; S'T ist

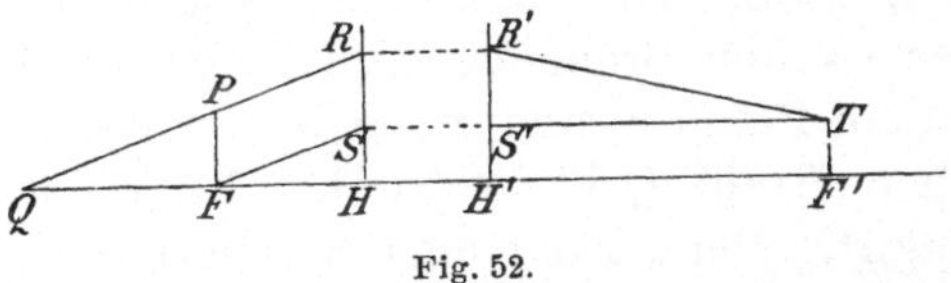

Fig. 52.

dann der dem Strahl FS zugeordnete Austrittsstrahl. PR und FS
sind aber parallel und müssen daher nach der Brechung in einem
Punkte der durch F' gelegten Brennebene homocentrisch werden.
Es ist somit R'T der gesuchte Austrittsstrahl.

§ 70. Zu einer besonders eleganten Konstruktion gelangen
wir, wenn wir von den sogenannten Knotenpunkten ausgehen.
Es sind dies zwei Punkte, deren Abscissen die Werthe $u = -f'$ und
$u' = -f$ haben. Bezeichnen wir sie mit N und N', so sind N und
N' nach (32) einander konjugirt. Sie *besitzen die* fernere *Eigenthümlichkeit, dass ein durch N hindurchgehender Einfallsstrahl parallel zur Einfalls-
richtung durch N' heraustritt.*

Es lässt sich dies darlegen, indem man nach Fig. 53 den Austrittsstrahl, welcher dem durch N gehenden Eintrittsstrahl zugeordnet

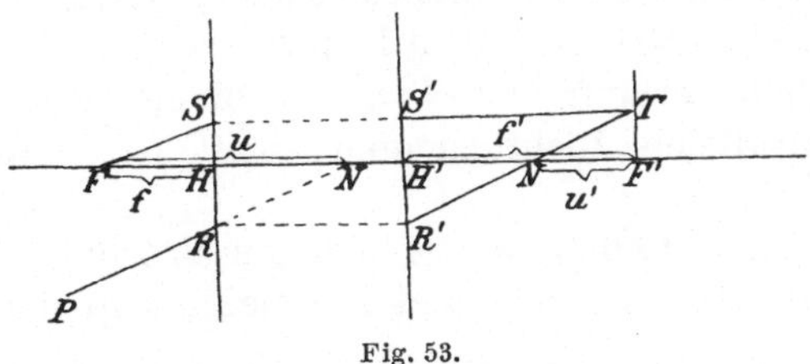

Fig. 53.

ist, konstruirt. Man konstruirt die Punkte R' und T zunächst in derselben Weise, wie dies in § 69 geschah; es wird dann der Austrittsstrahl durch die Verbindungslinie R'T dargestellt. Wenn aber N' der
zweite Knotenpunkt ist nach der Bedingung, dass $u' = -f$, so ist
$F'N' = FH$ und somit sind die Dreiecke TN'F' und SFH einander
kongruent. Ferner ist H'N' = HN und es ergiebt sich daraus die
Kongruenz der Dreiecke R'N'H' und RNH. Somit liegen, da FS
und PR einander parallel sind, die Linien N'T und N'R' in derselben geraden Linie. Es ist hiermit bewiesen, dass der dem Strahl
PN zugeordnete Austrittsstrahl durch N' hindurchgeht und zur
Richtung des Einfallsstrahles parallel gerichtet ist.

Sind das erste und letzte Medium gleichartig, so ist $f = f'$, und es fallen dann die Knotenpunkte mit den Hauptpunkten zusammen.

§ **71.** Es sei in Fig. 54 PQ irgend ein durch P gehender Eintrittsstrahl und N und N' seien die Knotenpunkte. PQ möge die erste Brennebene in Q schneiden. Man ziehe N'Q' parallel PQ bis zum Schnitte mit der zweiten Brennebene in Q' und ziehe Q'P' parallel QN, verbinde dann P und N und ziehe N'P' parallel zu NP bis zum Schnitte mit dem Strahl Q'P' im Punkte P'; es ist dann P' dem Punkte P konjugirt. Denn zieht man RN parallel zu PQ und N'R' parallel zu Q'P', so müssen die einander parallelen Strahlen PQ und RN nach der Brechung in der zweiten Brennebene zur Vereinigung kommen. N'Q' entspricht aber dem Strahl RN und der Austritts-

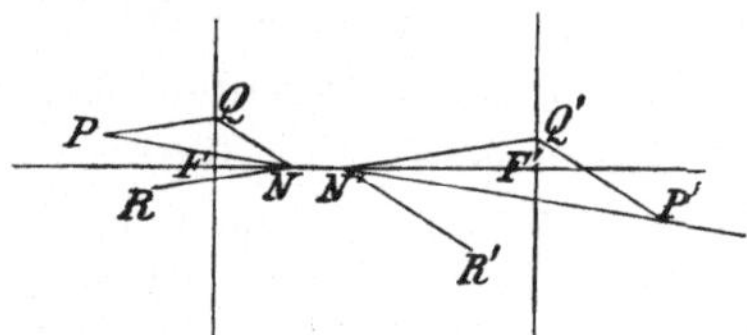

Fig. 54.

strahl geht daher durch Q'. Ferner stellen PQ und QN zwei von einem Punkte der ersten Brennebene ausgehende Strahlen dar und werden somit parallel zu einander zum Austritt gelangen müssen. QN wird parallel zu seiner ursprünglichen Richtung heraustreten und somit ist der Austrittsstrahl Q'P' parallel dem Strahl QN. Der Strahl PN endlich verläuft von N' aus in einer zu seiner ursprünglichen Lage parallelen Richtung und somit ist P' dem Punkte P konjugirt.

§ **72.** In allen Fällen, wo es sich um Brechung durch Linsen in Luft handelt, sind Anfangs- und Endmedium gleicher Art, somit $n = n'$, $f = f' = -\dfrac{n}{k}$ und die Relation zwischen den Abscissen konjugirter Punkte wird

$$u\,u' = f^2 . \qquad \ldots \ldots \ldots \ldots \quad (44)$$

Die Knotenpunkte decken sich in diesem Falle mit den Hauptpunkten, und es ergeben sich sämmtliche Konstruktionen in sehr einfacher Weise aus der Lage von vier Ebenen und der Schnittpunkte derselben mit der Axe, nämlich der beiden Brennebenen und der beiden Brennpunkte, der beiden Hauptebenen und der beiden Hauptpunkte.

Kapitel V.

Die Gauss'sche Theorie der Linsen.

§ 73. Die Theorie der Brechung durch eine beliebige Anzahl sphärisch begrenzter centrirter Medien wurde zuerst von Gauss entwickelt; wir werden im Folgenden seine Methode einer Besprechung unterziehen.

Wir verlegen zunächst die X-Axe des Koordinatensystems in die Axe des brechenden Systems. Die Abscissen der Scheitel der brechenden Flächen seien mit a, a_1, a_2 ..... und deren Radien mit

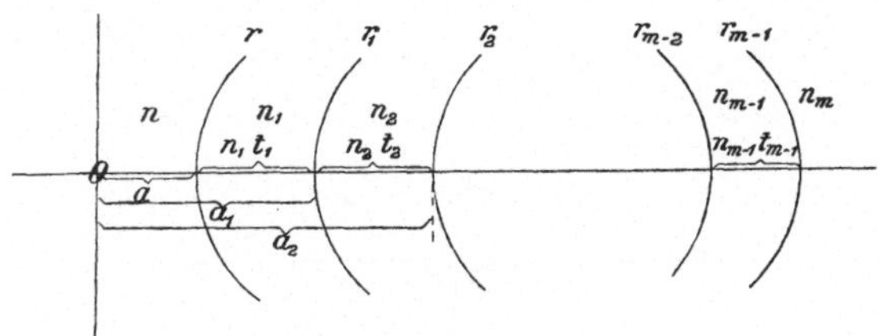

Fig. 55.

r, r_1, r_2 ..... bezeichnet (Fig. 55); n, n_1, n_2 ..... seien die Brechungsexponenten der verschiedenen Medien und der Kürze halber bedienen wir uns der Substitutionen

$$
\left.
\begin{aligned}
\frac{n - n_1}{r} &= k_0 \\[2mm]
\frac{n_1 - n_2}{r} &= k_1 \\[2mm]
\cdot \quad \cdot \quad & \cdot \quad \cdot \\[2mm]
\frac{n_{m-1} - n_m}{r_{m-1}} &= k_{m-1}
\end{aligned}
\right\} \qquad \ldots\ldots\ldots\ldots (1)
$$

und bezeichnen die Dicken der Medien, gemessen als Strecken auf der Axe, der Reihe nach mit $n_1 t_1$, $n_2 t_2$ ....., so dass

6*

$$
\left.\begin{array}{l}
a_1 - a = n_1\,t_1 \\[4pt]
a_2 - a_1 = n_2\,t_2 \\[4pt]
\cdots\cdots\cdots
\end{array}\right\} \ . \ . \ . \ . \ . \ . \ . \ . \ . \ . \ (2)
$$

Irgend ein einfallender Strahl, welchen wir als einen sehr kleinen Winkel mit der Axe einschliessend voraussetzen wollen, sei bestimmt durch die linearen Gleichungen:

$$
\left.\begin{array}{l}
y = \dfrac{\beta}{n}\,(x - a) + b \\[12pt]
z = \dfrac{\gamma}{n}\,(x - a) + c
\end{array}\right\}\ , \ . \ . \ . \ . \ . \ . \ . \ (3)
$$

und nach der Brechung an der ersten Fläche seien die Gleichungen des Strahles

$$
\left.\begin{array}{l}
y = \dfrac{\beta_1}{n_1}\,(x - a) + b' \\[12pt]
z = \dfrac{\gamma_1}{n_1}\,(x - a) + c'
\end{array}\right\}\ . \ . \ . \ . \ . \ . \ . \ (4)
$$

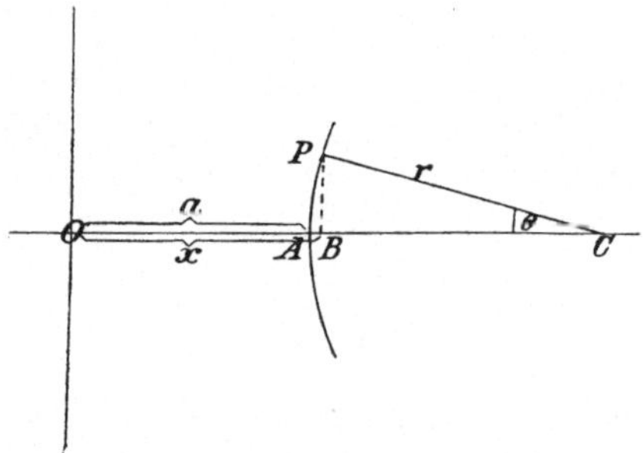

Fig. 56.

Bezeichnen wir in Fig. 56 mit x die Abscisse des Einfallspunktes P und mit θ den dem Bogen AP der Kugelfläche zugehörigen Centriwinkel, wobei ersterer von A, dem Scheitel der Kugelfläche, aus gemessen wird, so ist:

$$
x = OC - BC
$$

oder

$$
x = a + r\,(1 - \cos\theta).
$$

Da dieser Werth von x die Lage des Schnittpunktes des einfallenden und gebrochenen Strahles kennzeichnet, so ergeben die allgemeinen Gleichungen (3) und (4), wenn man darin für x den soeben gefundenen Werth einsetzt, die folgende Identität:

$$b + \frac{\beta}{n}\, r\,(1 - \cos\theta) = b' + \frac{\beta_1}{n_1}\, r\,(1 - \cos\theta) \;\Big\}$$

$$c + \frac{\gamma}{n}\, r\,(1 - \cos\theta) = c' + \frac{\gamma_1}{n_1}\, r\,(1 - \cos\theta) \;\Big\} \quad \ldots \ldots \; (5)$$

Da aber β und β_1 (resp. γ und γ_1) und ebenso θ sehr kleine Grössen darstellen, so darf man in die für $\beta\cos\theta$ substituirte Maclaurin'sche Reihe $\beta - \frac{\beta\theta^2}{2!} + \frac{\beta\theta^4}{4!} - \ldots\ldots$ die sehr kleine Grösse dritter Ordnung $\theta^2\beta$ vernachlässigen und es wird dann $b' = b$ und

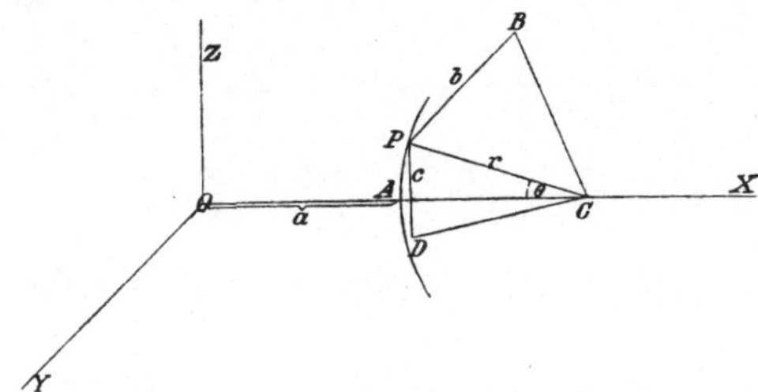

Fig. 57

ebenso $c' = c$. b und c sind somit Koordinaten des Einfallspunktes des Strahles in Bezug auf die erste Fläche. Die Richtungskosinusse des Einfallslothes sind demnach mit Rücksicht auf Fig. 57:

$$\cos\theta; \quad -\cos\mathrm{BPC} = -\frac{b}{r}; \quad -\cos\mathrm{CPD} = -\frac{c}{r}\cdot$$

Für die Richtungskosinusse des Einfallsstrahles PQ ergeben sich unter Bezugnahme auf Fig. 58 die folgenden angenäherten Werthe:

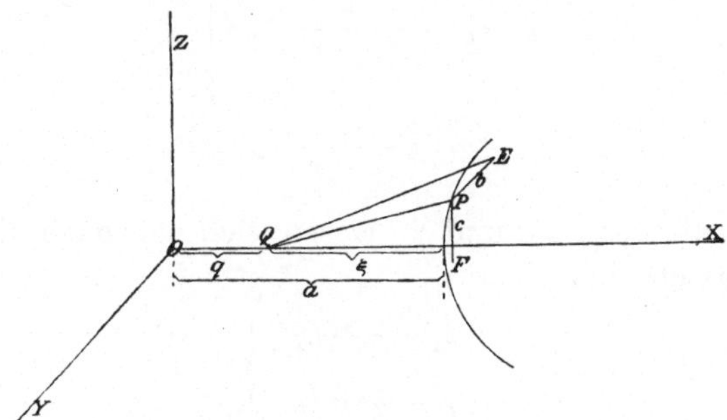

Fig. 58.

$$\cos\mathrm{PQX} = 1; \quad \cos\mathrm{QPE} = \frac{b}{\xi}, \quad \text{worin } \xi = a - q;$$ q findet sich aus der Gleichung des Einfallsstrahles, wenn man hierin $y = 0$ setzt; in

diesem Falle wird $x = q = a - \dfrac{b}{\left(\dfrac{\beta}{n}\right)}$, folglich $\xi = \dfrac{b}{\left(\dfrac{\beta}{n}\right)}$, mithin

$\cos QPE = \dfrac{\beta}{n}$. Analog findet man $\cos QPF = \dfrac{\gamma}{n}$ und für den austretenden Strahl die Richtungskosinusse $1,\ \dfrac{\beta_1}{n_1},\ \dfrac{\gamma_1}{n_1}$, immer aber nur unter der Voraussetzung, dass die Konvergenz der Strahlen eine sehr geringe ist.

Wir haben demnach unter den vorausgesetzten Näherungsbedingungen kurz wiederholt die folgenden Richtungskosinusse:

$$\text{für das Einfallsloth: } \cos\theta,\ -\frac{b}{r},\ -\frac{c}{r};$$

$$\text{für den Einfallsstrahl: } 1,\ \frac{\beta}{n},\ \frac{\gamma}{n};$$

$$\text{für den gebrochenen Strahl: } 1,\ \frac{\beta_1}{n_1},\ \frac{\gamma_1}{n_1}.$$

Drücken wir die Beziehung zwischen den Richtungskosinussen nach Analogie der Formeln (12, II) aus, so haben wir

$$\text{und} \quad \left.\begin{aligned} \beta - \beta_1 &= -\frac{b}{r}\,(n\cos i - n_1\cos i')\\[2em] \gamma - \gamma_1 &= -\frac{c}{r}\,(n\cos i - n_1\cos i') \end{aligned}\right\}$$

oder, wenn wir uns mit dem oben definirten Grade der Annäherung begnügen, wo dann $\cos i = \cos i' = 1$ wird,

$$\text{und} \quad \left.\begin{aligned} \beta - \beta_1 &= -\frac{n - n_1}{r}\cdot b\\[2em] \gamma - \gamma_1 &= -\frac{n - n_1}{r}\cdot c \end{aligned}\right\} \quad \cdots\cdots\cdots (6)$$

Die Werthe von β_1 und γ_1 lassen sich hiernach und nach (1) folgendermaassen schreiben:

$$\left.\begin{aligned} \beta_1 &= \beta + k_0\,b\\ \gamma_1 &= \gamma + k_0\,c \end{aligned}\right\} \quad \cdots\cdots\cdots (7)$$

und damit sind die Gleichungen des Strahles vor und nach der ersten Brechung vollständig bestimmt.

Sind $a_1,\ b_1,\ c_1$ die Koordinaten des Punktes, in welchem der gebrochene Strahl die zweite Fläche trifft, so dass sich die Gleichungen

dieses gebrochenen Strahles nach Analogie der Gleichungen (3) und
(4) folgendermaassen ausdrücken lassen:

$$y = \frac{\beta_1}{n_1}(x - a_1) + b_1 \left.\vphantom{\frac{\beta_1}{n_1}}\right\}$$
$$z = \frac{\gamma_1}{n_1}(x - a_1) + c_1 \quad , \quad \ldots \ldots \ldots \quad (8)$$

so gelangen wir durch Vergleichung dieser Gleichungen mit den
unter (4) gegebenen Formeln der gleichbedeutenden Gleichungen
zu den Beziehungen:

$$b' - \frac{\beta_1}{n_1} a = b_1 - \frac{\beta_1}{n_1} a_1$$

und

$$c' - \frac{\gamma_1}{n_1} a = c_1 - \frac{\gamma_1}{n_1} a_1$$

oder, wenn wir uns erinnern, dass $b' = b$, $c' = c$,

$$b - \frac{\beta_1}{n_1} a = b_1 - \frac{\beta_1}{n_1} a_1$$

und

$$c - \frac{\gamma_1}{n_1} a = c_1 - \frac{\gamma_1}{n_1} a_1$$

und daher nach (2):

$$b_1 = b + \beta_1 t_1 \left.\vphantom{\frac{1}{1}}\right\}$$
$$c_1 = c + \gamma_1 t_1 \quad \ldots \ldots \ldots \ldots \quad (9)$$

Führen wir diese Untersuchung in dem angedeuteten Sinne
weiter, so werden die sich hierbei ergebenden Gleichungen immer
auf die Form der Gleichungen (7) und (9) gebracht werden können,
so dass also

$$\beta_2 = \beta_1 + k_1 b_1$$
$$\gamma_2 = \gamma_1 + k_1 c_1$$

und

$$b_2 = b_1 + \beta_2 t_2$$
$$c_2 = c_1 + \gamma_2 t_2$$

u. s. f.

Alle diese Grössen $\beta_1, \beta_2 \ldots \ldots, b_1, b_2 \ldots \ldots$ lassen sich der Reihe
nach als Funktionen der ersten beiden Grössen β und b darstellen
und es ist dann nach (7)

$$\beta_1 = k_0\, b + \beta,$$

nach (9)

$$b_1 = (k_0\, t_1 + 1)\, b + t_1\beta$$

$$\beta_2 = \left\{ k_1\,(k_0\, t_1 + 1) + k_0 \right\}\, b + (k_1\, t_1 + 1)\,\beta$$

$$b_2 = \left\{ k_1\,(k_0\, t_1\, t_2 + t_2) + k_0\,(t_1 + t_2) + 1 \right\}\, b + \left\{ t_1\,(k_1\, t_2 + 1) + t_2 \right\}\,\beta$$

$$\cdot\ (10)$$

Bezeichnen $\dfrac{p_1}{q_1},\ \dfrac{p_2}{q_2} \ \ldots\ldots$ der Reihe nach die Näherungswerthe des Kettenbruches

$$k_0 + \cfrac{1}{t_1 + \cfrac{1}{k_1 + \cfrac{1}{t_2 + \cfrac{1}{k_2 + \ {\displaystyle \ddots \ + \cfrac{1}{k_{m-1}}}}}}}\,,$$

so dass also

$$\frac{k_0}{1} = \frac{p_1}{q_1}\,,$$

$$k_0 + \frac{1}{t_1} = \frac{k_0\, t_1 + 1}{t_1} = \frac{p_2}{q_2}\,,$$

$$k_0 + \cfrac{1}{t_1 + \cfrac{1}{k_1}} = \frac{k_1\,(k_0\, t_1 + 1) + k_0}{k_1\, t_1 + 1} = \frac{p_3}{q_3}\,,$$

$$k_0 + \cfrac{1}{t_1 + \cfrac{1}{k_1 + \cfrac{1}{t_2}}} = \frac{k_1\,(k_0\, t_1\, t_2 + t_2) + k_0\,(t_1 + t_2) + 1}{t_1\,(k_1\, t_2 + 1) + t_2} = \frac{p_4}{q_4}\,,$$

so erkennt man ohne Weiteres, dass die Gleichungen der Gruppe (10)
sich durch die folgenden ersetzen lassen:

$$\beta_1 = p_1\, b + q_1\,\beta$$

$$b_1 = p_2\, b + q_2\,\beta$$

$$\beta_2 = p_3\, b + q_3\,\beta$$

$$b_2 = p_4\, b + q_4\,\beta$$

$$\cdot\ \cdot\ \cdot\ \cdot\ \cdot\ \cdot\ \cdot\ \cdot\ \cdot\ \cdot$$

$$b_{m-1} = p_{2m-2}\, b + q_{2m-2}\,\beta$$

$$\beta_m = p_{2m-1}\, b + q_{2m-1}\,\beta.$$

Für das letzte Gleichungspaar wollen wir setzen:

$$\left.\begin{array}{l} b' = g\,b + h\,\beta \\ \beta' = k\,b + l\,\beta \end{array}\right\}.$$

Gemäss der Eigenthümlichkeit eines Kettenbruches mit dem Theilzähler 1 ist $g\,l - h\,k = 1$. Durch einen ganz analogen Gang der Untersuchung gelangen wir zu den Formeln:

$$\left.\begin{array}{l} c' = g\,c + h\,\gamma \\ \gamma' = k\,c + l\,\gamma \end{array}\right\}.$$

Lösen wir diese Gleichungen unter Berücksichtigung der Relation $g\,l - h\,k = 1$ nach b und β, resp. c und γ auf, so ist:

$$\left.\begin{array}{l} b = l\,b' - h\,\beta' \\ \beta = -k\,b' + g\,\beta' \end{array}\right\} \quad \ldots \ldots \ldots \quad (11)$$

und

$$\left.\begin{array}{l} c = l\,c' - h\,\gamma' \\ \gamma = -k\,c' + g\,\gamma' \end{array}\right\} \quad \ldots \ldots \ldots \quad (12)$$

Wir haben also, um die erhaltenen Resultate kurz zusammenzufassen, als Gleichungen des einfallenden Strahles:

$$\left.\begin{array}{l} y = \dfrac{\beta}{n}\,(x - a) + b \\[2ex] z = \dfrac{\gamma}{n}\,(x - a) + c \end{array}\right\}, \quad \ldots \ldots \ldots \quad (13)$$

als diejenigen des Austrittsstrahles

$$\left.\begin{array}{l} y = \dfrac{\beta'}{n'}\,(x - a') + b' \\[2ex] z = \dfrac{\gamma'}{n'}\,(x - a') + c' \end{array}\right\}, \quad \ldots \ldots \ldots \quad (14)$$

worin

$$\left.\begin{array}{l} b' = g\,b + h\,\beta \\ \beta' = k\,b + l\,\beta \end{array}\right\} \quad \ldots \ldots \ldots \quad (15)$$

und

$$\left.\begin{array}{l} c' = g\,c + h\,\gamma \\ \gamma' = k\,c + l\,\gamma \end{array}\right\} \quad \ldots \ldots \ldots \quad (16)$$

In der weiteren Behandlung der Theorie wird es genügen, wenn wir uns auf die Verfolgung einer der Gleichungen des einfallenden Strahles beschränken; denn es werden in allen Fällen die aus dieser Gleichung sich ergebenden Schlussfolgerungen auch für die andere Gleichung gelten. Ebenso werden wir zur Untersuchung des Austrittsstrahles von nur einer der gegebenen Gleichungen ausgehen.

§ 74. *Es existiren zwei zur Axe senkrechte Ebenen, welche die Eigenthümlichkeit besitzen, dass die Punkte, in welchen der Einfallsstrahl die erste und der diesem zugehörige Austrittsstrahl die zweite trifft, derartig gelegen sind, dass die sie verbindende Gerade zur Axe parallel gerichtet ist.* Diese Ebenen erleichtern ungemein die Bestimmung des einem gegebenen Einfallsstrahl entsprechenden Austrittsstrahles. Wir werden nun zunächst das Vorhandensein solcher Ebenen nachzuweisen, sowie deren Lagen zu bestimmen haben.

Die Gleichung des Austrittsstrahles (14) lässt sich nach Einsetzung der in (15) gegebenen Werthe von b' und β' folgendermaassen schreiben:

$$y = \frac{k\,b + l\,\beta}{n'}(x - a') + g\,b + h\,\beta,$$

$$y = \frac{\beta}{n'}\left\{ l\,(x - a') + n'\,h \right\} + b\left\{ \frac{k\,(x - a')}{n'} + g \right\} \quad \ldots \quad (17)$$

Um nun den Punkt zu bestimmen, in welchem der Austrittsstrahl die Ebene, deren Abscisse $x = x'$ sein möge, trifft, haben wir nur in dieser letzten Gleichung x' für x zu setzen. Ferner ist die Gleichung des zugehörigen Einfallsstrahles

$$y = \frac{\beta}{n}(x - a) + b.$$

Es lassen sich stets Werthe von x und x' bestimmen, bei welchen bei jedem beliebigen Werthe von β und b, d. h. für alle Strahlen, jene Werthe von y identisch werden. Setzt man die Koefficienten von β einerseits und b andererseits einander gleich, so ergeben sich als die nöthigen Bedingungen für diese Identität der Werthe von y die Gleichungen:

$$\left.\begin{aligned} \frac{l\,(x' - a') + n'\,h}{n'} &= \frac{x - a}{n} \\[2mm] k\,(x' - a') + n'\,g &= n' \end{aligned}\right\} \quad \ldots \ldots \ldots \quad (18)$$

Aus der letzteren Gleichung ergiebt sich ohne Weiteres der Werth von x':

$$x' = a' + \frac{n'}{k}(1 - g) = p_2. \quad \ldots \ldots \quad (19\,\mathrm{b})$$

Aus den Gleichungen (18) folgt ferner:

$$\frac{x-a'}{n} = \frac{l}{k}(1-g)+h\,;$$

hieraus unter Berücksichtigung der Relation $g\,l - h\,k = 1$

$$\frac{x-a}{n} = \frac{l-1}{k}$$

und hieraus schliesslich

$$x = a - \frac{n}{k}(1-l) = p_1. \quad \cdot \quad \cdot \quad \cdot \quad \cdot \quad \cdot \quad \cdot \quad (19\,\mathrm{a})$$

Die durch diese Abscissen charakterisirten Ebenen heissen die **Hauptebenen** und die Punkte, in welchen sie von der Axe geschnitten werden, die **Hauptpunkte.** Sie besitzen die Eigenthümlichkeit, dass der Einfalls- und Austrittsstrahl je eine der beiden Ebenen in Punkten schneiden, deren jeder als die Projektion des anderen auf diese Ebene anzusehen ist.

§ **75.** *Wenn die Einfallsstrahlen einander parallel sind, so kommen die Austrittsstrahlen in einem Punkte zur Vereinigung, und für sämmtliche verschiedenen Gruppen paralleler Strahlen liegen die Vereinigungspunkte in einer zur Axe senkrechten Ebene. Umgekehrt müssen, wenn die Austrittsstrahlen einander parallel gerichtet sind, die Einfallsstrahlen von einem Punkte einer festen, zur Axe senkrechten Ebene ausgehen.* Solche Ebenen bezeichnet man als **Brennebenen** und die Punkte, in welchen sie von den Axen geschnitten werden, als die **Brennpunkte.** Um die Lage der den parallel einfallenden Strahlen entsprechenden Brennebenen zu bestimmen, nehmen wir an, dass β konstant, b dagegen ein variabler Parameter ist. Als Gleichung des Austrittsstrahles hatten wir nach (17) gefunden:

$$y = \frac{\beta}{n'}\left\{ l\,(x-a') + n'h \right\} + b\left\{ \frac{k\,(x-a')}{n'} + g \right\}$$

und da b variabel ist, ist es klar, dass die Bedingung dafür, dass der Strahl immer durch einen festen Punkt hindurchgeht, gegeben ist durch die beiden Gleichungen:

$$\left.\begin{aligned} \frac{k\,(x-a')}{n'} + g &= 0, \\[2em] y = \frac{\beta}{n'}&\left\{ l\,(x-a') + n'h \right\} \end{aligned}\right\}.$$

und

Die Gleichung für den Abstand der Brennebene ist somit:

$$x = a' - \frac{n'\,g}{k} = g_2 \quad \cdot \quad \cdot \quad \cdot \quad \cdot \quad \cdot \quad \cdot \quad \cdot \quad (20\,\mathrm{b})$$

Um die Gleichung für den Abstand der anderen Brennebene zu finden, müssen wir die Austrittsstrahlen als parallel verlaufend annehmen und haben dann β' als konstant, b' dagegen als variabel anzusehen. Drücken wir die Gleichung des Einfallsstrahles (13) in derselben Weise, wie es bei Bildung der Gleichung (17) geschah, in Funktionen von β' und b' aus, wobei wir uns der Gleichung (11) bedienen, so erhalten wir die Gleichung

$$y = \frac{\beta'}{n}\left\{ g(x-a) - n\,h \right\} - b'\left\{ \frac{k(x-a)}{n} - l \right\},$$

und als Bedingung dafür, dass die Strahlen von einem Punkte ausgehen,

$$\frac{k(x-a)}{n} - l = 0,$$

und

$$y = \frac{\beta'}{n}\left\{ g(x-a) - n\,h \right\}$$

und schliesslich als Abstand der ersten Brennebene

$$x = a + \frac{n\,l}{k} = g_1. \qquad \ldots \ldots \ldots \quad (20\,\text{a})$$

Den Abstand der ersten Brennebene vor der ersten Hauptebene nennt man die erste Brennweite, den Abstand der zweiten Brennebene hinter der zweiten Hauptebene nennt man die zweite

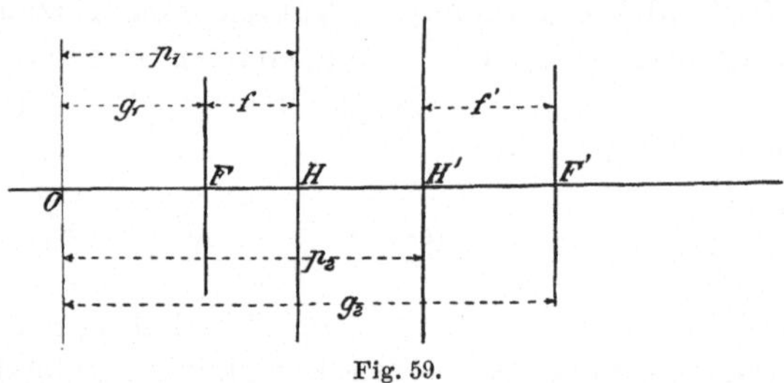

Fig. 59.

Brennweite. Wir wollen diese beiden Brennweiten durch die Buchstaben f und f' unterscheiden. Ihre Werthe ergeben sich unmittelbar aus den Gleichungen für die Abscissen der Brennebenen und Hauptebenen. Es ist dann nach (19 a) und (20 a), resp. (19 b) und (20 b), wie in Fig. 59 dargestellt:

$$\left.\begin{aligned} p_1 - g_1 &= -\frac{n}{k} = f \\[2ex] g_2 - p_2 &= -\frac{n'}{k} = f' \end{aligned}\right\} \qquad \ldots \ldots \ldots \quad (21)$$

§ 76. Es befinden sich auf der Axe zwei weitere Punkte, welche · für die Untersuchung der einfallenden und gebrochenen Strahlen verwerthbare Eigenthümlichkeiten aufweisen. Sie besitzen nämlich die Eigenschaft, dass einem durch den einen derselben gehenden Einfallsstrahl ein diesem parallel gerichteter, durch den anderen Punkt verlaufender Austrittsstrahl zugeordnet ist. Diese Punkte wurden von Listing entdeckt und von ihm Knotenpunkte genannt.

Um die Lage dieser Knotenpunkte zu bestimmen, haben wir zunächst festzustellen, in welchen Fällen der Austrittsstrahl dem einfallenden Strahl parallel ist.

Die Bedingung hierfür ist nach (3) und (4)

$$\frac{\beta}{n} = \frac{\beta'}{n'}. \quad \ldots \ldots \ldots \quad (22)$$

Ersetzen wir in dieser Gleichung β' durch seinen in Gleichung (15) gegebenen Werth, so ist

$$k\,b + l\,\beta = \frac{n'}{n}\,\beta,$$

und hieraus

$$b = \frac{\beta}{n}\left\{\frac{n'}{k} - \frac{n\,l}{k}\right\}.$$

Substituiren wir diesen Werth in (3), die Gleichung des einfallenden Strahles, so nimmt diese die Form an:

$$y = \frac{\beta}{n}\left\{x - a + \frac{n'}{k} - \frac{n\,l}{k}\right\}.$$

Aus dieser Gleichung erhellt, dass, was auch immer die Richtung des einfallenden Strahles sein mag, derselbe durch einen bestimmten Punkt der Axe geht, und wir erhalten, wenn wir $y = 0$ setzen, als Abscisse dieses Punktes:

$$x = a - \frac{n'}{k} + \frac{n\,l}{k} = \mathfrak{k}_1 \quad \ldots \ldots \ldots \quad (23\,\mathrm{a})$$

Der Entwicklung der letzten Formel für den Eintrittsstrahl folgend erhalten wir für den Austrittsstrahl der Reihe nach folgende Gleichungen:

Aus (22)

$$\beta = \frac{n}{n'}\,\beta',$$

aus (11)

$$\beta = -\,k\,b' + g\,\beta' = \frac{n}{n'}\,\beta',$$

hieraus

$$b' = \frac{\beta'}{n'} \left\{ \frac{g\,n'}{k} - \frac{n}{k} \right\},$$

und aus (14)

$$y = \frac{\beta'}{n'} \left\{ x - a' - \frac{n}{k} + \frac{n'\,g}{k} \right\};$$

und es geht daher der Austrittsstrahl durch einen Punkt der Axe, dessen Abscisse bestimmt ist durch die Gleichung

$$x = a' + \frac{n}{k} - \frac{n'\,g}{k} = \mathfrak{k}_2. \quad \ldots \ldots \quad (23\,\text{b})$$

Die Lage der Knotenpunkte ist somit durch deren Abscissen bestimmt. Aus ihren Werthen und den Gleichungen (21) und (20) folgt ohne Weiteres

$$\left.\begin{array}{l} \mathfrak{k}_1 - g_1 = f' \\[2mm] g_2 - \mathfrak{k}_2 = f \end{array}\right\} \quad \ldots \ldots \ldots \ldots \quad (24)$$

Die Knotenpunkte liegen somit innerhalb der Brennpunkte und zwar in Abständen von denselben, welche beziehungsweise f und f' gleich sind. In dem praktisch besonders wichtigen Falle, in welchem die äussersten Medien gleichartig sind, d. h. wo $n = n'$ ist, ist nach (21) $f = f'$ und es fallen somit alsdann die Knotenpunkte und Hauptpunkte zusammen. Andere Methoden, um die Lagen dieser Kardinalpunkte zu bestimmen, werden später gegeben werden.

§ 77. Geht ein System von Einfallsstrahlen von einem Punkte aus, so müssen auch die diesen entsprechenden Austrittsstrahlen in einem Punkte homocentrisch werden. Solche Punkte heissen konjugirte Punkte; oder man sagt auch, der eine ist das Bild des anderen.

Wie wir in dem vorhergehenden Paragraphen gesehen haben, sind die Gleichungen für die eintretenden und austretenden Strahlen lediglich von den Grössen β, b, γ und c abhängig. Die Bedingung dafür, dass der Einfallsstrahl durch einen Punkt (ξ, η, ζ) geht, lässt sich nach (3) durch die Gleichung

$$n\,\eta = \beta\,(\xi - a) + n\,b \quad \ldots \ldots \ldots \quad (25)$$

und durch eine ähnliche Relation zwischen ξ und ζ ausdrücken. Die Bedingungen ferner, dass der austretende Strahl durch den Punkt $(\xi'\ \eta'\ \zeta')$ hindurchtritt, sind nach (17) durch die Gleichung

$$n'\,\eta' = \beta\left\{ l\,(\xi' - a') + n'\,h \right\} + b\left\{ k\,(\xi' - a') + n'\,g \right\} \quad \ldots \quad (26)$$

und eine ähnliche Relation zwischen ξ' und ζ' gegeben. Es lassen sich nun für (ξ', η', ζ') immer solche Werthe finden, dass die zweiten

Bedingungsgleichungen mit den ersten identisch werden. Dies bedingt die Relationen:

$$\frac{n'\,\eta'}{n\,\eta} = \frac{n'\,\zeta'}{n\,\zeta} = \frac{l\,(\xi' - a') + n'\,h}{\xi - a} = \frac{k\,(\xi' - a') + n'\,g}{n}. \qquad (27)$$

Sobald diese Bedingungen erfüllt sind, nehmen die Punkte $(\xi,\ \eta,\ \zeta)$ und $(\xi',\ \eta',\ \zeta')$ eine solche Lage zu einander ein, dass alle Strahlen, welche bei ihrem Eintritt in das System durch den einen Punkt gehen, nach dem Austritt aus dem System durch den anderen Punkt verlaufen. Mit anderen Worten, die beiden Punkte sind einander konjugirt.

Aus der Gleichung

$$\frac{\eta'}{\eta} = \frac{\zeta'}{\zeta}, \qquad\qquad\qquad\qquad (28)$$

welche unmittelbar aus den letzten Gleichungen folgt, können wir den Schluss ziehen, dass *ein Objektpunkt und dessen zugehöriger Bildpunkt in einer durch die Axe gelegten Ebene liegen.*

§ 78. Die Beziehung zwischen den Abscissen konjugirter Punkte lässt sich nach (27) darstellen durch die Gleichung:

$$k\,(\xi - a)\,(\xi' - a') + n'\,g\,(\xi - a) - n\,l\,(\xi' - a') - n\,n'\,h = 0. \quad . \quad (29)$$

Aus dieser Gleichung lässt sich die Lage der Brennpunkte ableiten und die Bezugnahme auf diese gestattet eine wesentliche Vereinfachung der Beziehungsgleichungen. Um nun die Brennpunkte zu bestimmen, sehen wir zuerst die einfallenden und dann die austretenden Strahlen als parallel verlaufend an; zu diesem Zwecke lassen wir nach einander ξ und ξ' unendlich gross werden. Die Abscissen der zugeordneten Bildpunkte werden dann nach der letzten Gleichung, nachdem man diese durch ξ resp. ξ' dividirt hat, sein müssen:

$$\left.\begin{aligned} \xi' &= a' - \frac{n'\,g}{k} = g_2 \\[2mm] \xi &= a + \frac{n\,l}{k} = g_1 \end{aligned}\right\} \quad . \quad . \quad . \quad . \quad . \quad (30)$$

Die Relation zwischen ξ und ξ', wie dieselbe in der Gleichung (29) enthalten ist, lässt sich nach (30) auch folgendermaassen darstellen:

$$(\xi - a)\,(\xi' - a') - (g_2 - a')\,(\xi - a) - (g_1 - a)\,(\xi' - a') = \frac{n\,n'\,h}{k},$$

und hieraus entsteht durch entsprechende Umformung:

$$\left\{(\xi - a) - (g_1 - a)\right\}\left\{(\xi' - a') - (g_2 - a')\right\} = (g_1 - a)(g_2 - a') + \frac{n\,n'\,h}{k},$$

$$= -\frac{n\,l}{k} \cdot \frac{n'\,g}{k} + \frac{n\,n'\,h}{k},$$

$$= n\,n'\left(\frac{h}{k} - \frac{g\,l}{k^2}\right),$$

$$= n\,n'\,\frac{h\,k - g\,l}{k^2} = -\frac{n\,n'}{k^2},$$

oder schliesslich nach (21):

$$(\xi - g_1)(\xi' - g_2) = -f\,f'. \quad\dots\quad\dots\quad\dots\quad (31)$$

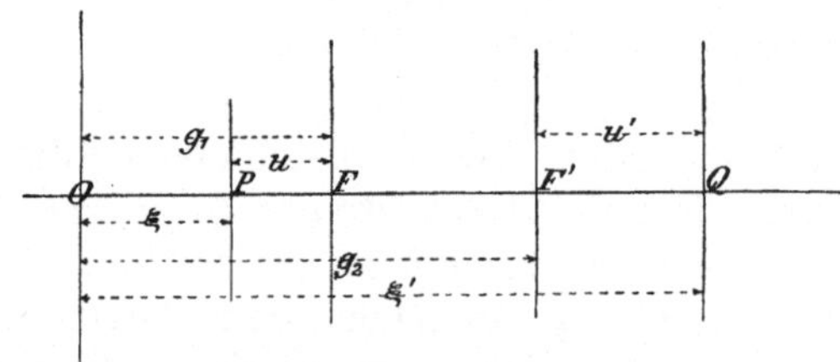

Fig. 60.

Bezeichnen wir die Abstände der konjugirten Punkte vor bezw. hinter der Brennebene des Systems mit u und u' (Fig. 60), so ist

$$u = g_1 - \xi, \quad u' = \xi' - g_2$$

und daher

$$u\,u' = f\,f'. \quad\dots\quad\dots\quad\dots\quad (32)$$

§ 79. Kehren wir nun zu den anderen Koordinaten der konjugirten Punkte zurück, so finden wir nach (27)

$$\frac{\eta'}{\eta} = \frac{\zeta'}{\zeta} = \frac{k(\xi' - a') + n'\,g}{n'},$$

$$= \frac{\xi' - a' + \dfrac{n'\,g}{k}}{\dfrac{n'}{k}},$$

$$= -\frac{\xi' - g_2}{f'} \quad \text{nach (30) und (21)},$$

das heisst

$$\frac{\eta'}{\eta} = \frac{\zeta'}{\zeta} = -\frac{u'}{f'}. \quad\dots\quad\dots\quad (33)$$

Nach (32) folgt dann hieraus

$$\frac{\eta}{\eta'} = \frac{\zeta}{\zeta'} = -\frac{u}{f}. \quad\dots\quad\dots\quad (34)$$

Aus den beiden letzten Gleichungen folgt, dass, wenn $u = -f$, und daher $u' = -f'$, dann auch $\eta = \eta'$ und $\zeta = \zeta'$ sein muss. Nach unserer früheren Definition kennzeichnen daher die Gleichungen $u = -f$ und $u' = -f'$ die Lage der Hauptebenen.

Bezeichnet man, wie in Fig. 61, die Abstände irgend eines Paares konjugirter Punkte beziehungsweise vor und hinter den Hauptebenen mit x und x', so ist $u = x - f$, $u' = x' - f'$ und aus der Multiplikation beider Relationen ergiebt sich nach (32)

$$(x - f)(x' - f') = u\,u' = f\,f' \quad \ldots \ldots \ldots \quad (35)$$

oder, wie man hierfür schreiben kann,

$$\frac{f}{x} + \frac{f'}{x'} = 1. \quad \ldots \ldots \ldots \ldots \quad (36)$$

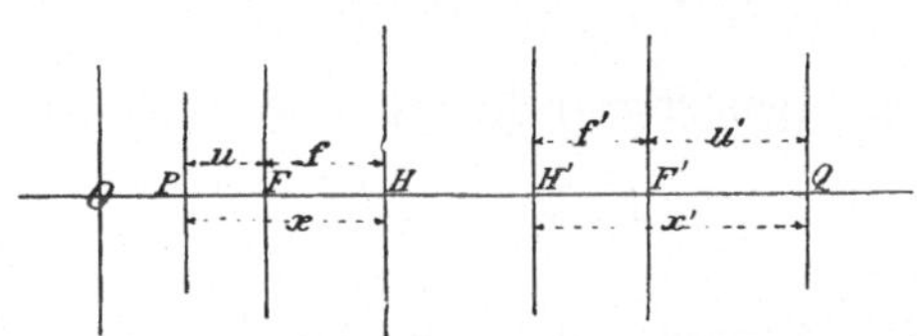

Fig. 61.

Bezüglich der Anwendung der gefundenen Resultate auf die graphische Bestimmung einander zugeordneter einfallender und austretender Strahlen, sowie der Lagen konjugirter Punkte verweisen wir auf die §§ 68—71.

§ 80. Es lässt sich stets eine einzelne Fläche oder eine dünne Linse finden, welche, mit ihrem Scheitel in den ersten Hauptpunkt des Systems verlegt, den einfallenden Strahlen genau dieselben resultirenden Richtungen ertheilt, wie dieses durch das ganze System erfolgt, so dass, wenn wir uns den Abstand der beiden Hauptebenen als nicht vorhanden denken, die dadurch erhaltene einzelne brechende Fläche oder Linse ohne Dicke dieselbe vollständige Gruppe von Austrittsstrahlen liefert, wie das ganze System brechender Flächen. Eine solche Fläche oder Linse bezeichnet man als dem ganzen System brechender Flächen äquivalent. Das System wird hierbei einer einzelnen brechenden Fläche äquivalent sein, wenn das erste und letzte Medium verschiedener Art sind, dagegen ist es einer dünnen Linse äquivalent, wenn erstes und letztes Medium gleichartig sind.

Um diese Sätze zu beweisen, suchen wir die Gleichungen der Strahlen auf in Bezug auf die Hauptpunkte als Koordinatenursprünge. Die Gleichung (3) des einfallenden Strahles lässt sich durch Einsetzung des Werthes von a aus (19a), nämlich $a = p_1 + \dfrac{n}{k}(1-l)$, auch auf die folgende Form bringen:

$$y = \frac{\beta}{n}\left\{x - p_1 + \frac{n}{k}(l-1)\right\} + b,$$

oder

$$y = \frac{\beta}{n}(x - p_1) + \frac{\beta}{k}(l-1) + b,$$

oder

$$y = \frac{\beta}{n}(x - p_1) + \frac{l\beta + kb - \beta}{k};$$

und schliesslich nach (15):

$$y = \frac{\beta}{n}(x - p_1) + \frac{\beta' - \beta}{k} \quad \ldots \ldots \ldots \quad (37\,\mathrm{a})$$

und der zugehörige Austrittsstrahl erhält die Gleichung:

$$y = \frac{\beta'}{n'}(x - p_2) + \frac{\beta' - \beta}{k} \ldots \ldots \ldots \quad (37\,\mathrm{b})$$

Der dem Schnittpunkt der Strahlen mit der Hauptebene entsprechende Werth von y ist hiernach, da für diesen Fall $x = p_1$ resp. $x = p_2$,

$$y = \frac{\beta' - \beta}{k} = b_0,$$

woraus

$$\beta' = \beta + k\,b_0. \ldots \ldots \ldots \ldots \quad (38)$$

Eben diese Gleichung würden wir aber erhalten haben, wenn wir der Untersuchung eine Brechung an einer einfachen sphärischen Fläche zu Grunde gelegt hätten. Ein vergleichender Blick auf die früheren Gleichungen überzeugt uns von dieser Thatsache. Sind n und n' die Brechungsexponenten der Medien und r der Radius der brechenden Fläche, so hat k den Werth:

$$k = \frac{n - n'}{r},$$

und daher

$$r = \frac{n - n'}{k}.$$

Dieser Werth von r wird vom Scheitel aus in der Richtung des einfallenden Lichtes gemessen. Das System ist daher äquivalent einer einzelnen brechenden Kugelfläche, deren Radius $\dfrac{n - n'}{k}$ ist und deren Scheitel mit dem ersten Hauptpunkt des Systems zusammenfällt.

§ 81. Wenn das erste und letzte Medium gleicher Art sind, so hat man sich den Fall einer dünnen, mit ihrem Scheitel in den Hauptpunkt gelegten Linse vorzustellen. Die der Brechung durch eine dünne Linse entsprechenden Gleichungen lauten:

$$\beta_1 = \beta + k_0 b_0 \quad [\text{vgl. (7)}],$$
$$b_1 = b_0,$$
$$\beta_2 = \beta_1 + k_1 b_1,$$

und somit

$$\beta' = \beta_2 = \beta + (k_0 + k_1) b_0.$$

Diese Gleichung entspricht nach (38) der verlangten, durch das System hervorgerufenen Brechung, vorausgesetzt, dass

$$k = k_0 + k_1.$$

Ist nun n' der Brechungsexponent der Linse, r und r' die Radien ihrer beiden Flächen in der Richtung des Lichteinfalls als positiv gemessen, so ist nach (1)

$$k_0 + k_1 = \frac{n - n'}{r} + \frac{n' - n}{r'},$$

oder

$$k_0 + k_1 = k = (n - n') \left(\frac{1}{r} - \frac{1}{r'} \right). \quad \ldots \quad (39)$$

Ist Φ die Brennweite der dünnen Linse im Sinne der bisher gegebenen Definition, bezogen auf den ersten Brechungsexponenten des ersten Mediums, so ist nach § 57 unter gehöriger Berücksichtigung der Vorzeichen

$$\frac{1}{\Phi} = \left(\frac{n'}{n} - 1 \right) \left(\frac{1}{r} - \frac{1}{r'} \right).$$

Hieraus in Verbindung mit (39) folgt:

$$k = - \frac{n}{\Phi},$$

oder endlich

$$\Phi = - \frac{n}{k}. \quad \ldots \ldots \ldots \quad (40)$$

Die Brennweite der äquivalenten Linse ist daher $- \frac{n}{k}$. Sie wird eine Sammellinse sein, wenn $- \frac{n}{k}$ einen positiven, und eine Zerstreuungslinse, wenn $- \frac{n}{k}$ einen negativen Werth hat.

§ 82. Es giebt einen Fall, in welchem die Bezugnahme auf die betrachteten Hilfspunkte nicht zulässig ist, und da dieser Fall in der Praxis häufig vorkommt, wird es nöthig sein, ihn einer Betrachtung zu unterwerfen. Es handelt sich um den Fall, wenn k verschwindet; es liegen dann nämlich sämmtliche Hilfspunkte in der Unendlichkeit. Wird $k = 0$, so haben wir nach § 73:

$$g\,l = 1,$$
$$\beta' = l\,\beta,$$
$$b' = g\,b + h\,\beta.$$

Sind nun die Gleichungen des einfallenden Strahles wie in (3)

$$\left.\begin{aligned} y &= \frac{\beta}{n}\,(x - a) + b \\[2mm] z &= \frac{\gamma}{n}\,(x - a) + c \end{aligned}\right\},$$

so werden diejenigen des zugeordneten Austrittsstrahles in dem vorliegenden Falle nach (4)

$$\left.\begin{aligned} y &= \frac{l\beta}{n'}\,(x - a') + g\,b + h\,\beta \\[2mm] z &= \frac{l\gamma}{n'}\,(x - a') + g\,c + h\,\gamma \end{aligned}\right\}.$$

Setzen wir hierin $a = a' - \dfrac{n'h}{l}$ ein, so können die beiden letzten Gleichungen in folgender Form geschrieben werden:

$$\left[y = \frac{l\beta}{n'}\left(x - a - \frac{n'h}{l}\right) + g\,b + h\,\beta\right]$$

oder

und analog

$$\left.\begin{aligned} y &= \frac{l\beta}{n'}\,(x - a) + g\,b \\[2mm] z &= \frac{l\gamma}{n'}\,(x - a) + g\,c \end{aligned}\right\} \quad \ldots \ldots \ldots \ldots \quad (41)$$

Gehen wir wieder, wie es oben geschah, über zur Bestimmung des Bildes eines Punktes $(\xi,\ \eta,\ \zeta)$, so erhalten wir als Relation zwischen $(\xi,\ \eta,\ \zeta)$ und den Koordinaten des Bildpunktes $(\xi',\ \eta',\ \zeta')$ ohne Weiteres aus (27) die Gleichungen:

$$\frac{n'\eta'}{n\eta} = \frac{n'\zeta'}{n\zeta} = \frac{l\left(\xi' - a - \dfrac{n'h}{l}\right) + n'h}{\xi - a} = \frac{l\,(\xi' - a)}{\xi - a} = \frac{n'}{n}\,g. \quad (42)$$

Durch Division mit $\dfrac{n'}{n}$ erhält man hieraus die Gleichungen:

$$\frac{\eta'}{\eta} = \frac{\zeta'}{\zeta} = g,$$

oder, da $gl = 1$,

$$\frac{\eta'}{\eta} = \frac{\zeta'}{\zeta} = g = \frac{1}{l} \quad \ldots \ldots \ldots \quad (43)$$

und aus (42)

$$n\,l\,(\xi' - \alpha) = n'\,g\,(\xi - a). \quad \ldots \ldots \ldots \quad (44)$$

Hieraus folgt, dass *das Verhältnis der linearen Dimensionen des Bildes zu denjenigen des Objektes den konstanten Werth* $\frac{g}{1}$ *oder* $\frac{1}{l}$ *hat, was auch immer die Lage des Objektes sein mag.*

Der soeben betrachtete Fall liegt dann vor, wenn z. B. ein weitsichtiges Auge durch ein Fernrohr sehr entfernt liegende Objekte betrachtet. Aus den Formeln ergiebt sich, dass ein ursprünglich paralleles Strahlenbüschel auch beim Austritt seine Parallelität beibehält. In dem Falle eines Fernrohres haben wir $n = n'$, und somit verhält sich nach dem Gesagten die Tangente des Konvergenzwinkels des Einfallsstrahles zur Tangente des Konvergenzwinkels des Austrittsstrahles wie $1:l$. Hieraus ist gemäss der früher gegebenen Definition l oder $\frac{1}{g}$ die Vergrösserung des Fernrohres. Ist l positiv, so ist das Bild ein aufrechtes, dagegen ein umgekehrtes, wenn l negativ ist.

Einfache Theorie äquivalenter Linsen.

§ 83. Eine Linse wird als einem System von einer beliebigen Anzahl centrirter Linsen äquivalent bezeichnet, wenn sie, in eine bestimmte Lage gebracht, dieselbe Ablenkung der unter kleinem Winkel zur Axe des Systems geneigten Strahlen bewirkt, wie diese durch die Linsen des Systems erfolgt.

Wir nehmen zunächst an, dass die Einfallsstrahlen zur Axe des Systems parallel gerichtet sind, in welchem Falle die Lage der äquivalenten Linse ohne Belang ist.

Die Ablenkung, welche eine dünne Linse bewirkt, lässt sich nun dadurch bestimmen, dass man die Linse als ein dünnes Prisma, welches durch die an dem Einfalls- und Austrittspunkt an die Kugelflächen gelegten Tangentialebenen gebildet wird, ansieht. Die Ablenkung wird daher unabhängig sein von dem Einfallswinkel, sofern man es mit kleinen Einfallswinkeln zu thun hat. Um die Grösse der Ablenkung zu finden, nehmen wir an, der Einfallsstrahl verlaufe parallel zur Axe, und es muss in diesem Fall der Austrittsstrahl durch den Brennpunkt der Linse gehen. Ist y der Abstand des

Einfallspunktes von der Axe, also die Einfallshöhe, und f die Brennweite der Linse, so ist offenbar die Ablenkung

$$\delta = -\frac{y}{f}, \quad \ldots \ldots \ldots \ldots \quad (45)$$

wenn man die Linse als Sammellinse ansieht. Dieser Ausdruck für die durch die Linse hervorgerufene Ablenkung gilt somit für jeden Einfallsstrahl.

Angenommen nun, es seien n dünne Linsen mit den Brennweiten f_1, $f_2 \ldots \ldots f_m$ in den Abständen a_1, $a_2 \ldots \ldots a_{m-1}$ auf der Axe angeordnet. Der Kürze halber sei $k = -\frac{1}{f}$ und es mögen analoge Abkürzungen für alle übrigen, durch die verschiedenen Indices unterschiedenen Grössen gelten. Die Einfallshöhen irgend eines zur Axe ursprünglich parallelen Strahles seien der Reihe nach mit y_1, $y_2 \ldots y_m$ bezeichnet und es mögen δ_1, $\delta_2 \ldots \delta_m$ die entsprechenden Gesammtablenkungen des Strahles nach seiner successiven Brechung durch die Linsen bedeuten. Dann ist nach (45), wenn man die Einfallshöhen y_2, $y_3 \ldots$ durch die Ablenkungen ausdrückt:

$$\left.\begin{aligned}
\delta_1 &= -\frac{y_1}{f_1} = k_1 y_1 \\[1em]
y_2 &= a_1 \delta_1 + y_1 \\[1em]
\delta_2 &= \delta_1 + \frac{-y_2}{f_2} = k_2 y_2 + \delta_1 \\[1em]
y_3 &= a_2 \delta_2 + y_2 \\[1em]
&\ \cdot \quad \cdot \quad \cdot \quad \cdot \quad \cdot \quad \cdot \\[1em]
\delta_m &= k_m y_m + \delta_{m-1}
\end{aligned}\right\} \quad \ldots \ldots \quad (46)$$

Aus diesen Gleichungen erkennt man unschwer y_1, δ_1, y_2, δ_2, y_3, $\delta_3 \ldots$ als die Theilzähler der successiven Näherungswerthe, δ_m schliesslich als den Theilzähler des letzten Näherungswerthes des Kettenbruches:

$$\cfrac{y_1}{1 + \cfrac{1}{k_1 + \cfrac{1}{a_1 + \cfrac{1}{k_2 + \cdots}}}}$$

$$\cdots \cdots \cfrac{1}{k_m}$$

Ist F_m die Brennweite der einem System von m Linsen äqui-valenten Linse, so ist $\delta_m = -\dfrac{y_1}{F_m}$, oder, wenn man K_m für $-\dfrac{1}{F_m}$ setzt, $\delta_m = y_1 K_m$. Es stellt dann $K_m = \dfrac{\delta_m}{y_1}$ den Theilzähler des letz-ten Näherungswerthes des Kettenbruches:

$$\cfrac{1}{1+\cfrac{1}{k_1+\cfrac{1}{a_1+\cfrac{1}{k_2+\cdots}}}}$$

$$\cdots\cdots\cdot\dfrac{1}{k_m}$$

dar.

Die Werthe der ersten Theilzähler sind unter Berücksichtigung der Gleichungen (46) der Reihe nach

$$\left.\begin{aligned}
&1.\quad \frac{y_1}{y_1}=1;\\[2mm]
&2.\quad \frac{\delta_1}{y_1}=k_1=-\frac{1}{F_1}=K_1;\\[2mm]
&3.\quad \frac{y_2}{y_1}=a_1 k_1+1;\\[2mm]
&4.\quad \frac{\delta_2}{y_1}=a_1 k_1 k_2+k_2+k_1=-\frac{1}{F_2}=K_2;\\[2mm]
&5.\quad \frac{y_3}{y_1}=a_1 a_2 k_1 k_2+a_2 (k_1+k_2)+a_1 k_1+1;\\[2mm]
&6.\quad \frac{\delta_3}{y_1}=a_1 a_2 k_1 k_2 k_3+a_2 k_3 (k_1+k_2)+a_1 k_1 (k_2+k_3)+\\[2mm]
&\qquad\quad +k_1+k_2+k_3=-\frac{1}{F_3}=K_3.
\end{aligned}\right\}\quad\cdots\cdots\ (47)$$

Hieraus ergeben sich für die Werthe der äquivalenten Brenn-weiten die folgenden Beziehungen:

$$\frac{1}{F_2}=-K_2=\frac{1}{f_1}+\frac{1}{f_2}-\frac{a_1}{f_1 f_2};$$

$$\frac{1}{F_3}=-K_3=\frac{1}{f_1}+\frac{1}{f_2}+\frac{1}{f_3}-\frac{a_1}{f_1}\left(\frac{1}{f_2}+\frac{1}{f_3}\right)-$$

$$-\frac{a_2}{f_3}\left(\frac{1}{f_1}+\frac{1}{f_2}\right)+\frac{a_1 a_2}{f_1 f_2 f_3}.\quad\cdots\cdots\ (48)$$

Diese Ergebnisse lassen sich auch direkt aus den gegebenen Gleichungen ableiten.

§ 84. Es lässt sich nun eine Formel auffinden, welche zwei auf einanderfolgende Glieder der Reihe K_1, $K_2 \ldots K_m$ mit einander verbindet und welche uns ein bequemes Mittel an die Hand giebt, ihre Werthe zu bestimmen. Denn nach (46) haben wir:

$$\delta_m = k_m\, y_m + \delta_{m-1},$$

$$y_m = a_{m-1}\, \delta_{m-1} + y_{m-1},$$

Eliminirt man aus diesen beiden Gleichungen y_m, so erhält man

$$\delta_m = (1 + a_{m-1}\, k_m)\, \delta_{m-1} + k_m\, y_{m-1},$$

oder nach (45)

$$\delta_m = (1 + a_{m-1}\, k_m)\, \delta_{m-1} + k_m\, \frac{d\, \delta_{m-1}}{d\, k_{m-1}}.$$

Substituirt man hierin $K\, y = \delta$ für alle Indices von K und δ, also $K_m\, y$ für δ_m, $K_{m-1}\, y$ für δ_{m-1}, so erhalten wir die letzte Gleichung in der Form:

$$K_m = (1 + a_{m-1}\, k_m)\, K_{m-1} + k_m\, \frac{d\, K_{m-1}}{d\, k_{m-1}}, \quad \ldots \quad (49)$$

wodurch K_m bestimmt ist, sobald man K_{m-1} kennt. Z. B. wäre nach (49) und (47) für vier Linsen, also für $m = 4$:

$$K_4 = (1 + a_3 k_4) \Big\{ k_1 + k_2 + k_3 + a_2 k_3 (k_1 + k_2) + a_1 k_1 (k_2 + k_3) + a_1 a_2 k_1 k_2 k_3 \Big\} +$$
$$+ k_4 \Big\{ 1 + a_2 (k_1 + k_2) + a_1 k_1 + a_1 a_2 k_1 k_2 \Big\},$$

oder

$$K_4 = k_1 + k_2 + k_3 + k_4 + a_1 (k_1 k_2 + k_1 k_3 + k_1 k_4) + a_2 (k_1 k_3 + k_2 k_3 + k_1 k_4 +$$
$$+ k_2 k_4) + a_3 (k_1 k_4 + k_2 k_4 + k_3 k_4) + a_2 a_3 (k_1 k_3 k_4 + k_2 k_3 k_4) + a_3 a_1 (k_1 k_2 k_4 +$$
$$+ k_1 k_3 k_4) + a_1 a_2 (k_1 k_2 k_3 + k_1 k_2 k_4) + a_1 a_2 a_3 k_1 k_2 k_3 k_4,$$

was gleichbedeutend ist mit

$$\left. \begin{aligned}
\frac{1}{F} = -K_4 &= \frac{1}{f_1} + \frac{1}{f_2} + \frac{1}{f_3} + \frac{1}{f_4} - \frac{a_1}{f_1}\left(\frac{1}{f_2} + \frac{1}{f_3} + \frac{1}{f_4}\right) - \\[2mm]
&- a_2\left(\frac{1}{f_1} + \frac{1}{f_2}\right)\left(\frac{1}{f_3} + \frac{1}{f_4}\right) - \frac{a_3}{f_4}\left(\frac{1}{f_1} + \frac{1}{f_2} + \frac{1}{f_3}\right) + \\[2mm]
&+ \frac{a_2 a_3}{f_3 f_4}\left(\frac{1}{f_1} + \frac{1}{f_2}\right) + \frac{a_3 a_1}{f_4 f_1}\left(\frac{1}{f_2} + \frac{1}{f_3}\right) + \\[2mm]
&+ \frac{a_1 a_2}{f_1 f_2}\left(\frac{1}{f_3} + \frac{1}{f_4}\right) - \frac{a_1 a_2 a_3}{f_1 f_2 f_3 f_4}.
\end{aligned} \right\} \quad (50)$$

Dieser Ausdruck charakterisirt eine Linse, welche vier gegebenen, in Abständen a_1, a_2, a_3 von einander angeordneten Linsen äquivalent ist.

§ 85. Besteht das einfallende Strahlenbüschel aus beliebig geneigten Strahlen, so ist die Lage der äquivalenten Linsen nicht mehr, wie bei einem aus parallelen Strahlen bestehenden Lichtbündel, gleichgültig und muss daher bestimmt werden. Bezeichnen wir den Konvergenzwinkel des einfallenden Strahles mit δ und bedienen uns derselben Bezeichnungen wie bisher, so bleiben sämmtliche unter (46) gegebenen Gleichungen unverändert mit Ausnahme der ersten derselben, indem diese die Form

$$\delta_1 = k_1\,y_1 + \delta = y_1\left(k_1 + \frac{\delta}{y_1}\right) \quad\ldots\ldots\ldots \quad (51)$$

annimmt, und es wird daher der schliessliche Werth von δ_m unverändert bleiben, wenn man für k_1 seinen neuen Werth $k_1 + \dfrac{\delta}{y_1}$ einführt. Bezeichnet man den reciproken Werth der Brennweite der äquivalenten Linse mit K, so wird, da K eine Funktion erster Ordnung von k_1 ist, der neue Werth von K sein:

so dass
$$\left.\begin{aligned} \mathrm{K}' &= \mathrm{K} + \frac{\delta}{y_1}\cdot\frac{d\,\mathrm{K}}{d\,k_1}, \\[2mm] \mathrm{K}'\,y_1 &= \delta_m = \mathrm{K}\,y_1 + \delta\frac{d\,\mathrm{K}}{d\,k_1} \end{aligned}\right\} \quad\ldots\ldots\ldots \quad (52)$$

Bedeutet x den Abstand der äquivalenten Linse hinter der ersten Linse des Systems, so trifft der Einfallsstrahl die Linse in einem Abstande $y_1 + x\,\delta$ von der Axe und der Konvergenzwinkel der durch dieselbe gebrochenen Strahlen wird demnach sein:

$$\begin{aligned} \delta' &= \mathrm{K}\,(y_1 + x\,\delta) + \delta \\ &= \mathrm{K}\,y_1 + \delta\,(1 + \mathrm{K}\,x). \end{aligned}$$

Setzt man diesen Werth demjenigen von δ_m in (52) gleich, so ist

$$1 + \mathrm{K}\,x = \frac{d\,\mathrm{K}}{d\,k_1},$$

und hieraus

$$x = \frac{1}{\mathrm{K}}\left(\frac{d\,\mathrm{K}}{d\,k_1} - 1\right). \quad\ldots\ldots\ldots \quad (53)$$

Dieser Ausdruck bestimmt die Lage der Linse, welche dem gegebenen System von Linsen äquivalent ist.

Kapitel VI.

Allgemeine Sätze, Brennlinien und Brennebenen.

§ 86. Erfährt ein Strahl bei seinem Verlaufe von einem Punkte A nach einem anderen Punkte B durch beliebige Medien eine beliebige Anzahl von Reflexionen oder Brechungen, so bedingt das Reflexions- sowohl als das Brechungsgesetz, dass $\Sigma(n\rho)$ ein Grenzwerth (in speciellem Falle ein Minimum) wird, wenn ρ die Weglänge des Strahles in einem Medium vom Brechungsexponenten n bedeutet. Erfolgt umgekehrt der Strahlengang derart, dass $d\,\Sigma(n\rho) = 0$ wird, so ist auch damit gleichzeitig die Bedingung dafür gegeben, dass der Strahlengang nach den durch die Empirie aufgestellten Gesetzen für die Reflexion und Brechung verläuft. Den Ausdruck $n\rho$ nennt man auch die optische Weglänge.

Wir geben zunächst einen elementaren (angenäherten) Beweis für die Richtigkeit dieses allgemeinen Satzes für eine einzelne Reflexion und eine einzelne Brechung und werden später diese Untersuchung auf eine beliebige Anzahl von Reflexionen oder Brechungen ausdehnen.

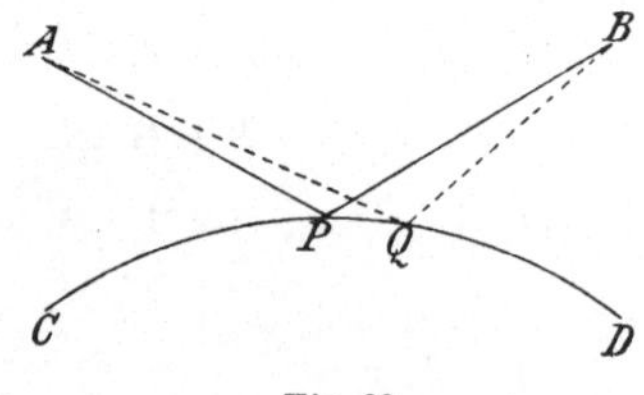

Fig. 62.

Es sei in Fig. 62 APB der Weg eines Lichtstrahles, welcher in einem homogenen Medium von einem Punkte A ausgehend nach einem Punkte B verläuft und hierbei eine Reflexion an der Fläche CD erleidet. Unsere Behauptung geht nun dahin, dass der Gesammtweg, welchen der von A ausgehende Strahl wählt, um von CD reflektirt nach B zu gelangen, ein Grenzwerth ist, d. h. AP + PB,

die Summe der Theile des wirklichen Strahlenverlaufes, von irgend
einer anderen, einer unendlich kleinen Verschiebung des Punktes P
um das Bogenelement PQ entsprechenden, Verbindungslinie AQB
zwischen A und B garnicht oder nur um kleine Grössen zweiter
Ordnung abweicht.

Es sei AQB der einer unendlich kleinen Verschiebung innerhalb der Ebene APB entsprechende Strahlengang. Die Differenz
AQ — AP ist dann bis auf Grössen von mindestens der zweiten
Ordnung der Kleinheit gleich der Projektion von PQ auf AP, und
ebenso ist die Differenz PB — PQ, unter gleicher Voraussetzung,
gleich der Projektion von PQ auf PB. Diese Projektionen sind aber
einander gleich, da AP und PB gleiche Neigungswinkel mit PQ
einschliessen. Es ist somit $AQ + QB = (AP + PB)$, woraus hervorgeht, dass für eine verschwindend kleine Verschiebung des Einfallspunktes aus der dem Reflexionsgesetz entsprechenden Lage die
hierdurch verursachte Variation des optischen Weges, d. h. der
Summe AP + PB, verschwindet. Die optische Weglänge stellt somit
ein Maximum, Minimum oder keines von beiden dar. Bis auf
Grössen zweiter Ordnung liegt also jedenfalls ein Grenzwerth vor
und in jedem speciellen Falle wird man zu bestimmen haben, ob
dieser Grenzwerth ein Maximum oder Minimum repräsentirt.

Zu einem analogen Schluss
gelangen wir, wenn wir annehmen,
dass der Strahl bei seinem Verlaufe von A nach B an der Fläche
CD eine Brechung erleidet. Sind
n und n' die Brechungsexponenten
der beiden Medien, so stellt, wenn
unsere Behauptung richtig ist, die
optische Weglänge $nAP + n'PB$
einen Grenzwerth für den Strahlengang dar.

Es wird auch hier genügen,
nur den Fall einer Betrachtung zu
unterziehen, wo Q in der Ebene
APB liegt.

Man ziehe in Fig. 63 das Einfallsloth PN und bezeichne den

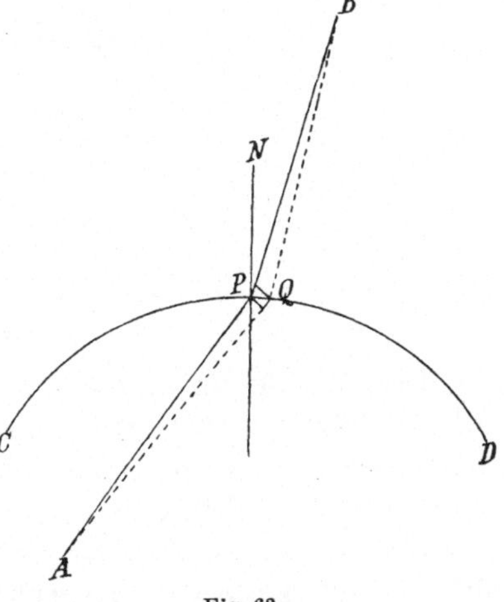

Fig. 63.

Einfalls- und Brechungswinkel mit i und i'. Es ist dann nach dem
Brechungsgesetz $n \sin i = n' \sin i'$. Nehmen wir nun AQB als den
einer verschwindend kleinen Verschiebung des Einfallspunktes entsprechenden Strahlengang von A nach B an und bilden die Differenz

von AP und der Projektion von AQ auf AP, sowie diejenige von BP und der Projektion von BQ auf BP, so ist:

$$n\,\mathrm{AQ} - n\,\mathrm{AP} = n\,\mathrm{PQ}\sin i,$$
$$n'\,\mathrm{BP} - n'\,\mathrm{BQ} = n'\,\mathrm{PQ}\sin i'.$$

Somit wird die Aenderung in der gesammten optischen Weglänge bei einer verschwindend kleinen Verschiebung des Einfallspunktes

$$n\,\mathrm{AQ} + n'\,\mathrm{BQ} - (n\,\mathrm{AP} + n'\,\mathrm{BP}) = \mathrm{PQ}\,(n\sin i - n'\sin i') = 0.$$

Hieraus geht hervor, dass für eine verschwindend kleine Verschiebung des Eintrittspunktes längs der brechenden Fläche die durch diese Verschiebung verursachte Variation verschwindet, worin, wenn wir auch hier wie bei der Reflexion von einer streng analytischen Untersuchung absehen, die Bedingung dafür gegeben ist, dass die optische Weglänge, d. h. $n\,\mathrm{AP} + n'\,\mathrm{PB}$, einen Grenzwerth für den Strahlengang darstellt.

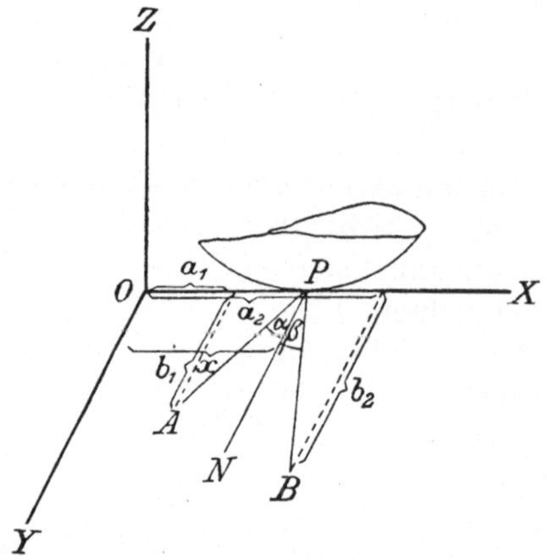

Fig. 64.

Der für die Reflexion bewiesene Satz ist nur als ein specieller Fall des letzten Satzes anzusehen. Man hat nämlich nur für jenen Fall $n' = -n$ zu setzen, um ihn von dem letzteren, als dem allgemeineren, Satze abzuleiten.

Ehe wir die soeben besprochenen Fälle auf eine beliebige Anzahl von Reflexionen oder Brechungen ausdehnen, mag noch folgender analytischer Beweis für zwei Specialfälle, den der Reflexion an einer konvexen Fläche und den der Brechung an einer Ebene, eingefügt werden.

Es seien mit Bezugnahme auf Fig. 64 zwei Punkte A und B im Raume durch ihre Koordinaten $(a_1, b_1, 0)$ und $(a_2, b_2, 0)$ und eine konvexe Fläche $z = f(x, y)$ gegeben. Ein Strahl gehe nun von A aus und werde bei P von der Fläche $z = f(x, y)$ nach B reflektirt. Um zu zeigen, dass diese Lage des Punktes P der Fläche $z = f(x, y)$ ein Minimum für die Weglänge $AP + PB$ ergiebt, beziehen wir die gegebenen Grössen auf ein Koordinatensystem, dessen XY-Ebene mit der Einfallsebene zusammenfällt, während die XZ-Ebene die Tangentialebene im Punkte P an die reflektirende Fläche darstellt und die X-Axe durch den Punkt P geht.

Die Abscisse des Punktes P sei mit x bezeichnet, es ist dann

$$f(x) = AP + PB = \sqrt{(x - a_1)^2 + b_1{}^2} + \sqrt{(x - a_2)^2 + b_2{}^2}.$$

Als Bedingung dafür, dass $f(x)$ möglicherweise ein Maximum oder Minimum wird, ergiebt sich hieraus:

$$f'(x) = \frac{x - a_1}{\sqrt{(x - a_1)^2 + b_1{}^2}} + \frac{x - a_2}{\sqrt{(x - a_2)^2 + b_2{}^2}} = 0,$$

$$\frac{(x - a_1)^2 + b_1{}^2}{(x - a_1)^2} = \frac{(x - a_2)^2 + b_2{}^2}{(x - a_2)^2},$$

$$1 + \frac{b_1{}^2}{(x - a_1)^2} = 1 + \frac{b_2{}^2}{(x - a_2)^2},$$

und hieraus

$$\frac{x - a_1}{b_1} = \frac{x - a_2}{b_2}.$$

Diese Gleichung bedeutet aber nichts anderes, als dass

$$\operatorname{tg} APN = \operatorname{tg} BPN,$$

oder

$$\triangle\, \alpha = \beta$$

und als entsprechenden Werth von x haben wir:

$$x = \frac{b_1\, a_2 - b_2\, a_1}{b_1 - b_2}.$$

Um zu bestimmen, ob dieser Werth von x ein Maximum oder Minimum verursacht, bilden wir den zweiten Differentialquotienten:

$$f''(x) = \frac{\sqrt{(x - a_1)^2 + b_1{}^2} - (x - a_1)\dfrac{x - a_1}{\sqrt{(x - a_1)^2 + b_1{}^2}}}{(x - a_1)^2 + b_1{}^2} +$$

$$+ \frac{\sqrt{(x - a_2)^2 + b_2{}^2} - (x - a_2)\dfrac{x - a_2}{\sqrt{(x - a_2)^2 + b_2{}^2}}}{(x - a_2)^2 + b_2{}^2},$$

$$= \frac{b_1{}^2}{\{(x-a_1)^2 + b_1{}^2\}\, \sqrt{(x-a_1)^2 + b_1{}^2}} + \frac{b_2{}^2}{\{(x-a_2)^2 + b_2{}^2\}\, \sqrt{(x-a_2)^2 + b_2{}^2}}$$

Hieraus erkennen wir ohne Weiteres, dass $f''(x)$ einen positiven Werth hat; es ist also $\alpha = \beta$ die Bedingung dafür, dass $AP + PB$ ein Minimum ist; denn für eine Verschiebung des Punktes P in der Richtung der Y-Axe wird die Strecke $AP + PB$ offenbar grösser.

Ganz analog lässt sich der Fall behandeln, wo der Strahl in seinem Verlaufe von A nach B durch eine Ebene gebrochen wird. Wieder seien zwei Punkte durch ihre Koordinaten $(a_1, b_1, 0)$ und $(a_2, b_2, 0)$ gegeben. Wir setzen voraus, dass der Strahl von A nach P, dem Punkte der brechenden Ebene, und von da nach B verläuft, dass durch die Ablenkung bei P dem Brechungsgesetz genügt wird, und behaupten, dass unter dieser Voraussetzung $n\,AP + n'PB$ ein Minimum wird. Die XY-Axe bilde, wie im vorigen Falle, die Tangentialebene, also hier die brechende Ebene selbst

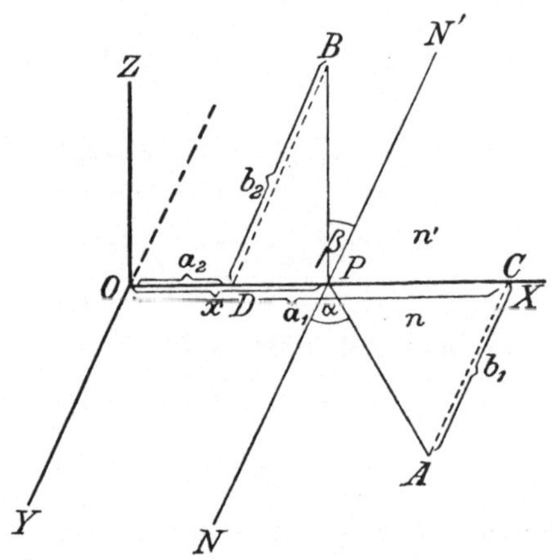

Fig. 65.

und der Einfallspunkt liege demnach in der X-Axe. Verfahren wir nun ganz ähnlich wie im vorigen Falle, so erhalten wir mit Bezugnahme auf Fig. 65 die folgende Entwicklung:

$$f(x) = n\,AP + n'PB = n\sqrt{(x-a_1)^2 + b_1{}^2} + n'\sqrt{(x-a_2)^2 + b_2{}^2}\,;$$

$$f'(x) = n\,\frac{x - a_1}{\sqrt{(x-a_1)^2 + b_1{}^2}} + n'\,\frac{x - a_2}{\sqrt{(x-a_2)^2 + b_2{}^2}} = 0,$$

$$n^2\,\frac{(x - a_1)^2}{(x-a_1)^2 + b_1{}^2} = n'^2\,\frac{(x - a_2)^2}{(x-a_2)^2 + b_2{}^2},$$

$$\frac{n^2}{1 + \dfrac{b_1{}^2}{(x - a_1)^2}} = \frac{n'{}^2}{1 + \dfrac{b_2{}^2}{(x - a_2)^2}},$$

das heisst,

$$\frac{n^2}{1 + \mathrm{ctg}^2\,\alpha} = \frac{n'{}^2}{1 + \mathrm{ctg}^2\,\beta},$$

oder

$$n \sin \alpha = n' \sin \beta$$

ist die Bedingung dafür, dass $f(x)$ möglicherweise ein Maximum oder Minimum wird.

Setzen wir in den zweiten Differentialquotienten

$$f''(x) = \frac{n\,b_1{}^2}{\{(x - a_1)^2 + b_1{}^2\}\,\sqrt{(x - a_1)^2 + b_1{}^2}} + \frac{n'\,b_2{}^2}{\{(x - a_2)^2 + b_2{}^2\}\,\sqrt{(x - a_2)^2 + b_2{}^2}},$$

die Wurzel der auf 0 reducirten ersten Derivirten ein, so erkennen wir ohne Weiteres, dass $f''(x)$ einen positiven Werth hat. Es ist somit $n \sin \alpha = n' \sin \beta$ die Bedingung dafür, dass $n\,\mathrm{AP} + n'\,\mathrm{PB}$ ein Minimum darstellt. Für eine Verschiebung des Punktes P in der Richtung der Y-Axe ist dies evident.

Nehmen wir nun den Fall, es treten in dem Verlaufe des Strahles von A nach B eine beliebige Anzahl von Reflexionen oder Brechungen auf. Es sei mit ϱ die Weglänge eines Strahles in irgend einem Medium mit dem Brechungsexponenten n bezeichnet. Nachdem nun bereits gezeigt worden ist, dass $\Sigma\,n\,\varrho$ einen Grenzwerth darstellt für die Verschiebung der Einfallspunkte zwischen je zwei benachbarten Medien, so wird dieser Ausdruck nach dem Principe der Superposition kleiner Verschiebungen auch dann einen Grenzwerth darstellen, wenn eine Reihe von gleichzeitigen Verschiebungen zugelassen wird. Die optische Weglänge $\Sigma\,n\,\varrho$ der zwei Punkte verbindenden Strahlen stellt also einen Grenzwerth dar. Findet eine kontinuirliche Veränderung des Brechungsexponenten statt, so gilt dasselbe Gesetz, und der Strahl verläuft dann in der Weise, dass $\int n\,ds$ ein Grenzwerth oder $\delta \int n\,ds = 0$ ist.

§ 87. Ein anderer, von Malus aufgestellter Satz ergiebt sich ohne Weiteres aus dem Vorgehenden. Er lautet:

Jedes System von normal zu einer Fläche einfallenden Strahlen behält auch nach einer beliebigen Anzahl von Reflexionen und Brechungen an beliebig gestalteten Flächen stets die Eigenschaft bei, dass die Strahlen desselben Normale zu einer Fläche sein können.

Die allgemeine Theorie der Liniensysteme wird später behandelt werden; wir können aber schon an dieser Stelle anführen, dass ein doppelt unendliches System von Linien nicht auch im Allgemeinen ein System von Senkrechten darstellt.

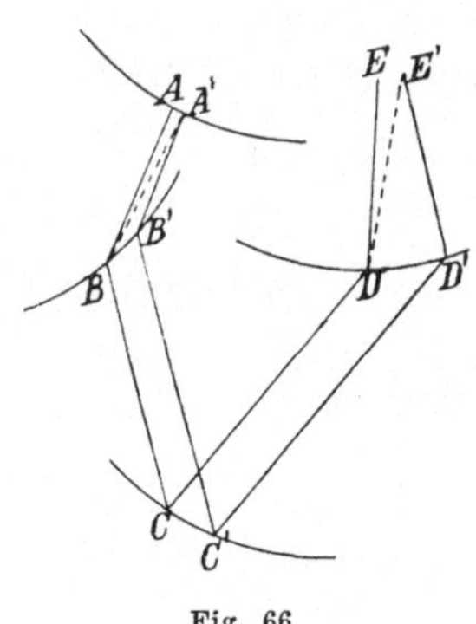

Fig. 66.

Es seien in Fig. 66 A B C D E ...., A′B′C′D′E′ die Richtungen einer Reihe von Strahlen, welche senkrecht zu einer durch A gehenden Fläche gerichtet sind und eine beliebige Anzahl von Reflexionen und Brechungen erleiden. Von diesen Strahlen denke man sich derartig bis E E′ Wegestrecken abgegrenzt, dass $\Sigma n \varrho$ für jede derselben den gleichen Werth hat; nach dem Malus'schen Satze sollen dann die Strahlen schliesslich alle Senkrechte zur Fläche E E′ sein. Um dies zu beweisen, ziehen wir A′ B und E′ D. Nach unserer Voraussetzung hat $\Sigma n \varrho$ sowohl für A B C D E als auch für A′B′C′D′E′ denselben Werth. Da aber $\Sigma n \varrho$ für den Strahlengang A′ B′ C′ D′ E′ ein Minimum darstellt, somit für eine unendlich kleine Verschiebung B B′ die erste Variation verschwindet, so hat $\Sigma n \varrho$ für den Strahlengang A′ B C D E′ und A′ B′ C′ D′ E′ und daher auch für A B C D E den gleichen Werth. Subtrahirt man von den beiden Strahlenwegen A′ B C D E und A B C D E die beiden gemeinsamen Strecken, so hat man, wenn n und n' die Brechungsexponenten der beiden äussersten Medien sind, die Gleichung $n\,\mathrm{A'\,B} + n'\,\mathrm{E'\,D} = n\,\mathrm{A\,B} + n'\,\mathrm{D\,E}$. Da aber A B senkrecht zur Fläche A A′ gerichtet ist, so muss für unendlich benachbarte Strahlen A′ B = A B, daher auch D E = D E′ sein; das ist aber nur dann der Fall, wenn E E′ senkrecht zu D E ist. Dasselbe lässt sich für jeden anderen dem Punkte E benachbarten Punkt darlegen und es ist somit die Fläche E E′ senkrecht zum Strahl D E und zu jedem anderen Strahl des Systems, wie sich auf ganz analoge Weise zeigen lässt.

§ 88. In dem Folgenden geben wir eine analytische Behandlung dieser Sätze.

Ein Lichtstrahl gehe durch mehrere Medien mit verschiedenen Brechungsexponenten hindurch. Sind $(\alpha_1,\ \beta_1,\ \gamma_1)$ die Richtungskosinusse des einfallenden Strahles und $(x_1,\ y_1,\ z_1)$ die Koordinaten eines Punktes auf demselben, so kann man $(\alpha_1,\ \beta_1,\ \gamma_1)$ als bekannte Funktionen von $(x_1,\ y_1,\ z_1)$ ansehen. Es treffe dieser Strahl die erste brechende Fläche in dem Punkte $(\xi_1,\ \eta_1,\ \zeta_1)$, und $(\alpha_2,\ \beta_2,\ \gamma_2)$ seien die Richtungskosinusse des in das zweite Medium gebrochenen

Strahles. Es sind dann nach (12, II) die Richtungskosinusse der Strahlen unter einander verbunden durch die Gleichungen:

$$\left.\begin{aligned} n_1\,\alpha_1 - n_2\,\alpha_2 &= (n_1 \cos i_1 - n_2 \cos i_2)\,\lambda_1 \\ n_1\,\beta_1 - n_2\,\beta_2 &= (n_1 \cos i_1 - n_2 \cos i_2)\,\mu_1 \\ n_1\,\gamma_1 - n_2\,\gamma_2 &= (n_1 \cos i_1 - n_2 \cos i_2)\,\nu_1 \end{aligned}\right\}, \quad \ldots \ldots (1)$$

worin $(\lambda_1,\,\mu_1,\,\nu_1)$ die Richtungskosinusse des Einfallslothes zur ersten brechenden Fläche bedeuten.

Ferner ist:

$$\lambda_1\,d\xi_1 + \mu_1\,d\eta_1 + \nu_1\,d\zeta_1 = 0 \ldots \ldots \ldots (2)$$

und daher, wenn man die Gleichungen (1) der Reihe nach mit $d\xi_1$, $d\eta_1$ und $d\zeta_1$ multiplicirt und sie dann addirt,

$$(n_1\,\alpha_1 - n_2\,\alpha_2)\,d\xi_1 + (n_1\,\beta_1 - n_2\,\beta_2)\,d\eta_1 + (n_1\,\gamma_1 - n_2\,\gamma_2)\,d\zeta_1 = 0. \quad (3)$$

Bezeichnet man mit r_1 den Abstand zwischen $(x_1,\,y_1,\,z_1)$ und $(\xi_1,\,\eta_1,\,\zeta_1)$ und mit r_1' den Abstand zwischen $(\xi_1,\,\eta_1,\,\zeta_1)$ und $(x_2,\,y_2,\,z_2)$, so ist:

$$\left.\begin{aligned} r_1^{\,2} &= (\xi_1 - x_1)^2 + (\eta_1 - y_1)^2 + (\zeta_1 - z_1)^2 \\ r_1'^{\,2} &= (x_2 - \xi_1)^2 + (y_2 - \eta_1)^2 + (z_2 - \zeta_1)^2 \end{aligned}\right\} \ldots \ldots (4)$$

Ferner ist

$$\left.\begin{aligned} \alpha_1 &= \frac{\xi_1 - x_1}{r_1} \\ \beta_1 &= \frac{\eta_1 - y_1}{r_1} \\ \gamma_1 &= \frac{\zeta_1 - z_1}{r_1} \end{aligned}\right\}, \quad \left.\begin{aligned} \alpha_2 &= \frac{x_2 - \xi_1}{r_1'} \\ \beta_2 &= \frac{y_2 - \eta_1}{r_1'} \\ \gamma_2 &= \frac{z_2 - \zeta_1}{r_1'} \end{aligned}\right\} \ldots \ldots (5)$$

Aus der Differentiation der Gleichungen (4) und aus Gleichungen (5) ergiebt sich:

$$\left.\begin{aligned} dr_1 &= \alpha_1\,(d\xi_1 - dx_1) + \beta_1\,(d\eta_1 - dy_1) + \gamma_1\,(d\zeta_1 - dz_1) \\ dr_1' &= \alpha_2\,(dx_2 - d\xi_1) + \beta_2\,(dy_2 - d\eta_1) + \gamma_2\,(dz_2 - d\zeta_1) \end{aligned}\right\} \ldots (6)$$

Hieraus folgt unter Benützung von (3)

$$n_1\,dr_1 + n_2\,dr_1' = n_2\,(\alpha_2\,dx_2 + \beta_2\,dy_2 + \gamma_2\,dz_2) - n_1\,(\alpha_1\,dx_1 + \beta_1\,dy_1 + \gamma_1\,dz_1).$$

Ist ferner r_2 der Abstand des Punktes $(x_2,\,y_2,\,z_2)$ von der nächstfolgenden Fläche und r_2' der Abstand zwischen dieser Fläche und einem Punkte $(x_3,\,y_3,\,z_3)$ auf dem gebrochenen Strahl in dem nächsten Medium, so haben wir wieder:

$$n_2\,dr_2 + n_3\,dr_2' = n_3\,(\alpha_3\,dx_3 + \beta_3\,dy_3 + \gamma_3\,dz_3) - n_2\,(\alpha_2\,dx_2 + \beta_2\,dy_2 + \gamma_2\,dz_2),$$

u. s. f. Bezeichnet man daher mit ϱ_1, ϱ_2, $\varrho_3 \ldots \varrho_{m-1}$, ϱ' die gesammten optischen Weglängen in den verschiedenen Medien, d. h. $\varrho_1 = r_1$, $\varrho_2 = r_1' + r_2$, $\varrho_3 = r_2' + r_3 \ldots$ etc., so ergiebt sich durch Addition aller nach Analogie der beiden letzten Gleichungen gebildeten Beziehungen:

$$n_1 \, d\varrho_1 + n_2 \, d\varrho_2 + \ldots\ldots + n' \, d\varrho' = n' \, (\alpha' \, dx' + \beta' \, dy' + \gamma' \, dz') -$$
$$- n_1 \, (\alpha_1 \, dx_1 + \beta_1 \, dy_1 + \gamma_1 \, dz_1). \ldots \ldots \ldots \quad (7)$$

Wenn $n_1 \, (\alpha_1 \, dx_1 + \beta_1 \, dy_1 + \gamma_1 \, dz_1)$ ein vollständiges Differential ist, so muss auch $n' \, (\alpha' \, dx' + \beta' \, dy' + \gamma' \, dz')$ ein solches darstellen; mit anderen Worten: *Strahlen, welche einmal innerhalb ihres Verlaufes als Normale zu einer brechenden Fläche auftreten, haben für den ganzen Strahlengang die Eigenschaft, Normale zu einer Fläche zu sein.*

Setzen wir

$$n_1 \, (\alpha_1 \, dx_1 + \beta_1 \, dy_1 + \gamma_1 \, dz_1) = d\mathrm{V} \,,$$
$$n' \, (\alpha' \, dx' + \beta' \, dy' + \gamma' \, dz') = d\mathrm{V}',$$

so folgt hieraus und aus (7) durch Integration:

$$\mathrm{V}' - \mathrm{V} = \Sigma \, (n \, \varrho).$$

Die zwischen je zwei Normalflächen eingeschlossene optische Weglänge ist somit für alle Strahlen des Systems die nämliche.

Ist die Lage des Ausgangs- und Endpunktes des Strahlenganges eine unveränderliche, so verschwinden dx_1, dy_1, dz_1 und ebenso dx', dy', dz', es wird nach (7) $\Sigma \, (n \, d\varrho) = 0$ und es stellt somit bis auf kleine Grössen 2. Ordnung $\Sigma \, (n \, \varrho)$, oder die **optische Weglänge, einen Grenzwerth für den Strahlengang** dar.

Die Funktion V bezeichnet man als die **charakteristische Funktion des Systems.**

§ 89. Von hier ausgehend können wir das allgemeine Gesetz des Strahlenganges für irgend ein heterogenes Medium bestimmen. Der Strahlengang wird immer ein solcher sein, dass $\int n \, ds$ oder V ein Minimum wird. Die Strahlen werden sämmtlich zur Fläche V $=$ konstant lothrecht sein.

Kennen wir V als eine Funktion von x, y, z für alle durch ihre Koordinaten (x, y, z) bestimmten Punkte des Raumes, so kennen wir damit auch die Richtung des Strahles in irgend einem Punkte. Denn

$$\frac{d\mathrm{V}}{dx} = n\,\alpha, \qquad \frac{d\mathrm{V}}{dy} = n\,\beta, \qquad \frac{d\mathrm{V}}{dz} = n\,\gamma,$$

und daher

$$\left(\frac{d\mathrm{V}}{dx}\right)^{2} + \left(\frac{d\mathrm{V}}{dy}\right)^{2} + \left(\frac{d\mathrm{V}}{dz}\right)^{2} = n^{2},$$

wodurch n, α, β und γ bestimmt sind.

§ 90. Ein Strahlensystem, welches sich rechtwinklig von einer Fläche schneiden lässt, wollen wir als ein orthotomisches System bezeichnen. Ein System von einem Punkte ausgehender Strahlen oder solcher Strahlen, welche durch irgend eine katoptrische oder dioptrische Anordnung zur Vereinigung in einem Punkte gebracht werden können, ist, wie ohne Weiteres einzusehen ist, stets orthotomisch; denn es wird eine Kugelfläche, deren Mittelpunkt in dem Vereinigungspunkt der Strahlen liegt, sämmtliche Strahlen unter rechtem Winkel schneiden.

Wenn die Strahlen eines von einem Punkte ausgehenden Strahlensystems nach einer beliebigen Anzahl von Reflexionen und Brechungen wieder in einem anderen Punkte homocentrisch werden, so hat $\mathit{\Sigma}n\varrho$, die optische Weglänge von einem Punkte zum anderen, denselben Werth für alle Strahlen. Um daher Strahlen, welche von einem Punkte S ausgehen, mit Hilfe einer einfachen Reflexion an einer krummen Fläche in einem zweiten Punkt H zu sammeln, wählen wir unsere Fläche derartig, dass $SP + PH$ für alle Strahlenwege denselben Werth hat und finden somit, dass diese Fläche ein Rotationsellipsoid mit den Brennpunkten S und H sein muss (Fig. 67).

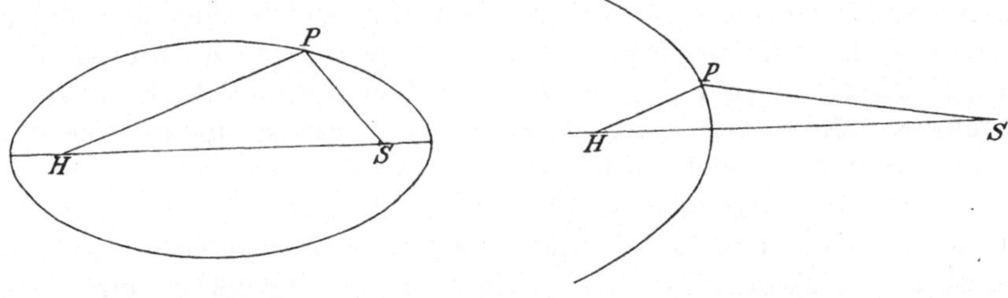

Fig. 67.   Fig. 68.

Sind die Strahlen parallel, so liegt der Punkt S in der Unendlichkeit, die Fläche ist somit ein Rotationsparaboloid, dessen Axe parallel zur gemeinsamen Strahlenrichtung gerichtet ist.

Bestimmen wir nun die Form einer brechenden Fläche, durch welche alle von einem Punkte S ausgehenden Strahlen in einem Punkte H vereinigt werden. Sind n und n' die Brechungsexponenten der Medien und ist in Fig. 68 P irgend ein Punkt der brechenden Fläche, so muss die Fläche der Gleichung

$$n\,\mathrm{SP} + n'\,\mathrm{HP} = c$$

genügen.

8*

Diese Gleichung charakterisirt aber eine Rotationsfläche, deren Erzeugende ein Cartesianisches Oval mit den Brennpunkten S und H ist.

Als besonderen Fall nehmen wir an, dass die Strahlen parallel sind, so dass S in unendlicher Entfernung liegt. Man denke sich eine Ebene MX rechtwinklig durch die Strahlenrichtung gelegt (Fig. 69) und verlängere irgend einen Strahl bis zu seinem Schnittpunkt M mit jener Ebene. Es ist dann

$$n\,\mathrm{SP} + n'\,\mathrm{HP} = c.$$

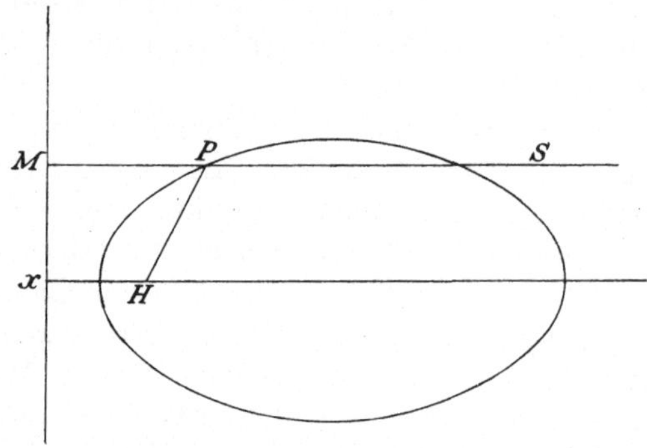

Fig. 69.

Es ist aber auch $n\,\mathrm{SP} + n\,\mathrm{PM}$ konstant. Wählt man nun die Lage der Ebene MX so, dass diese konstante Grösse ebenfalls gleich c wird, so ist $n'\,\mathrm{HP} = n\,\mathrm{PM}$, d. h. die Fläche ist eine Rotationsfläche, deren Erzeugende ein Kegelschnitt mit dem Brennpunkt H und der Direktrix MX ist und deren Rotationsaxe durch die grosse Axe des Kegelschnittes gebildet wird.

§ 91. Im Allgemeinen schneiden sich unendlich benachbarte Strahlen nicht. Fassen wir aber unendlich benachbarte Strahlen eines orthotomischen Systems, welche die rechtwinklig durch sie gelegte Fläche in Punkten einer Krümmungslinie treffen, ins Auge, so werden sich diese Strahlen schneiden und eine Kurve, die sogenannte Brennlinie, einhüllen.

Unendlich benachbarten Krümmungslinien desselben Systems entsprechen unendlich benachbarte Brennlinien und diese stellen in ihrer Gesammtheit eine Brennfläche dar, welche von jedem Strahl des Systems tangirt werden. Ebenso bestimmt die andere Gruppe von Krümmungslinien eine zweite Brennfläche. Jeder Strahl des Systems tangirt somit zwei Brennflächen.

Sind die Strahlen symmetrisch um eine Axe gruppirt, so ist die orthogonale Fläche eine Rotationsfläche. Die eine Gruppe von

Krümmungslinien bilden die Meridiankurven und die ihnen entsprechende Brennfläche entsteht geometrisch durch die Rotation der Evolute der Meridiankurve um die Symmetrieaxe. Die andere Gruppe von Krümmungslinien sind Kreise, deren Mittelpunkte auf der Axe liegen. Diejenigen Strahlen, welche in Punkten einer dieser Kreislinien die orthogonale Fläche rechtwinklig durchschneiden, vereinigen sich in einem Punkte der Axe und bilden einen Rotationskegel. Es wird daher die zweite Brennfläche durch einen Theil der Symmetrieaxe dargestellt.

§ 92. Der Charakter eines begrenzten Strahlenbüschels ist in Figur 70 dargestellt; BAB′ sei die orthogonale Fläche, F der Rückkehrpunkt der Brennlinie.

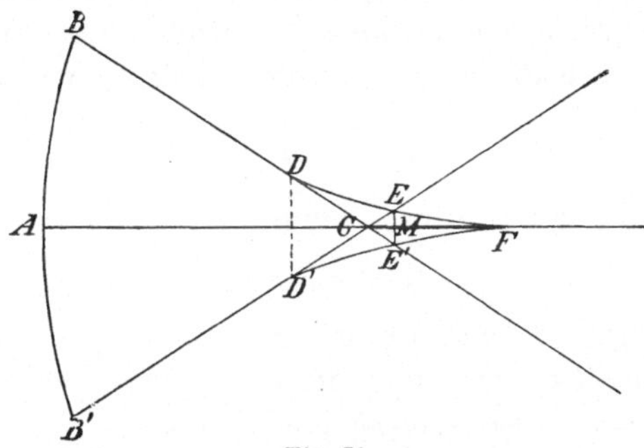

Fig. 70.

Wird das Strahlenbüschel von einem senkrecht zur Axe aufgestellten Schirm aufgefangen, so lässt sich die Form der Brennfläche feststellen, indem man, während man den Schirm von DD′ nach F verschiebt, den hellen Lichtfleck auf dem Schirm beobachtet. In seiner Stellung bei DD′ zeigt der Schirm einen kreisförmigen Lichtfleck, welcher von einem helleren Ring umgeben ist, und während man nun den Schirm von DD′ nach F verschiebt, verengt sich allmählich dieser Ring. Sobald C erreicht ist, wird der andere Theil der Brennfläche sichtbar und ein heller Lichtpunkt zeigt sich in der Mitte des hellen Fleckes. Wenn die Stelle EE′ erreicht ist, so hat der Lichtkreis seine geringste Ausdehnung; man nennt diesen Kreis den kleinsten Zerstreuungskreis. Während der Verschiebung des Schirmes über diese Stelle hinaus erweitert sich die Peripherie des ganzen Lichtfleckes, während sich gleichzeitig der helle Ring verengt. Ueber F hinaus hören die Unterschiede in der Helligkeit des von dem Schirm aufgefangenen Lichtes auf.

§ 93. Trifft irgend ein Strahl BCE′ die Axe in C, so bezeichnet man FC als die longitudinale Aberration dieses Strahles. In-

folge des symmetrischen Strahlenganges ist FC eine gerade Funktion
der Neigung des Strahles zur Axe und, wenn das Strahlenbüschel
ein enges ist, so können wir die longitudinale Aberration als dem
Quadrat jener Neigung proportional ansehen. Bedeutet daher m die
Tangente der Neigung des Strahles zur Axe und vernachlässigen
wir die höheren Potenzen der kleinen Grösse m, so ist die longitudinale Aberration angenähert gegeben durch die Gleichung $FC = cm^2$.
Nimmt man nun F als Koordinatenursprung und FA als die X-Axe
eines rechtwinkligen Koordinatensystems an, so haben wir als Gleichung des Strahles:

$$y = m\,(x - c\,m^2). \quad\ldots\ldots\ldots\ldots \quad (9)$$

Suchen wir die Umhüllungskurve zu dieser Linie auf, während
wir m als einen variablen Parameter ansehen, so bildet diese die
Brennlinie in der Nähe von F. Differentiiren wir (9) nach m, so
ergiebt sich

$$0 = x - 3\,c\,m^2,$$

und aus (9), wenn wir hierin m eliminiren:

$$27\,c\,y^2 = 4\,x^3 \quad\ldots\ldots\ldots\ldots \quad (10)$$

als die Gleichung der Umhüllungskurve.

Die Brennlinie hat, wie uns diese Gleichung erkennen lässt, *an
ihrer Spitze die Gestalt einer semikubischen Parabel.*

§ 94. Um die Grösse und Lage des kleinsten Zerstreuungskreises zu finden, müssen wir den Schnittpunkt irgend eines Strahles
mit dem äussersten Strahl bestimmen; lassen wir dann die Ordinate
dieses Schnittpunktes ein Minimum werden, so finden wir damit die
Lage und den Radius des gesuchten Kreises.

Der äusserste Kreis habe nach Analogie der Relation (9) die
Gleichung:

$$y = kx - c\,k^3 \quad\ldots\ldots\ldots\ldots \quad (11)$$

und irgend ein anderer Strahl, wie in (9), die Gleichung

$$y = m\,x - c\,m^3.$$

Eliminirt man mittelst dieser beiden Gleichungen x, so hat man

$$y\,(m - k) = c\,m\,k\,(m^2 - k^2),$$

hieraus

$$y = c\,k\,(m^2 + k\,m),$$

oder

$$y = c\,k\left\{\left(m + \frac{k}{2}\right)^2 - \frac{k^2}{4}\right\}.$$

Hieraus erkennen wir ohne Weiteres, dass y seinen kleinsten Werth erreicht, wenn $m = -\dfrac{k}{2}$ wird, und als Radius des kleinsten Zerstreuungskreises ergiebt sich somit

$$y = -\frac{1}{4}\,c\,k^3 = -r. \qquad \ldots \ldots \ldots \quad (12)$$

Als zugehöriger Werth von x ergiebt sich aus (11)

$$x = \frac{3}{4}\,c\,k^2. \qquad \ldots \ldots \ldots \ldots \quad (13)$$

Der Abstand des Mittelpunktes des kleinsten Aberrationskreises von dem Rückkehrpunkt der Brennkurve beträgt somit drei Viertel der Longitudinal-Aberration des äussersten Strahles.

Um die Lateral-Aberration des äussersten Strahles zu finden, haben wir nur in der Gleichung (11) für diesen Strahl $x = 0$ zu setzen und finden dann

$$y = -c\,k^3. \qquad \ldots \ldots \ldots \ldots \quad (14)$$

Der Radius des kleinsten Zerstreuungskreises beträgt somit ein Viertel der Lateral-Aberration des äussersten Strahles.

§ 95. Wenn nun ein Spiegel oder eine Linse, worin die Aberration nicht vollständig korrigirt worden ist, als Theil eines optischen Instrumentes auftritt, so werden, wie sich leicht aus der soeben gegebenen Untersuchung erkennen lässt, symmetrische Strahlenbüschel im Allgemeinen nicht in einem Punkte vereinigt, vielmehr stellt ein Schnitt eines solchen Strahlenbüschels eine kleine Kreisfläche dar. Soll ein möglichst scharfes Bild gewonnen werden, so muss dafür gesorgt werden, dass dieser Kreis möglichst klein wird; es muss mit anderen Worten der auffangende Schirm sich in der Ebene des kleinsten Aberrationskreises befinden. Das im mangelhaft korrigirten Instrument sichtbare Bild eines Objektes wird somit nicht deutlich sein; es besteht vielmehr aus einer Reihe kleiner, einander überdeckender kreisförmiger Lichtflecken. Dieser Uebelstand ist indessen nicht so gross, als man annehmen könnte; denn der kleinste Aberrationskreis ist nicht gleichmässig hell, sondern er hat seine grösste Helligkeit im Mittelpunkt und es nimmt diese nach dem Umfange zu sehr schnell ab; das Bild eines Punktes reducirt sich deshalb, schwaches einfallendes Licht vorausgesetzt, fast auf diesen Mittelpunkt selbst.

Um das Gesagte näher zu begründen, wollen wir einen einfachen Fall näherungsweise geometrisch untersuchen. Unter Beibehaltung unserer bisherigen Bezeichnungsweise wollen wir einen

Ausdruck für die Apertur des Strahlenbüschels an der orthogonalen Fläche finden. Ist η der Radius dieser Apertur und a die Abscisse des Scheitels dieser Fläche, so ist nach (11), wenn man hierin $x = a$ und $y = \eta$ setzt, angenähert

$$\eta = ka - ck^3,$$

und somit erhalten wir, da ck^3 verschwindend klein im Vergleich zu ka ist, als Näherungswerth von η

$$\eta = ka. \quad \ldots \ldots \ldots \ldots \quad (15)$$

Der zugehörige Radius des kleinsten Aberrationskreises ist nach (12)

$$y = \frac{1}{4} ck^3. \quad \ldots \ldots \ldots \quad (15\,\mathrm{a})$$

Betrachten wir nun die zwischen zwei Kreisen mit den Radien η und $\eta + d\eta$ liegenden Strahlen. Die Fläche der durch diese Kreise abgegrenzten Zone ist $2\pi\eta\,d\eta$, diejenige der entsprechenden Zone auf dem auffangenden Schirm $2\pi y\,dy$. Vorausgesetzt nun, dass die von der orthogonalen Fläche ausgehende Lichtmenge proportional der Fläche der Zone auf jener Fläche ist, so wird die Helligkeit der kleinen Zone des kleinsten Aberrationskreises proportional sein dem Quotienten

$$\frac{2\pi\eta\,d\eta}{2\pi y\,dy} = \frac{\eta\,d\eta}{y\,dy},$$

d. h. nach (15) und (12)

$$\frac{a^2 k\,dk}{\dfrac{1}{4} ck^3 \cdot \dfrac{3}{4} ck^2\,dk} \quad \text{oder} \quad \frac{16}{3} \cdot \frac{a^2}{c^2} \cdot \frac{1}{k^4}.$$

y ist aber, wie wir gesehen haben, k^3 proportional, und somit ist die Helligkeit des kleinsten Aberrationskreises umgekehrt proportional $y^{4/3}$; sie nimmt also vom Mittelpunkt nach dem Umfange ab.

Diese letztere Untersuchung ist zwar nur näherungsweise richtig, sie genügt aber immerhin, um eine Erklärung dafür zu liefern, warum Bilder auch dann noch ihre Deutlichkeit behalten, wenn ein kleiner Aberrationsfehler vorhanden ist.

§ 96. Untersuchen wir jetzt für einige einfache Fälle die Gleichungen und Eigenschaften der Brennlinien für Strahlengruppen, welche von einem Punkte ausgehen und von einer Fläche reflektirt oder gebrochen werden!

Eine Gleichung der Brennlinie für die Reflexion von einem leuchtenden Punkte ausgehender Strahlen an einem Kreise entwickelte Lagrange in folgender Weise:

Ist C der leuchtende Punkt und AOB der durch C gehende Durchmesser des reflektirenden Kreises (Fig. 71), so wird irgend ein auf den Kreis in P auffallender Strahl CP in die Richtung PQ reflektirt, derart, dass CP und PQ mit dem Radius OP gleiche Winkel einschliessen. Bezeichnet man den Winkel AOP mit α, setzt $OC = c = \dfrac{1}{p}$ und $OA = a = \dfrac{1}{k}$, so lassen sich die Gleichungen des einfallenden und reflektirten Strahles in Polarkoordinaten folgendermaassen schreiben:

$$\frac{1}{r} = u = A \cos \theta + B \sin \theta \quad \text{für CP,}$$

oder

$$\frac{1}{r} = u = A \cos \theta' + B \sin \theta',$$

$$\frac{1}{r} = u = A \cos (2\alpha - \theta) + B \sin (2\alpha - \theta)$$

$\left.\right\}$ für PQ.

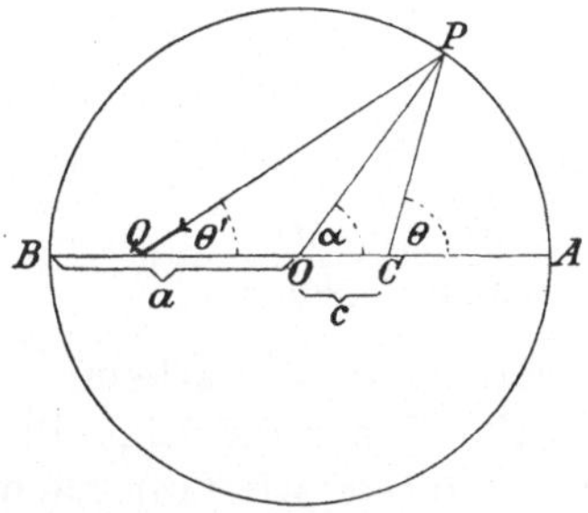

Fig. 71.

Denn schliessen zwei Leitstrahlen mit PO gleiche Winkel ein, so ist die Summe ihrer Polarwinkel $\theta + \theta' = 2\alpha$ und es sind somit die durch die beiden letzten Gleichungen gegebenen zusammengehörigen Werthe von u einander gleich. Die Konstanten A und B bestimmen sich durch die Bedingung, dass der Einfallsstrahl durch die Punkte C und P hindurchgeht. Setzt man daher beziehungsweise $\theta = 0$ und $\theta = \alpha$, so ergiebt sich aus der Gleichung für CP:

$$\frac{1}{c} = p = A,$$

$$\frac{1}{a} = k = A \cos \alpha + B \sin \alpha.$$

Setzen wir die hieraus sich ergebenden Werthe von A und B in die Gleichung des reflektirten Strahles ein, so erhalten wir

$$u \sin \alpha = k \sin (2\alpha - \theta) - p \sin (\alpha - \theta).$$

Setzen wir noch $2\,\alpha - \theta = 2\,\varPhi$, so dass $\alpha = \varPhi + \dfrac{\theta}{2}$, so ergeben sich die folgenden Gleichungen:

$$u \sin\left(\varPhi + \frac{\theta}{2}\right) + p \sin\left(\varPhi - \frac{\theta}{2}\right) = k \sin 2\,\varPhi;$$

$$\frac{(u + p) \cos \dfrac{\theta}{2} \sin \varPhi + (u - p) \sin \dfrac{\theta}{2} \cos \varPhi}{2\,k \sin \varPhi \cos \varPhi} = 1;$$

$$\frac{(u + p) \cos \dfrac{\theta}{2}}{2\,k \cos \varPhi} + \frac{(u - p) \sin \dfrac{\theta}{2}}{2\,k \sin \varPhi} = 1,$$

oder, wenn man sich der beiden Substitutionen

$$\left.\begin{aligned} P &= \frac{(u + p) \cos \dfrac{\theta}{2}}{2\,k} \\[2em] Q &= \frac{(u - p) \sin \dfrac{\theta}{2}}{2\,k} \end{aligned}\right\} \quad \ldots \ldots \ldots \text{(16a)}$$

bedient, so ist schliesslich

$$\frac{P}{\cos \varPhi} + \frac{Q}{\sin \varPhi} = 1. \ldots \ldots \ldots \text{(16)}$$

Der willkürliche Parameter α erscheint in dieser Gleichung nur als in $\varPhi$ enthalten. Um daher die Einhüllende des reflektirten Strahles zu finden, differentiiren wir (16) nach $\varPhi$ und setzen den ersten Differentialquotienten gleich 0, woraus sich ergiebt

$$\frac{P \sin \varPhi}{\cos^2 \varPhi} - \frac{Q \cos \varPhi}{\sin^2 \varPhi} = 0,$$

und hieraus

$$\frac{P}{\cos^3 \varPhi} = \frac{Q}{\sin^3 \varPhi} = \lambda.$$

Setzt man die hieraus sich ergebenden Werthe von P und Q, nämlich $P = \lambda \cos^3 \varPhi$ und $Q = \lambda \sin^3 \varPhi$, in (16) ein, so wird $\lambda = 1$ und man hat somit

$$\frac{P}{\cos^3 \varPhi} = \frac{Q}{\sin^3 \varPhi} = 1.$$

Eliminirt man $\varPhi$, indem man die aus dieser Relation sich ergebenden Werthe $\cos \varPhi = P^{1/3}$ und $\sin \varPhi = Q^{1/3}$ in (16) einsetzt, so erhält man die Beziehung

$$P^{2/3} + Q^{2/3} = 1. \ldots \ldots \ldots \ldots \text{(17)}$$

In Parallelkoordinaten ausgedrückt, heisst das nach (16a)

$$\left\{(u+p)\cos\frac{\theta}{2}\right\}^{2/3}+\left\{(u-p)\sin\frac{\theta}{2}\right\}^{2/3}=(2\,k)^{2/3}.$$

Um die irrationale Gleichung (17) auf eine rationale Form zu bringen, erheben wir beide Seiten der Gleichung in die dritte Potenz; sie erhält dann die Form

$$P^2+Q^2+3\,P^{2/3}\,Q^{2/3}\,(P^{2/3}+Q^{2/3})=1,$$

oder

$$1-P^2-Q^2=3\,P^{2/3}\,Q^{2/3}.$$

Erheben wir diese Gleichung abermals in die dritte Potenz, so erhalten wir schliesslich

$$(1-P^2-Q^2)^3=27\,P^2\,Q^2.\quad\ldots\ldots\ldots\quad(18)$$

Nach einer einfachen Transformation lässt sich diese Gleichung auch durch Parallelkoordinaten ausdrücken. Es ist nämlich nach (16 a), da

$$\frac{1}{p}=c,$$

und

$$\frac{1}{r}=u,$$

und

$$a=\frac{1}{k}$$

ist,

$$\left.\begin{aligned}P&=\frac{a}{2}\left(\frac{1}{r}+\frac{1}{c}\right)\cos\frac{\theta}{2}\\[2mm]Q&=\frac{a}{2}\left(\frac{1}{r}-\frac{1}{c}\right)\sin\frac{\theta}{2}\end{aligned}\right\}\quad\ldots\ldots\quad(19)$$

und somit

$$\begin{aligned}P^2+Q^2&=\frac{a^2}{4}\left\{\frac{1}{r^2}+\frac{1}{c^2}+\frac{2}{r\,c}\left(2\cos^2\frac{\theta}{2}-1\right)\right\},\\[2mm]&=\frac{a^2}{4}\left\{\frac{1}{r^2}+\frac{1}{c^2}+\frac{2}{r\,c}\cos\theta\right\},\\[2mm]&=\frac{a^2}{4\,c^2\,r^2}\left\{c^2+r^2+2\,c\,(r\cos\theta)\right\},\end{aligned}$$

oder

$$P^2+Q^2=\frac{a^2}{4\,c^2\,r^2}\left\{r^2+c^2+2\,c\,x\right\}.\quad\ldots\ldots\quad(20)$$

Ferner folgt aus (19) durch Multiplikation der Werthe von P und Q

$$PQ = \frac{a^2}{8\,r^2\,c^2}\,(c^2 - r^2)\sin\theta$$

oder

$$PQ = \frac{a^2}{8\,r^3\,c^2}\,(c^2 - r^2)\,y. \quad\ldots\ldots\ldots\ldots (21)$$

Wir erhalten somit nach (18), (20) und (21) als Gleichung der Brennlinie

$$\left\{ (4\,c^2 - a^2)\,r^2 - 2\,a^2\,c\,x - a^2\,c^2 \right\}^3 = 27\,a^4\,c^2\,(c^2 - r^2)^2\,y^2$$

oder

$$\left\{ (4\,c^2 - a^2)\,(x^2 + y^2) - 2\,a^2\,c\,x - a^2\,c^2 \right\}^3 = 27\,a^4\,c^2\,y^2\,(x^2 + y^2 - c^2)^2. \quad (22)$$

§ 97. Setzen wir in die Gleichung für die Brennlinie (18) $\theta = 0$ und somit nach (16a) $Q = 0$ und $P = \dfrac{u+p}{2\,k}$, so wird jene

$$(1 - P^2)^3 = 0,$$

und hieraus ergiebt sich $P = 1$ oder

$$u + p = \pm\,2\,k \quad\ldots\ldots\ldots\ldots (23)$$

und es stellt jeder dieser Punkte einen dreifachen Punkt dar. Durch a und c ausgedrückt, erhält man hieraus, wenn man für u, p und k ihre betreffenden Werthe $\dfrac{1}{r}$, $\dfrac{1}{c}$ und $\dfrac{1}{a}$ einsetzt, als Werthe für die Abstände dieser Punkte von dem Mittelpunkte des Kreises

$$r = \frac{a\,c}{2\,c - a} \quad\text{und}\quad r = -\frac{a\,c}{2\,c - a}. \quad\ldots\ldots (24)$$

Diese Ausdrücke bestimmen die Lage der **Kuspidalpunkte** der Katakaustik.

Wollen wir indessen die Schnittpunkte der Katakaustik mit dem Kreise, für welchen die Relation $u = p$ gilt, bestimmen, so erhalten wir, da nach (16a) für diesen Fall $Q = 0$ und $P = \dfrac{p}{k}\cos\dfrac{\theta}{2}$, als Gleichung der Katakaustik nach (18):

$$(1 - P^2)^3 = 0 \quad\text{oder}\quad P = 1$$

und hieraus

oder

$$p \cos \frac{\theta}{2} = \pm k$$
$$a \cos \frac{\theta}{2} = \pm c$$

$\left. \right\} \quad \cdots \quad \cdots \quad \cdots \quad (25)$

Jeder der hierdurch bestimmten Punkte ist ein **dreifacher Punkt**, *der reflektirte Strahl tangirt daher den Kreis $r = c$ und der zugehörige Einfallsstrahl steht senkrecht zu* O C. Diese dreifachen Punkte sind Kuspidalpunkte und die durch die Spitze gelegte Tangente zur Kurve steht senkrecht zum Radiusvektor; sie werden imaginär, sobald c grösser als a wird, d. h. wenn der leuchtende Punkt sich ausserhalb des kreisförmigen Reflektors befindet.

§ 98. Um die Richtungen der Asymptoten zu bestimmen, lassen wir in der Gleichung der Kurve $u = 0$ werden. Die Werthe von P und Q sind dann nach (16 a)

und

$$P = \frac{p}{2k} \cos \frac{\theta}{2} = \frac{a}{2c} \cos \frac{\theta}{2}$$
$$Q = -\frac{p}{2k} \sin \frac{\theta}{2} = -\frac{a}{2c} \sin \frac{\theta}{2}$$

$\left. \right\}, \quad \cdots \quad (26)$

und aus der Gleichung (18) für die Katakaustik ergiebt sich dann unter Einsetzung dieser Werthe von P und Q die folgende Gleichung:

$$\left(1 - \frac{a^2}{4c^2} \cos^2 \frac{\theta}{2} - \frac{a^2}{4c^2} \sin^2 \frac{\theta}{2} \right)^3 = 27 \frac{a^4}{16c^4} \left(\sin \frac{\theta}{2} \cos \frac{\theta}{2} \right)^2$$

oder

$$\left(1 - \frac{a^2}{4c^2} \right)^3 = 27 \frac{a^4}{64c^4} \sin^2 \theta,$$

und endlich

$$27 \, a^4 \, c^2 \sin^2 \theta = (4 \, c^2 - a^2)^3. \quad \cdots \quad \cdots \quad (27)$$

Diese Gleichung charakterisirt die Richtung der Asymptoten und zeigt, dass sie imaginär werden, wenn c kleiner als $\frac{a}{2}$ ist.

Wir wollen nun die Länge des von dem Ursprunge aus auf sie errichteten Lothes bestimmen. Differentiiren wir die Gleichung (17), d. h. also die Gleichung

$$\left\{ \frac{(u+p) \cos \frac{\theta}{2}}{2k} \right\}^{2/3} + \left\{ \frac{(u-p) \sin \frac{\theta}{2}}{2k} \right\}^{2/3} = 1,$$

setzen dann $u = 0$ und dividiren durch gemeinsame Faktoren, so erhalten wir

$$\frac{1}{\left(\cos\dfrac{\theta}{2}\right)^{1/3}}\left\{\frac{du}{d\theta}\cos\frac{\theta}{2} - \frac{p}{2}\sin\frac{\theta}{2}\right\} -$$

$$- \frac{1}{\left(\sin\dfrac{\theta}{2}\right)^{1/3}}\left\{\frac{du}{d\theta}\sin\frac{\theta}{2} - \frac{p}{2}\cos\frac{\theta}{2}\right\} = 0.$$

Hieraus entsteht durch Reduktion:

$$\frac{du}{d\theta}\left(\sin\frac{\theta}{2}\cos\frac{\theta}{2}\right)^{1/3}\left\{\cos^{2/3}\frac{\theta}{2} - \sin^{2/3}\frac{\theta}{2}\right\} +$$

$$+ \frac{p}{2}\left\{\cos^{4/3}\frac{\theta}{2} - \sin^{4/3}\frac{\theta}{2}\right\} = 0$$

oder

$$\frac{du}{d\theta}\left(\sin\frac{\theta}{2}\cos\frac{\theta}{2}\right)^{1/3} = -\frac{p}{2}\left(\cos^{2/3}\frac{\theta}{2} + \sin^{2/3}\frac{\theta}{2}\right),$$

$$= -\frac{1}{2c}\left(\cos^{2/3}\frac{\theta}{2} + \sin^{2/3}\frac{\theta}{2}\right),$$

$$= -\frac{1}{2c}\left(\frac{2c}{a}\right)^{2/3}\left\{\left(\frac{a}{2c}\cos\frac{\theta}{2}\right)^{2/3} + \left(\frac{a}{2c}\sin\frac{\theta}{2}\right)\right\},$$

oder nach (26)

$$= -\frac{1}{2c}\left(\frac{2c}{a}\right)^{2/3}\left\{P^{2/3} + Q^{2/3}\right\},$$

und nach (17)

$$= -\frac{1}{2c}\left(\frac{2c}{a}\right)^{2/3}.$$

Somit ist

$$\frac{du}{d\theta}(\sin\theta)^{1/3} = -\frac{1}{c}\left(\frac{c}{a}\right)^{2/3},$$

und hieraus folgt aus (27)

$$\frac{du}{d\theta}\sqrt{\frac{4c^2 - a^2}{3}} = -1.$$

Bezeichnen wir die Länge des Lothes von dem Mittelpunkte auf die Asymptote mit χ, so haben wir demnach

$$\chi = \sqrt{\frac{4\,c^2 - a^2}{3}}. \quad \ldots \ldots \ldots \quad (28)$$

Diese Asymptoten werden imaginär, sobald c kleiner als $\dfrac{a}{2}$ wird, und sie fallen mit der X-Axe zusammen, wenn $c = \dfrac{a}{2}$ wird.

§ 99. Wir gehen nun über zur Bestimmung der Schnittpunkte der Katakaustik und des reflektirenden Kreises. Dieser Untersuchung legen wir zweckmässigerweise das Cartesianische Koordinatensystem zu Grunde. Substituiren wir in der Gleichung (22) für die Katakaustik a^2 für $x^2 + y^2$, so erhält dieselbe die Form:

$$(3\,a^2\,c^2 - a^4 - 2\,a^2\,c\,x)^3 = 27\,a^4\,c^2\,(a^2 - c^2)^2\,(a^2 - x^2)$$

oder nach gehöriger Erweiterung und Division durch a^4,

$$8\,a^2\,c^3\,x^3 - c^2\,x^2\,(15\,a^4 - 18\,a^2\,c^2 - 27\,c^4) + 6\,c\,x\,(3\,c^2 - a^2)^2 +$$
$$+ a^8 + 18\,a^6\,c^2 - 27\,a^4\,c^4 = 0$$

oder schliesslich

$$(c\,x - a^2)^2 \left\{ 8\,a^2\,c\,x + a^4 + 18\,a^2\,c^2 - 27\,c^4 \right\} = 0. \quad \ldots \quad (29)$$

Die Katakaustik berührt somit den reflektirenden Kreis in Punkten, welche durch die Gleichung $c\,x = a^2$ bestimmt sind; es sind dies die Berührungspunkte der durch den ausserhalb des reflektirenden Kreises liegenden leuchtenden Punkt an den reflektirenden Kreis gelegten Tangenten. Diese Berührungspunkte werden imaginär, wenn der leuchtende Punkt innerhalb des reflektirenden Kreises liegt. Der andere Schnittpunkt ist bestimmt durch die aus (29) sich ergebende Gleichung

$$x = \frac{27\,c^4 - 18\,a^2\,c^2 - a^4}{8\,a^2\,c}.$$

Dieser Werth von x ist numerisch kleiner oder grösser als a, je nachdem c grösser oder kleiner als a ist, d. h. je nachdem der leuchtende Punkt ausserhalb oder innerhalb des reflektirenden Kreises liegt.

In den folgenden Figuren ist die den verschiedenen Lagen des leuchtenden Punktes entsprechende Form der Brennkurven dargestellt. In Fig. 72 ist für das einfallende Strahlenbüschel paralleler Strahlengang vorausgesetzt; die anderen Figuren zeigen, in welcher

Weise sich die Gestalt der Katakaustik während einer allmählichen Annäherung des leuchtenden Punktes an den Mittelpunkt des Kreises ändert.

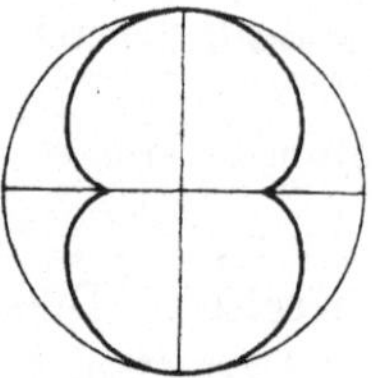

Fig. 72. $c = \infty$.

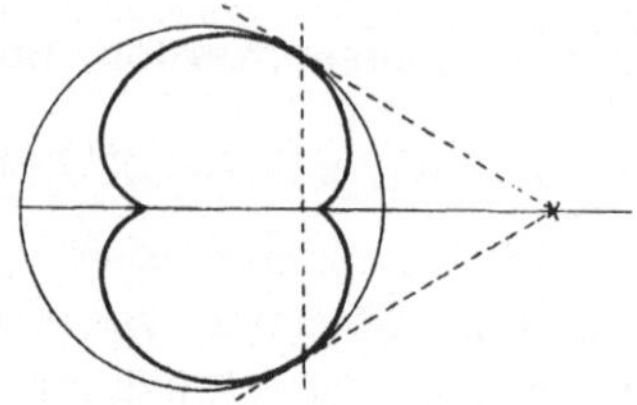

Fig. 73. $c > a$.

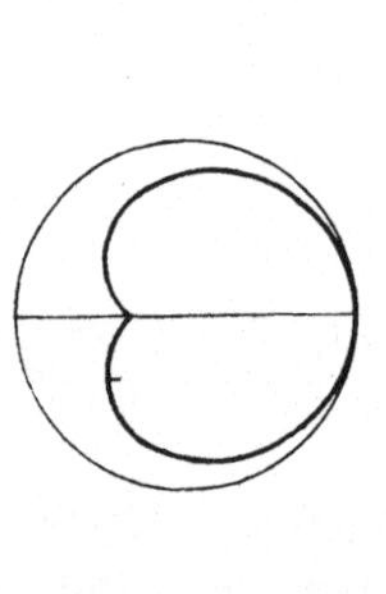

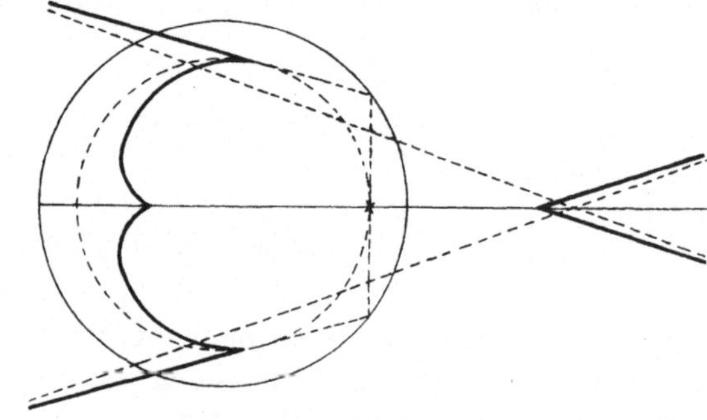

Fig. 74. $c = a$.

Fig. 75. $c < a > \dfrac{a}{2}$.

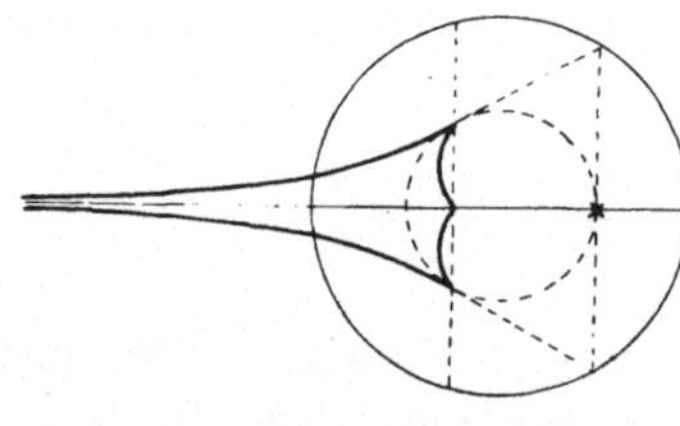

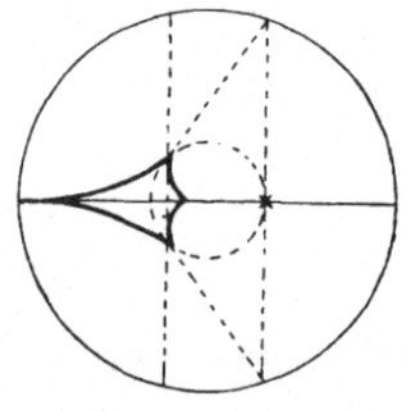

Fig. 76. $c = \dfrac{a}{2}$.

Fig. 77. $c = \dfrac{a}{3}$.

§ 100. Die Katakaustik für den Kreis lässt sich in zwei Fällen auch auf elementar-geometrischem Wege bestimmen; erstens nämlich, wenn die Einfallsstrahlen parallel sind; zweitens wenn sie von einem Punkte des Kreisumfanges ausgehen.

Wenn die Einfallsstrahlen parallel sind, ist die Katakaustik eine durch Rollen eines Kreises auf einem anderen vom doppelten Radius des ersteren erzeugte Epicykloide.

Zieht man nämlich, wie in Fig. 78 dargestellt, vom Mittelpunkte C des reflektirenden Kreises den Radius CA parallel zur Richtung des einfallenden Strahles, so ist die Katakaustik in Bezug auf CA symmetrisch. Ist SP irgend ein einfallender Strahl, welcher im Punkte P vom Kreise in die Richtung PQ reflektirt wird, und verbindet man C mit P, so muss nach dem Reflexionsgesetz PC den Winkel SPQ halbiren. Um C als Mittelpunkt beschreibe man einen Kreis mit einem Radius, welcher halb so gross ist wie der Radius des gegebenen Kreises; es wird dieser dann die Radien CA und CP in B resp. R halbiren. Ueber PR als Durchmesser beschreibe man einen zweiten Kreis, welcher den reflektirten Strahl in Q schneiden möge; man verbinde Q mit R. Da SP parallel CB ist, so ist der Winkel SPC gleich dem Winkel PCB und mithin auch Winkel QPR gleich dem Winkel PCB. Der Peripheriewinkel QPR steht auf dem Kreisbogen QR und der Centriwinkel RCB auf dem Kreisbogen BR; da aber der zweite Kreis einen doppelt so grossen Radius hat, wie der erste, so ist der Bogen QR gleich dem Bogen RB, und lässt man den Kreis PQR auf dem Kreise RB sich abrollen, so müssen schliesslich die Punkte Q und B zusammenfallen. In dem Augenblick nun, wo Q anfängt, sich zu bewegen, kann man den Berührungspunkt der beiden Kreise als momentan festliegend ansehen, so dass die Bewegung von Q in einer

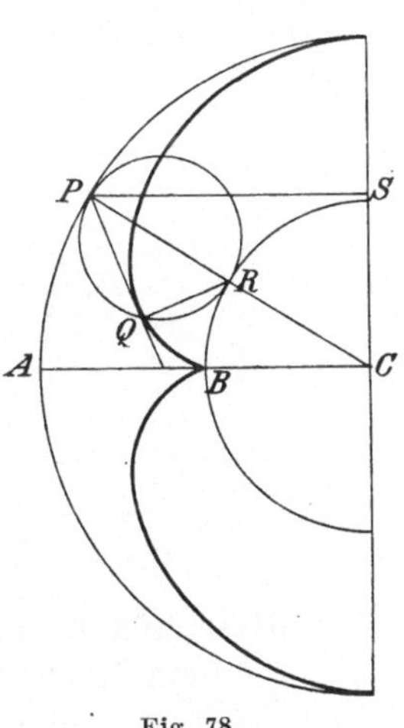

Fig. 78.

zu QR senkrechten Richtung erfolgt; es stellt somit der reflektirte Strahl PQ eine Tangente an die von Q durchlaufene Bahn dar. Diese Betrachtung gilt aber für jede Lage des Punktes P. Der geometrische Ort von Q ist also eine Epicykloide und diese ist daher die gesuchte Katakaustik.

§ **101.** *Gehen die Einfallsstrahlen von einem Punkte des Umfanges des reflektirenden Kreises aus, so stellt die Katakaustik eine Kardioide dar,* oder in anderen Worten, die Katakaustik hat die Form einer Epicykloide, deren Rollkreis ebenso gross ist wie der unbewegliche Kreis.

Ist in Fig. 79 O der Ausgangspunkt des Einfallsstrahles und OCA der Durchmesser des reflektirenden Kreises, so ist die Katakaustik in Bezug auf OCA symmetrisch. Ist OP irgend ein Einfallsstrahl,

welcher von P aus durch den Kreis in die Richtung PQ reflektirt
wird, und verbindet man C mit P, so ist nach dem Reflexionsgesetz
CP die Halbirungslinie des Winkels OPQ. Um C als Mittelpunkt
und mit einem Radius, welcher ein Drittel des Radius des gegebenen
reflektirenden Kreises beträgt, beschreibe man einen Kreis, welcher
CA und CP in B resp. R schneiden möge; über PR als Durchmesser
beschreibe man einen zweiten Kreis, welcher den reflektirenden Kreis
in Q schneide, und verbinde Q mit R. Die Radien der beiden kleineren Kreise sind nach der Konstruktion einander gleich. Da nun
das Dreieck CPO ein gleichschenkliges ist, so ist der Aussenwinkel
PCB doppelt so gross wie der Winkel CPO, also auch doppelt so
gross wie der Winkel QPR. Es stehen somit auf den Bogen RB
und QR gleichgrosse Centriwinkel gleichgrosser Kreise und es müssen

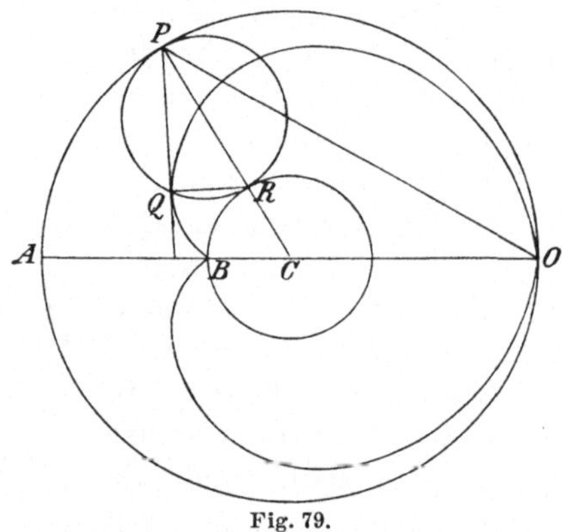

Fig. 79.

daher diese Bögen einander gleich sein. Lässt man nun den Kreis
PQR auf dem Kreis RB sich abrollen, so müssen die Punkte Q und
B zur Deckung gelangen. In dem Augenblicke nun, wo der Kreis
PQR zu rollen beginnt, hat man den Berührungspunkt R als
momentan feststehend anzusehen und Q erfährt daher eine Verschiebung in der zu QR senkrechten Richtung PQ. Hieraus folgt,
dass der reflektirte Strahl die von dem Punkte Q beschriebene Kurve
berührt. Dies gilt aber für jede beliebige Lage von P. Der geometrische Ort von Q ist also eine Kardioide und es stellt diese
somit die gesuchte Katakaustik dar.

§ 102. Es giebt zwei Fälle, in welchen wir unschwer die Katakaustik für einen an einem Kreise beliebig oft reflektirten Strahl
bestimmen können; es sind dies die beiden Fälle, wo die Strahlen
parallel einfallen oder von einem Punkt des Kreisumfanges divergiren.

Angenommen $G_0 G_1$ (Fig. 80) sei der Weg des erstmals von
einem Punkt des Kreisumfanges nach einem anderen Punkt des-

selben reflektirten Strahles, und es schliesse diese Richtung mit der positiven Richtung der X-Axe einen Winkel ψ_0 ein, und Winkel $G_0 O X$ sei mit θ_0 bezeichnet. θ und ψ seien die entsprechenden zusammengehörigen Winkel für die $m$te Reflexion. Als Gleichung dieses $m$ten Strahles haben wir dann, wenn c der Radius des Kreises ist,

$$y = \mathrm{R}\,x + q,$$

$$= x \operatorname{tg} \psi + (c \sin \theta - c \cos \theta \operatorname{tg} \psi)$$

oder

$$y - c \sin \theta = \operatorname{tg} \psi \,(x - c \cos \theta)$$

und hieraus

$$y \cos \psi - x \sin \psi + c \sin (\psi - \theta) = 0.$$

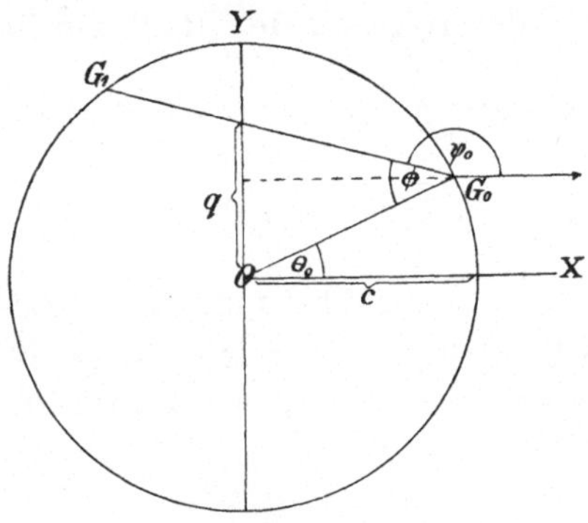

Fig. 80.

Bezeichnet man ferner den Winkel $O G_0 G_1$ mit Φ, so ist

$$\theta = \theta_0 + m\,(\pi - 2\Phi) = \theta_0 + m\pi - 2\,m\,\Phi,$$

und

$$\psi = \psi_0 + m\,(2\pi - 2\Phi) = \psi_0 + 2\,m\,\pi - 2\,m\,\Phi.$$

Hiernach wird die Gleichung für den $m$ten reflektirten Strahl

$$x \sin (\psi_0 - 2\,m\,\Phi) - y \cos (\psi_0 - 2\,m\,\Phi) = c \sin (\psi_0 - \theta_0 + m\pi) =$$

$$= (-1)^m \, c \sin (\psi_0 - \theta_0) . \quad \ldots \ldots \quad (30)$$

Fallen die Strahlen parallel zur X-Axe ein, so setzen wir in der letzten Gleichung $\theta_0 = \Phi$ und $\psi_0 = \pi$ und diese erhält dann die Form:

$$x \sin 2\,m\,\Phi + y \cos 2\,m\,\Phi = (-1)^m \, c \sin \Phi . \quad \ldots \ldots \quad (31)$$

Um die Einhüllende dieser Linien zu bestimmen, differentiiren wir die Gleichung in Bezug auf den Parameter Φ und erhalten hierbei die Gleichung:

9*

$$x \cos 2m\Phi - y \sin 2m\Phi = (-1)^m \frac{1}{2m} c \cos \Phi. \quad . \quad . \quad . \quad . \quad (31\,\text{a})$$

Diese Gleichung in Verbindung mit der Gleichung des Strahles kennzeichnet die Gestalt der Katakaustik.

Lösen wir die Gleichung nach x und y auf, so ist jeder Punkt der Kurve bestimmt durch die Koordinaten

$$\left.\begin{aligned} x &= (-1)^m \frac{c}{4m} \left\{ (2m+1) \cos(2m-1)\Phi - (2m-1) \cos(2m+1)\Phi \right\} \\ y &= (-1)^m \frac{c}{4m} \left\{ -(2m+1)\sin(2m-1)\Phi + (2m-1)\sin(2m+1)\Phi \right\} \end{aligned}\right\} \cdot \quad (31\,\text{b})$$

Die Gleichung aber einer Epicykloide, für welche der feste Kreis den Radius a, der rollende den Radius b hat, ist

$$\left.\begin{aligned} x &= (a+b) \cos\theta - b \cos\frac{a+b}{b}\theta \\ y &= (a+b) \sin\theta - b \sin\frac{a+b}{b}\theta \end{aligned}\right\} \quad . \quad . \quad . \quad . \quad . \quad . \quad (31\,\text{c})$$

Beide Gleichungspaare (31 b) und (31 c) lassen sich auf dieselbe Form bringen, wenn man $-(2m-1)\,\Phi$ an Stelle von θ setzt. Um ferner die Identität der Gleichungspaare zu vervollständigen, müssen wir haben

$$a + b = c\,\frac{2m+1}{4m},$$

$$b = c\,\frac{2m-1}{4m},$$

somit

$$a = c\,\frac{1}{2m}\cdot$$

Die Katakaustik ist somit eine Epicykloide.

Ist m eine gerade Zahl, so liegt der Rückkehrpunkt auf der X-Axe und zwar auf der positiven Seite des Ursprunges. Ist m dagegen eine ungerade Zahl, so hat man die Vorzeichen von x und y zu vertauschen; die Epicykloidenspitze zeigt dann nach der entgegengesetzten Richtung und zwar liegt nun der Rückkehrpunkt auf der negativen Seite des Koordinatenursprunges.

§ 103. Nehmen wir ferner an, die Strahlen divergiren von dem Punkte A des Kreisumfanges, so ist $\theta_0 = 0$ und $\psi_0 = \pi - \Phi$, und die Gleichung des reflektirten Strahles wird dann nach (30)

$$x \sin(2m+1)\Phi + y \cos(2m+1)\Phi = (-1)^m c \sin\Phi.$$

Die Einhüllende dieser Linie bestimmen wir wieder durch Differentiation der Gleichung nach dem variablen Parameter Φ. Wir erhalten dann als Gleichung der Einhüllenden:

$$x \cos (2\,m + 1)\,\Phi - y \sin (2\,m + 1)\,\Phi = (-1)^m \frac{1}{2\,m + 1}\, c \cos \Phi;$$

und aus beiden Gleichungen ergeben sich für die Koordinaten der Kurvenpunkte folgende Werthe:

$$\left. \begin{aligned} x &= \frac{(-1)^m c}{2\,m + 1} \left\{ (m + 1) \cos 2\,m\,\Phi - m \cos (2\,m + 2)\,\Phi \right\} \\[2mm] y &= \frac{(-1)^m c}{2\,m + 1} \left\{ - (m + 1) \sin 2\,m\,\Phi + m \sin (2\,m + 2)\,\Phi \right\} \end{aligned} \right\} . \qquad (32)$$

Diese Gleichungen charakterisiren wiederum eine Epicykloide, deren fester und rollender Kreis beziehungsweise die Radien haben

$$a = \frac{c}{2\,m + 1}, \qquad b = \frac{m}{2\,m + 1}\, c.$$

Ist m eine gerade Zahl, so liegt der Rückkehrpunkt auf der positiven Seite des Koordinatenursprunges, ist m dagegen eine ungerade Zahl, so liegt er auf der negativen Seite des Ursprunges.

In dem Falle, wo $m = 1$ ist, werden die Werthe von a und b einander gleich und die Epicykloide wird zur Kardioide.

§ 104. Im Allgemeinen sind, wie wir gesehen haben, die reflektirten und gebrochenen Strahlen die Normalen einer Kurvenschaar, welche man auch als sekundäre Brennlinien bezeichnet. Zu einer jeden dieser Kurven stehen die reflektirten und gebrochenen Strahlen lothrecht; es ist somit die Brennlinie die Evolute der Kurvenschaar. Die sekundäre Brennlinie lässt sich in der Regel leichter bestimmen als die Brennlinie selber; so ist z. B. die sekundäre Brennlinie für Strahlen, welche an einer geraden Linie gebrochen werden, eine Ellipse, und für an einem Kreise gebrochene Strahlen ein Cartesianisches Oval.

Die sekundären Brennlinien für Strahlen, welche von einem Punkte ausgehen und von einer Kurve reflektirt oder gebrochen werden, lassen sich sehr bequem graphisch bestimmen.

Ist PT in Fig. 81 die Tangente in irgend einem Punkte einer Kurve und S der leuchtende Punkt, so ziehe man ST senkrecht zur Tangente und mache die Verlängerung dieser Senkrechten $TR = ST$. Man verbinde ferner S mit P und R mit P und verlängere RP nach Q hin. SP und PQ stellen dann beziehungsweise den bei P einfallenden und reflektirten Strahl dar. Da ferner $SP = PR$, so ist der geometrische Ort von R die durch die Gleichung

$$\varrho + \varrho' = 0$$

bestimmte orthotomische Fläche.

Der geometrische Ort des Punktes R ist eine der Fusspunktlinie der reflektirenden Kurve ähnliche Kurve von doppelter linearer Ausdehnung. Die Evolute dieser Kurve ist die gesuchte Brennlinie.

In dem Falle eines Kreises lässt sich die Gleichung des geometrischen Ortes von R in der Form $r = 2\,(a - c \cos \theta)$ ausdrücken, wo a der Radius des Kreises und c der Abstand des leuchtenden Punktes von dem Mittelpunkte des Kreises ist; *für einen reflektirenden Kreis ist somit die Brennlinie die Evolute einer „Limaçon"* (Fig. 82).

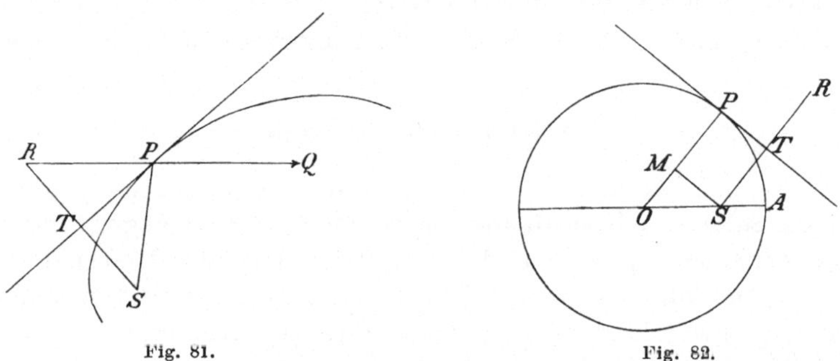

Fig. 81.Fig. 82.

§ 105. Um auf ähnliche Weise die Brennlinie für die **Brechung** an einer Kurve graphisch zu bestimmen, liefert uns die durch die Gleichung

$$n\,\varrho + n'\,\varrho' = 0$$

bestimmte orthotomische Kurve ein bequemes Mittel.

Diese Kurve lässt sich in einfacher Weise folgendermaassen konstruiren (Fig. 83):

Um irgend einen Punkt der brechenden Kurve als Mittelpunkt beschreibe man einen Kreis vom Radius ρ', so dass $n'\rho' = n\rho$ und $\rho = SP$; es ist dann die Einhüllende dieser Kreise für verschiedene Lagen des Punktes P die gesuchte orthotomische Kurve.

Wir werden im Folgenden einige geometrische Untersuchungen der durch Brechung an einer Linie und am Kreise hervorgerufenen Brennlinien ausführen.

§ 106. *Bestimmung der Brennlinie für die Brechung an einer geraden Linie für Strahlen, welche von einem Punkte ausgehen.*

In Fig. 84 sei S der leuchtende Punkt. Man ziehe SC senkrecht zur brechenden Linie und verlängere diese Senkrechte bis H, derart, dass $SC = CH$ ist. SQ sei ein beliebiger Einfallsstrahl, QR der zugehörige gebrochene Strahl. Um das Dreieck SHQ beschreibe man einen Kreis, welcher QR in P schneiden möge; PQ halbirt dann den Winkel SPH, da Bogen $SQ = QH$ ist. i sei der Einfalls-, i' der Brechungswinkel bei Q; es ist dann $\angle POS = i'$ und $i = \angle HSQ = \angle HPQ = \angle SPQ$. Mithin

$$SO : SP = \sin i : \sin i',$$

und daher

$$n\,SO = n'\,SP.$$

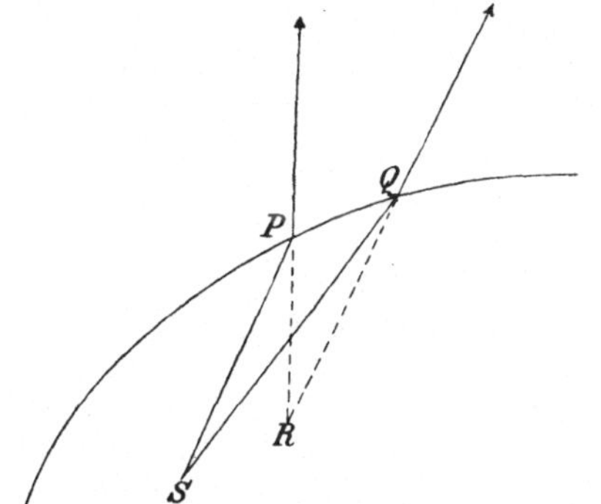

Fig. 83.

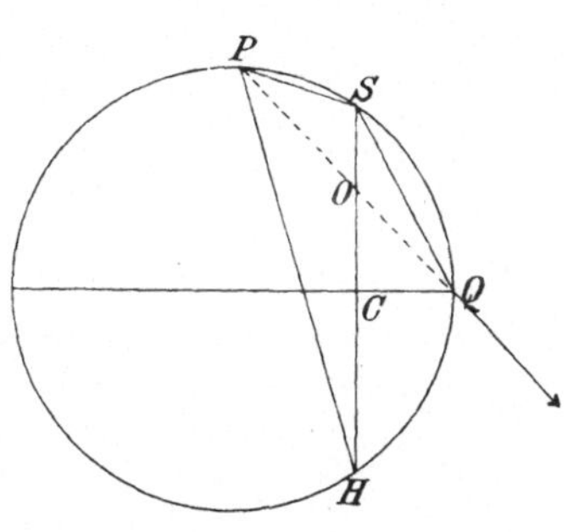

Fig. 84.

Da aber der Winkel bei P halbirt ist, so besteht die Proportion

$$HO : HP = SO : SP,$$

mithin ist

$$n\,HO = n'\,HP.$$

Da aber

$$n\,SO = n'\,SP,$$

so ergiebt sich aus der Addition beider Relationen

$$n\,SH = n'\,(SP + HP).$$

Der geometrische Ort von P ist somit eine Ellipse mit den Brennpunkten S und H; PQ ist eine Normale zur Ellipse und daher die Ellipse eine orthotomische Kurve. Die Evolute dieser Ellipse ist die gesuchte Brennlinie.

Ist das zweite Medium stärker brechend als das erstere, so erscheint, wie sich durch eine analoge Untersuchung nachweisen lässt, die Brennlinie als die Evolute einer Hyperbel mit den Brennpunkten S und H.

§ 107. *Bestimmung der Brennlinie für die Brechung am Kreise für Strahlen, welche von einem Punkte ausgehen.* O sei in Fig. 85 der Mittelpunkt des brechenden Kreises, S der lichtaussendende Punkt, SQ ein einfallender, QR der zugehörige gebrochene Strahl. Man beschreibe durch S einen Kreis, welcher den Radius OQ in Q tangirt, und welcher OS in H, den gebrochenen Strahl QR in P schneidet. Es ist dann $OH \cdot OS = OQ^2$ und somit H ein festliegender Punkt. Ferner folgt aus der Aehnlichkeit der Dreiecke OQS und OHQ, dass $QS : HQ = OS : OQ$, und somit $\dfrac{QS}{HQ}$ ein konstantes Verhältnis darstellt. i sei der Einfalls-, i' der Brechungswinkel. Verlängert man OQ nach T hin, so ist $i = \angle SQT = \angle QPS$; und analog ist $i' = \angle PQT = \angle QHP = \angle \pi - QSP$.

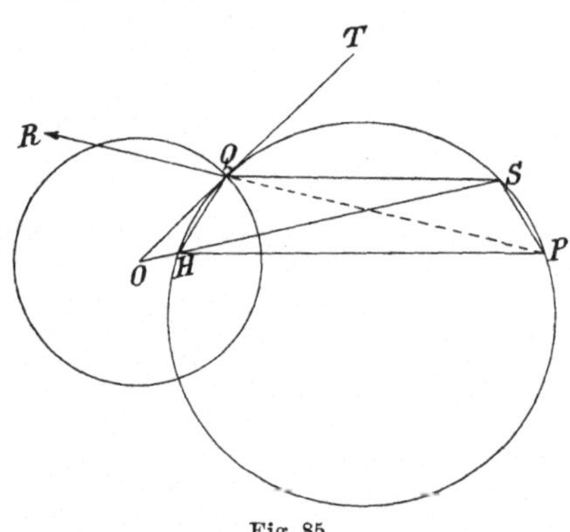

Fig. 85.

In dem Dreiecke QSP ist

$$\frac{QS}{QP} = \frac{\sin QPS}{\sin QSP} = \frac{\sin i}{\sin i'},$$

welches ein konstantes Verhältnis darstellt; und somit ist auch $\dfrac{QH}{QP}$ ein konstantes Verhältnis, da nach Obigem $\dfrac{QS}{QH}$ konstant ist.

Nun ist nach einem bekannten Satze

$$QH \cdot SP + QS \cdot PH = SH \cdot QP,$$

und setzt man daher $SP = \rho$, $PH = \rho'$, so ist

$$\frac{QH}{QP}\varrho + \frac{QS}{QP}\varrho' = SH,$$

oder, wenn man $\dfrac{QH}{QP} = m$, $\dfrac{QS}{QP} = m'$ und $SH = c$ setzt,

$$m\varrho + m'\varrho' = c.$$

Der geometrische Ort von P ist somit ein Cartesianisches Oval mit den Brennpunkten S und H. Da ferner PQ den Winkel zwischen den Leitstrahlen in zwei Theile theilt, deren Sinus in dem Verhältnis der Sehnen QS und QH stehen, d. h. in dem Verhältnis $m' : m$, so ist PQ eine Normale zur Kurve. *Die Diakaustik ist* somit *die Evolute eines Cartesianischen Ovals mit den Brennpunkten* S *und* H.

§ 108. Diese Konstruktion wird in dem Falle unmöglich, wenn die Strahlen parallel sind. Die Gleichung der Brennlinie lässt sich indessen in diesem Falle nach einer anderen Methode analytisch bestimmen. i und i' seien Einfalls- und Brechungswinkel für irgend

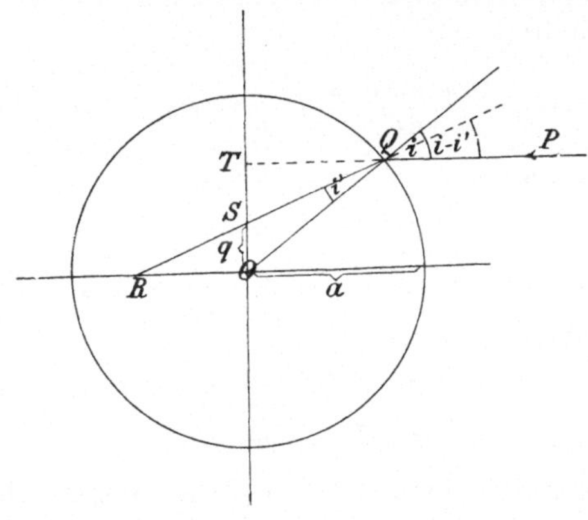

Fig. 86.

einen zur X-Axe parallel einfallenden Strahl, so dass $\sin i' = k \sin i$, wenn $k = \dfrac{n}{n'}$. Nehmen wir dann den Mittelpunkt des Kreises als Koordinatenursprung an, so finden wir als Gleichung des gebrochenen Strahles unter Bezugnahme auf Fig. 86:

$$y = (\operatorname{tg} \alpha)\, x + q,$$

oder

$$y = \operatorname{tg} (i - i')\, x + \mathrm{T O} - \mathrm{T S},$$

oder

$$y = \operatorname{tg} (i - i')\, x + a \sin i - a \cos i \operatorname{tg} (i - i');$$

und hieraus

$$y = a \sin i + \operatorname{tg} (i - i')\, (x - a \cos i),$$

oder

$$y \cos (i - i') - x \sin (i - i') = a \sin i'.$$

Drücken wir i als elliptische Funktion aus und setzen demnach $i = \operatorname{am} u$, so wird

$$\sin i' = k \operatorname{sn} u, \quad \cos i' = \sqrt{1 - k^2 \operatorname{sn}^2 u} = \operatorname{dn} u.$$

Somit erhalten wir als Gleichung des gebrochenen Strahles:

$$y\,(\mathrm{cn}\,u\,\mathrm{dn}\,u + k\,\mathrm{sn}^2 u) - x\,(\mathrm{dn}\,u - k\,\mathrm{cn}\,u)\,\mathrm{sn}\,u = a\,k\,\mathrm{sn}\,u.$$

Multiplicirt man beide Seiten dieser Gleichung mit $k\,\mathrm{cn}\,u + \mathrm{dn}\,u$, so erhält man ohne Weiteres

$$y\,(\mathrm{cn}\,u + k\,\mathrm{dn}\,u) - x\,k'^2\,\mathrm{sn}\,u = a\,k\,\mathrm{sn}\,u\,(k\,\mathrm{cn}\,u + \mathrm{dn}\,u)$$

oder, wenn man durch $\mathrm{sn}\,u$ dividirt,

$$y\left(\frac{\mathrm{cn}\,u + k\,\mathrm{dn}\,u}{\mathrm{sn}\,u}\right) - x\,k'^2 = a\,k\,(k\,\mathrm{cn}\,u + \mathrm{dn}\,u).$$

Um die Einhüllende dieser Kurve zu finden, differentiiren wir nach u und erhalten dann

$$-\,y\,\frac{\mathrm{dn}\,u + k\,\mathrm{cn}\,u}{\mathrm{sn}\,u} = -\,a\,k^2\,\mathrm{sn}\,u\,(\mathrm{dn}\,u + k\,\mathrm{cn}\,u),$$

woraus sich ergiebt

$$y = a\,k^2\,\mathrm{sn}^3 u.$$

Substituiren wir diesen Werth von y in die Gleichung des gebrochenen Strahles, so ist

$$-\,k'^2 x = a\,k\,(k\,\mathrm{cn}\,u + \mathrm{dn}\,u) - a\,k^2\,\mathrm{sn}^2 u\,(\mathrm{cn}\,u + k\,\mathrm{dn}\,u)$$

$$= a\,(k^2\,\mathrm{cn}^3 u + k\,\mathrm{dn}^3 u).$$

Wir können nun leicht u mit Hilfe dieser Gleichungen eliminiren und erhalten als Gleichung der Brennlinie

$$-\,k'^2 x = a\,k^2\left\{1 - \left(\frac{y}{a\,k^2}\right)^{2/3}\right\}^{3/2} + a\,k\left\{1 - \left(\frac{k\,y}{a}\right)^{2/3}\right\}^{3/2},$$

oder, wenn wir für k und k' ihre Werthe einsetzen:

$$(n^2 - n'^2)\,x = \left(n^{4/3}\,a^{2/3} - n'^{4/3}\,y^{2/3}\right)^{3/2} + n\left(n'^{2/3}\,a^{2/3} - n^{2/3}\,y^{2/3}\right)^{3/2}. \qquad (33)$$

Diese Gleichung rührt von St. Laurent, der angegebene Gang der Entwickelung von Glaisher her.

Vertauschen wir in (33) n und n' und schreiben $\dfrac{n\,a}{n'}$ für a, so erhält die Gleichung die Form:

$$(n'^2 - n^2)\,x = n\left(n'^{2/3}\,a^{2/3} - n^{2/3}\,y^{2/3}\right)^{3/2} + \left(n^{4/3}\,a^{2/3} - n'^{4/3}\,y^{2/3}\right)^{3/2},$$

und es charakterisirt diese Gleichung dieselbe Kurve, wie die durch Gleichung (33) dargestellte; denn bringen wir die Gleichung auf eine rationale Form, so verschwindet die Anomalie bezügl. der Vorzeichen.

Die Diakaustik für parallel auf einen Kreis vom Radius a und einem Brechungsexponenten $\frac{n'}{n}$ einfallende Strahlen ist identisch mit derjenigen für einen ihm koncentrischen Kreis mit dem Radius $\frac{a\,n}{n'}$ und dem Brechungsexponenten $\frac{n}{n'}$.

Weiteres über diesen Gegenstand findet sich in Prof. Cayley's „Memoirs on Caustics", Phil. Trans. 1856.

§ 109. *Bestimmung der Katakaustik für eine Ellipse, in deren Mittelpunkt sich der leuchtende Punkt befindet.*

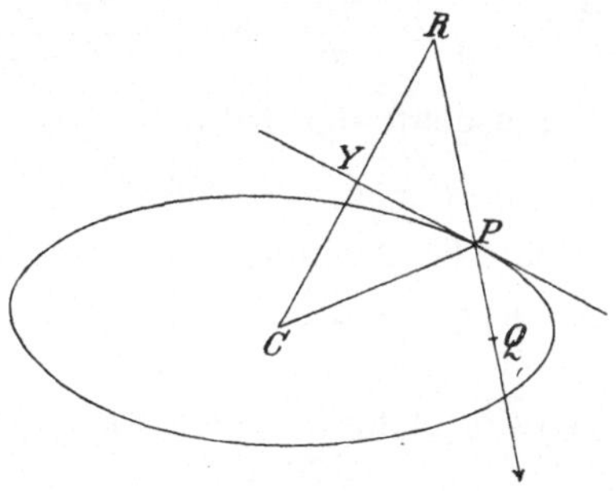

Fig. 87.

Bezeichnen wir in Fig. 87 mit R P Q die Richtung des reflektirten Strahles, mit Q den Punkt, in welchem er die Katakaustik tangirt, mit R den zugeordneten Punkt auf der sekundären Brennlinie, so ist R Q der Krümmungsradius der letzteren, d. h. $RQ = 2\rho$, wenn ρ der Krümmungsradius des geometrischen Ortes von Y, dem Fusspunkt des Lothes von C auf die Tangente, ist. Bedeutet nun σ die Länge des in Y auf die Tangente an den geometrischen Ort von Y errichteten Lothes und r den Krümmungsradius der Ellipse, so ist $\sigma r = p^2$, oder, wenn man differentiirt,

$$\frac{d\sigma}{dp}\,r + \sigma\,\frac{dr}{dp} = 2p.$$

Es ist aber

$$\varrho = \frac{p\,dp}{d\sigma} \qquad \text{und} \qquad \frac{r\,dr}{dp} = \frac{a^2 b^2}{p^3}.$$

Somit ist

$$\frac{r}{\varrho} + \frac{p^2}{r} \cdot \frac{a^2 b^2}{p^3 p r} = 2,$$

oder

$$\frac{a^2 b^2}{p^2 r^2} = 2 - \frac{r}{\varrho} = \frac{2\varrho - r}{\varrho}.$$

Sind (u, v) die Koordinaten von R, so findet man, wenn man den Excentricitätswinkel für P mit Φ bezeichnet, als deren Werthe

$$u = \frac{2\, a\, b^2 \cos \Phi}{a^2 \sin^2 \Phi + b^2 \cos^2 \Phi},$$

$$v = \frac{2\, b\, a^2 \sin \Phi}{a^2 \sin^2 \Phi + b^2 \cos^2 \Phi}.$$

Sind ferner (x, y) die Koordinaten von Q, so ist

$$\frac{x - u}{x - a \cos \Phi} = \frac{y - u}{y - b \sin \Phi} = \frac{\mathrm{QR}}{\mathrm{QP}} = \frac{2\,\varrho}{2\,\varrho - r},$$

somit

$$\frac{x - u}{x - a \cos \Phi} = \frac{2\, p^2 r^2}{a^2 b^2} = \frac{2\, r^2}{a^2 + b^2 - r^2},$$

indem gemäss der Eigenschaft der Ellipse

$$p^2 (a^2 + b^2 - r^2) = a^2\, b^2.$$

Durch entsprechende Umformung erhalten wir die Beziehungen:

$$x (a^2 + b^2 - 3\, r^2) = u (a^2 + b^2 - r^2) - 2\, r^2 a \cos \Phi.$$

Nun ist

$$u (a^2 + b^2 - r^2) = u (a^2 \sin^2 \Phi + b^2 \cos^2 \Phi) = 2\, a\, b^2 \cos \Phi,$$

und somit

$$x (a^2 + b^2 - 3\, r^2) = 2\, a \cos \Phi\, (b^2 - r^2) = -\, 2\, a \cos^3 \Phi\, (a^2 - b^2).$$

Auf analoge Weise findet man

$$y (a^2 + b^2 - 3\, r^2) = 2\, a \sin \Phi\, (a^2 - r^2) = 2\, b \sin^3 \Phi\, (a^2 - b^2).$$

Hieraus ergiebt sich durch Division

$$\operatorname{tg} \Phi = -\, \frac{\left(\dfrac{y}{b}\right)^{1/3}}{\left(\dfrac{x}{a}\right)^{1/3}}.$$

Eliminirt man ferner aus jenen beiden Gleichungen Φ durch Addition, so erhält man

$$\left\{ \left(\frac{x}{a}\right)^{2/3} + \left(\frac{y}{b}\right)^{2/3} \right\} (a^2 + b^2 - 3\, r^2)^{2/3} = \left\{ 2\, (a^2 - b^2) \right\}^{2/3},$$

und hieraus

$$\left\{ \left(\frac{x}{a}\right)^{2/3} + \left(\frac{y}{b}\right)^{2/3} \right\}^{3/2} (a^2 + b^2 - 3\, r^2) = 2\, (a^2 - b^2).$$

Es ist aber

$$r^2 = a^2 \cos^2 \Phi + b^2 \sin^2 \Phi = \frac{a^2 \left(\dfrac{x}{a}\right)^{2/3} + b^2 \left(\dfrac{y}{b}\right)^{2/3}}{\left(\dfrac{x}{a}\right)^{2/3} + \left(\dfrac{y}{b}\right)^{2/3}}.$$

Man erhält somit schliesslich

$$\left\{\left(\frac{x}{a}\right)^{2/3} + \left(\frac{y}{b}\right)^{2/3}\right\}^{1/2}\left[(a^2+b^2)\left\{\left(\frac{x}{a}\right)^{2/3} + \left(\frac{y}{b}\right)^{2/3}\right\} - 3\left\{a^2\left(\frac{x}{a}\right)^{2/3} + b^2\left(\frac{y}{b}\right)^{2/3}\right\}\right] = 2(a^2-b^2),$$

d. h.

$$\left\{\left(\frac{x}{a}\right)^{2/3} + \left(\frac{y}{b}\right)^{2/3}\right\}^{1/2}\left[\left(\frac{x}{a}\right)^{2/3}\left(\frac{b^2}{2}-a^2\right) + \left(\frac{y}{b}\right)^{2/3}\left(\frac{a^2}{2}-b^2\right)\right] = a^2-b^2$$

als Gleichung der gesuchten Diakaustik für die Ellipse.

§ 110. *Bestimmung der Bogenlänge einer Brennlinie.* Es lässt sich stets die Bogenlänge einer Brennlinie irgend eines orthotomischen Strahlensystems für eine Ebene bestimmen; denn die Brennlinie ist nichts weiter als die Evolute der orthogonalen Kurven. Nehmen wir an, es werde eine Gruppe von Strahlen, welche von einem Punkt ausgehen oder normal zu einer gegebenen Fläche gerichtet

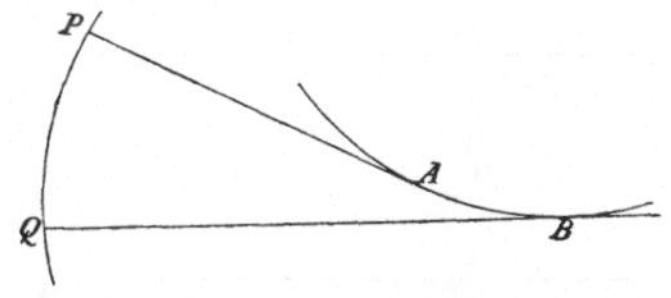

Fig. 88.

sind, einer beliebigen Anzahl von Reflexionen oder Brechungen unterworfen! Für einen jeden Strahl der Gruppe bilden wir die Funktion $\Sigma n \varrho$ und setzen $V = \Sigma n \varrho$. Ferner sei der Brechungsexponent des letzten Mediums mit n bezeichnet und $V = V_0$ stelle die Gleichung einer orthogonalen Kurve in diesem Medium, sagen wir der Kurve PQ, dar. AB (Fig. 88) sei ein beliebiges Kurvenstück der Brennlinie, welche von den Strahlen PA und QB in den Punkten A und B tangirt wird. Es ist dann gemäss der Eigenschaft der Evoluten $AB = QB - PA$. Ferner ist

$$V_A = V_0 + n\,P\,A,$$

$$V_B = V_0 + n\,Q\,B;$$

und hieraus ergiebt sich durch Subtraktion

$$V_B - V_A = n\,\widehat{AB}.$$

§ 111. Wir können nun mit Hilfe der Brennlinien uns eine etwas klarere Vorstellung darüber verschaffen, in welcher Art und

Weise und in welcher scheinbaren Lage ein ausserhalb des Wassers befindliches Auge ein unter der Wasserfläche befindliches Objekt erblickt.

Angenommen z. B., das Wasser sei durch eine horizontal liegende, nicht sehr tiefe Bodenfläche begrenzt; auf dem Boden befinde sich ein Objektpunkt P (Fig. 89). Man errichte in P das Loth PM und untersuche den Strahlengang für die Ebene EPM. Man konstruire nun innerhalb dieser Ebene die Brennlinie, welche von gebrochenen, ursprünglich von P divergirenden Strahlen berührt wird. Ziehen wir nun die beiden äussersten in das Auge gelangenden Tangenten an die Brennlinie, so begrenzen diese den die Luft

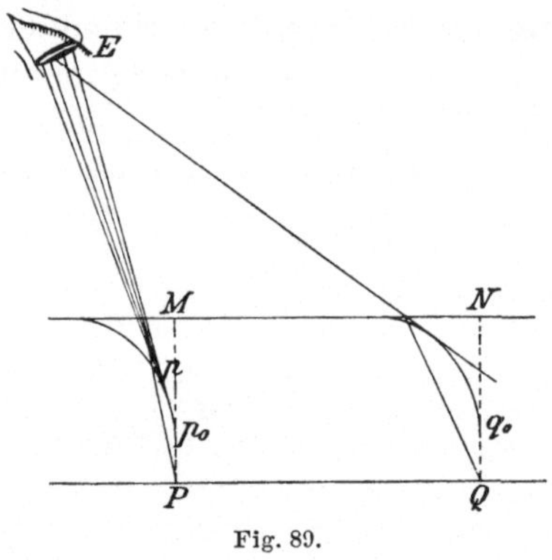

Fig. 89.

durchschneidenden Theil des Strahlenbüschels; verbinden wir die Schnittpunkte dieser Tangenten und der Wasseroberfläche mit P, so werden diese Verbindungslinien das durch das Wasser verlaufende Strahlenbüschel begrenzen. Die beiden Tangenten zur Brennlinie schneiden sich nahezu in dem beiden fast gemeinschaftlichen Berührungspunkt p. Ein ausserhalb des Wassers befindliches Auge erblickt daher den Punkt P in p.

Beleuchtungskurven.

§ 112. Fallen Lichtstrahlen auf eine Reihe dicht neben einander liegender reflektirender Kurven oder Kurvenflächen, derart dass das reflektirte Licht ins Auge des Beobachters gelangt, so wird dieser eine oder mehrere jene Kurven oder Rinnen durchkreuzende Kurven von besonderer Helligkeit bemerken. Diese Beobachtung kann man tagtäglich machen, wenn glänzende Stangen, z. B. die Speichen eines Velocipedrades in hellem Sonnenlicht sich drehen. Untersuchen wir nun, wie diese hellen Kurven entstehen und in welcher Weise ihre Gestalt von derjenigen der reflektirenden Kurve abhängt.

Jeder Punkt einer reflektirenden Kurve diffundirt einen Theil des auf dieselbe auffallenden Lichtes und wird dadurch auch für ein nicht in der Richtung reflektirter Strahlen befindliches Auge sichtbar; es werden aber in das Auge gleichzeitig auch solche Strahlen gelangen, welche von einem oder mehreren Punkten jener Kurve direkt nach dem Reflexionsgesetz in die Richtung, in welcher sich das Auge befindet, reflektirt werden. Von einem solchen Punkt der Kurve wird mehr Licht in das Auge gelangen als von den anderen Punkten derselben, und es wird somit jener Punkt heller leuchtend erscheinen als der übrige Theil der Kurve. Der geometrische Ort dieser hellen Punkte bildet eine helle Kurve und es fragt sich nun, wie bestimmt sich die Gestalt derselben.

Zu diesem Zweck sei das System reflektirender Kurven dargestellt durch die Gleichung $\Phi(x, y) = a$, wo a ein willkürlicher Parameter ist, und das einfallende Licht gehe von einem leuchtenden Punkt Q aus. E sei ferner der Punkt, in welchem sich das Auge des Beobachters befindet, und P irgend ein Punkt auf einer der reflektirenden Kurven. Man lege in der Ebene der reflektirenden Kurve im Punkt P eine Tangente an die reflektirende Kurve. Denkt man sich nun an Stelle der Kurve eine sehr kleine Rinne oder ein dünnes Stäbchen, so wird man durch jene Tangente unendlich viele Tangentialebenen an die Rinne oder das Stäbchen legen können. Lässt sich nun eine dieser Ebenen so legen, dass sie einen von Q ausgehenden Lichtstrahl in die Richtung P E reflektirt, so wird P ein heller Punkt sein. Damit dieser Fall eintritt, müssen die Bedingungen dafür erfüllt sein, dass ein im Punkt P auf die reflektirende Rinne errichtetes Loth in der Ebene QPE liegt und den Winkel QPE halbirt. Ist diese Bedingung erfüllt, so schliessen die Strahlen QP und PE gleiche Winkel mit der Tangente in P ein; umgekehrt ist nach Analogie des in § 12 behandelten Falles, wenn diese Bedingung erfüllt ist, auch den beiden anderen damit genügt.

Es seien $(x, y, 0)$ die Koordinaten des Punktes P, (f, g, h) diejenigen des Punktes Q und (a, b, c) diejenigen des Punktes E. Sind dann l, m, 0 die Richtungskosinusse der Tangente in P, so ist

$$l\,\Phi_x + m\,\Phi_y = 0 \ \ldots \ldots \ldots \ldots \quad (34)$$

und die Bedingung, dass die Linien QP und EP gleiche Winkel mit der Tangente in P auf entgegengesetzten Seiten derselben einschliessen, lässt sich durch die Gleichung ausdrücken:

$$\frac{(f-x)\,l + (g-y)\,m}{\sqrt{(f-x)^2 + (g-y)^2 + h^2}} + \frac{(a-x)\,l + (b-y)\,m}{\sqrt{(a-x)^2 + (b-y)^2 + c^2}} = 0.$$

Das Verhältniss $\dfrac{l}{m}$ lässt sich mit Hilfe von (34) eliminiren und wir erhalten alsdann

$$\frac{(f-x)\,\Phi_y - (g-y)\,\Phi_x}{\sqrt{(f-x)^2 + (g-y)^2 + h^2}} + \frac{(a-x)\,\Phi_y - (b-y)\,\Phi_x}{\sqrt{(a-x)^2 + (b-y)^2 + c^2}} = 0 \ . \quad (35)$$

als Gleichung der gesuchten hellen Kurve.

§ 113. Dieselben Gleichungen lassen sich auf kürzerem Wege entwickeln, wenn man von dem Satz ausgeht, dass die optische Weglänge zwischen zwei Punkten ein Minimum darstellt.

Denn ist P der helle Punkt, so muss die optische Weglänge $QP + PE$ ein Minimum sein, während gleichzeitig die Bedingung gestellt wird, dass P stets auf der Kurve $\Phi(x, y) = a$ liegt.

Sind (x, y, O), (f, g, h) und (a, b, c) der Reihe nach die Koordinaten von P, Q und E, so ist

$$QP + PE = \sqrt{(x-f)^2 + (y-g)^2 + h^2} + \sqrt{(x-a)^2 + (y-b)^2 + c^2}.$$

Damit dieser Ausdruck ein Minimum darstellt, während gleichzeitig der Bedingung bezüglich der Lage des Punktes P genügt wird, setzen wir den ersten Differentialquotienten jeder Gleichung gleich 0. Wir erhalten dann die Gleichungen:

$$\Phi_x\,dx + \Phi_y\,dy = 0,$$

$$\frac{(x-f)\,dx + (y-g)\,dy}{\sqrt{(x-f)^2 + (y-g)^2 + h^2}} + \frac{(x-a)\,dx + (y-b)\,dy}{\sqrt{(x-a)^2 + (y-b)^2 + c^2}} = 0.$$

Eliminiren wir hierin das Verhältniss $\dfrac{dx}{dy}$, so erhalten wir wieder als Gleichung der hellen Kurve:

$$\frac{(x-f)\,\Phi_y - (y-g)\,\Phi_x}{\sqrt{(x-f)^2 + (y-g)^2 + h^2}} + \frac{(x-a)\,\Phi_y - (y-b)\,\Phi_x}{\sqrt{(x-a)^2 + (y-b)^2 + c^2}} = 0.$$

§ 114. Beispielsweise wollen wir die Resultate dieser letzten Untersuchung auf die Bestimmung der hellen Kurven, welche man auf den blanken Speichen eines im Sonnenlicht rotirenden Velocipedrades oft zu beobachten Gelegenheit hat, anwenden.

Man denke sich die Radaxe in die Z-Axe des Koordinatensystems verlegt und nehme an, die Sonnenstrahlen fallen in einer durch die Richtungskosinusse (l, m, n) bestimmten Richtung auf jene Radspeichen, während die Lage des Auges durch die Koordinaten

(a, b, c) bestimmt sei. Sieht man nun ferner die Radspeichen als alle in einer Ebene liegend an, so hat man als Gleichung der reflektirenden Kurven $y = x \operatorname{tg} \theta$, und daher, wenn man die Thatsache berücksichtigt, dass einfallende und reflektirte Strahlen gleiche Winkel mit der durch die Richtungskosinusse $(\cos \theta, \sin \theta, \mathrm{O})$ bestimmten Linie einschliessen,

$$l \cos \theta + m \sin \theta + \frac{(a - x) \cos \theta + (b - y) \sin \theta}{\sqrt{(a - x)^2 + (b - y)^2 + c^2}} = 0.$$

Eliminirt man hierin θ, so erhält man

$$(l\,x + m\,y)^2 \left\{(a - x)^2 + (b - y)^2 + c^2\right\} = \left\{(a - x)\, x + (b - y)\, y\right\}^2$$

als die Gleichung der hellen Kurve.

Kapitel VII.

Aberration centraler Strahlenbüschel.

§ 115. Wenn Lichtstrahlen, welche von einem Punkte ausgehen, auf eine ebene, reflektirende Fläche treffen, so vereinigen sie sich bekanntlich sämmtlich nach der Reflexion in einem anderen Punkte, den wir schon früher als den dem Ausgangspunkte der Strahlen konjugirten Punkt bezeichneten. Trifft dagegen ein von einem Punkte ausgehendes Strahlenbüschel auf eine ebene, brechende Fläche oder auf eine sphärische reflektirende oder brechende Fläche, so sind es nur die axialen Strahlen des Strahlenbüschels, welche man nach der Reflexion oder Brechung als durch einen einzigen Punkt gehend ansehen kann; die übrigen reflektirten oder gebrochenen Strahlen sind die Tangenten an eine Brennfläche. Wir wollen annehmen, dass das einfallende Strahlenbüschel die reflektirende oder brechende Fläche innerhalb eines Kreises mit dem sehr kleinen Radius y schneide, und wir wollen diesen Kreis als die Apertur der Fläche bezeichnen.

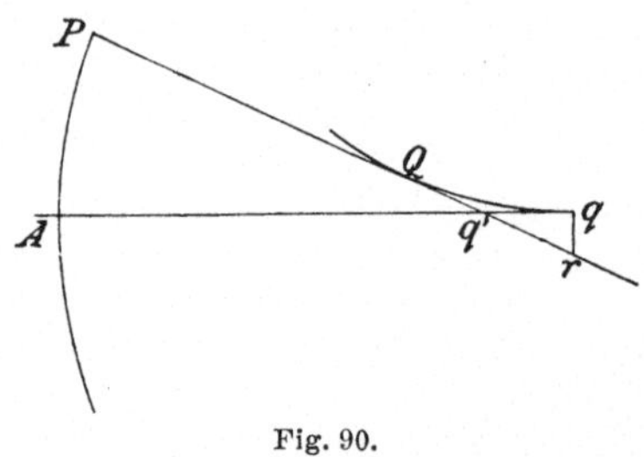

Fig. 90.

In Fig. 90 sei q der Vereinigungspunkt der axialen Strahlen, Pq' der äusserste Strahl des Büschels nach der Reflexion oder Brechung, q' dessen Schnittpunkt mit der Axe und t endlich der Schnittpunkt derselben mit einer senkrecht zur Axe durch q gelegten Ebene. Es stellt dann qq' die sogenannte Longitudinalaberration des Strahles Pq', qt dessen Lateralaberration dar. Die Grössen dieser Aberrationen lassen sich annähernd durch die Apertur ausdrücken, vorausgesetzt, dass dieselbe klein ist.

Es genügt, wie wir sehen werden, wenn wir die Aberration für solche Strahlenbüschel bestimmen, welche von Punkten der Axe divergiren; denn divergirt ein Büschel von einem ausserhalb der Axe liegenden Punkte, so hat man sich nur zu vergegenwärtigen, dass das Bild auf einer Linie liegt, welche die Lichtquelle mit dem Mittelpunkt der reflektirenden oder brechenden Fläche verbindet; diese Linie kann dann als die Axe des Büschels angesehen werden und es lässt sich die Longitudinalaberration in Bezug auf diese neue Axe ohne Weiteres bestimmen. Die so gefundene Aberration hat man dann nur auf die ursprüngliche Axe zu projiciren, indem man deren Grösse mit dem Kosinus der Neigung der Hülfsaxe zur ursprünglichen Axe multiplicirt. Da diese Neigung nach unserer Voraussetzung nur eine sehr kleine ist, so wird man ihren Kosinus als Multiplikator der sehr kleinen Aberration gleich 1 setzen können, und danach ist die Longitudinalaberration, sofern wir uns auf unser Näherungsverfahren beschränken wollen, die nämliche für alle Punkte, welche in einer zur Axe senkrechten Ebene liegen.

§ 116. *Bestimmung der Aberration eines centralen Strahlenbüschels durch Reflexion an einer sphärischen Fläche.*

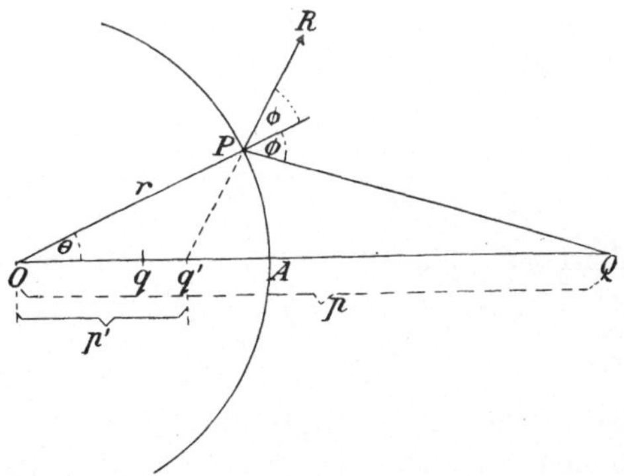

Fig. 91.

QPR sei in Fig. 91 der Weg des äussersten Strahls des Büschels und es sei q' der Punkt, in welchem die Rückwärtsverlängerung des Strahls PR die Axe trifft.

Ist ferner O der Mittelpunkt der reflektirenden Kugelfläche, QAO die Axe des Einfallsbüschels, $OQ = p$, $Oq' = p'$, $OA = r$, und bezeichnet man den Winkel POA mit θ und den Einfallswinkel des Strahles QP mit Φ, so ist

$$\frac{r}{p} = \frac{\sin(\Phi - \theta)}{\sin \Phi},$$

$$\frac{r}{p'} = \frac{\sin(\Phi + \theta)}{\sin \Phi};$$

und hieraus erhalten wir durch Addition die Beziehung:

$$\frac{r}{p} + \frac{r}{p'} = \frac{\sin(\Phi - \theta) + \sin(\Phi + \theta)}{\sin\Phi} = 2\cos\theta,$$

oder

$$\frac{1}{p} + \frac{1}{p'} = \frac{2\cos\theta}{r} \quad\ldots\ldots\ldots\ldots\quad (1)$$

Denken wir uns θ verschwindend klein und bezeichnen den entsprechenden Werth von p' mit p_0', so erhalten wir

$$\frac{1}{p} + \frac{1}{p_0'} = \frac{2}{r} \quad\ldots\ldots\ldots\ldots\quad (2)$$

und daher schliesslich aus (1) und (2)

$$\frac{1}{p_0'} - \frac{1}{p'} = \frac{2}{r}(1 - \cos\theta). \quad\ldots\ldots\ldots\quad (3)$$

In dieser Gleichung können höhere Potenzen von θ vernachlässigt werden; berücksichtigen wir ferner, dass p' annähernd gleich p_0' ist, so dass wir $p' p_0' = p'^2$ setzen können, so erhält Gleichung (3) die Form:

$$\frac{p' - p_0'}{p'^2} = \frac{\theta^2}{r};$$

und da angenähert $y = r\sin\theta = r\,\theta$, so erhalten wir schliesslich

$$q\,q' = \frac{y^2}{r^3}\,p'^2. \quad\ldots\ldots\ldots\ldots\quad (4)$$

Dies ist der Werth der Longitudinalaberration des äussersten Strahls. Wir bemerken, dass $q\,q'$ dasselbe Vorzeichen hat wie r; dies bedeutet: *wenn wir vor einem Spiegel stehen und nach dessen Mittelpunkt hin blicken, so läuft die Brennlinie in allen Fällen in der Sehrichtung in einen Punkt aus.*

Fallen die Strahlen parallel zur Axe des Spiegels ein, so fällt q mit dem Brennpunkt des Spiegels zusammen, so dass Oq die Brennweite f darstellt; in diesem Falle hat die Longitudinalaberration die Grösse

$$q\,q' = -\frac{y^2}{8f}. \quad\ldots\ldots\ldots\ldots\quad (5)$$

§ 117. *Bestimmung der Aberration eines an einer ebenen Fläche gebrochenen centralen Strahlenbüschels.*

QPR (Fig. 92) stelle den äussersten Strahl des Büschels dar, so dass AP als der Radius der Apertur anzusehen ist. Der Strahl PR schneide in seiner Rückwärtsverlängerung die Axe in q' und ferner sei

$AQ = u$, $Aq' = u'$ und $AP = y$. Bezeichnet man mit i und i' Einfalls- resp. Brechungswinkel, so ist

$$\sin i = \frac{AP}{PQ},$$

$$\sin i' = \frac{AP}{Pq'},$$

und somit, da $\sin i = n \sin i'$,

$$Pq' = n\,PQ.$$

Führen wir in diese letztere Beziehung die Grössen u, u' und y ein, so erhalten wir

$$u'^2 + y^2 = n^2(u^2 + y^2),$$

oder

$$Aq' = u' = \left\{ n^2 u^2 + (n^2 - 1) y^2 \right\}^{1/2}.$$

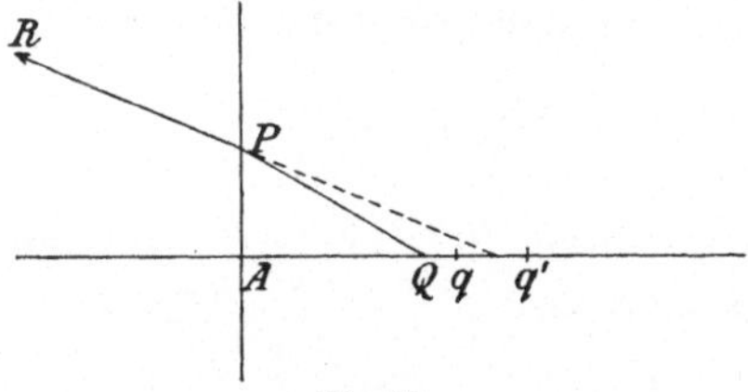

Fig. 92.

Solange die Apertur sehr klein ist, können alle höheren Potenzen von y vernachlässigt werden, und wir erhalten dann näherungsweise aus der Entwickelung der Binomialreihe:

$$u' = n u + \frac{1}{2}(n^2 - 1)\frac{y^2}{n u} \quad\ldots\ldots\ldots\ldots (6)$$

Nehmen wir aber $y = 0$ an, so geht Aq' in Aq über und wir erhalten als Werth von Aq:

$$Aq = n u. \quad\ldots\ldots\ldots\ldots\ldots (7)$$

Hieraus folgt durch Subtraktion:

$$q q' = \tfrac{1}{2}(n^2 - 1)\frac{y^2}{n u} \quad\ldots\ldots\ldots\ldots (8)$$

Diese Formel stellt die Longitudinalaberration des äussersten an einer ebenen Fläche gebrochenen Strahls dar.

§ 118. *Bestimmung der Aberration eines an einer Kugelfläche gebrochenen centralen Strahlenbüschels.*

OPR (Fig. 93) sei wiederum der Weg eines beliebigen Strahls eines Büschels mit der Axe QAO und der gebrochene Strahl PR

schneide die Axe in dem Punkte q. Ferner sei $OQ = p$, $Oq = q$ und
$AO = r$.

Die Formel für die Aberration des äussersten Strahls lässt sich,
wie wir bald erkennen werden, wesentlich vereinfachen, wenn wir
die Grössen p, q, r durch ihre
reciproken Werthe ersetzen; es
seien diese der Reihe nach durch
u, v, ρ ausgedrückt. Bezeichnen
wir schliesslich den Winkel POA
mit θ und den Einfalls- und
Brechungswinkel wie bisher mit
i und i', so ist

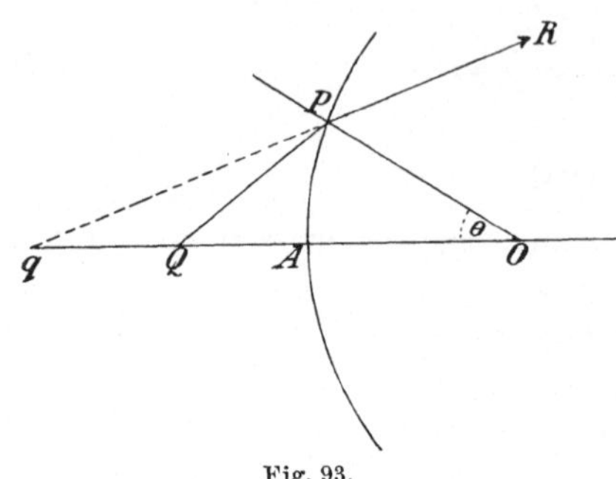

Fig. 93.

$$\frac{\sin i}{\sin \theta} = \frac{QO}{QP}, \quad \frac{\sin i'}{\sin \theta} = \frac{qO}{qP};$$

und daher nach dem Brechungsgesetz

$$\frac{QO}{QP} = n\,\frac{qO}{qP}.$$

Führen wir in diese Relation die Grössen p, q, r ein und
quadriren, so wird hieraus

$$\frac{p^2}{p^2 + r^2 - 2\,p\,r \cos \theta} = n^2 \frac{q^2}{q^2 + r^2 - 2\,r\,q \cos \theta},$$

oder, wenn wir die reciproken Werthe von p, q, r einführen,

$$v^2 + \varrho^2 - 2\,v\,\varrho \cos \theta = n^2 (u^2 + \varrho^2 - 2\,u\,\varrho \cos \theta), \quad \ldots \quad (9)$$

eine Gleichung, aus welcher sich für jedes θ das Abhängigkeitsverhältnis von u und v bestimmen lässt.

§ 119. Unter Umständen ist indessen der Werth von v unabhängig von θ; dies ist, wie man aus (9) erkennt, dann der Fall,
wenn $v = n^2 u$, indem dann der Faktor von $\cos \theta$ verschwindet.
Setzen wir diesen speciellen Werth von v in die Gleichung (9) ein,
so erhalten wir $n^4 u^2 + \rho^2 = n^2 u^2 + n^2 \rho^2$, und hieraus $nu = \rho$, d. h.
$\frac{1}{r} = n \cdot \frac{1}{p}$ oder endlich $p = nr$. Die Bedeutung dieser Formel ist
in dem folgenden Satze ausgesprochen: *Wenn ein Strahlenbüschel nach
einem Punkte convergirt, dessen Abstand von dem Mittelpunkt der brechenden
Kugelfläche das n-fache des Radius ist, so gehen alle gebrochenen Strahlen
genau durch einen anderen Punkt, unter welchem Winkel sie auch immer
einfallen mögen.*

Wenn wir in Gleichung (9) $\theta = 0$ werden lassen, so erhalten wir

$$v_0 - \varrho = n\,(u - \varrho), \qquad \ldots \ldots \ldots \quad (10)$$

eine Gleichung, welche auf die Form $\dfrac{n-1}{r} = \dfrac{n}{p} - \dfrac{1}{q_0}$ gebracht mit derjenigen für die Beziehung der Abscissen conjugirter Punkte für solche Strahlen, die nur wenig von der Axenrichtung abweichen, übereinstimmt (vergl. § 41).

Um einen genaueren Werth von v zu finden, denken wir uns die Apertur so klein, dass die höheren Potenzen unbeschadet der genügenden Genauigkeit vernachlässigt werden können. Die Gleichung (9) lässt sich dann in dieser Form schreiben:

$$(v - \varrho)^2 + v\varrho\,\theta^2 = n^2 \left\{ (u - \varrho)^2 + u\varrho\,\theta^2 \right\},$$

oder wenn man aus beiden Seiten nach dem binomischen Lehrsatz die Quadratwurzel zieht,

$$(v - \varrho)\left\{ 1 + \frac{v\varrho\,\theta^2}{2\,(v - \varrho)^2} \right\} = n\,(u - \varrho)\left\{ 1 + \frac{u\varrho\,\theta^2}{2\,(u - \varrho)^2} \right\}.$$

Mit Hülfe der Gleichung (10) können wir diese Gleichung wesentlich vereinfachen und wir erhalten dann:

$$v - v_0 = \frac{1}{2}\,\varrho\,\theta^2 \left\{ \frac{n\,u}{u - \varrho} - \frac{v}{v - \varrho} \right\}. \qquad \ldots \ldots \quad (11)$$

Diese Formel können wir als die Fundamentalformel für die Bestimmung der sphärischen Aberration bei der Brechung an einer Kugelfläche ansehen.

§ 120. Es ist im Allgemeinen bequemer, die Abstände von der brechenden Fläche und nicht von deren Mittelpunkt zu messen. Die Formel (11) lässt sich ohne Schwierigkeit unter Einführung dieser neuen Variablen umformen. Bezeichnen α und β die reciproken Werthe der Abstände AQ und Aq von der brechenden Fläche aus nach rechts gemessen, so ist

und
$$\left.\begin{aligned}
\frac{1}{\alpha} &= \frac{1}{\varrho} - \frac{1}{u} \\[2ex]
\frac{1}{\beta} &= \frac{1}{\varrho} - \frac{1}{v}
\end{aligned}\right\} \qquad \ldots \ldots \ldots \quad (12)$$

Aus Gleichung (10) wird durch Einsetzung der Werthe von u und v aus (12) in dieselbe:

$$\alpha - \varrho = n\,(\beta - \varrho), \qquad \ldots \ldots \ldots \quad (13)$$

aus Gleichung (11) durch dieselbe Operation:

$$d\,v = \frac{1}{2}\,\theta^2 \left\{ n\,\alpha - \beta \right\}. \quad \ldots \ldots \quad (14)$$

Aus der Differentiation der Gleichung (12), $\dfrac{1}{\beta} = \dfrac{1}{\varrho} - \dfrac{1}{v}$, ergiebt sich aber

$$\frac{d\,\beta}{\beta^2} = -\frac{d\,v}{v^2}.$$

Somit ist

$$d\,v = -\frac{v^2}{\beta^2}\,d\,\beta,$$

oder, da nach (12)

$$v = \frac{\varrho\,\beta}{\beta - \varrho},$$

$$d\,v = -\frac{\varrho^2}{(\beta - \varrho)^2}\,d\,\beta.$$

Setzen wir hierin für $d\,v$ den in (14) gefundenen Werth ein und lösen die so entstandene Gleichung nach $d\,\beta$ auf, so ist

$$d\,\beta = \frac{1}{2\,\varrho^2} \cdot \theta^2\,(\beta - \varrho)^2\,(\beta - n\,\alpha),$$

oder, da der sehr kleine Winkel $\theta = \dfrac{y}{r} = y\,\varrho$ gesetzt werden kann,

$$d\,\beta = \frac{1}{2}\,(\beta - \varrho)^2\,(\beta - n\,\alpha)\,y^2. \quad \ldots \ldots \quad (15)$$

Eliminirt man in dieser Gleichung β mit Hülfe von (13), so gelangt man zu dem schliesslichen Resultat:

$$d\,\beta = \frac{n-1}{2\,n^3}\,(\varrho - \alpha)^2\,[\varrho - (n+1)\,\alpha]\,y^2 \quad \ldots \ldots \quad (16)$$

als *Gleichung für die Aberration eines durch eine Kugelfläche gebrochenen Strahlenbüschels.*

§ **121.** *Aberration in Folge der Brechung centraler Strahlenbüschel durch Linsen.*

Bezeichnen α und β die reciproken Werthe der Abstände der Punkte, in welchen die Axe von dem einfallenden und gebrochenen Strahl geschnitten wird, von der ersten Linsenfläche aus gemessen, und bedeuten β', α' ähnliche Grössen in Bezug auf die zweite Linsenfläche, ist ferner τ der reciproke Werth der Linsendicke und bedeuten ϱ und ϱ' die reciproken Werthe der Krümmungsradien der Linsenflächen, so bestehen, unter der Voraussetzung, dass die Apertur eine sehr kleine ist, nach (13) unter diesen Grössen die folgenden Relationen:

$$\alpha - \varrho = n\,(\beta - \varrho)\,, \quad \alpha' - \varrho' = n\,(\beta' - \varrho')\,,$$

und

$$\frac{1}{\beta} - \frac{1}{\beta'} = \frac{1}{\tau}. \qquad \qquad \left.\right\} \quad \cdot \ \cdot \ (17)$$

Sind ferner y und y' die Radien der Aperturen der ersten resp. zweiten Fläche, so lässt sich α' als eine Funktion der beiden Variablen β' und y' ansehen und wir erhalten dann auf dem Wege partieller Differentiation:

$$d\,\alpha' = \left(\frac{\delta\,\alpha'}{\delta\,\beta'}\right)\,\delta\,\beta' + \left(\frac{\delta\,\alpha'}{\delta\,y'}\right)\,\delta\,y'. \ \cdot \ \cdot \ \cdot \ \cdot \ \cdot \ \cdot \ (18)$$

Differentiiren wir aber die beiden letzten von den Gleichungen (17), so erhalten wir

$$\frac{d\,\alpha'}{d\,\beta'} = n\,, \quad \frac{d\,\beta'}{\beta'^2} = \frac{d\,\beta}{\beta^2}. \ \cdot \ \cdot \ \cdot \ \cdot \ \cdot \ \cdot \ \cdot \ (19)$$

Wird die Veränderung von β, welche durch eine Veränderung der Apertur an der ersten Linsenfläche verursacht wird, mit $\varkappa\,y^2$ und unter der Annahme, dass β' unverändert bleibt, die durch eine Veränderung der Apertur der zweiten Linsenfläche verursachte Veränderung von α' mit $\varkappa'\,y'^2$ bezeichnet, so ist $d\,\beta = \varkappa\,y^2$ und daher nach den Gleichungen (19):

$$\left(\frac{d\,\alpha'}{d\,\beta'}\right)\,d\,\beta' = n\,\frac{\beta'^2}{\beta^2}\,\varkappa\,y^2;$$

und ferner

$$\left(\frac{d\,\alpha'}{d\,y'}\right)\,d\,y' = \varkappa'\,y'^2 = \varkappa'\,\frac{\beta^2}{\beta'^2}\cdot y^2\,,$$

letzteres indem, in Folge Aehnlichkeit der Dreiecke,

$$y' : y = \frac{1}{\beta'} : \frac{1}{\beta}.$$

Führen wir diese Werthe in Gleichung (18) ein, so wird

$$d\,\alpha' = y^2\left[n\,\varkappa\,\frac{\beta'^2}{\beta^2} + \varkappa'\,\frac{\beta^2}{\beta'^2}\right]. \ \cdot \ \cdot \ \cdot \ \cdot \ \cdot \ \cdot \ (20)$$

Wir haben nun hierin die Werthe von $\varkappa$, $\varkappa'$, die sich aus den früheren Untersuchungen ergeben, einzusetzen. Aus $d\,\beta = \varkappa\,y^2$ und (15) ergiebt sich

$$d\,\beta = \varkappa\,y^2 = \frac{1}{2}\,(\beta - \varrho)^2\,(\beta - n\,\alpha)\,y^2\,,$$

und eliminiren wir hierin ϱ mittelst der Gleichung (13), so ergiebt sich als Werth von $\varkappa$

$$\varkappa = \frac{1}{2\,(n-1)^2}\,(\beta - \alpha)^2\,(\beta - n\,\alpha). \quad\ldots\ldots\ldots \quad (21)$$

Den Werth von $\varkappa'$ erhält man durch Substitution von β' und α' für α und β, sowie von $\dfrac{1}{n}$ für n in die letzte Gleichung und man erhält dann den Ausdruck

$$\varkappa' = -\,\frac{n}{2\,(n-1)^2}\,(\beta' - \alpha')^2\,(\beta' - n\,\alpha').$$

Setzen wir die für $\varkappa$ und $\varkappa'$ gefundenen Werthe in (20) ein, so wird hieraus

$$d\,\alpha' = \frac{n\,y^2}{2\,(n-1)^2}\left[\frac{\beta'^2}{\beta^2}\,(\beta-\alpha)^2\,(\beta-n\,\alpha) - \frac{\beta^2}{\beta'^2}\,(\beta'-\alpha')^2\,(\beta'-n\,\alpha')\right] \quad (22)$$

und wir erhalten somit einen allgemeinen Ausdruck für $d\,\alpha'$, welcher für jede beliebige Linse gilt, von welcher Dicke sie auch sein möge. Die Grössen β und β' lassen sich nun auch durch α, ϱ, α' und ϱ' ersetzen und wir erhalten dann für $d\,\alpha'$ einen Ausdruck, welcher eine symmetrische Funktion von α, ϱ und α', ϱ' darstellt.

§ 122. Solange als die Dicke der Linse als unwesentlich nicht in Betracht kommt, kann $\beta' = \beta$ gesetzt werden; in diesem Falle erhält Gleichung (22) die Form:

$$d\,\alpha' = \frac{n\,y^2}{2\,(n-1)^2}\,[(\beta-\alpha)^2\,(\beta-n\,\alpha) - (\beta-\alpha')^2\,(\beta-n\,\alpha')]. \quad (22\,\text{a})$$

Multiplicirt man den Klammerausdruck aus, so entsteht daraus

$$(n+2)\,(\alpha'-\alpha)\,\beta^2 - (2\,n+1)\,(\alpha'^2 - \alpha^2)\,\beta + n\,(\alpha'^3 - \alpha^3);$$

wir erhalten also für $d\,\alpha'$

$$d\,\alpha' = \frac{n\,(\alpha'-\alpha)}{2\,(n-1)^2}\,y^2\,[(n+2)\,\beta^2 -$$

$$-\,(2\,n+1)\,(\alpha+\alpha')\,\beta + n\,(\alpha^2 + \alpha\,\alpha' + \alpha'^2)]. \quad\ldots\ldots \quad (23)$$

Dieser Ausdruck für die Aberration einer dünnen Linse lässt sich in eine mehr symmetrische Form bringen, wenn man β eliminirt. Aus den Gleichungen (17) unter Einsetzung von $\beta = \beta'$, d. h.

$$\alpha - \varrho = n\,(\beta - \varrho), \quad \alpha' - \varrho' = n\,(\beta - \varrho')$$

finden wir

$$\beta - \alpha = \frac{n-1}{n}\,(\varrho - \alpha)\,,$$

$$\beta - n\,\alpha = \frac{n-1}{n}\,[\varrho - (n+1)\,\alpha]\,,$$

und

$$\beta - \alpha' = \frac{n-1}{n}\,(\varrho' - \alpha')\,,$$

$$\beta - n\,\alpha' = \frac{n-1}{n}\,[\varrho' - (n+1)\,\alpha']\,.$$

Substituiren wir diese Werthe in (22a), so erhält jene Gleichung die Form:

$$d\,\alpha' = \frac{n-1}{2\,n^2}\,y^2\left[(\varrho - \alpha)^2\left\{\varrho - (n+1)\,\alpha\right\} - (\varrho' - \alpha')^2\left\{\varrho' - (n+1)\,\alpha'\right\}\right].\ (24)$$

Durch diese symmetrische Gleichung in Verbindung mit der aus (17) sich ergebenden Relation

$$\alpha' - \alpha = (n-1)\,(\varrho - \varrho') \quad \cdot \quad \cdot \quad \cdot \quad \cdot \quad \cdot \quad \cdot \quad (25)$$

ist die sphärische Aberration dünner Linsen vollständig bestimmt.

§ 123. Wenn die einfallenden Strahlen parallel sind, so ist $\alpha = 0$ und $\alpha' = \Phi = (n-1)\,(\varrho - \varrho')$; $d\,\alpha'$ erhält in diesem Falle nach (24) den Werth

$$d\,\Phi = \frac{n-1}{2\,n^2}\,y^2\left[\varrho^3 + \left\{n\,(\varrho - \varrho') - \varrho\right\}^2\left\{n^2\,(\varrho - \varrho') - \varrho\right\}\right].$$

Führt man innerhalb der Klammer die Multiplikation aus, so wird

$$d\,\Phi = \frac{n-1}{2\,n^2}\,y^2\left[n\,(\varrho - \varrho')\left\{n^3\,(\varrho - \varrho')^2 - n\,(2\,n+1)\,(\varrho - \varrho')\,\varrho + (n+2)\,\varrho^2\right\}\right]$$

und daher schliesslich

$$d\,\Phi = \frac{n-1}{2\,n}\,(\varrho - \varrho')\,y^2\left\{(2 - 2\,n^2 + n^3)\,\varrho^2 + (n + 2\,n^2 - 2\,n^3)\,\varrho\,\varrho' + n^3\,\varrho'^2\right\}.\ (26)$$

§ 124. Die letzte Formel giebt uns ein Mittel, um die Vortheile, welche die einzelnen Linsenformen bezüglich der Grösse der Aberrationsfehler bieten, mit einander zu vergleichen. In einer plansphärischen Linse, welche ihre flache Seite dem einfallenden Lichte zugekehrt hat, ist $\varrho = 0$. In diesem Falle ist nach (26), wenn der Radius der Kugelfläche mit ϱ bezeichnet wird,

$$d\,\Phi = -\frac{1}{2}\,n^2\,(n-1)\,\varrho^3\,y^2.$$

Es ist aber in diesem Falle nach § 123

$$\Phi = -(n-1)\,\varrho$$

und daher

$$d\,\Phi = \frac{1}{2}\left(\frac{n}{n-1}\right)^2 \Phi^3\,y^2. \quad\ldots\ldots\ldots \quad \text{(I)}$$

Für eine plan-sphärische Linse, welche ihre gewölbte Seite dem einfallenden Licht zugewendet hat, ist $\varrho' = 0$ und daher nach (26)

$$d\,\Phi = \frac{n-1}{2\,n}\,(n^3 - 2\,n^2 + 2)\,\varrho^3\,y^2;$$

und da aus (25) $\Phi = (n-1)\,\varrho$, so wird hieraus

$$d\,\Phi = \frac{n^3 - 2\,n^2 + 2}{2\,n\,(n-1)^2}\,\Phi^3\,y^2. \quad\ldots\ldots\ldots \quad \text{(II)}$$

Für eine Bikonvexlinse mit gleichen Flächen ist $\varrho' = -\varrho$ und der Werth von $d\,\Phi$ wird in diesem Fall

$$d\,\Phi = \frac{n-1}{n}\,(4\,n^3 - 4\,n^2 - n + 2)\,\varrho^3\,y^2.$$

Oder, da in diesem Falle nach § 123 $\Phi = (n-1)\,2\,\varrho$,

$$d\,\Phi = \frac{4\,n^3 - 4\,n^2 - n + 2}{8\,n\,(n-1)^2}\,\Phi^3\,y^2. \quad\ldots\ldots \quad \text{(III)}$$

Unter der Annahme, dass die Linse aus Crownglas hergestellt wird, wo $n = {}^3\!/_2$ (ungefähr), haben die Koefficienten von $\Phi^3\,y^2$ in den verschiedenen angeführten Fällen die Werthe $^9\!/_2$, $^7\!/_6$, $^5\!/_3$. Nun ist $\Phi = \dfrac{1}{f}$, so dass also $d\,\Phi = -\dfrac{df}{f^2}$. Die Werthe der Aberrationen in den drei Fällen sind daher beziehungsweise $-\dfrac{^9\!/_2\,y^2}{f}$, $-\dfrac{^7\!/_6\,y^2}{f}$ und $-\dfrac{^5\!/_3\,y^2}{f}$.

Somit ist von den angeführten Typen die plan-sphärische Linse, welche ihre sphärische Seite dem einfallenden Licht zukehrt (Typus II), als der beste anzusehen, und die Aberration tritt am stärksten bei derselben Linse auf, wenn diese ihre plane Fläche dem einfallenden Licht zukehrt.

Wir fügen hier ein, dass bei einer dünnen Glaslinse, deren halber Durchmesser y und deren Brennweite f ist, die Dicke der Linse gleich $\dfrac{y^2}{f}$ ist. Denn aus den Eigenschaften zweier sich schneidender Kreise erhält man als deren Werth

$$t = r - \sqrt{r^2 - y^2} + r' - \sqrt{r'^2 - y^2}$$

oder als angenäherten Werth für die Dicke der Linse $\dfrac{y^2}{2\,r} - \dfrac{y^2}{2\,r'}$, wenn man die Wurzeln mittelst der Binomialreihe auflöst und hierbei höhere Potenzen vernachlässigt.

Ferner ist nach (14, IV) für eine dünne Crownglaslinse vom Brechungsexponenten $n = 1{,}5$

$$\frac{1}{f} = (n - 1)\left(\frac{1}{r} - \frac{1}{r'}\right) = \frac{1}{2}\left(\frac{1}{r} - \frac{1}{r'}\right).$$

und daher die Dicke einer solchen Glaslinse angenähert $\dfrac{y^2}{f}$.

Wir fügen dies ein, um die Bedeutung der oben gewonnenen Formeln zu veranschaulichen.

§ 125. Wir wollen nun die Form einer Linse festzustellen suchen, welche ein von einem gegebenen Punkte ausgehendes Strahlenbüschel in einem anderen gegebenen Punkt vereinigt unter gleichzeitiger Erfüllung der Bedingung, *dass die hierbei auftretende Aberration ein Minimum darstelle.*

Hier sind α und α' gegeben und β ist die Variable, deren Werth ein Minimum für $d\alpha'$ verursachen soll. Wir müssen demnach β so wählen, dass in (23) der Ausdruck

$$(n + 2)\,\beta^2 - (2\,n + 1)\,(\alpha + \alpha')\,\beta + n\,(\alpha^2 + \alpha\alpha' + \alpha'^2)$$

ein Minimum wird.

Setzt man den ersten Differentialquotienten gleich 0 und löst nach β auf, so ist

$$\beta = \frac{(2\,n + 1)\,(\alpha + \alpha')}{2\,(n + 2)}$$

der Bedingungswerth für die Entstehung eines Minimums.

Dies in den obigen Ausdruck eingesetzt, giebt

$$\frac{1}{n + 2}\left\{ (n^2 + 2\,n)\,(\alpha^2 + \alpha\alpha' + \alpha'^2) - \left(n^2 + n + \frac{1}{4}\right)(\alpha + \alpha')^2 \right\}$$

$$= \frac{1}{n + 2}\left\{ \left(n - \frac{1}{4}\right)(\alpha' - \alpha)^2 - (n - 1)^2\,\alpha\alpha' \right\}.$$

Das Minimum der Aberration findet also statt, wenn

$$d\alpha' = \frac{n\,(\alpha' - \alpha)}{2\,(n + 2)}\,y^2 \left\{ \frac{n - \dfrac{1}{4}}{(n - 1)^2}\,(\alpha' - \alpha)^2 - \alpha\alpha' \right\} \quad \ldots \ldots \quad (27)$$

Um die dieser Forderung entsprechende Form der Linse zu

finden, haben wir nur den soeben für β ermittelten Werth, welcher ein Minimum für $d\alpha'$ verursacht, in die unmittelbar aus (17) sich ergebenden Gleichungen

$$\left. \begin{aligned} (n-1)\,\varrho &= n\,\beta - \alpha \\ (n-1)\,\varrho' &= n\,\beta - \alpha' \end{aligned} \right\} \quad \cdots \cdots \cdots \quad (28)$$

einzusetzen und wir erhalten

$$\left. \begin{aligned} \varrho &= p\,\alpha' + q\,\alpha \\ \varrho' &= p\,\alpha + q\,\alpha' \end{aligned} \right\}, $$

worin

$$ p = \frac{2\,n^2 + n}{2\,(n-1)\,(n+2)}\,, \qquad q = \frac{2\,n^2 - n - 4}{2\,(n-1)\,(n+2)} \qquad\qquad (29)$$

als *die reciproken Werthe der Krümmungsradien einer Linse, welche ein von einem Punkte ausgehendes Strahlenbüschel derartig in einem anderen Punkte vereinigt, dass die hierbei auftretende Aberration ein Minimum wird.*

§ 126. Die Gestalt einer solchen Linse hängt ab von der Lage des Punktes, von welchem das Licht ausgeht, sowie desjenigen Punktes, in welchem sich die Strahlen vereinigen.

Wenn die einfallenden Strahlen parallel sind, so ist $\alpha = 0$, $\alpha' = \Phi$, wobei Φ den reciproken Werth der Brennweite bedeutet, und als kleinsten Werth von $d\alpha'$ haben wir dann nach (27)

$$ d\Phi = -\frac{n\left(n - \dfrac{1}{4}\right)}{2\,(n+2)\,(n-1)^2}\,\Phi^3\,y^2. \quad \cdots \cdots \quad (30)$$

Für eine Crownglaslinse hat n etwa den Werth $^3/_2$ und es wird, wenn man diesen Näherungswerth einführt, $d\Phi = \dfrac{15}{14}\,\Phi^3\,y^2$. Die Grösse der Aberration ist also in diesem Fall $-\dfrac{15}{14}\dfrac{y^2}{f}$. Die Form dieser Linse bestimmt sich nach (29) durch die Gleichungen $\varrho = p\,\Phi$, $\varrho' = q\,\Phi$. *Es ist* also *das Verhältnis der Linsenkrümmungen unabhängig von der Vergrösserung*; vielmehr hat man

$$ \frac{\varrho'}{\varrho} = \frac{q}{p} = \frac{2\,n^2 - n - 4}{2\,n^2 + n}\,.$$

Für $n = {}^3/_2$ wird dieses Verhältnis

$$ \frac{\varrho'}{\varrho} = \frac{1}{6}\,.$$

Die beiden Linsenflächen sind in diesem Fall in entgegengesetztem Sinne gekrümmt. Die Linse ist also entweder bikonvex oder bikonkav und der Krümmungsradius der hinteren Fläche beträgt $\dfrac{1}{6}$ *desjenigen der vorderen Fläche.*

Ist der Brechungsexponent derart, dass er der Gleichung $2\,n^2 - n - 4 = 0$ genügt, d. h. ist $n = \dfrac{1}{4}\,(1 + \sqrt{33}) \sim 1{,}686$, was ungefähr der Werth von n für stark brechende Glasarten ist, so wird $q = 0$, somit auch $\varrho' = 0$ und die Linse erhält dann eine plane hintere Fläche. Bei einer Glaslinse mit entgegengesetzt gekrümmten Flächen vom mittleren Brechungsexponenten $n = 1{,}5$ beträgt die Aberration für parallele Strahlen, wie wir bereits fanden, $-\dfrac{15}{14}\dfrac{y^2}{f}$, während bei einer plan-konvexen Linse aus gleichem Material, deren gekrümmte Fläche dem einfallenden Licht zugekehrt ist, die Aberration $-\dfrac{7}{6}\dfrac{y^2}{f}$ ist. Die plan-konvexe Linse ist daher fast ebenso gut als die bikonvexe oder bikonkave Linse, sie ist indessen weit leichter herzustellen und erfreut sich daher einer viel allgemeineren Verwendung.

Wenn plan-konvexe Linsen in Objektiven für Mikroskope verwendet werden, so gehen die Strahlen von einem der Linsenoberfläche sehr nahegerückten Punkte aus und treten fast zu einander parallel wieder hervor, so dass die flache Seite diejenige ist, welche dem Objekt zugekehrt sein muss.

§ 127. *Die Aberration bei irgend einer dünnen Linse* lässt sich unter Beibehaltung der Bezeichnungen des letzten Paragraphen in einer einfachen Form ausdrücken. Die Forderung, dass die Aberration einer Linse ihren kleinsten Werth erhält, bedingt, wie wir in § 125 fanden, die Relation:

$$\beta = \frac{2\,n + 1}{2\,(n + 2)}\,(\alpha + \alpha').$$

Nehmen wir daher an, es sei ganz allgemein für jede beliebige Linse

$$\beta = \frac{2\,n + 1}{2\,(n + 2)}\,(\alpha + \alpha') + \frac{n - 1}{n + 2}\,\varepsilon, \quad \ldots \ldots \quad (31)$$

setzen wir diesen Werth von β in Gleichung (23) ein und führen in die daraus sich ergebende Gleichung die Substitutionen

$$\frac{n}{n + 2} = m, \quad \frac{n - \dfrac{1}{4}}{(n - 1)^2} = \mu \quad \ldots \ldots \quad (32)$$

ein, so wird nach entsprechender Reduktion

$$d\alpha' = \frac{1}{2}\, m\, (\alpha' - \alpha)\, y^2 \left\{ \mu\, (\alpha' - \alpha)^2 - \alpha\, \alpha' + \varepsilon^2 \right\}. \quad \ldots \quad (33)$$

Die Linsenkrümmungen lassen sich durch α, α' und ε ausdrücken, wenn man in die Gleichungen (28)

$$\beta = \frac{(2\, n + 1)}{2\, (n + 2)}\, (\alpha + \alpha') + \frac{n - 1}{n + 2}\, \varepsilon$$

einsetzt und in dem sich hieraus ergebenden Ausdruck die Substitutionen mit p und q aus (29) und m aus (32) vornimmt. Man gewinnt dann für die Krümmungsradien die Gleichungen:

$$\left. \begin{array}{l} \varrho = p\, \alpha' + q\, \alpha + m\, \varepsilon \\[4pt] \varrho' = p\, \alpha + q\, \alpha' + m\, \varepsilon \end{array} \right\} \quad \cdot \quad \cdot \quad \cdot \quad \cdot \quad \cdot \quad \cdot \quad (34)$$

§ 128. Wird die Forderung an uns gestellt, eine aplanatische Linse herzustellen, d. h. eine solche, bei welcher die Aberration verschwindet, so ergiebt sich aus (33), indem wir $d\alpha' = 0$ setzen, hierfür die Bedingungsgleichung:

$$\varepsilon^2 = \alpha\, \alpha' - \mu\, (\alpha' - \alpha)^2. \quad \cdot \quad \cdot \quad \cdot \quad \cdot \quad \cdot \quad \cdot \quad (35)$$

Die erste Bedingung besteht also darin, dass α und α' gleiches Vorzeichen haben; und ferner müssen beide Grössen in einem solchen Verhältnis zu einander stehen, dass $\alpha\alpha' > n\, (\alpha' - \alpha)^2$ ist.

Diese Bedingungen lassen sich für parallelen Strahlengang niemals verwirklichen; denn in diesem Falle ist $\alpha = 0$, $\alpha' = \Phi$ und der Werth von ε^2 würde sich sodann aus der Gleichung

$$\varepsilon^2 = -\, n\, \Phi^2$$

bestimmen müssen und es ergäbe sich somit für ε ein imaginärer Werth.

§ 129. *Aberration eines durch eine beliebige Anzahl centrirter Kugelflächen gebrochenen centralen Strahlenbüschels.*

Es seien n, n', $n'' \ldots$ der Reihe nach die Brechungsexponenten der Medien; α und β seien die reciproken Werthe der Abstände des Objektpunktes bezw. seines ersten Bildes von dem Scheitel der ersten Kugelfläche; ρ sei der reciproke Werth des Krümmungsradius der letzteren und es bedeuten die mit Indices versehenen Buchstaben die nämlichen Grössen in Bezug auf die übrigen brechenden Kugelflächen, wobei sämmtliche Abstände von links nach rechts als positiv gemessen werden. Aus der Fundamentalgleichung (11, III.) ergeben sich dann ohne Weiteres die Relationen:

$$\left.\begin{array}{l} n\,(\alpha - \varrho) = n'\,(\beta - \varrho), \\[2mm] n'\,(\alpha' - \varrho') = n''\,(\beta' - \varrho'), \\[2mm] n''\,(\alpha'' - \varrho'') = n'''\,(\beta'' - \varrho''), \end{array}\right\} \quad \cdots \cdots \quad (36)$$

Bezeichnen wir die reciproken Werthe der Dicken der zwischen den Flächen liegenden Medien mit $\tau,\ \tau' \ldots$, so müssen ferner die Beziehungen bestehen:

$$\left.\begin{array}{l} \dfrac{1}{\beta} - \dfrac{1}{\alpha'} = \dfrac{1}{\tau}, \\[4mm] \dfrac{1}{\beta'} - \dfrac{1}{\alpha''} = \dfrac{1}{\tau'}, \end{array}\right\} \quad \cdots \cdots \cdots \quad (37)$$

$$\cdots \cdots \cdots$$

Sind die Radien der Aperturen der verschiedenen Flächen, durch welche das Strahlenbüschel geht, mit $y,\ y',\ y'' \ldots$ bezeichnet, so hat man aus der Aehnlichkeit der Dreiecke

$$y : y' = \frac{1}{\beta} : \frac{1}{\alpha'}, \quad\ y' : y'' = \frac{1}{\beta'} : \frac{1}{\alpha''} \ \cdots \cdot \text{etc.}$$

d. i.

$$\left.\begin{array}{l} \beta\,y = \alpha'\,y' \\[2mm] \beta'\,y' = \alpha''\,y'' \end{array}\right\} \cdot \quad \cdots \cdots \cdots \cdots \quad (38)$$

$$\cdots \cdots \cdots$$

Wir werden zunächst unsere Aufmerksamkeit auf nur drei brechende Kugelflächen beschränken. In diesem Falle würde es sich darum handeln, die Veränderung von β'' in Folge Aenderung der Aperturen der successiven Kugelflächen zu bestimmen. Zu diesem Zweck sehen wir β'' als eine Funktion von α'' und der Apertur y'' an. Die der Apertur y'' entsprechende Veränderung von β'' hat die Grösse $\varkappa''\,y''^{2}$. Somit erhalten wir durch partielle Differentiation:

$$d\,\beta'' = \varkappa''\,y''^{2} + \left(\frac{\partial\,\beta''}{\partial\,\alpha''}\right)\delta\,\alpha''.$$

Die Apertur y'' lässt sich nach (38) auch durch die erste Apertur y ausdrücken und wir erhalten dann:

$$\varkappa''\,y''^{2} = \varkappa''\left(\frac{\beta'}{\alpha''}\right)^{2} y'^{2} = \varkappa''\left(\frac{\beta\,\beta'}{\alpha'\,\alpha''}\right)^{2} y^{2}.$$

Aus der Differentiation der Gleichungen (36) und (37) ergiebt sich

$$\frac{\partial\,\beta''}{\partial\,\alpha''} = \frac{n''}{n'''}, \quad \frac{\delta\,\alpha''}{\alpha''^{2}} = \frac{\delta\,\beta'}{\beta'^{2}}.$$

Führt man diese Werthe in den Ausdruck für $d\beta''$ ein, so wird

$$d\beta'' = \varkappa'' \left(\frac{\beta\,\beta'}{\alpha'\,\alpha''}\right)^2 y^2 + \frac{n''}{n'''}\left(\frac{\alpha''}{\beta'}\right)^2 d\beta'.$$

Ganz analog erhält man als Veränderung von β'

$$d\beta' = \varkappa' y'^2 + \left(\frac{\partial\beta'}{\partial\alpha'}\right)\delta\alpha',$$

$$= \varkappa'\left(\frac{\beta}{\alpha'}\right)^2 y^2 + \frac{n'}{n''}\left(\frac{\alpha'}{\beta}\right)^2 d\beta;$$

und endlich

$$d\beta = \varkappa y^2.$$

Setzen wir nun die Werthe von $d\beta$ und $d\beta'$ in den letzten Ausdruck für $d\beta''$ ein, so wird dieser

$$n''' \, d\beta'' = y^2\left[n'\,\varkappa\left(\frac{\alpha'\,\alpha''}{\beta\,\beta'}\right)^2 + n''\,\varkappa'\left(\frac{\beta\,\alpha''}{\alpha'\,\beta'}\right)^2 + n'''\,\varkappa''\left(\frac{\beta\,\beta'}{\alpha'\,\alpha''}\right)^2\right].$$

Bestimmt man nun auf eine der in § 121 vorgenommenen Entwickelung der Formel (21) ganz analoge Weise den Werth von $\varkappa$, indem man anstatt von den Gleichungen (17) von den Gleichungen (36) ausgeht, so hat $\varkappa$ den Werth:

$$\varkappa = \frac{1}{2}\,\frac{1}{\left(\dfrac{n'}{n}-1\right)^2}\,(\beta-\alpha)^2\left(\beta - \frac{n'\,\alpha}{n}\right),$$

und es ist daher

$$n'\,\varkappa = \frac{1}{2}\left(\frac{n\,n'}{n'-n}\right)^2 (\beta-\alpha)^2\left(\frac{\beta}{n'}-\frac{\alpha}{n}\right),$$

und ganz ähnliche Ausdrücke findet man für $n''\,\varkappa'$ und $n'''\,\varkappa''$.

Sind $q+1$ brechende Flächen vorhanden, so gestaltet sich die entsprechende Formel folgendermaassen:

$$n^{(q+1)}\,d\beta^{(q)} = y^2\left[n'\,\varkappa\left(\frac{\alpha'\,\alpha''\,\alpha'''\ldots\alpha^{(q)}}{\beta\,\beta'\,\beta''\ldots\beta^{(q-1)}}\right)^2 + \right.$$

$$+ n''\,\varkappa'\left(\frac{\beta\,\alpha''\,\alpha'''\ldots\alpha^{(q)}}{\alpha'\,\beta'\,\beta''\ldots\beta^{(q-1)}}\right) + n'''\,\varkappa''\left(\frac{\beta\,\beta'\,\alpha'''\ldots\alpha^{(q)}}{\alpha'\,\alpha''\,\beta''\ldots\beta^{(q-1)}}\right)^2 + \ldots$$

$$\left.\ldots + n^{(q+1)}\,\varkappa^{(q)}\left(\frac{\beta\,\beta'\,\beta''\ldots\beta^{(q-1)}}{\alpha'\,\alpha''\,\alpha'''\ldots\alpha^{(q)}}\right)^2\right]. \quad \ldots\ldots (39)$$

§ 130. In derselben Weise lässt sich auch ein System dünner Linsen untersuchen. Sind α und β beziehungsweise die reciproken

Werthe der Entfernungen des Objektpunktes und seines ersten Bildes von der ersten Linse, bezeichnet Φ den reciproken Werth der Brennweite der Linse und gelten ähnliche Bezeichnungen für die folgenden Linsen, so haben wir nach (14, IV) die Bedingungsgleichungen:

$$\left.\begin{aligned} \beta - \alpha &= \Phi \\ \beta' - \alpha' &= \Phi' \\ \cdots\cdots\cdots\cdots & \\ \frac{1}{\beta} - \frac{1}{\alpha'} &= \frac{1}{\tau} \end{aligned}\right\} \cdots\cdots\cdots \quad (40)$$

wo $\dfrac{1}{\tau}$ der Abstand zwischen der ersten und zweiten Linse ist; für die übrigen Linsenpaare erhalten wir analoge Gleichungen. Für q Linsen lässt sich dann auf ganz analoge Weise, wie es in § 129 geschah, die folgende Endformel entwickeln:

$$d\,\beta^{(q-1)} = y^2\left[\left(\frac{\alpha'\,\alpha''\,\alpha'''\,\ldots\,\alpha^{(q-1)}}{\beta\,\beta'\,\beta''\,\ldots\,\beta^{(q-2)}}\right)^2 \varkappa + \left(\frac{\beta\,\alpha''\,\alpha'''\,\ldots\,\alpha^{(q-1)}}{\alpha'\,\beta'\,\beta''\,\ldots\,\beta^{(q-2)}}\right) \varkappa' + \ldots \right.$$

$$\left. \ldots + \left(\frac{\beta\,\beta'\,\beta''\,\ldots\,\beta^{(q-2)}}{\alpha'\,\alpha''\,\alpha'''\,\ldots\,\alpha^{(q-1)}}\right)^2 \varkappa^{(q-1)}\right]. \quad\ldots\ldots (41)$$

Die Werthe von $\varkappa$, $\varkappa'\ldots$ waren bereits im Vorhergehenden bestimmt worden. Nach (33) erhält man, da $d\beta = \varkappa y^2$, wenn man in jener Gleichung α' durch β und $d\,\alpha'$ durch $d\,\beta$ ersetzt,

$$\varkappa = \frac{1}{2}\,m\,(\beta - \alpha)\,[\mu\,(\beta - \alpha)^2 - \alpha\,\beta + \varepsilon^2], \quad\ldots\ldots (42)$$

und ähnliche Werthe ergeben sich für $\varkappa'$, $\varkappa''\ldots$. Die Krümmungsradien der Linsen sind nach (34) bestimmt durch die Gleichungen:

$$\left.\begin{aligned} \varrho &= p\,\beta + q\,\alpha + m\,\varepsilon \\ \varrho' &= p\,\alpha + q\,\beta + m\,\varepsilon \end{aligned}\right\} \quad\ldots\ldots\ldots (43)$$

und analoge Gleichungen für die übrigen Krümmungsradien.

Berühren sich die Linsen, so wird $\alpha' = \beta$, $\alpha'' = \beta'$ u. s. f., so dass die Koefficienten von $\varkappa$, $\varkappa'\ldots$ der Gleichung (41) sämmtlich gleich 1 werden und es erhält dann diese Gleichung die Form:

$$d\,\beta^{(q-1)} = y^2\left\{\varkappa + \varkappa' + \ldots\varkappa^{(q-1)}\right\}. \quad\ldots\ldots (44)$$

Um daher ein System sich berührender Linsen aplanatisch zu machen, müssen wir

$$\varkappa + \varkappa' + \ldots\varkappa^{(q-1)} = 0 \quad\ldots\ldots\ldots (45)$$

werden lassen, so dass die unbekannten Grössen ε, ε' .... an nur eine Bedingung gebunden sind. Die Linsen können daher so gewählt werden, dass sie noch $(q-1)$ weiteren Bedingungen genügen.

§ 131. Wir wollen den Fall zweier sich berührender Linsen näher untersuchen. Die Bedingung für den Aplanatismus ist nach (45) in diesem Falle

$$\varkappa + \varkappa' = 0. \ldots\ldots\ldots\ldots \quad (45\,a)$$

Setzen wir hierin aus (42) die Werthe von $\varkappa$ und $\varkappa'$ ein und nehmen nach (40) die Substitution $\beta - \alpha = \Phi$, $\beta' - \alpha' = \Phi'$ vor, so erhalten wir nach (42) als *Bedingungsgleichung für den Aplanatismus* zweier sich berührender unendlich dünner Linsen:

$$m\,\Phi\,(\varepsilon^2 - \alpha\,\beta + \mu\,\Phi^2) + m'\,\Phi'\,(\varepsilon^2 - \alpha'\,\beta' + \mu'\,\Phi'^2) = 0. \ \ldots \quad (46)$$

Wir haben also hier zwei willkürliche Grössen ε und ε' und nur eine Gleichung zu ihrer Bestimmung. Wir dürfen somit noch eine weitere Bedingung einführen.

In der Praxis ist es hier sehr üblich, diese darin bestehen zu lassen, dass man den einander zugekehrten Linsenflächen gleiche Krümmungsradien giebt, so zwar, dass die eine konvex, die andere konkav wird und man die beiden Linsen zusammenkitten kann. Diese Bedingung ist ausgedrückt durch $\varrho' = \varrho''$, wenn wir die bisherige Bezeichnungsweise beibehalten. Für $\varrho' = \varrho''$ können wir nach (43) schreiben

$$p\,\alpha + q\,\beta + m\,\varepsilon = p'\,\beta' + q'\,\alpha' + m'\,\varepsilon' \ \ldots\ldots \quad (47)$$

und durch diese Gleichung in Verbindung mit (46) sind ε und ε' vollständig bestimmt und somit auch die Krümmungen sämmtlicher Linsenflächen.

§ 132. Der Annehmlichkeit dieser Rechnungsmethode stehen indessen praktische Bedenken gegenüber. Eine nach dieser Methode hergestellte verkittete Linse ist der Gefahr der Verzerrung ausgesetzt, indem die beiden Gläser bei einer Temperaturänderung sich ungleichartig ausdehnen oder zusammenziehen. Man hat daher als zweite Bedingung $d\,(\varkappa + \varkappa') = 0$ vorgeschlagen, damit die Linse nicht nur für einen bestimmten Werth von α aplanatisch sei, sondern auch dann noch, wenn α eine kleine Veränderung erleidet.

Um die Bedeutung dieser Gleichung zu ermitteln, setzen wir die Werthe von $\varkappa$ und $\varkappa'$ aus (42) in die Gleichung

$$\frac{d\,\varkappa}{d\,\alpha} + \frac{d\,\varkappa'}{d\,\alpha'} = 0$$

ein.

Berücksichtigt man ferner, dass $d\,\alpha = d\,\beta = d\,\alpha' = d\,\beta'$, so erhält man durch Differentiation von Gleichung (46) die Bedingungsgleichung

$$m\,\Phi\left\{2\,\varepsilon\,\frac{d\,\varepsilon}{d\,\alpha}-(\alpha+\beta)\right\}+m'\,\Phi'\left\{2\,\varepsilon'\,\frac{d\,\varepsilon'}{d\,\alpha'}-(\alpha'+\beta')\right\}=0.$$

Differentiirt man nun die als Funktionen von α, β, ε und α', β', ε' ausgedrückten Werthe von ϱ und ϱ' aus (43), so ist

$$\left.\begin{aligned} m\,\frac{d\,\varepsilon}{d\,\alpha}+p+q&=0 \\[2mm] m'\,\frac{d\,\varepsilon'}{d\,\alpha'}+p'+q'&=0 \end{aligned}\right\}.$$

Setzt man die hieraus sich ergebenden Werthe von $m\dfrac{d\,\varepsilon}{d\,\alpha}$ und $m'\dfrac{d\,\varepsilon'}{d\,\alpha'}$ in die letzte Gleichung ein und schreibt nach (29) der Kürze wegen:

$$\left.\begin{aligned} 2\,(p+q)&=4\,\frac{n+1}{n+2}=l \\[2mm] 2\,(p'+q')&=4\,\frac{n'+1}{n'+2}=l' \end{aligned}\right\},\quad \ldots \ldots \quad (48)$$

so wird unsere Bedingungsgleichung für den Aplanatismus

$$\Phi\left\{l\,\varepsilon+m\,(\alpha+\beta)\right\}+\Phi'\left\{l'\,\varepsilon'+m'\,(\alpha'+\beta')\right\}=0.\ \ldots\ \ldots\ (49)$$

Die Grössen ε und ε' sind somit vollständig bestimmt und aus ihnen lassen sich die Krümmungsradien der verschiedenen Linsenflächen berechnen.

§ 133. Wenn die *einfallenden Strahlen parallel* sind, ist für den im letzten Paragraphen behandelten Fall

$$\alpha=0,\quad \beta=\alpha'=\Phi,\quad \beta'=\Phi+\Phi'$$

und es lautet dann nach (46) die *Bedingungsgleichung für den Aplanatismus*:

$$m\,\Phi\left\{\varepsilon^2+\mu\,\Phi^2\right\}+m'\,\Phi\left\{\varepsilon'^2-\Phi\,(\Phi+\Phi')+\mu'\,\Phi'^2\right\}=0$$

oder nach (49)

$$\Phi\left\{l\,\varepsilon+m\,\Phi\right\}+\Phi'\left\{l'\,\varepsilon'+m'\,(2\,\Phi+\Phi')\right\}=0.$$

$$(50)$$

Aus diesen Gleichungen lassen sich ε und ε' bestimmen, und nach Einsetzung der gefundenen Werthe in die Gleichungen

$$\varrho = p\,\Phi + m\,\varepsilon, \quad \varrho'' = q'\,\Phi + p'\,(\Phi + \Phi') + m'\,\varepsilon',$$

$$\varrho' = q\,\Phi + m\,\varepsilon, \quad \varrho''' = p'\,\Phi + q'\,(\Phi + \Phi') + m'\,\varepsilon',$$

welche sich aus (43) ergeben, ist die gekittete Linse vollständig bestimmt und wird nicht nur für parallel einfallende Strahlen aplanatisch, sondern auch für solche, welche von einem in endlichem und beträchtlichem Abstande liegenden Punkte divergiren.

Wir bemerken hier, dass die angegebenen Gleichungen zur Bestimmung der Linsenkrümmungen nicht die Brennweiten der beiden Einzellinsen in irgend ein gegenseitiges Abhängigkeitsverhältnis bringen, dass ihnen also immer genügt werden kann, was auch immer die Werthe von Φ und Φ' sein mögen.

§ 134. Die Grösse, welche wir in dem Vorhergehenden zu bestimmen suchten, war die von der Apertur hervorgerufene Veränderung des reciproken Werthes des Abstandes des Schnittpunktes des austretenden Strahls mit der Axe. Bezeichnen wir diese Grösse mit $-\,\mathrm{K}\,y^2$, wo y die halbe Apertur der ersten Linse ist, und ist $a' = \dfrac{1}{x'}$, so haben wir

$$d\left(\frac{1}{x'}\right) = -\,\mathrm{K}\,y^2,$$

und daher

$$d\,x' = \mathrm{K}\cdot x'^2\,y^2. \qquad \dots \dots \dots \dots \quad (51)$$

Diese Grösse $d\,x'$ stellt die Longitudinalaberration dar und ihr Werth wird bekannt, wenn wir für K an der Hand der vorhergehenden Paragraphen dessen Werth einsetzen.

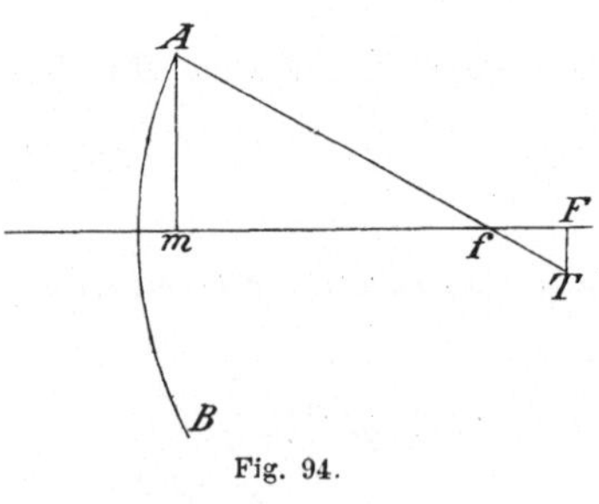
Fig. 94.

Ist $\mathrm{A}\,f$ (Fig. 94) der äusserste Strahl, welcher die Axe in f und das im geometrischen Fokus F zur Axe errichtete Loth in T schneidet, so ist Ff die Longitudinalaberration $d\,x'$ und F T stellt die Lateralaberration dar. Zieht man A m senkrecht zur Axe, so dass A m die Apertur der letzten Linse darstellt, so folgt aus der Aehnlichkeit der Dreiecke:

$$\mathrm{F\,T} : \mathrm{F}\,f = \mathrm{A}\,m : m\,f,$$

oder angenähert

$$\mathrm{F\,T} = \frac{y'\,d\,x'}{x'}, \qquad \dots \dots \dots \dots \quad (52)$$

wenn y' die halbe Apertur der letzten Linse darstellt.

Bedeuten ferner α und β die reciproken Werthe der Abstände des Objektpunktes und seines ersten Bildes von der ersten Linse, α' und β' die entsprechenden Grössen für die zweite Linse u. s. f., so ist

$$\frac{y'}{y} = \frac{\beta\,\beta'\,\beta''\,\dots}{\alpha\,\alpha'\,\alpha''\,\dots},$$

oder sagen wir

$$\frac{y'}{y} = M. \qquad \dots \dots \dots \dots \quad (53)$$

Substituiren wir demnach in (52) die Werthe von $d\,x'$ und y' aus (51) und (53), so erhalten wir als Werth der Lateralaberration

$$F\,T = M\,K\,x'\,y^3. \qquad \dots \dots \dots \dots \quad (54)$$

Grösse und Lage des kleinsten Aberrationskreises wurden schon früher bestimmt; es wurde dort dargethan, dass der Radius dieses Kreises ein Viertel der Lateralaberration des äussersten Strahls beträgt und dass der Abstand seines Mittelpunktes vom geometrischen Vereinigungspunkt dreiviertel der Longitudinalaberration des äussersten Strahls beträgt.

Kapitel VIII.

Gestalt und Eigenschaften enger Strahlenbüschel im Allgemeinen.

Allgemeine Theorie der Brechung dünner Büschel.

§ 135. Das dünne Strahlenbüschel, welches den Gegenstand
der folgenden Untersuchung bildet, denken wir uns derartig kon-
stituirt, dass in demselben im Allgemeinen nur ein einziger Strahl
durch einen gegebenen Punkt geht, dass ferner die dasselbe bildenden Strahlen von einem als festliegend gedachten Strahl, dem Hauptstrahl, nur um ein geringes entfernt sind und dass die Neigung
sämmtlicher Strahlen zum Hauptstrahl kleine Grössen erster Ordnung darstellen. Die im Folgenden entwickelte Theorie rührt von
E. E. Kummer her.

Nehmen wir den Hauptstrahl als Z-Axe eines räumlichen
Koordinatensystems an, bezeichnen mit (α, β, γ) die Richtungskosinusse irgend eines dem Hauptstrahl unendlich benachbarten
Strahls des Lichtbüschels, während $(x, y, 0)$ die Koordinaten des
Punktes darstellen, in welchem dieser Strahl die XY-Ebene schneidet,
so sind nach unserer Voraussetzung α und β kleine Grössen erster
Ordnung und angenähert ist $\gamma = 1$. Da nun aber, wie hervorgehoben,
nur ein einziger Strahl durch irgend einen bestimmten Punkt gehen
kann, so sind die Koordinaten x, y als Funktionen der Richtungskosinusse α, β anzusehen und lassen sich nach dem Maclaurin'-
schen Theorem in eine Reihe nach α und β entwickeln. Vernachlässigen wir hierbei die Potenzen der kleinen Grössen α und β, so
erhalten wir die Gleichungen:

$$\left.\begin{aligned} x &= \frac{dx}{d\alpha}\,\alpha \;+\; \frac{dx}{d\beta}\,\beta \\[2mm] y &= \frac{dy}{d\alpha}\,\alpha \;+\; \frac{dy}{d\beta}\,\beta \end{aligned}\right\} \quad \cdots \cdots \cdots \quad (1)$$

oder (sagen wir)

$$\left.\begin{array}{l} x = e\,\alpha + f\,\beta \\ y = f'\alpha + g\,\beta \end{array}\right\}, \quad \ldots \ldots \ldots \quad (2)$$

wo e, f, f' und g von der Beschaffenheit des Strahlenbüschels abhängige Konstanten sind.

§ 136. Im Allgemeinen schneiden sich unendlich benachbarte Strahlen nicht; es lässt sich aber immer ein Punkt auf dem Hauptstrahl bestimmen, welcher den geringsten Abstand von allen, den letzteren umgebenden unendlich benachbarten Strahlen hat. Wir werden alsbald sehen, *dass diese Punkte kleinsten Abstandes sämmtlich innerhalb eines (durch zwei bestimmte Punkte) begrenzten Theiles des Hauptstrahls liegen.* Ist nämlich z der Abstand desjenigen Punktes auf dem Hauptstrahl vom Ursprunge, in welchem dieser von dem durch seine Richtungskosinusse $(\alpha,\ \beta,\ \gamma)$ bestimmten unendlich benachbarten Strahl seinen geringsten Abstand hat, und stellen $(\lambda,\ \mu,\ \nu)$ die Richtungskosinusse der Linie dieses kleinsten Abstandes zwischen den beiden Strahlen dar, so ist die Richtung der Linie $(\lambda,\ \mu,\ \nu)$ senkrecht zu derjenigen des Hauptstrahls und des Strahls $(\alpha,\ \beta,\ \gamma)$ und somit

$$\lambda\,\alpha + \mu\,\beta + \nu\,\gamma = 0$$

oder, da

$$\nu = 0,$$

ist

$$\lambda\,\alpha + \mu\,\beta = 0. \quad \ldots \ldots \ldots \quad (3)$$

Die Gleichung einer Ebene, die durch den Strahl $(\alpha,\ \beta,\ \gamma)$, somit auch durch den Punkt $(x,\ y,\ z)$ und jene Strecke kürzesten Abstandes $(\lambda,\ \mu,\ \nu)$, deren Punkte die Koordinaten ξ, η, ζ haben mögen, gelegt wird, ist:

$$(\xi - x)(\beta\,\nu - \gamma\,\mu) + (\eta - y)(\gamma\,\lambda - \alpha\,\nu) + (\zeta - z)(\alpha\,\mu - \lambda\,\beta) = 0$$

oder, da hier $z = 0$ und $\nu = 0$,

$$-(\xi - x)\,\mu\,\gamma + (\eta - y)\,\lambda\,\gamma + \zeta\,(\alpha\,\mu - \lambda\,\beta) = 0.$$

Diese Ebene schneidet den Hauptstrahl in dem gesuchten Fusspunkt des kürzesten Abstandes. Um seine Lage zu finden, hat man nur in der letzten Gleichung $\xi = 0$, $\eta = 0$ zu setzen und ζ in z übergehen zu lassen; man erhält dann, wenn man ausserdem für γ seinen Näherungswerth 1 setzt,

$$z\,(\alpha\,\mu - \lambda\,\beta) = \lambda\,y - \mu\,x.$$

Mit Hilfe der Gleichung (3) lassen sich hieraus λ und μ eliminiren und man erhält

$$z\,(\alpha^2 + \beta^2) = -\,(\alpha\,x + \beta\,y),$$

oder nach (2)

$$= -\left\{ e\,\alpha^2 + (f + f')\,\alpha\,\beta + g\,\beta^2 \right\}.$$

Bezeichnet δ den Winkel, welchen eine parallel zum Strahl $(\alpha,\,\beta,\,\gamma)$ durch den Hauptstrahl gelegte Ebene mit der XZ-Ebene einschliesst, so hat man zunächst $\operatorname{tg}\delta = \dfrac{y}{x} = \dfrac{\beta}{\alpha}$ und, wenn man diese Beziehung in die letzte Gleichung einführt, und noch durch $\alpha^2 + \beta^2$ beiderseits dividirt,

$$z = -\left\{ e\cos^2\delta + (f + f')\sin\delta\cos\delta + g\sin^2\delta \right\}.$$

Diese Gleichung erhält eine einfachere Form, wenn man das mittlere Glied des Ausdrucks fortschafft. Zu diesem Zweck substituiren wir $\omega + \Phi$ für δ, wo ω einen vorläufig unbekannten Winkel darstellt. Wir erhalten dann für die letzte Gleichung:

$$z = -\cos^2\Phi\left\{ e\cos^2\omega + (f + f')\sin\omega\cos\omega + g\sin^2\omega \right\} -$$

$$-\sin^2\Phi\left\{ e\sin^2\omega - (f + f')\sin\omega\cos\omega + g\cos^2\omega \right\} -$$

$$-\sin\Phi\cos\Phi\left\{ (f + f')\cos 2\omega - (e - g)\sin 2\omega \right\}.$$

Wählt man nun ω so, dass

$$\left.\begin{aligned}(e - g) &= k\cos 2\omega \\ (f + f') &= k\sin 2\omega\end{aligned}\right\}, \quad\ldots\ldots\ldots\ldots\quad (5)$$

und

mithin

$$k^2 = (e - g)^2 + (f + f')^2$$

wird, so verschwindet der Koefficient von $\sin\Phi\cos\Phi$, der Koefficient von $\cos^2\Phi$ wird

$$-\frac{1}{2}\left\{ e\,(1 + \cos 2\omega) + (f + f')\sin 2\omega + g\,(1 - \cos 2\omega) \right\},$$

oder

$$-\frac{1}{2}\,(e + g + k),$$

und als denjenigen von $\sin^2\Phi$ findet man

$$-\frac{1}{2}\,(e + g - k).$$

Führt man diese Koefficienten in Gleichung (4) ein, so erhält man:

$$z = r_1\cos^2\Phi + r_2\sin^2\Phi, \quad\ldots\ldots\ldots\quad (6)$$

wenn hierin

$$r_1 = -\frac{1}{2}(e + g + k) \left.\right\}$$
$$r_2 = -\frac{1}{2}(e + g - k) \left.\right\} \qquad \cdots \cdots \cdots \quad (6\,\mathrm{a})$$

Es liegt somit der Punkt kürzesten Abstandes innerhalb bestimmter, durch die Gleichungen $z = r_1$ für $\Phi = 0$, und $z = r_2$ für $\Phi = \dfrac{\pi}{2}$ charakterisirter Grenzen. Man bezeichnet daher diese Punkte als die **Grenzpunkte** des Strahls, und die entsprechenden, zwei unendlich benachbarten Strahlen parallelen Ebenen, d. h. die beiden Ebenen, für welche $\Phi = 0$ und $\Phi = \dfrac{\pi}{2}$ ist, heissen die **Hauptebenen** des Strahls.

§ 137. *In dem Strahlensystem sind nun zwei Strahlen vorhanden, für welche der erste Näherungswerth der kürzesten Abstände von dem Hauptstrahl verschwindet.* Die Länge des kürzesten Abstandes zwischen dem Strahl (α, β, γ) und dem Hauptstrahl ist $\lambda x + \mu y$. Dieser erste Näherungswerth verschwindet also nach (2), wenn

$$\lambda (e\,\alpha + f\,\beta) + \mu (f'\,\alpha + g\,\beta) = 0$$

oder

$$\frac{\lambda}{\mu}(e\,\alpha + f\,\beta) + f'\,\alpha + g\,\beta = 0$$

wird.

Eliminirt man das Verhältnis $\lambda : \mu$, indem man aus (3) hierin $\dfrac{\lambda}{\mu} = -\dfrac{\beta}{\alpha} = -\operatorname{tg}\delta$ einsetzt, so erhält man

$$-e - f\operatorname{tg}\delta + f'\,\frac{1}{\operatorname{tg}\delta} + g = 0,$$

oder

$$f'\cos^2\delta + (g - e)\sin\delta\cos\delta - f\sin^2\delta = 0,$$

oder

$$(g - e)\sin 2\delta + (f + f')\cos 2\delta = f - f'.$$

Substituiren wir hierin $\omega + \Phi$ für δ, so erhält diese Gleichung die Form:

$$\cos 2\,\Phi\left\{(f + f')\cos 2\omega + (g - e)\sin 2\omega\right\} +$$
$$+ \sin 2\,\Phi\left\{(g - e)\cos 2\omega - (f + f')\sin 2\omega\right\} = f - f'.$$

Hieraus ergiebt sich, da aus (5)

$$(g - e) \sin 2\,\omega = - (f + f') \cos 2\,\omega$$

und

$$(e - g) \cos 2\,\omega + (f + f') \sin 2\,\omega = k,$$

$$- k \sin 2\,\Phi = f - f'. \quad\ldots\ldots\ldots \quad (7)$$

Setzt man hierin

$$\sin \varepsilon = \frac{f' - f}{k},$$

so ist

$$\Phi = \frac{\varepsilon}{2} \ \text{oder} \ = \frac{\pi}{2} - \frac{\varepsilon}{2} \quad\ldots\ldots\ldots \quad (8)$$

Es lassen sich somit durch den Hauptstrahl zwei Ebenen legen, welche beide auch noch einen unendlich benachbarten Strahl enthalten. Diese Ebenen nennt man die Fokalebenen des Strahls und die Punkte, in welchen die unendlich benachbarten Strahlen den Hauptstrahl schneiden, bezeichnet man als die beiden Brennpunkte des Strahls. *Die beiden Fokalebenen liegen symmetrisch in Bezug auf die Hauptebenen des Strahls;* mit anderen Worten, die den Winkel zwischen den Hauptebenen halbirende Ebene halbirt auch den Winkel zwischen den Fokalebenen.

Sind ϱ_1 und ϱ_2 die Abstände der Fokalebenen vom Ursprung, so ist nach (6)

$$\left. \begin{array}{l} \varrho_1 = r_1 \cos^2 \Phi + r_2 \sin^2 \Phi \\ \varrho_2 = r_1 \sin^2 \Phi + r_2 \cos^2 \Phi \end{array} \right\},$$

worin nach (7)

$$\sin 2\,\Phi = \frac{f' - f}{k}$$

und

$$\varrho_1 + \varrho_2 = r_1 + r_2. \quad\ldots\ldots\ldots \quad (9)$$

Hieraus geht hervor, *dass die Brennpunkte zu den Grenzpunkten eine symmetrische Lage einnehmen,* oder mit anderen Worten, der in der Mitte zwischen den Grenzpunkten liegende Punkt liegt auch in der Mitte zwischen den Brennpunkten. Aus der Charakteristik der Grenzpunkte folgt, dass die Brennpunkte zwischen den Grenzpunkten liegen müssen.

§ **138.** Die Fokalabstände lassen sich bequemer nach einer anderen Methode bestimmen. Schneidet der durch $(x, y, 0)$ gehende Strahl die Ebene $z = \varrho$ im Punkte (ξ, η), so müssen die Gleichungen bestehen:

$$\left. \begin{array}{l} \xi = x + \varrho\,\alpha = (e + \varrho)\,\alpha + f\,\beta \\ \eta = y + \varrho\,\beta = f'\,\alpha + (g + \varrho)\,\beta \end{array} \right\} \cdot \quad\ldots\ldots \quad (10)$$

Ist nun der Punkt $z = \varrho$ ein Brennpunkt, so ist $z = \varrho$ auch die Bedingung dafür, dass der unendlich benachbarte Strahl den Hauptstrahl schneidet, und es ist in diesem Falle $\xi = 0$ und $\eta = 0$. Hiernach specialisiren sich die Gleichungen (10) folgendermaassen:

$$\left. \begin{aligned} (e + \varrho)\, \alpha + f\, \beta &= 0 \\ f'\, \alpha + (g + \varrho)\, \beta &= 0 \end{aligned} \right\} .$$

Eliminirt man hierin das Verhältnis $\alpha : \beta$, so erhält man die quadratische Gleichung

$$(e + \varrho)\,(g + \varrho) = f f' \quad\quad . \quad . \quad . \quad . \quad . \quad . \quad . \quad . \quad (11)$$

als Bestimmungsgleichung für die Fokalabstände.

§ 139. *Alle Strahlen eines engen Strahlenbüschels gehen*, wie wir im Folgenden zeigen werden, *durch zwei feste Linien, welche den Hauptstrahl in den Brennpunkten unter rechtem Winkel schneiden.* Diese Linien nennt man Brennlinien und zwar liegt die erste Brennlinie in der zweiten Fokalebene und die zweite Brennlinie in der ersten Fokalebene. Um dies darzulegen, haben wir den Schnittpunkt irgend eines Strahls mit der Ebene $z = \varrho_1$ zu bestimmen. Die Koordinaten eines solchen Schnittpunktes sind:

$$\left. \begin{aligned} \xi &= x + \varrho_1\, \alpha \\ \eta &= y + \varrho_1\, \beta \\ \zeta &= \varrho_1 \end{aligned} \right\} .$$

Legt man durch diesen Punkt und den Hauptstrahl eine Ebene, so zeigt es sich, dass die Lage einer solchen Ebene unabhängig ist von dem betreffenden Strahl. Es ist nämlich die Gleichung der Ebene nach Analogie von (10)

$$\xi\,(y + \varrho_1\, \beta) = \eta\,(x + \varrho_1\, \alpha),$$

oder

$$\eta\left\{ (e + \varrho_1)\, \alpha + f\, \beta \right\} = \xi\left\{ f'\, \alpha + (g + \varrho_1)\, \beta \right\}; \quad . \quad . \quad . \quad . \quad (12)$$

und setzt man in die nach Analogie von (11) gebildete Gleichung

$$(e + \varrho_1)\,(g + \varrho_1) = f f'$$

$$\frac{e + \varrho_1}{f'} = \frac{f}{g + \varrho_1} = m, \quad . \quad . \quad . \quad . \quad . \quad . \quad . \quad (13)$$

so erhält man, wenn man in (12) $e + \varrho_1$ durch $m f'$ und $g + \varrho_1$ durch $\dfrac{f}{m}$ ersetzt:

$$\xi = m\, \eta \quad . \quad . \quad . \quad . \quad . \quad . \quad . \quad . \quad . \quad . \quad (14)$$

als die Gleichung der den Hauptstrahl und den Schnittpunkt des betrachteten Strahls mit der Ebene $z = \varrho_1$ enthaltenden Ebene, und die Lage derselben ist, wie wir hieraus erkennen, unabhängig von α und β.

Hieraus ergiebt sich, dass alle Strahlen die Ebene $z = \varrho_1$ in Punkten schneiden, welche auf einer durch den Brennpunkt gehenden Linie liegen; wir wollen diese Linie als die erste Brennlinie bezeichnen. Auf analoge Weise lässt sich nachweisen, dass alle Strahlen eine ähnliche, durch den anderen Brennpunkt gehende zweite Brennlinie durchschneiden.

Es leuchtet ein, dass die erste Brennlinie in der zweiten Fokalebene liegt, indem diese zwei in dem zweiten Brennpunkt sich schneidende Strahlen enthält und jeder dieser Strahlen die Brennlinie schneidet. Umgekehrt liegt die zweite Brennlinie in der ersten Fokalebene.

§ 140. Wir gelangen nun zu der Theorie der Strahlendichtigkeit, welche analog ist der Gauss'schen Messung gekrümmter Raumkurvenflächen. Die Dichtigkeit der Strahlen für irgend einen zum Hauptstrahl rechtwinkligen Schnitt wollen wir folgendermaassen definiren. Wir nehmen zunächst an, der ebene Schnitt des Strahlenbüschels stelle eine kleine krummlinig begrenzte Ebene dar. Denkt man sich nun von dem Mittelpunkt einer Kugel vom Radius 1 parallel zu den äussersten Strahlen des Büschels Linien nach der Fläche der Kugel gezogen, so schneiden diese auf ihr ein durch eine geschlossene Kurve begrenztes Flächenelement ab. Das Verhältnis nun der Fläche dieses Kugelelementes zu der Fläche jenes ebenen Schnittes giebt uns ein Maass für die erwähnte Dichtigkeit der Strahlen.

Lassen wir das Strahlenbüschel durch die Ebene $z = \mathrm{R}$ geschnitten werden und schneidet der durch den Punkt $(x, y, 0)$ gehende Strahl diese Ebene in (ξ, η), so bestehen die Gleichungen

$$\left.\begin{aligned} \xi &= x + \mathrm{R}\,\alpha \\ \eta &= y + \mathrm{R}\,\beta \end{aligned}\right\rbrace,$$

oder nach (2)

$$\left.\begin{aligned} \xi &= (e + \mathrm{R})\,\alpha + f\,\beta \\ \eta &= f'\,\alpha + (g + \mathrm{R})\,\beta \end{aligned}\right\rbrace,$$

und somit

$$\eta\,d\xi - \xi\,d\eta = (\beta\,d\alpha - \alpha\,d\beta)\left\lbrace(e + \mathrm{R})\,(g + \mathrm{R}) - f f'\right\rbrace.$$

Aus der Integration dieses Ausdrucks ergiebt sich:

$$\int (\eta \, d\xi - \xi \, d\eta) = \int (\beta \, d\alpha - \alpha \, d\beta) \left\{ (e + \mathrm{R})\,(y + \mathrm{R}) - ff' \right\}.$$

$\int (\beta \, d\alpha - \alpha \, d\beta)$ nun stellt die Grösse der vorerwähnten kleinen krummlinigen Fläche auf der Kugel vom Radius 1 dar, während $\int (\eta \, d\xi - \xi \, d\eta)$ den Inhalt des ebenen Schnittes des Strahlenbüschels bedeutet. Bezeichnet man somit die Dichtigkeit mit δ, so lässt sich die letzte Gleichung auch folgendermaassen schreiben

$$\frac{\int (\eta \, d\xi - \xi \, d\eta)}{\int (\beta \, d\alpha - \alpha \, d\beta)} = \frac{1}{\delta} = \mathrm{R}^2 + \mathrm{R}\,(e + g) + e g - ff' ,$$

oder, da nach (6a) $e + g = - (\varrho_1 + \varrho_2)$ und nach (13) $ff' = e g - \varrho_1 \varrho_2$,

$$\frac{1}{\delta} = (\mathrm{R} - \varrho_1)\,(\mathrm{R} - \varrho_2), \quad \ldots \ldots \quad (15)$$

wo ρ_1 und ρ_2 die Fokalabstände darstellen.

§ 141. Für die praktischen Zwecke der Optik ist nun der wichtigste Fall derjenige, wo die Strahlen des Bündels eine Gruppe von Normalen zur Fläche darstellen. Untersuchen wir nun, in welcher Weise die zuletzt gewonnenen Resultate für diesen Fall zu specialisiren sind.

Die Bedingung, dass die Strahlen von einer Fläche unter rechtem Winkel geschnitten werden, ist, dass $\alpha \, dx + \beta \, dy$ ein totales Differential darstellt. Dieser Bedingung wird genügt, wenn

$$\frac{d\alpha}{dy} = \frac{d\beta}{dx}.$$

Differentiiren wir die Gleichungen (1) nach x und y, so erhalten wir die Gleichungen

$$\left. \begin{aligned} 1 &= \frac{dx}{d\alpha} \cdot \frac{d\alpha}{dx} + \frac{dx}{d\beta} \cdot \frac{d\beta}{dx} \\[2mm] 0 &= \frac{dy}{d\alpha} \cdot \frac{d\alpha}{dx} + \frac{dy}{d\beta} \cdot \frac{d\beta}{dx} \\[2mm] 0 &= \frac{dx}{d\alpha} \cdot \frac{d\alpha}{dy} + \frac{dx}{d\beta} \cdot \frac{d\beta}{dy} \\[2mm] 1 &= \frac{dy}{d\alpha} \cdot \frac{d\alpha}{dy} + \frac{dy}{d\beta} \cdot \frac{d\beta}{dy} \end{aligned} \right\}.$$

Aus dem ersteren Gleichungspaar ergiebt sich

$$\frac{d\beta}{dx} \mathrm{J} = - \frac{dy}{d\alpha},$$

aus dem zweiten

$$\frac{d\alpha}{dy}\,\mathrm{J} = -\frac{dx}{d\beta}\,,$$

wo J das Jacobin'sche Differential $\dfrac{d(x,\,y)}{d(\alpha,\,\beta)}$ darstellt.

Die Bedingung, dass die Strahlen senkrecht zu einer Fläche stehen, ist somit

$$\frac{dx}{d\beta} = \frac{dy}{d\alpha}\,,$$

oder, wenn wir hierfür die in den Gleichungen (1) und (2) enthaltenen Bezeichnungen einführen, $f = f'$.

Die Gleichung für die Azimuthe der Fokalschnitte wird somit nach (7) $\sin 2\,\Phi = 0$, woraus folgt, dass $\Phi = 0$ oder $\dfrac{\pi}{2}$. Es fallen somit in diesem Fall die Brennpunkte mit den Grenzpunkten zusammen und die Fokalebenen schneiden einander unter rechtem Winkel. *Jeder Strahl einer Gruppe von Normalstrahlen geht daher durch zwei senkrecht zum Hauptstrahl gerichtete gerade Linien, welche in Ebenen liegen, die auch zu einander senkrecht sind.*

Die beiden Brennpunkte fallen zusammen, *wenn $f = 0$ und $f' = 0$* und in diesem Falle *schneiden sich alle Linien des engen Strahlenbüschels in einem Punkt.*

§ 142. Um uns eine Vorstellung von dem Charakter eines engen Strahlenbüschels zu bilden, wollen wir für einige einzelne Fälle die Gleichung für die Mantelfläche des Büschels aufstellen.

Wir nehmen an, das Strahlenbüschel schneide auf der orthogonalen Fläche eine kleine Ellipse ab, deren Axen in den Hauptebenen liegen. Die Richtung der Z-Axe verlegen wir, wie vorhin, wieder in diejenige des Hauptstrahls, der Punkt, wo dieser Strahl die orthogonale Fläche schneidet, sei der Nullpunkt, und die X Z- und Y Z-Ebene seien durch die erste und zweite Fokalebene dargestellt. Bezeichnet man dann die Fokalabstände mit v_1 und v_2, so lauten die Gleichungen der Begrenzungskurven des Strahlenbüschels:

$$\left.\begin{aligned}\frac{x^2}{\alpha^2} + \frac{y^2}{\beta^2} &= 1 \\[2mm] z &= 0\end{aligned}\right\} \quad \ldots \ldots \ldots \ldots \quad (16)$$

$$\left.\begin{aligned}z &= v_1 \\[2mm] x &= 0\end{aligned}\right\} \quad \ldots \ldots \ldots \ldots \ldots \quad (17)$$

$$\left.\begin{array}{l} z = v_2 \\[2mm] y = 0 \end{array}\right\} \quad \cdots \cdots \cdots \cdots \cdots \quad (18)$$

Jede Erzeugende der Mantelfläche muss diese Begrenzungskurven schneiden. Nimmt man somit als Gleichungen irgend einer Erzeugenden der Mantelfläche

$$\left.\begin{array}{l} x = \mathrm{A}\,z + \mathrm{B} \\[2mm] y = \mathrm{C}\,z + \mathrm{D} \end{array}\right\},$$

so müssen, da diese Linie die durch die Gleichungen (16), (17) und (18) bestimmten Kurven schneiden, A, B, C und D den folgenden Forderungen genügen:

$$\frac{\mathrm{B}^2}{a^2} + \frac{\mathrm{D}^2}{b^2} = 1 \quad \cdots \cdots \cdots \cdots \quad (19\,\mathrm{a})$$

$$\left.\begin{array}{l} \mathrm{A}\,v_1 + \mathrm{B} = 0 \\[2mm] \mathrm{C}\,v_2 + \mathrm{D} = 0 \end{array}\right\} \quad \cdots \cdots \cdots \cdots \quad (19\,\mathrm{b})$$

Aus den beiden letzten Gleichungen lassen sich A und C durch B und D ausdrücken und man erhält dann als Gleichungen für die Erzeugende

$$\left.\begin{array}{l} x = \mathrm{B}\left(1 - \dfrac{z}{v_1}\right) \\[4mm] y = \mathrm{D}\left(1 - \dfrac{z}{v_2}\right) \end{array}\right\} \quad \cdots \cdots \cdots \cdots \quad (20)$$

Eliminiren wir nun hierin die beiden Konstanten B und D mit Hilfe der Gleichungen (20) und (19 a), so ist

$$\frac{x^2}{a^2\left(1 - \dfrac{z}{v_1}\right)^2} + \frac{y^2}{b^2\left(1 - \dfrac{z}{v_2}\right)^2} = 1. \quad \cdots \cdots \quad (21)$$

§ 143. Nimmt man für z verschiedene Werthe an, so lässt sich die Gestalt der Begrenzungskurven normaler Schnittflächen bestimmen. Diese werden im Allgemeinen die Form von Ellipsen haben; sie können aber auch als Kreise auftreten. Der letztere Fall liegt vor, wenn man z so wählt, dass der Gleichung

$$a^2\left(1 - \frac{z}{v_1}\right)^2 = b^2\left(1 - \frac{z}{v_2}\right)^2$$

genügt wird.

Man erhält somit immer zwei kreisförmige Schnitte des Lichtbüschels, von denen der eine stets zwischen den Brennlinien liegt.

Denn angenommen, v_2 sei grösser als v_1 und setzen wir nach der letzten Gleichung

$$a \left(\frac{z}{v_1} - 1 \right) = b \left(1 - \frac{z}{v_2} \right) = r \,,$$

so erhalten wir damit einen kreisförmigen Schnitt, dessen Lage und Radius bestimmt sind durch die Gleichungen

$$\left. \begin{aligned} \frac{a+b}{z} &= \frac{a}{v_1} + \frac{b}{v_2} \\[2mm] \frac{v_2 - v_1}{r} &= \frac{v_1}{a} + \frac{v_2}{b} \end{aligned} \right\} \quad \cdots \cdots \cdots \quad (22)$$

Aus der ersteren Gleichung ergiebt sich ohne Weiteres, dass z zwischen v_1 und v_2 liegt.

Man bezeichnet diesen Kreis auch als den Kreis kleinster Verzerrung. Wir kommen hierauf weiter unten wieder zurück.

§ 144. Es weist indessen nicht jedes enge Strahlenbüschel eine derartige kreisförmige Schnittfläche auf; die im letzten Kapitel gepflogene Betrachtung gilt nur für symmetrisch verlaufende Strahlenbüschel. Ist z. B. die Schnittkurve des Strahlenbüschels mit der orthogonalen Kurve eine Ellipse, deren Axen nicht in der Fokalebene liegen, so haben wir als allgemeine Gleichung der Schnittkurve:

$$\left. \begin{aligned} a\,x^2 + 2\,h\,x\,y + b\,y^2 &= 1 \\[2mm] z &= 0 \end{aligned} \right\} ,$$

und folgern hieraus nach Analogie des vorigen Falles

$$\frac{a\,x^2}{\left(1 - \dfrac{z}{v_1} \right)^2} + \frac{2\,h\,x\,y}{\left(1 - \dfrac{z}{v_1} \right)\left(1 - \dfrac{z}{v_2} \right)} + \frac{b\,y^2}{\left(1 - \dfrac{z}{v_2} \right)^2} = 1$$

als die Gleichung des Mantels des Strahlenbüschels. Welchen konstanten Werth wir auch immer z geben mögen, kann die Gleichung des Schnittes niemals auf die Form der Kreisgleichung gebracht werden.

In optischen Instrumenten sind indessen die orthogonalen Flächen stets Rotationsflächen, deren Axen mit der optischen Axe des Instrumentes zusammenfallen, und die erste Fokalebene eines kleinen Theils eines symmetrisch verlaufenden Strahlenbüschels ist ein Meridianschnitt, so dass das enge Strahlenbüschel die nöthige Symmetrie erhält und in Folge dessen einen kreisförmigen Querschnitt besitzt.

§ 145. Wie wir gesehen haben, werden im Allgemeinen nicht die sämmtlichen Strahlen eines aus einem optischen System austretenden Strahlenbüschels in einem Punkte homocentrisch; vielmehr haben wir früher gesehen, dass alle Strahlen durch zwei Brennlinien gehen. Untersuchen wir nun weiter die Eigenschaften und die Lage des von einem solchen Strahlenbüschel herrührenden Bildes eines Objektes! Wir nehmen zu diesem Zwecke an, es werde einer der engen Strahlenbüschel von einem Schirm aufgefangen. Fällt die Schirmebene mit der ersten Brennlinie zusammen, so ergiebt der Schnitt des Strahlenbüschels eine kleine Linie, etwa eine horizontale Linie. Wird eine Anzahl solcher von verschiedenen Punkten eines Objektes ausgehenden Strahlenbüschel von dem Schirm aufgefangen, so entspricht jedem Strahlenbüschel eine kurze Horizontallinie auf dem Schirm, und es wird in Folge dessen die Breite des Bildes gegenüber der Länge desselben stark übertrieben erscheinen. Bringt man dagegen den Schirm in die andere Brennlinie des Strahlenbüschels, so wird jeder Punkt des Objektes auf der Bildfläche als kleine Vertikallinie abgebildet, und jetzt wird es die Länge des Bildes sein, welche gegenüber der Breite desselben stark übertrieben erscheint. Die so erhaltenen Bilder sind beide mangelhaft, indem in beiden Fällen das Bild verzerrt erscheint. Das beste Bild erhält man, wenn der Schirm sich in der Ebene des Kreises kleinster Verzerrung befindet; in diesem Falle entsteht nämlich, entsprechend jedem Punkte des Objektes, ein kleiner kreisförmiger Lichtfleck auf dem Schirm und, ist der Kreis kleinster Verzerrung sehr klein, so wird hierdurch der Werth des Bildes nicht wesentlich beeinträchtigt. Das Bild stellt sich somit dar als das Aggregat der einander überdeckenden Kreise kleinster Verzerrung. Die Grösse des Kreises kleinster Verzerrung kann als Maass für die Undeutlichkeit des Bildes dienen.

§ 146. Der Charakter eines engen Strahlenbüschels lässt sich, allerdings in einer weniger befriedigenden Weise, auch mit elementargeometrischen Mitteln untersuchen. Wenn das Strahlensystem um eine Linie als Axe symmetrisch gruppirt ist, so ist, wie wir gesehen haben, die orthogonale Fläche eine Rotationsfläche. Wir wollen im Folgenden ein enges Strahlenbüschel, dessen Strahlen die orthogonale Fläche in einem kleinen Flächenelement schneiden, untersuchen und nehmen hierbei an, die Schnittkurve des Strahlenbüschels mit der orthogonalen Fläche habe die Form einer kleinen Ellipse mit den Axen $2a$ und $2b$ und dem Mittelpunkt C.

$MCN, PRS\ldots$ (Fig. 95) seien die Krümmungslinien des Systems von Kreisen, deren Mittelpunkte auf der Axe liegen. Es werden dann solche Strahlen, welche von allen Punkten der Linie MCN ausgehen, die Axe in einem Punkt q_2 schneiden, und da die Fläche sehr klein ist, so kann man MCN als gerade Linie ansehen, und somit liegen alle durch MCN gehenden Strahlen in der Ebene q_2 MN und schneiden sich in q_2. Ebenso liegen alle Strahlen, welche die orthogonale Fläche in der Linie PRS schneiden, in einer Ebene q PS und schneiden die Axe im Punkte q. $m\,q_1\,n$ sei die Schnittlinie beider Ebenen. Wenn die Linie PRS bis zum Zusammenfallen mit MCN verschoben wird, so gelangt die Schnittlinie $m\,q_1\,n$ in eine bestimmte Grenzstellung; und da die auf der orthogonalen Fläche abgeschnittene Fläche sehr klein ist, so gehen alle Ebenen wie PqS sehr angenähert durch diese Grenzlage der Linie $m\,q_1\,n$.

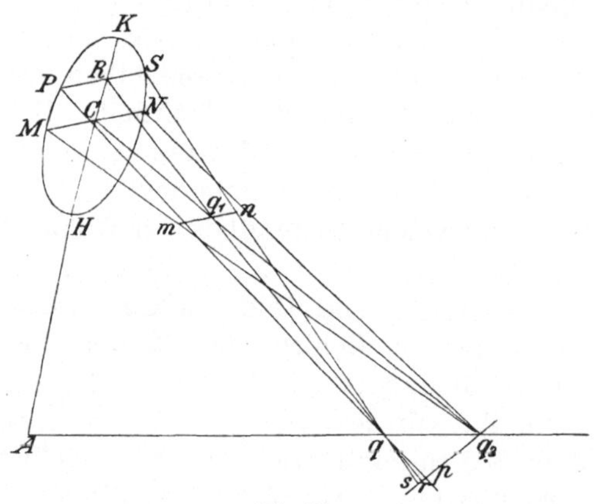

Fig. 95.

Wir bezeichnen diese Linie als die erste Brennlinie und der Punkt q_1, in welchem sie von dem Hauptstrahl geschnitten wird, heisst der erste Brennpunkt. Es gehen somit alle Strahlen des Strahlenbüschels sehr angenähert durch die erste Brennlinie und können als thatsächlich durch dieselbe gehend behandelt werden.

§ 147. Ferner schneiden alle Strahlen des Strahlenbüschels die Axe und man könnte somit die Axe als die zweite Brennlinie ansehen; dies ist indessen nicht zweckmässig, da diese Linie zum Hauptstrahl des Strahlenbüschels nicht senkrecht gerichtet ist. Der Schnitt des Strahlenbüschels mit einer durch q_2 gelegten, zum Hauptstrahl senkrecht stehenden Ebene weicht kaum von einer geraden Linie ab; streng genommen hat dieser Schnitt die Form einer Kurve mit zwei Schleifen, in Gestalt einer langgezogenen, schmalen „8" ähnlich. Denn da alle von MCN ausgehenden Strahlen durch q_2 gehen, so verschwindet die Breite der Schnittfläche bei q_2. Die von der Linie PRS ausgehenden Strahlen aber schneiden sich in q und werden folglich bereits wieder auseinandergegangen sein, ehe sie die Ebene des Schnittes treffen, woraus sich eine Schnittfläche von der grösseren Breite prs ergiebt; und ebenso, gehen wir von einer Krümmungslinie unterhalb MCN aus, so schneiden sich die von dieser ausgehenden Strahlen in einem über q_2 hinausliegenden Punkt der Axe und werden daher noch nicht zur Vereinigung gelangt sein, wenn sie die Schnittebene erreichen. Es ergiebt sich hieraus, dass die Figur sowohl oberhalb als auch unterhalb sich ausbuchtet; wir werden aber durch die folgende Untersuchung zeigen, dass die Breite der Schnittfläche eine kleine Grösse der zweiten Ordnung ist und dass man somit die Breite vernachlässigen und daher den Schnitt als eine gerade Linie ansehen kann.

Die Breite des Schnittes ergiebt sich mit Rücksicht auf die Figur aus der Betrachtung ähnlicher Dreiecke. Ist θ die Neigung des Hauptstrahles zur Axe, so ist

$$\frac{pr}{\mathrm{PR}} = \frac{qr}{q\mathrm{R}} = \frac{q_2\,r\,\mathrm{cotg}\,\theta}{q\,\mathrm{R}},$$

indem der Winkel qrq_2 sehr angenähert ein rechter Winkel ist.

Ferner ist

$$\frac{q_2\,r}{\mathrm{C\,R}} = \frac{q_1\,q_2}{\mathrm{C}\,q_1} = \frac{v_2 - v_1}{v_1},$$

wo v_1 und v_2 mit den Abständen $\mathrm{C}q_1$ und $\mathrm{C}q_2$ identisch sind. Setzt man daher hieraus den Werth von $q_2 r$ in die erste dieser Gleichungen ein, so erhält man

$$p\,r = \frac{\mathrm{P\,R}.\mathrm{C\,R}}{q\,\mathrm{R}} \cdot \frac{v_2 - v_1}{v_1}\,\mathrm{cotg}\,\theta\,.$$

b und a sind die grössten Werthe von PR und CR und qR ist angenähert gleich v_2, so dass pr dem Grade nach mit $\dfrac{a\,b\,(v_2 - v_1)}{v_1\,v_2}$ identisch ist. a und b sind aber im Vergleich mit v_1 und v_2 sehr klein und es ist daher die Breite pr immer eine kleine Grösse zweiter Ordnung.

Man nennt diese Linie die zweite Brennlinie und den Punkt q_2 den zweiten Brennpunkt. Die durch C und die Axe gelegte Ebene heisst die erste Fokalebene und die zu dieser senkrecht gerichtete und durch den Hauptstrahl gelegte Ebene nennt man die zweite Fokalebene. Somit enthält die erste Fokalebene die zweite Brennlinie, während die erste Brennlinie immer in der zweiten Fokalebene liegt.

§ 148. Wählen wir einen Schnitt zwischen den beiden Brennlinien derart, dass die Breite des Schnittes in der ersten Fokalebene gleich ist derjenigen in der zweiten Fokalebene, und setzen wir voraus, dass dieser Schnitt kreisförmig ist, so lässt sich die Lage und Grösse des Kreises kleinster Verzerrung auf elementar-geometrischem Wege finden.

In Fig. 96 sei $m\,h\,n\,k$ ein zum Hauptstrahl senkrechter Schnitt und $h\,o\,k$ und $m\,o\,n$ seien die Breitendimensionen dieses Schnittes innerhalb der ersten resp. zweiten Fokalebene.

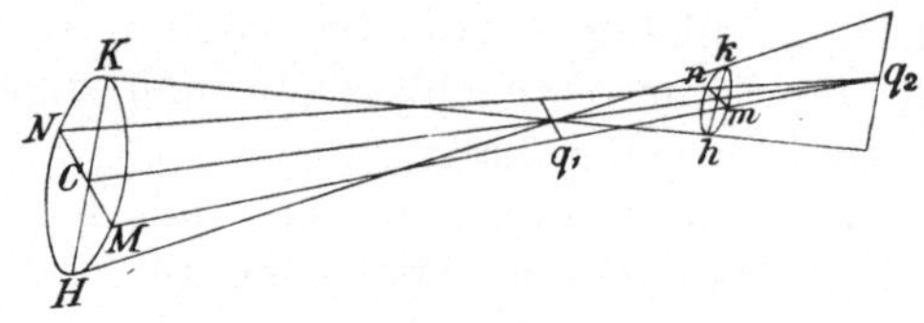

Fig. 96.

Setzt man jede dieser gleich $2\,r$ und $z = \mathrm{C}\,o$, so ergiebt sich aus der Aehnlichkeit der Dreiecke $\mathrm{H\,K}\,q_1$ und $h\,k\,q_1$ einerseits und $\mathrm{M\,N}\,q_2$ und $m\,n\,q_2$ andererseits:

und

$$h\,k : \mathrm{H\,K} = o\,q_1 : \mathrm{C}\,q_1$$
$$m\,n : \mathrm{M\,N} = o\,q_2 : \mathrm{C}\,q_2$$

d. h.

$$\frac{r}{a} = \frac{z - v_1}{v_1}$$
$$\frac{r}{b} = \frac{v_2 - z}{v_2}$$

Diese Gleichungen bestimmen die Lage und den Radius des Kreises kleinster Verzerrung, und man erhält aus ihnen dieselben Resultate wie oben (s. Gl. 22), nämlich

$$\frac{a + b}{z} = \frac{a}{v_1} + \frac{b}{v_2}$$
$$\frac{v_2 - v_1}{r} = \frac{v_1}{a} + \frac{v_2}{b}$$

Ist der Schnitt, welchen das Strahlenbüschel mit der orthogonalen Fläche bildet, kreisförmig, so ist $a = b$ und man erhält dann für diesen Specialfall die Gleichung

$$\frac{2}{z} = \frac{1}{v_1} + \frac{1}{v_2} \quad \ldots \ldots \ldots \ldots \quad (23)$$

und es stellt somit z das harmonische Mittel zwischen v_1 und v_2 dar.

§ 149. Wir wollen nun auf elementar-geometrischem Wege die Lage des ersten und zweiten Brennpunktes eines von einem Punkte ausgehenden, an einer ebenen oder sphärischen Fläche reflektirten oder gebrochenen engen Strahlenbüschels bestimmen.

Wird ein enges Strahlenbüschel, welches auf eine Ebene schief auffällt, von dieser reflektirt, so gehen, wie wir wissen, die reflektirten Strahlen sämmtlich durch einen Punkt, so dass also in diesem Falle die beiden Brennpunkte zusammenfallen. In diesem Falle ist also auch kein Kreis geringster Verzerrung vorhanden; das Bild des Punktes ist wieder ein Punkt und die Definition ist somit eine vollkommene.

Als zweiten Fall nehmen wir an, das Strahlenbüschel werde von einer ebenen Fläche gebrochen.

QP sei in Fig. 97 der Hauptstrahl des Strahlenbüschels, q_2P dessen Richtung nach der Brechung. Einfalls- und Brechungswinkel dieses

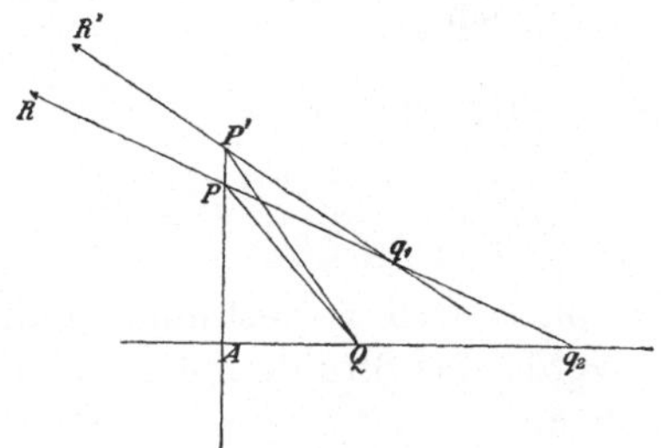

Fig. 97.

Strahles seien mit i bezw. i' bezeichnet. QP′ sei ein dem Hauptstrahl unendlich benachbarter, in der ersten Fokalebene verlaufender Strahl und wir nehmen an, es schneide dieser Strahl nach der Brechung den Strahl q_2P in q_1. In dem Grenzfalle, wo P′ mit P zusammenfällt, wird q_1 der erste Brennpunkt. Zieht man nun QA senkrecht zur brechenden Ebene und wird diese Linie von dem gebrochenen Strahl in seiner Rückwärtsverlängerung im Punkte q_2 geschnitten, so stellt q_2 den zweiten Brennpunkt dar. Nimmt man nun $QP = u$, $q_1P = v_1$ und $q_2P = v_2$, so erhält man folgende Relationen:

Zunächst ist bekanntlich

$$n \sin i = n' \sin i',$$

und hieraus

$$n \cos i \, di = n' \cos i' \, di'.$$

Bezeichnet man PP' mit x, so ist, da di ein unendlich kleines Wachsthum des Winkels i, also den Winkel PQP' darstellt,

$$di = \frac{x \sin PP'Q}{u} \quad \text{oder} \quad di = \frac{x \cos i}{u} \left.\right\rbrace$$

und analog

$$di' = \frac{x \cos i'}{v_1}$$

Setzen wir diese Werthe von di und di' in die letzte Gleichung ein, so erhalten wir, wenn wir ausserdem beiderseitig durch x dividiren,

$$\frac{n \cos^2 i}{u} = \frac{n' \cos^2 i'}{v_1}. \quad \ldots \ldots \quad (24)$$

Ferner ist

$$\sin i = \frac{AP}{u},$$

$$\sin i' = \frac{AP}{v_2},$$

und hieraus, da $n \sin i = n' \sin i'$,

$$\frac{n}{u} = \frac{n'}{v_2}, \quad \ldots \ldots \ldots \quad (25)$$

wodurch die Werthe von v_1 und v_2 bestimmt sind.

§ 150. Endlich werde das Strahlenbüschel an einer Kugelfläche vom Radius r gebrochen.

QP sei in Fig. 98 der Hauptstrahl und $q_2 q_1 P$ seine Richtung nach der Brechung. Ist QP' ein in der ersten Fokalebene verlaufender, dem Hauptstrahl unendlich benachbarter Strahl und schneidet der zugehörige gebrochene Strahl den Hauptstrahl in q_1, so wird im Grenzfalle, wo QP und QP' zusammenfallen, q_1 zum ersten Brennpunkt, und wenn $P q_1$ die Axe in q_2 schneidet, so ist q_2 der zweite Brennpunkt. O sei der Mittelpunkt der Kugelfläche und, wie oben, setzen wir $QP = u$, $q_1 P = v_1$, $q_2 P = v_2$. Die Winkel, welche der Einfallsstrahl QP, der gebrochene Strahl $q_2 P$ und der Radius OP mit der Axe einschliessen, seien der Reihe nach mit χ, χ', θ bezeichnet. Sind dann i und i' der Einfalls- und Brechungswinkel, so ist $i = \theta - \chi$, $i' = \theta - \chi'$.

Nach dem Brechungsgesetz ist

$$n \sin i = n' \sin i'$$

und hieraus

$$n \cos i \, d i = n' \cos i' \, d i'.$$

Ersetzen wir di und di' durch ihre Differentialwerthe nach χ, χ', θ, so erhalten wir aus der letzten Relation die Gleichung:

$$n \cos i \, d\chi - n' \cos i' \, d\chi' = (n \cos i - n' \cos i') \, d\theta.$$

Bezeichnen wir nun den Bogen PP' mit x, so erhalten wir die Relationen $d\chi = \dfrac{x \cos i}{u}$, $d\chi' = \dfrac{x \cos i'}{v_1}$ und $d\theta = \dfrac{x}{r}$ und substituiren wir diese Werthe in die letzte Gleichung, so ergiebt sich hieraus nach der Division mit x:

$$\frac{n \cos^2 i}{u} - \frac{n' \cos^2 i'}{v_1} = \frac{n \cos i - n' \cos i'}{r} \quad \ldots \ldots (26)$$

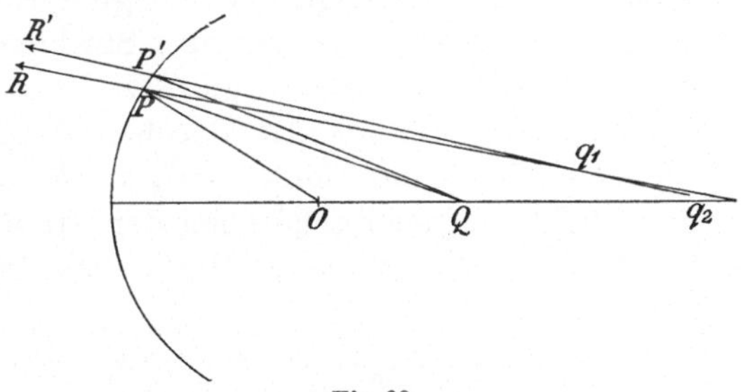

Fig. 98.

Diese Gleichung bestimmt den Werth von v_1. Ferner ist

$$\varDelta \, q_2 \, P \, O - \varDelta \, Q \, P \, O = \varDelta \, q_2 \, P \, Q;$$

drücken wir die Grössen dieser Flächen durch u, v_2 und r aus, so wird

$$v_2 \, r \sin i' - u \, r \sin i = u \, v_2 \sin (i' - i).$$

Nach dem Brechungsgesetz ist aber $n \sin i = n' \sin i'$ und führt man diese Relation in die letzte Gleichung ein, indem man dieselbe mit $n \, n'$ multiplicirt, so erhält sie die Form:

$$n \, v_2 \, r - n' \, u \, r = u \, v_2 \left\{ n \cos i - n' \cos i' \right\},$$

oder

$$\frac{n}{u} - \frac{n'}{v_2} = \cdot \frac{n \cos i - n' \cos i'}{r} \quad \ldots \ldots \ldots (27)$$

und es ist damit auch der Werth von v_2 bestimmt.

§ 151. Den Fall der Reflexion an einer sphärischen Fläche könnten wir in genau derselben Weise behandeln, wie das eben für die Brechung geschah, oder aber wir leiten die Formeln für die Reflexion aus jenen für die Brechung ab, indem wir $n' = -n$ und $i' = i$ setzen. Wir erhalten sodann aus (26) und (27)

$$\left.\begin{aligned} \frac{1}{u} + \frac{1}{v_1} &= \frac{2}{r \cos i} \\[2mm] \frac{1}{u} + \frac{1}{v_2} &= \frac{2 \cos i}{r} \end{aligned}\right\} \quad \cdots \cdots \cdots \quad (28)$$

Allgemeine Theorie der Brechung dünner Strahlenbüschel.

§ 152. Es wurde bereits nachgewiesen, dass alle Strahlen eines engen Strahlenbüschels, welches sich von einer Fläche unter rechtem Winkel schneiden lässt, durch zwei Linien gehen, der Art, dass die durch diese Linien und den Hauptstrahl gelegten Ebenen rechte Winkel einschliessen. Lässt man die Axe des Strahlenbüschels mit der Z-Axe, die Brennebenen mit der XZ- und YZ-Ebene zusammenfallen (Fig. 99), so dass alle Strahlen des Büschels durch eine Linie $x = 0$, $z = a$ als die eine Brennlinie und $y = 0$, $z = b$ als die andere Brennlinie gehen; schneidet ferner irgend einer der Strahlen die Ebene XY in einem Punkt (x, y), so hat dieser Strahl die Gleichung

$$\frac{\xi - x}{\alpha} = \frac{\eta - y}{\beta} = \frac{\zeta}{\gamma} = r,$$

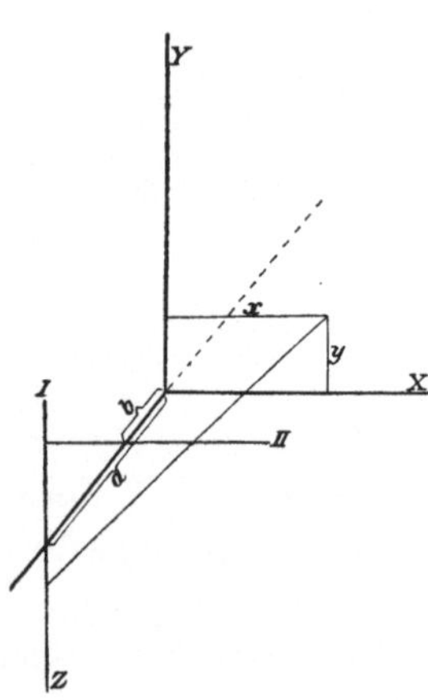

Fig. 99.

wo r den Abstand des Schnittpunktes (x, y) von dem Punkt (ξ, η, ζ) bedeutet und es ist daher, da der Strahl die erste Brennlinie schneidet, also für $\xi = 0$ und $\zeta = a$,

$$\left.\begin{aligned} \alpha r + x &= 0 \\[2mm] \gamma r &= a \end{aligned}\right\}$$

und daher

$$\frac{\alpha}{\gamma} = -\frac{x}{a}.$$

Analog ist für den Schnitt mit der zweiten Brennlinie, d. h. für $\eta = 0$ und $\xi = b$

$$\frac{\beta}{\gamma} = -\frac{y}{b},$$

und daher

$$\alpha\, dx + \beta\, dy + \gamma\, dz = \gamma \left(dz - \frac{x\, dx}{a} - \frac{y\, dy}{b} \right).$$

Es ist aber bei dem unserer Entwickelung zu Grunde gelegten Grade der Genauigkeit $\gamma = 1$, und wir erhalten, wenn V, wie in § 88, die charakteristische Funktion darstellt, nach 8, VI die Gleichungen

$$d\,\mathrm{V} = n\,(\alpha\,d\,x + \beta\,d\,y + \gamma\,d\,z)$$

$$= n\left(d\,z - \frac{x\,d\,x}{a} - \frac{y\,d\,y}{b}\right)$$

und daher

$$\mathrm{V} = \mathrm{K} + n\left(z - \frac{x^2}{2\,a} - \frac{y^2}{2\,b}\right) \quad . \quad . \quad . \quad . \quad . \quad (29)$$

Die charakteristische Funktion für ein beliebig gerichtetes enges Büschel lässt sich aus diesem letzteren Ausdruck durch Transformation der Axen bestimmen. Zunächst seien die X- und Y-Axe um die Z-Axe in der Richtung von X nach Y um einen Winkel θ gedreht; als Gleichung für die charakteristische Funktion erhält man dann

$$\mathrm{V} = \mathrm{K} + n\left(z - \frac{x^2}{2\,\mathrm{A}} - \frac{y^2}{2\,\mathrm{B}} - \frac{x\,y}{\mathrm{C}}\right), \quad . \quad . \quad . \quad . \quad (30)$$

worin

$$\left.\begin{aligned}
\frac{1}{\mathrm{A}} &= \frac{\cos^2\theta}{a} + \frac{\sin^2\theta}{b} \\[2mm]
\frac{1}{\mathrm{B}} &= \frac{\sin^2\theta}{a} + \frac{\cos^2\theta}{b} \\[2mm]
\frac{1}{\mathrm{C}} &= \left(\frac{1}{a} - \frac{1}{b}\right)\sin\theta\cos\theta
\end{aligned}\right\} \quad . \quad . \quad . \quad . \quad . \quad (30\,\mathrm{a})$$

Umgekehrt lassen sich, wenn die charakteristische Funktion in der Form der Gleichung (30) gegeben ist, die Werthe von θ, a und b aus diesen Gleichungen bestimmen; mit anderen Worten, die Richtungen der Fokalebenen und der beiden Fokalabstände lassen sich durch A, B und C ausdrücken.

Hierauf denke man sich die Axen um die Y-Axe um einen Winkel i in der Richtung von X nach Z gedreht; es lässt sich dann die Gleichung ableiten:

$$\mathrm{V} = \mathrm{K} + n\left[z\cos i - x\sin i - \frac{(x\cos i + z\sin i)^2}{2\,\mathrm{A}} - \right.$$

$$\left. - \frac{y^2}{2\,\mathrm{B}} - \frac{y\,(x\cos i + z\sin i)}{\mathrm{C}}\right], \quad . \quad . \quad . \quad . \quad . \quad (31)$$

und es stellt diese Gleichung einen allgemeinen Ausdruck für die charakteristische Funktion eines engen Strahlenbüschels dar.

§ 153. *Bestimmung der Relationen zwischen den Konstanten* A, B, C, *θ, i,* A′, B′, C′, *θ′, Φ′ für den einfallenden und gebrochenen Strahl.*

Man nehme das Einfallsloth als Z-Axe und die Einfallsebene als XZ-Ebene, so dass, wenn i der Einfallswinkel des Hauptstrahls ist, die charakteristische Funktion für das einfallende Strahlenbüschel die Form der Gleichung (31) haben wird. Die Form der charakteristischen Funktion für den gebrochenen Strahl ist dieselbe wie diejenige für den Austrittsstrahl, nur treten die Grössen A′, B′, C′, θ′, i′ an Stelle von A, B, C, θ, i. Ist die Gleichung eines den Einfallspunkt umgebenden Flächenelementes

$$z = \frac{x^2}{2\,P} + \frac{y^2}{2\,Q} + \frac{x\,y}{R} \quad \cdot \quad \cdot \quad \cdot$$

und berücksichtigt man, dass die charakteristische Funktion innerhalb dieser Fläche kontinuirlich ist, somit $V = V'$, so erhält man, wenn man in die Gleichung

$$V - V' = 0$$

den Werth von z aus der Gleichung für die Fläche einführt und die höheren Potenzen von x und y vernachlässigt,

$$K - K' + \left(\frac{x^2}{2\,P} + \frac{y^2}{2\,Q} + \frac{x\,y}{R} \right)(n\cos i - n'\cos i') - x\,(n\sin i - n'\sin i') -$$

$$- n\left(\frac{x^2\cos^2 i}{2\,A} + \frac{y^2}{2\,B} + \frac{x\,y\cos i}{C} \right) +$$

$$+ n'\left(\frac{x^2\cos^2 i'}{2\,A'} + \frac{y^2}{2\,B'} + \frac{x\,y\cos i'}{C'} \right) = 0. \quad \cdot \quad \cdot \quad \cdot \quad \cdot \quad (32)$$

Diese Gleichung behält für alle Werthe von x und y ihre Gültigkeit. Setzt man die einzelnen Koefficienten der Reihe nach gleich 0, so findet man

$$K = K',$$

$$n\sin i = n'\sin i', \quad \cdot \quad \cdot \quad \cdot \quad \cdot \quad \cdot \quad \cdot \quad \cdot \quad \cdot \quad (33)$$

$$\left.\begin{array}{l} \dfrac{n\cos^2 i}{A} - \dfrac{n'\cos^2 i'}{A'} = \dfrac{n\cos i - n'\cos i'}{P} \\[2.5ex] \dfrac{n}{B} - \dfrac{n'}{B'} = \dfrac{n\cos i - n'\cos i'}{Q} \\[2.5ex] \dfrac{n\cos i}{C} - \dfrac{n'\cos i'}{C'} = \dfrac{n\cos i - n'\cos i'}{R} \end{array}\right\} \quad \cdot \quad \cdot \quad \cdot \quad \cdot \quad (34)$$

In der Gleichung (33) erkennen wir das bekannte Brechungsgesetz wieder und es ist hiermit i' bestimmt; aus den Gleichungen

(34) lassen sich dann die Werthe der Konstanten A′, B′, C′ bestimmen und aus diesen wieder können alle übrigen dem Strahlenbüschel zukommenden Grössen berechnet werden.

§ **154.** In der letzten Untersuchung wurden Einfalls- und Brechungsebene des Hauptstrahls in die XZ-Ebene verlegt. Stellt diese Ebene gleichzeitig eine Hauptkrümmungsebene der brechenden Ebene dar, so ist $\frac{1}{R} = 0$. In diesem Falle müssen, wenn die Brennlinien des einfallenden Strahls beziehungsweise in der Einfallsebene liegen oder zu dieser senkrecht gerichtet sind, auch die Brennlinien des Austrittsstrahls beziehungsweise in dieser Ebene liegen oder senkrecht zu ihr gerichtet sein. Denn, wenn $\frac{1}{C} = 0$ und $\frac{1}{R} = 0$, so muss nach (34) auch $\frac{1}{C'} = 0$ sein. Ist die brechende Fläche eine Ebene oder eine Kugelfläche, so ist die Einfallsebene stets eine Hauptkrümmungsebene, und wenn die brechende Fläche durch eine Rotationsfläche gebildet wird, so stellt die Einfallsebene in dem Falle eine Hauptkrümmungsebene dar, wenn der Hauptstrahl die Axe schneidet. In diesen Fällen müssen daher, wenn die Brennlinien des Einfallsbüschels beziehungsweise in der Einfallsebene liegen oder senkrecht zu dieser gerichtet sind, auch die Brennlinien des Austrittsbüschels in dieser selben Ebene liegen oder zu derselben senkrecht gerichtet sein. Hierbei ist es gleichgiltig, ob das Einfallsbüschel von einem Punkt divergirt oder nach einem Punkte convergirt.

§ **155.** Ist die brechende Fläche eine Kugelfläche, so ist $\frac{1}{R} = 0$ und $P = Q = r$, wo r der Radius der Kugel ist. Die Verbindungsgleichungen (34) zwischen den Konstanten des einfallenden und gebrochenen Strahlenbüschels erhalten in diesem Fall die Form

$$\left.\begin{aligned}
\frac{n\cos^2 i}{A} - \frac{n'\cos^2 i'}{A'} &= \frac{n\cos i - n'\cos i'}{r} \\[2mm]
\frac{n}{B} - \frac{n'}{B'} &= \frac{n\cos i - n'\cos i'}{r} \\[2mm]
\frac{n\cos i}{C} - \frac{n'\cos i'}{C'} &= 0
\end{aligned}\right\} \quad \ldots \ (35)$$

Liegen die Brennlinien des eintretenden Strahlenbüschels in resp. senkrecht zu der Meridianebene, so ist $\frac{1}{C} = 0$, und somit auch $\frac{1}{C'} = 0$, so dass die Brennlinien des Austrittsbüschels ebenfalls in oder senkrecht zu der Meridianebene liegen. Dasselbe gilt von einem Strahlenbüschel, dessen Strahlen von einem Punkt divergiren; denn in diesem Falle ist $a = b$, so dass nach (30a) $\frac{1}{C} = 0$ und $A = B$. Wenn wir, wie oben, den Abstand des leuchtenden Punktes von der brechenden Fläche mit u, die Abstände der Brennlinien mit v, v' bezeichnen, so erhalten die Gleichungen (34) die Form

$$\left. \begin{array}{c} \dfrac{n \cos^2 i}{u} - \dfrac{n' \cos^2 i'}{v} = \dfrac{n \cos i - n' \cos i'}{r} \\[2em] \dfrac{n}{u} - \dfrac{n'}{v'} = \dfrac{n \cos i - n' \cos i'}{r} \end{array} \right\} ,$$

woraus sich die Uebereinstimmung dieser Gleichungen mit den Gleichungen (26) und (27) ergiebt.

§ 156. *Bestimmung der Brennlinien eines engen Strahlenbüschels nach der Brechung durch ein Prisma.*

Wir setzen zunächst voraus, die Axe des Strahlenbüschels liege in einer zu beiden Prismenflächen senkrechten Ebene und nehmen an, das Strahlenbüschel trete in so geringem Abstande von der brechenden Kante durch das Prisma, dass der in das Prisma fallende Theil des Strahlenweges als verschwindend klein vernachlässigt werden kann. i und i' seien der Einfalls- und Brechungswinkel des Hauptstrahles in Bezug auf die erste Prismenfläche, i_1' und i_1 dieselben Winkel in Bezug auf die zweite Prismenfläche. Die Einfallsebene ist, der gemachten Voraussetzung entsprechend, für beide Brechungen dieselbe. Die charakteristische Funktion für das einfallende Strahlenbüschel, dessen Hauptstrahl in der Richtung der Z-Axe liegen soll, habe die Form

$$V = K + \left(z - \frac{x^2}{2 A} - \frac{y^2}{2 B} - \frac{x y}{c} \right) ,$$

und es sei V_1 die entsprechende Funktion für das Strahlenbüschel nach der ersten Brechung, so dass

$$V_1 = K + n \left(z - \frac{x^2}{2 A_1} - \frac{y^2}{2 B_1} - \frac{x y}{C_1} \right) ,$$

und nach der zweiten Brechung habe die Funktion die Form

$$V' = K + \left(z - \frac{x^2}{2 A'} - \frac{y^2}{2 B'} - \frac{x y}{C'} \right) ,$$

wobei die positive Richtung der Z-Axe in jedem Falle derjenigen des transmittirten Lichtes entgegengesetzt ist. Es bestehen dann

nach der ersten Brechung zwischen A, B, C und A_1, B_1, C_1 nach (35)
die Verbindungsgleichungen

$$\left.\begin{aligned}\frac{\cos^2 i}{A} &= \frac{n\cos^2 i'}{A_1}\\[2ex]\frac{1}{B} &= \frac{n}{B_1}\\[2ex]\frac{\cos i}{C} &= \frac{n\cos i'}{C_1}\end{aligned}\right\},$$

und zwischen A_1, B_1, C_1 und A', B', C' nach der zweiten Brechung

$$\left.\begin{aligned}\frac{n\cos^2 i_1'}{A_1} &= \frac{\cos^2 i_1}{A'}\\[2ex]\frac{n}{B_1} &= \frac{1}{B'}\\[2ex]\frac{n\cos i_1'}{C_1} &= \frac{\cos i_1}{C'}\end{aligned}\right\}.$$

Eliminirt man A_1, B_1, C_1 aus diesen Gruppen von Gleichungen,
so erhält man die Beziehungen

$$\left.\begin{aligned}\frac{1}{A}\frac{\cos^2 i}{\cos^2 i'} &= \frac{1}{A'}\frac{\cos^2 i_1}{\cos^2 i_1'}\\[2ex]\frac{1}{B} &= \frac{1}{B'}\\[2ex]\frac{1}{C}\frac{\cos i}{\cos i'} &= \frac{1}{C'}\frac{\cos i_1}{\cos i_1'}\end{aligned}\right\}\quad \ldots \ldots (36)$$

Durch diese Gleichungen ist das Strahlenbüschel seiner Lage
und Form nach vollständig bestimmt.

Wenn $\frac{1}{C}=0$ ist, so ist auch $\frac{1}{C'}=0$, d. h. wenn die Brennlinien des Einfallsbüschels parallel resp. senkrecht zur Prismenkante
gerichtet sind, so müssen auch die Brennlinien für das austretende
Büschel parallel resp. senkrecht zur Prismenkante gerichtet sein.

Divergirt das Einfallsbüschel von einem Punkte aus, so dass $\frac{1}{C}=0$
und $A=B$, so wird im Allgemeinen das austretende Bündel nicht
von einem Punkte divergiren, sondern vielmehr von einem Paar von
Brennlinien, welche beziehungsweise parallel und senkrecht zur
Prismenkante gerichtet sind. Wenn aber der Hauptstrahl derartig
durch das Prisma tritt, dass er hierbei das Minimum seiner Ab-

lenkung erfährt, so wird bekanntlich $i = i_1$ und $i' = i_1'$, somit auch nach (36) $A = A'$ und daher auch $A' = B'$. In diesem Falle wird das Austrittsbüschel von einem Punkte divergiren. Die Abstände der beiden Brennpunkte von der Prismenkante sind beziehungsweise A und A', beide in der Richtung des Strahlenganges gemessen; es liegen somit die Brennpunkte in gleichem Abstande von dem brechenden Winkel des Prismas.

§ 157. Untersuchen wir jetzt die Brechung eines engen Strahlenbüschels durch eine dünne Linse, deren brechende Flächen beide cylindrisch sind und eine derartige Lage zu einander einnehmen, dass die Erzeugenden der beiden Cylinder unter einem Winkel 2α zu einander geneigt sind.

Die Radien der beiden Cylinderflächen seien a und b und in dem vorliegenden Falle seien diese Radien und alle Abstände nach der der Richtung des einfallenden Strahlenbüschels entgegengesetzten Richtung gemessen. Die Linsenaxe werde durch die Z-Axe dargestellt, und man denke sich die Linse so gelegt, dass der spitze Winkel zwischen den Erzeugenden der beiden Cylinderflächen von der YZ-Ebene halbirt wird. Das ursprüngliche Strahlenbüschel sei charakterisirt nach Analogie der Gleichungen (30a) durch die Konstanten A, B und C, nach der ersten Brechung durch A_1, B_1, C_1, nach der zweiten Brechung durch A', B', C'. Die Werthe von P, Q, R sind dann für die erste Fläche

$$\left. \begin{aligned} P &= \frac{\cos^2\alpha}{a} \\[2ex] Q &= \frac{\sin^2\alpha}{a} \\[2ex] R &= \frac{\sin\alpha\cos\alpha}{a} \end{aligned} \right\} \quad \ldots \ldots \ldots \quad (37)$$

und für die zweite Fläche

$$\left. \begin{aligned} P' &= \frac{\cos^2\alpha}{b} \\[2ex] Q' &= \frac{\sin^2\alpha}{b} \\[2ex] R' &= -\frac{\sin\alpha\cos\alpha}{b} \end{aligned} \right\} \quad \ldots \ldots \ldots \quad (38)$$

Ferner sind Einfalls- und Brechungswinkel sehr klein, so dass man mit genügender Genauigkeit $\cos i = 1$ und $\cos i' = 1$ setzen kann, und die Verbindungsgleichungen zwischen den einzelnen Konstanten lauten dann nach (34):

$$\left.\begin{array}{l}
\dfrac{n}{A_1} - \dfrac{1}{A} = \dfrac{(n-1)\cos^2\alpha}{a} \\[2ex]
\dfrac{n}{B_1} - \dfrac{1}{B} = \dfrac{(n-1)\sin^2\alpha}{a} \\[2ex]
\dfrac{n}{C_1} - \dfrac{1}{C} = \dfrac{(n-1)\sin\alpha\cos\alpha}{a}
\end{array}\right\} \quad \ldots \ldots \quad (39)$$

und ferner

$$\left.\begin{array}{l}
\dfrac{1}{A'} - \dfrac{n}{A_1} = \dfrac{(1-n)\cos^2\alpha}{b} \\[2ex]
\dfrac{1}{B'} - \dfrac{n}{B_1} = \dfrac{(1-n)\sin^2\alpha}{b} \\[2ex]
\dfrac{1}{C'} - \dfrac{n}{C_1} = - \dfrac{(1-n)\sin\alpha\cos\alpha}{b}
\end{array}\right\} \quad \ldots \ldots \quad (40)$$

Eliminiren wir aus den beiden letzten Gruppen von Gleichungen A_1, B_1, C_1 durch Addition der entsprechenden Gleichungen, so erhalten wir schliesslich

$$\left.\begin{array}{l}
\dfrac{1}{A'} - \dfrac{1}{A} = (n-1)\cos^2\alpha \left(\dfrac{1}{a} - \dfrac{1}{b}\right) \\[2ex]
\dfrac{1}{B'} - \dfrac{1}{B} = (n-1)\sin^2\alpha \left(\dfrac{1}{a} - \dfrac{1}{b}\right) \\[2ex]
\dfrac{1}{C'} - \dfrac{1}{C} = (n-1)\sin\alpha\cos\alpha \left(\dfrac{1}{a} + \dfrac{1}{b}\right)
\end{array}\right\} \quad \ldots \ldots \quad (41)$$

Bezeichnet man mit u und v die Abstände der beiden Brennlinien von der Linse, mit θ den Winkel zwischen der YZ-Ebene und der im Abstande u liegenden Brennlinie von der Y-Axe nach der X-Axe zu gemessen, so ist nach (30a)

$$\left.\begin{array}{l}
\dfrac{1}{A'} = \dfrac{\cos^2\theta}{u} + \dfrac{\sin^2\theta}{v} \\[2ex]
\dfrac{1}{B'} = \dfrac{\sin^2\theta}{u} + \dfrac{\cos^2\theta}{v} \\[2ex]
\dfrac{1}{C'} = \left(\dfrac{1}{u} - \dfrac{1}{v}\right)\sin\theta\cos\theta
\end{array}\right\} , \quad \ldots \ldots \quad (42)$$

und divergirt das Strahlenbüschel von einem im Abstande x von der Linse liegenden Punkte, so ist

$$\left.\begin{aligned}\frac{1}{A} &= \frac{1}{x} \\[2mm] \frac{1}{B} &= \frac{1}{x} \\[2mm] \frac{1}{C} &= 0\end{aligned}\right\} \quad \ldots \ldots \ldots \ldots \quad (43)$$

Subtrahirt man daher die ersten und zweiten Gleichungen der Gruppen (41) und (42) und berücksichtigt, dass nach (43) $\frac{1}{A} = \frac{1}{B}$, so erhält man

und

$$\left.\begin{aligned}\left(\frac{1}{u} - \frac{1}{v}\right)\cos 2\,\theta &= (n-1)\cos 2\,\alpha\left(\frac{1}{a} - \frac{1}{b}\right) \\[2mm] \left(\frac{1}{u} - \frac{1}{v}\right)\sin 2\,\theta &= (n-1)\sin 2\,\alpha\left(\frac{1}{a} + \frac{1}{b}\right)\end{aligned}\right\} \quad \ldots \ (44)$$

aus der dritten Gleichung dieser Gruppen.

Eine Linie dieser Art vereinigt ein von einem Punkt ausgehendes Strahlenbüschel nicht in einem Punkt; man bezeichnet sie als astigmatisch und der Werth von $\frac{1}{u} - \frac{1}{v}$ kann daher als Astigmatismus angesehen werden.

Um den Werth dieser Grösse zu bestimmen, haben wir nur die beiden Gleichungen (44) zu quadriren und die so entstehenden Quadrate zu addiren; es wird dann

$$\frac{1}{u} - \frac{1}{v} = (n-1)\sqrt{\frac{1}{a^2} + \frac{1}{b^2} - \frac{2}{a\,b}\cos 4\,\alpha} \ldots \ldots (45)$$

Ist die zweite Fläche eben, so ist $\frac{1}{b} = 0$ und in diesem Falle wird

$$\frac{1}{u} - \frac{1}{v} = \frac{n-1}{a} \ldots \ldots \ldots \ldots (46)$$

Eine Linse der letzteren Art ist von Prof. Stokes als eine astigmatische Linse bezeichnet worden und die durch den Mittelpunkt der Linse in der Richtung der Erzeugenden der cylindrischen Fläche gelegte Linie als die astigmatische Axe der Linse.

§ 158. *Bestimmung der Brennlinien eines engen, in schiefer Richtung durch den Mittelpunkt einer dünnen Linse einfallenden und von dieser gebrochenen Strahlenbüschels.*

Der Mittelstrahl des Strahlenbüschels geht durch den Mittelpunkt der Linse und wird daher parallel zu seiner ursprünglichen Richtung zum Austritt gelangen. Verlegt man die Richtung des Einfallsstrahls in die Z-Axe und repräsentirt die X Z-Ebene die Einfallsebene, so lassen sich die charakteristischen Funktionen für den einfallenden, einmal und zweimal gebrochenen Strahl der Reihe nach durch folgende Gleichungen darstellen:

$$V = K + \left\{ z - \frac{x^2}{2\,A} - \frac{y^2}{2\,B} - \frac{z^2}{C} \right\},$$

$$V_1 = K + n \left\{ z - \frac{x^2}{A_1} - \frac{y^2}{2\,B_1} - \frac{z^2}{C_1} \right\},$$

$$V' = K + \left\{ z - \frac{x^2}{2\,A'} - \frac{y^2}{2\,B'} - \frac{z^2}{C'} \right\},$$

wenn n der Brechungsexponent der Linse ist und die Abstände auf der Z-Axe in dem der Richtung des transmittirten Lichtes entgegengesetzten Sinne gemessen werden. Ist ferner i der Einfalls- und Austrittswinkel des Hauptstrahls, i' der Brechungswinkel innerhalb der Linse, und berücksichtigt man, dass die Einfallsebene für beide Brechungen dieselbe ist, so gilt für die erste Brechung nach (35)

$$\frac{\cos^2 i}{A} - \frac{n\cos^2 i'}{A_1} = \frac{\cos i - n\cos i'}{r},$$

$$\frac{1}{B} - \frac{n}{B_1} = \frac{\cos i - n\cos i'}{r},$$

$$\frac{\cos i}{C} - \frac{n\cos i'}{C_1} = 0,$$

und für die zweite Brechung

$$\frac{n\cos^2 i'}{A_1} - \frac{\cos^2 i}{A'} = \frac{n\cos i' - \cos i}{r'},$$

$$\frac{n}{B_1} - \frac{1}{B'} = \frac{n\cos i' - \cos i}{r'},$$

$$\frac{n\cos i'}{C_1} - \frac{\cos i}{C'} = 0,$$

unter r und r' die Krümmungsradien der sphärischen Flächen verstanden.

Eliminirt man in den letzten Gleichungen A_1, B_1 und C_1, so erhält man die folgenden Relationen zwischen den Konstanten des einfallenden und austretenden Strahls:

$$\cos^2 i \left\{ \frac{1}{A'} - \frac{1}{A} \right\} = (n \cos i' - \cos i) \left\{ \frac{1}{r} - \frac{1}{r'} \right\}$$

$$\frac{1}{B'} - \frac{1}{B} = (n \cos i' - \cos i) \left\{ \frac{1}{r} - \frac{1}{r'} \right\} \qquad \cdots \quad (47)$$

$$\frac{1}{C'} = \frac{1}{C}$$

§ 159. Geht das einfallende Strahlenbüschel von einem im Abstande u von der Linse befindlichen Punkt aus, so ist $\dfrac{1}{C} = 0$ und $A = B = u$. Es ist dann auch $\dfrac{1}{C'} = 0$, so dass die Brennlinien des austretenden Büschels beziehungsweise in und rechtwinklig zu der Einfallsebene liegen. Sind v und v' die Abstände der Brennlinien von der Linsenfläche, so ist nach (47)

$$\cos^2 i \left\{ \frac{1}{v} - \frac{1}{u} \right\} = \frac{1}{v'} - \frac{1}{u} = (n \cos i' - \cos i) \left(\frac{1}{r} - \frac{1}{r'} \right). \quad (48)$$

Für den Fall, dass i und i' sehr kleine Werthe annehmen, können wir $\cos i = 1 - \dfrac{1}{2} i^2$, $\cos i' = 1 - \dfrac{1}{2} i'^2$ und nach dem Brechungsgesetz $i = n i'$ setzen und es wird dann

$$\cos i' = 1 - \frac{i^2}{2 n^2}.$$

Setzen wir für $\cos i$ und $\cos i'$ ihre Werthe nach i ein, so erhalten wir

$$n \cos i' - \cos i = (n - 1) \left\{ 1 + \frac{i^2}{2 n} \right\}.$$

Bezeichnen wir daher die Brennweite der Linse mit f, so dass nach (14, IV)

$$\frac{1}{f} = (n - 1) \left(\frac{1}{r} - \frac{1}{r'} \right),$$

so folgt aus (48)

$$\frac{1}{v} - \frac{1}{u} = \frac{1}{f} \left\{ 1 + i^2 \left(1 + \frac{1}{2 n} \right) \right\}$$

$$\frac{1}{v'} - \frac{1}{u} = \frac{1}{f} \left\{ 1 + \frac{i^2}{2 n} \right\} \qquad \cdots \cdots \quad (49)$$

§ 160. Einer von den Mängeln, welcher dem Bild eines durch eine Linse betrachteten Objektes anhaftet, besteht darin, dass das

Bild eines ebenen Objektes gekrümmt erscheint. Wir wollen im Folgenden die Krümmung eines Bildes in der Nähe der Axe bestimmen; mit anderen Worten, wir wollen die Krümmungen der durch eine beliebige durch die Axe gelegte Ebene entstehenden Schnittflächen des Objektes und seines Bildes vergleichen. Diese Krümmung des Bildes hängt zum Theil von der Schiefe der von den ausseraxialen Punkten des Objektes ausgehenden Strahlenbüschel ab.

u sei der Abstand des betrachteten Objektpunktes von dem Mittelpunkt der Linse und i die Neigung des Hauptstrahls des Büschels. Es werden im Allgemeinen zwei im Abstande v und v' vom Mittelpunkte der Linse liegende Brennlinien vorhanden sein, und es ist dann nach (49)

$$\frac{1}{v} - \frac{1}{u} = \frac{1}{f}\left\{1 + i^2\left(1 + \frac{1}{2n}\right)\right\}$$

$$\frac{1}{v'} - \frac{1}{u} = \frac{1}{f}\left\{1 + \frac{i^2}{2n}\right\} \qquad , \quad \ldots \ldots \text{(50)}$$

oder

$$\frac{1}{v} - \frac{1}{u} = \frac{1}{f}(1 + k\,i^2)$$

wenn man die Lage beider Brennpunkte durch eine gemeinsame Gleichung kennzeichnen will. P und p seien in Fig. 100 einander

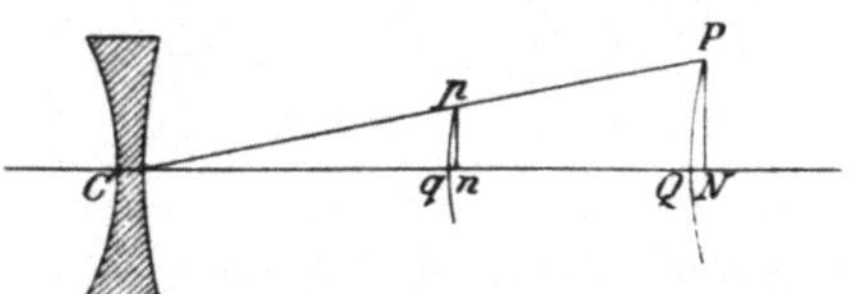

Fig. 100.

entsprechende Punkte der Abschnitte PQ und pq des Objektes und seines Bildes, Q und q die Punkte, in welchen diese Abschnitte von der Axe geschnitten werden. Man ziehe die Ordinaten PN und pn senkrecht zur Axe. Für die Punkte q und Q ist die Strahlenschiefe $i = 0$ und daher nach (50)

$$\frac{1}{Cq} - \frac{1}{CQ} = \frac{1}{f},$$

und für die übrigen korrespondirenden Punkte besteht die Beziehung:

$$\frac{1}{Cp} - \frac{1}{CP} = \frac{1}{f}(1 + k\,i^2).$$

Multiplicirt man die erstere Gleichung mit $\cos i$ und subtrahirt die letztere, so erhält man:

$$\frac{q\,n}{C\,p\,.\,C\,q} - \frac{Q\,N}{C\,P\,.\,C\,Q} = \frac{1}{f}\left\{1 - \frac{i^2}{2} - 1 - k\,i^2\right\}$$

$$= -\frac{1}{f}\left\{\frac{1}{2} + k\right\}i^2.$$

$C\,p\,.\,C\,q$ hat aber den Grenzwerth $C\,p^2$ und es wird, wenn dieser erreicht ist,

$$C\,p\,.\,C\,q\,i^2 = \{C\,p\,.\,i\}^2 = \overline{p\,n}^2$$

und analog

$$C\,P\,.\,C\,Q\,i^2 = \{C\,P\,.\,i\}^2 = \overline{P\,N}^2,$$

und wir erhalten aus der letzten Gleichung:

$$\frac{q\,n}{\overline{p\,n}^2} - \frac{Q\,N}{\overline{P\,N}^2} = -\frac{2\,k+1}{2\,f}.$$

Bezeichnen wir mit ϱ und ϱ' die Krümmungsradien des Objektes und seines Bildes, so ist nach Newton's Theorie der Krümmungen im Grenzfalle $\dfrac{1}{2\,\varrho'} = \dfrac{q\,n}{\overline{p\,n}^2}$, $\dfrac{1}{2\,\varrho} = \dfrac{Q\,N}{\overline{P\,N}^2}$, und wir haben somit als Verbindungsgleichung zwischen den Krümmungen des Objektes und seines Bildes

$$\frac{1}{\varrho'} - \frac{1}{\varrho} = -\frac{(2\,k+1)}{f} \quad\ldots\quad\ldots\quad\ldots\quad (51)$$

Die Krümmung des Bildes ist unabhängig von der Lage des Objektes; denn wie wir aus der letzten Gleichung ersehen, ist das Verhältnis zwischen den Krümmungen des Objektes und seines Bildes unabhängig von den Abständen u und v.

Ist das Objekt eben, so dass die Krümmung des Objektabschnittes verschwindet, so ist $\varrho = 0$ und somit

$$\frac{1}{\varrho'} = -\frac{(2\,k+1)}{f}.$$

Der Krümmungsradius hat also das entgegengesetzte Vorzeichen wie f.

Der Werth von k hängt, wie die Gleichungen (50) zeigen, von der Lage des Brennpunktes, in welchen das Bild fallen soll, ab; für einen ersten Brennpunkt ist $k = 1 + \dfrac{1}{2\,n}$, für einen zweiten Brenn-

punkt ist $k = \dfrac{1}{2\,n}$ und für den Kreis kleinster Verzerrung stellt der Werth von k das Mittel zwischen beiden dar.

Für den geometrischen Brennpunkt ist $k = 0$ und daher

$$\frac{1}{\varrho'} - \frac{1}{\varrho} = -\frac{1}{f}.$$

§ 161. Mittelst der charakteristischen Funktion lässt sich die Theorie eines jeden um eine Axe symmetrisch angeordneten optischen Instrumentes entwickeln.

Zu diesem Zwecke nehme man auf der Axe zwei feste Punkte O und O', im ersten und letzten Medium als Koordinatenursprünge an, während die Axe des Instrumentes zur Z-Axe wird, und zwar lasse man die positive Richtung der von O ausgehenden Z-Axe derjenigen des einfallenden Lichtes entgegengesetzt sein, dagegen die positive Richtung der von O' ausgehenden Axe mit derjenigen des austretenden Lichtes übereinstimmen. Betrachtet man nun die charakteristische Funktion für den zwischen zwei Punkten $(x,\ y,\ z)$ und $(x',\ y',\ z')$ liegenden Theil irgend eines Strahls im ersten und letzten Medium, und schneidet der durch diese Punkte gehende Strahl die durch O resp. O' gelegten XY-Ebenen in den Punkten $(\xi,\ \eta)$ resp. $(\xi',\ \eta')$, so lässt sich, wenn V_0 den Werth der charakteristischen Funktion zwischen O und O' darstellt, der Werth der charakteristischen Funktion innerhalb der Punkte $(\xi,\ \eta)$ und $(\xi',\ \eta')$ nach dem Taylor'schen Theorem folgendermaassen entwickeln:

$$V = V_0 + \xi \frac{dV}{d\xi} + \eta \frac{dV}{d\eta} + \xi' \frac{dV}{d\xi'} + \eta' \frac{dV}{d\eta'} + \frac{1}{2} \xi^2 \frac{d^2V}{d\xi^2}$$

$$+ \xi\eta \frac{d^2V}{d\xi\,d\eta} + \frac{1}{2} \eta^2 \frac{d^2V}{d\eta^2} + \xi\xi' \frac{d^2V}{d\xi\,d\xi'} + \xi\eta' \frac{d^2V}{d\xi\,d\eta'}$$

$$+ \xi'\eta \frac{d^2V}{d\xi'\,d\eta} + \eta\eta' \frac{d^2V}{d\eta\,d\eta'} + \frac{1}{2} \xi'^2 \frac{d^2V}{d\xi'^2} + \xi'\eta' \frac{d^2V}{d\xi'\,d\eta'} + \frac{1}{2} \eta'^2 \frac{d^2V}{d'\eta'^2} \cdots$$

$$+ \text{Glieder mit höheren Potenzen von } \xi,\ \eta,\ \xi',\ \eta'.$$

Nimmt man an, dass bei der Entwicklung dieser Reihe in sämmtlichen Koefficienten ξ und η nach der Differentiation gleich 0 gemacht worden sind, so dass die Koefficienten Konstanten darstellen, so kann man den Werth von V auch in dieser Form schreiben:

$$V = V_0 + f\xi + g\eta + f'\xi' + g'\eta' + \frac{1}{2} a\xi^2 + c\xi\eta + \frac{1}{2} b\eta^2 + p\xi\xi' + q\xi\eta' +$$

$$+ r\xi'\eta + s\eta\eta' + \frac{1}{2} a'\xi'^2 + c'\xi'\eta' + \frac{1}{2} b'\eta'^2 + \cdots$$

Bezeichnet man mit U die charakteristische Funktion für den Strahl innerhalb der Punkte (x, y, z) und (x', y', z'), so ergiebt sich aus der Definition dieser Funktion

$$U = V + n\left\{(x-\xi)^2 + (y-\eta)^2 + z^2\right\}^{1/2} + n'\left\{(x'-\xi')^2 + (y'-\eta')^2 + z'^2\right\}^{1/2}$$

oder

$$U = V_0 + n\left\{(x-\xi)^2 + (y-\eta)^2 + z^2\right\}^{1/2}$$

$$+ n'\left\{(x'-\xi')^2 + (y'-\eta')^2 + z'^2\right\}^{1/2}$$

$$+ f\xi + g\eta + f'\xi' + g'\eta'$$

$$+ \frac{1}{2}a\xi^2 + c\xi\eta + \frac{1}{2}b\eta^2$$

$$+ p\xi\xi' + q\xi\eta' + r\xi'\eta + s\eta\eta'$$

$$+ \frac{1}{2}a'\xi'^2 + c'\xi'\eta' + \frac{1}{2}b'\eta'^2 + \cdots\cdots$$

Da aber die Funktion in Bezug auf die Z-Axe symmetrisch ist, so müssen folgende Bedingungen erfüllt sein:

$$f = 0, \quad g = 0, \quad f' = 0, \quad g' = 0; \quad c = 0, \quad c' = 0; \quad q = 0, \quad r = 0;$$

$$a = b, \quad a' = b', \quad p = s.$$

Die charakteristische Funktion erhält daher, wenn man diese Bedingungen einführt und die Wurzeln in der Gleichung für U nach dem binomischen Satz entwickelt, die folgende vereinfachte Form:

$$\left.\begin{aligned}U = V_0 + nz + n'z' + \frac{n}{2z}\left\{(x-\xi)^2 + (y-\eta)^2\right\} \\ + \frac{n'}{2z'}\left\{(x'-\xi')^2 + (y'-\eta')^2\right\} + \frac{1}{2}a(\xi^2 + \eta^2) \\ + \frac{1}{2}a'(\xi'^2 + \eta'^2) + p(\xi\xi' + \eta\eta') + \cdots\cdots\end{aligned}\right\} \quad . \quad . \quad (52)$$

Die charakteristische Funktion bleibt für kleine Veränderungen von ξ, η, ξ', η' unverändert; vernachlässigt man daher die höheren Potenzen kleiner Grössen, so erhält man die folgenden Gleichungen:

$$\left(a+\frac{n}{z}\right)\xi+p\,\xi'=n\,\frac{x}{z}$$

$$\left(a+\frac{n}{z}\right)\eta+p\,\eta'=n\,\frac{y}{z}$$

$$p\,\xi+\left(a'+\frac{n'}{z'}\right)\xi'=n'\,\frac{x'}{z'}$$

$$p\,\eta+\left(a'+\frac{n'}{z'}\right)\eta'=n'\,\frac{y'}{z'}$$

$$\qquad\qquad\qquad\qquad\qquad\qquad\cdots\cdots\cdots\ (53)$$

Löst man die erste und dritte dieser Gleichungen nach ξ und ξ' auf, so erhält man:

$$D\,\xi=\frac{n\,x}{z}\left(a'+\frac{n'}{z'}\right)-\frac{n'\,x'}{z'}\,p$$

$$D\,\xi'=\frac{n'x'}{z'}\left(a+\frac{n}{z}\right)-\frac{n\,x}{z}\,p$$

$$,$$

worin

$$D=\left(a+\frac{n}{z}\right)\left(a'+\frac{n'}{z'}\right)-p^2,\ \ \cdots\cdots\ (54\,\mathrm{a})$$

und analoge Formeln erhält man für η und η', wenn man die zweite und dritte Gleichung nach y und y' auflöst.

Es ist somit

$$D\,(x-\xi)=\left\{a\left(a'+\frac{n'}{z'}\right)-p^2\right\}x+\frac{n'\,x'\,p}{z'}$$

$$D\,(x'-\xi')=\left\{a'\left(a+\frac{n}{z}\right)-p^2\right\}x'+\frac{n\,x\,p}{z}$$

$$\qquad\qquad\qquad\qquad\qquad\cdots\cdots\ (54)$$

Die charakteristische Funktion U lässt sich aber nach entsprechender Umformung der Gleichung (52) auch folgendermaassen schreiben:

$$U=V_0+n\,z+n'\,z'+\frac{n}{2\,z}\,(x^2-2\,x\,\xi)+\frac{n'}{2\,z'}\,(x'^2-2\,x'\,\xi')$$

$$+\frac{1}{2}\,\xi\left\{\left(a+\frac{n}{z}\right)\xi+p\,\xi'\right\}+\frac{1}{2}\,\xi'\left\{p\,\xi+\left(a'+\frac{n'}{z'}\right)\xi'\right\}\cdots\cdots$$

+ ähnliche Glieder nach y und η; oder nach (53)

$$U=V_0+n\,z+n'\,z'+\frac{n\,x}{2\,z}\,(x-\xi)+\frac{n'\,x'}{2\,z'}\,(x'-\xi')$$

+ ähnliche Glieder nach y und η.

Setzen wir hierin für $x - \xi$ und $x' - \xi'$ deren aus (54) sich ergebende Werthe nach x und x', so wird

$$U = V_0 + n\,z + n'\,z' + \frac{1}{2\,D}\left[\frac{n}{z}\left\{a\left(a' + \frac{n'}{z'}\right) - p^2\right\}x^2 + 2\,\frac{n\,n'}{z\,z'}\,p\,x\,x' + \right.$$

$$\left. + \frac{n'}{z'}\left\{a'\left(a + \frac{n}{z}\right) - p^2\right\}x'^2\right]$$

$$+ \text{ ähnliches Glied nach } y + \eta. \quad \ldots \ldots \quad (55)$$

Führen wir in diese Gleichung die folgenden Substitutionen ein:

$$g = \frac{n\,a'}{p^2 - a\,a'}, \qquad g' = \frac{n'\,a}{p^2 - a\,a'}\left.\begin{array}{c}\\[3ex]\\\end{array}\right\}, \quad \ldots \ldots \quad (56\,\mathrm{a})$$

$$f = -\frac{n\,p}{p^2 - a\,a'}, \qquad f' = -\frac{n'\,p}{p^2 - a\,a'}$$

was wir, da die Symbole f, f', g, g' in keiner anderweitigen Bedeutung mehr in der Untersuchung vorkommen, anstandslos thun können; multipliciren wir dann in dem Ausdruck für U Zähler und Nenner des Bruches mit $z\,z'$ und dividiren beide durch $a\,a' - p^2$, so ergiebt sich als Werth von U:

$$U = V_0 + n\,z + n'\,z' + \frac{1}{2}\,\frac{n\,(z' - g')\,x^2 + n'\,(z - g)\,x'^2 + (f\,n' + f'\,n)\,x\,x'}{(z - g)\,(z' - g') - f\,f'}$$

$$+ \frac{1}{2}\,\frac{n\,(z' - g')\,y^2 + n'\,(z - g)\,y'^2 + (f\,n' + f'\,n)\,y\,y'}{(z - g)\,(z' - g') - f\,f'} \qquad \cdot \ (56)$$

§ 162. Bezeichnet man mit $(i_x,\ i_y,\ i_z)$ die Richtungskosinusse des durch (x, y, z) gehenden Einfallsstrahls, so ergiebt sich aus der Natur der charakteristischen Funktion die Proportion:

$$i_x : i_y : i_z = \frac{d\,V}{d\,x} : \frac{d\,V}{d\,y} : \frac{d\,V}{d\,z}\ .$$

Setzen wir der Kürze halber

$$\left.\begin{array}{c} z - g = u \\[1.5ex] z' - g' = u' \end{array}\right\},$$

so folgt, da nach (56a) $f\,n' = f'\,n$, aus der Differentiation der Gleichung (56) nach x, y, z

$$\frac{d\,V}{d\,x} = \frac{n\,(u'\,x + f'\,x')}{u\,u' - f\,f'}, \qquad \frac{d\,V}{d\,y} = \frac{n\,(u'\,y + f'\,y')}{u\,u' - f\,f'}, \qquad \frac{d\,V}{d\,z} = n\ .$$

Aus der Proportion zwischen $i_x,\ i_y,\ i_z$ ergeben sich somit die Gleichungen

$$\frac{i_x}{u'\,x+f'\,x'}=\frac{i_y}{u'\,y+f'\,y'}=\frac{i_z}{u\,u'-f\,f'}\ \cdot\ \cdot\ \cdot\ \cdot\ (57)$$

Auf ganz analoge Weise erhält man für den austretenden Strahl, wenn dessen Richtungskosinusse mit $r_x,\ r_y,\ r_z$ bezeichnet werden,

$$\frac{r_x}{u\,x'-f\,x}=\frac{r_y}{u\,y'-f\,y}=\frac{r_z}{u\,u'-f\,f'}\ \cdot\ \ \cdot\ \cdot\ \cdot\ \cdot\ (58)$$

Denkt man sich nun den einen der beiden Punkte, etwa (x, y, z) als festliegend, während die Richtung des durch ihn gehenden Strahls sich ändert, so ist durch die Gleichungen (57) der Punkt bestimmt, in welchem ein beliebiger Strahl die Ebene $z = z'$ schneidet.

Wählt man aber $x',\ y',\ z'$ so, dass die Nenner der Quotienten verschwinden, d. h. so, dass

$$\left.\begin{aligned} u'\,x &= -f'\,x' \\ u'\,y &= -f'\,y' \\ u\,u' &= f\,f' \end{aligned}\right\},$$

wird, so wird jeder Werth des Verhältnisses $i_x : i_y : i_z$ den Gleichungen (57) genügen; mit anderen Worten, es wird, was auch die Richtung des durch (x, y, z) gehenden Einfallsstrahls sein mag, derselbe durch den durch die Gleichungen bestimmten Punkt (x', y', z') hindurchgehen. Aus den Gleichungen für das Verhältnis $r_x : r_y : r_z$ erkennt man unschwer, dass diese Relation eine umkehrbare ist. Es sind somit (x, y, z) und (x', y', z') konjugirte Punkte. Ihre Koordinaten sind also durch folgende Gleichungen verbunden:

$$\left.\begin{aligned} u\,u' &= f\,f' \\[2mm] \frac{x}{x'} &= \frac{y}{y'} = -\frac{u}{f} \\[2mm] \frac{x'}{x} &= \frac{y'}{y} = -\frac{u'}{f'} \end{aligned}\right\}\ \cdot\ \cdot\ \cdot\ \cdot\ \cdot\ \cdot\ \cdot\ \cdot\ (59)$$

Diese Gleichungen bestimmen die Lage und charakteristischen Eigenschaften der Kardinalpunkte des Systems, welche wir bereits in dem Kapitel über die Gauss'sche Theorie centrirter Linsensysteme behandelt haben. Lassen wir also $u = \infty$ werden, so wird dadurch $u' = 0$, und umgekehrt, so dass Strahlen, welche im ersten Medium parallel sind, alle im zweiten Medium durch einen Punkt in der Ebene $u' = 0$ hindurchgehen; mit anderen Worten, $u' = 0$ ist die Gleichung der zweiten Brennebene. Analog ist $u = 0$ die Gleichung der ersten Brennebene.

Lassen wir ferner $u = -f$ und somit $u' = -f'$ werden, so wird nach (59)

$$x = x' \atop y = y' \Bigg\} .$$

Hieraus geht hervor, dass jeder Strahl die Ebenen $u = -f$ und $u' = -f'$ in solchen Punkten schneidet, deren Verbindungslinie parallel zur Axe des Systems gerichtet ist. Diese Ebenen sind daher die Ebenen, welchen das Abbildungsverhältnis 1 entspricht, also die Hauptebenen.

Von diesen Kardinalpunkten ausgehend, können wir die Lage der Knotenpunkte bestimmen und ferner lassen sich auch hier die sämmtlichen in früheren Kapiteln behandelten Konstruktionsmethoden zur Bestimmung der Lage des einem gegebenen Punkte konjugirten Vereinigungspunktes, sowie der Richtung des einem gegebenen Einfallsstrahl zugeordneten Austrittsstrahls anwenden.

§ 163. Jene Konstruktionsmethoden lassen sich aber in dem Falle nicht anwenden, wo $p^2 = a\,a'$ wird; denn dann werden die Werthe der Koordinaten der Kardinalpunkte und der Brennweiten unendlich gross. Die Gleichung (55) für die charakteristische Funktion reducirt sich in diesem Falle auf die Form:

$$U = V_0 + n\,z + n'\,z' + \frac{1}{2\,D} \cdot \frac{n\,n'}{z\,z'} \left[a\,x^2 + 2\,p\,x\,x' + a\,x'^2 \right],$$

oder, wenn man hierin den Werth von D aus (54a) einführt,

$$U = V_0 + n\,z + n'\,z' + \frac{1}{2} \, \frac{a\,x^2 + 2\,p\,x\,x' + a'\,x'^2}{\dfrac{a\,z}{n} + \dfrac{a'\,z'}{n'} + 1}$$

$+$ ähnliches Glied nach y und y'.

Differentiirt man die Gleichung der charakteristischen Funktion in dieser Form nach x, y und z, so erhält man für die Richtungskosinusse des einfallenden und austretenden Strahls die folgenden Gleichungen:

$$\frac{i_x}{a\,x + p\,x'} = \frac{i_y}{a\,y + p\,y'} = \frac{i_z}{n\left(\dfrac{a\,z}{n} + \dfrac{a'\,z'}{n'} + 1\right)}$$

und

$$\frac{r_x}{p\,x + a'\,x'} = \frac{r_y}{p\,y + a'\,y'} = \frac{r_z}{n'\left(\dfrac{a\,z}{n} + \dfrac{a'\,z'}{n'} + 1\right)} \qquad \left.\right\} \quad \ldots \quad (60)$$

Durch einen ganz ähnlichen Schluss, wie bei der Behandlung des allgemeinen Falles, gelangt man zu folgenden Verbindungsgleichungen zwischen einem Paar konjugirter Punkte:

$$\left. \begin{aligned} a\,x + p\,x' &= 0 \\ a\,y + p\,y' &= 0 \\ \frac{a\,z}{n} + \frac{a'\,z'}{n'} + 1 &= 0 \end{aligned} \right\}.$$

Aus den beiden ersten dieser letzten Gleichungen gewinnen wir dann die einfachen Beziehungen:

$$\left. \begin{aligned} \frac{x}{x'} &= \frac{y}{y'} = -\frac{p}{a} \\ \frac{x'}{x} &= \frac{y'}{y} = -\frac{p}{a'} \end{aligned} \right\} \quad \ldots \ldots \ldots \ldots (61)$$

Es ist also in diesem Falle die *lineare Vergrösserung für alle möglichen Lagen des Objektes konstant,* und zwar ist

$$\frac{x}{x'} = -\frac{p}{a'} = -\,\mathrm{N}. \quad \ldots \ldots \ldots (62)$$

Ferner ist, wie ohne Weiteres aus (60) folgt,

$$\frac{n\,i_x}{a\,x + p\,x'} = \frac{n'\,r_x}{p\,x + a'\,x'},$$

wofür wir, da $p^2 = a\,a'$ ist, setzen können

$$\frac{n\,i_x}{a} = \frac{n'\,r_x}{p}.$$

Eine ähnliche Verbindungsgleichung lässt sich zwischen i_y und r_y aufstellen und als Verbindungsgleichung zwischen den Richtungskosinussen des einfallenden und austretenden Strahls gewinnen wir dann die Relation:

$$\left. \begin{aligned} \frac{r_x}{i_x} = \frac{r_y}{i_y} &= \frac{n}{n'} \cdot \frac{p}{a} \\ &= \frac{n\,\mathrm{N}}{n'} \end{aligned} \right\} \quad \cdot \quad \cdots \cdots \quad (63)$$

Der Ausdruck $\dfrac{n\,\mathrm{N}}{n'}$ symbolisirt die Winkelvergrösserung; die Gleichung besagt also, dass für $p^2 = a\,a'$ oder für parallel einfallende Strahlen die Winkelvergrösserung konstant ist. Strahlen, welche im ersten Medium parallel sind, sind es auch im letzten. Als Beispiel für diesen Fall haben wir ein für ein normales Auge auf einen Stern eingestelltes Fernrohr.

§ 164. *Bestimmung der charakteristischen Funktion für ein enges Strahlenbüschel nach seinem Durchtritt durch irgend ein heterogenes Medium.*

Wir wollen annehmen, die beiden äussersten Medien, deren Brechungsexponenten n und n' sein mögen, seien homogen. O sei ein unbeweglicher Punkt auf dem Hauptstrahl im ersten Medium und O$'$ ein ebensolcher Punkt auf demselben Strahl im letzten Medium. Wir verlegen die Koordinatenursprünge nach O und O$'$ und lassen die Richtungen des Hauptstrahls in den beiden Medien in die Z-Axe fallen. Im ersten Medium soll die der Richtung des einfallenden Lichtes entgegengesetzte Richtung der Z-Axe, im letzten Medium dagegen die mit der Richtung des Lichtes übereinstimmende Richtung der Z-Axe als positiv angesehen werden. Ein beliebiger Strahl treffe die durch O gelegte X Y-Ebene im Punkt (x, y) und die durch O$'$ gelegte X Y-Ebene in (x', y'). Stellt U den Werth der charakteristischen Funktion für die Grenzen von (x, y) bis (x', y') und U_0 für die Grenzen von O bis O$'$ dar, so lässt sich U nach dem Taylor'schen Theorem folgendermaassen entwickeln:

$$\mathrm{U} = \mathrm{U}_0 + x\frac{d\,\mathrm{U}}{d\,x} + y\frac{d\,\mathrm{U}}{d\,y} + x'\frac{d\,\mathrm{U}}{d\,x'} + y'\frac{d\,\mathrm{U}}{d\,y'} + \frac{1}{2}\,x^2\frac{d^2\mathrm{U}}{d\,x^2}$$

$$+ x\,y\frac{d^2\,\mathrm{U}}{d\,x\,d\,y} + \frac{1}{2}\,y^2\frac{d^2\,\mathrm{U}}{d\,y^2} + x\,x'\frac{d^2\,\mathrm{U}}{d\,x\,d\,x'} + x\,y'\frac{d^2\,\mathrm{U}}{d\,x\,d\,y'}$$

$$+ x'\,y\frac{d^2\,\mathrm{U}}{d\,x\,d\,y} + y\,y'\frac{d^2\,\mathrm{U}}{d\,y\,d\,y'} + \frac{1}{2}\,x'^2\frac{d^2\,\mathrm{U}}{d\,x'^2} + x'\,y'\frac{d^2\,\mathrm{U}}{d\,x'\,d\,y'} + \frac{1}{2}\,y'^2\frac{d^2\,\mathrm{U}}{d\,y'^2}$$

$$+ \text{Glieder mit höheren Potenzen von } x, y, x', y'.$$

Hierfür lässt sich schreiben:

$$U = U_0 + f\,x + g\,y + f'\,x' + g'\,y' + \frac{1}{2}\,a x^2 + c\,x\,y + \frac{1}{2}\,b\,y^2$$

$$+ p\,x\,x' + q\,x\,y' + r\,x'\,y + s\,y\,y' + \frac{1}{2}\,a'\,x'^2 + c'\,x'\,y' + \frac{1}{2}\,b'\,y'^2 + \ldots,$$

worin die Konstanten von der Natur des Mediums abhängige Funktionen sind und als bekannt vorausgesetzt werden.

Ist

$$V = K + n\left(z - \frac{x^2}{2\,A} - \frac{y^2}{2\,B} - \frac{x\,y}{C}\right)$$

die charakteristische Funktion des einfallenden Strahls,

$$V' = K' + n'\left(z' - \frac{x'^2}{2\,A'} - \frac{y'^2}{2\,B'} - \frac{x'\,y'}{C'}\right)$$

diejenige für den austretenden Strahl, so erhalten wir unter gehöriger Beachtung der Richtung der Z-Axe die Gleichung

$$U = V + V';$$

d. h.

$$K + K' = U_0 + f\,x + g\,y + f'\,x' + g'\,y' + \frac{1}{2}\,\alpha\,x^2 + \gamma\,x\,y$$

$$+ \frac{1}{2}\,\beta\,y^2 + p\,x\,x' + q\,x\,y' + r\,x'\,y + s\,y\,y'$$

$$+ \frac{1}{2}\,\alpha'\,x'^2 + \gamma'\,x'\,y' + \frac{1}{2}\,\beta'\,y'^2 + \ldots,$$

worin

$$\left.\begin{aligned}\alpha &= a + \frac{n}{A}\\[2mm]\beta &= b + \frac{n}{B}\\[2mm]\gamma &= c + \frac{n}{C}\end{aligned}\right\},$$

und α', β', γ' analoge Werthe im zweiten Medium bedeuten.

Dem Begriffe der charakteristischen Funktion entsprechend, behält diese Gleichung auch dann noch ihre Gültigkeit, wenn man die Punkte (x, y) und (x', y') kleine Verschiebungen erfahren lässt. Durch Differentiation ergeben sich folgende Gleichungen:

$$\left.\begin{aligned}\alpha\,x + \gamma\,y + p\,x' + q\,y' + f &= 0\\\gamma\,x + \beta\,y + r\,x' + s\,y' + g &= 0\\p\,x + r\,y + \alpha'\,x' + \gamma'\,y' + f' &= 0\\q\,x + s\,y + \gamma'\,x + \beta'\,y' + g' &= 0\end{aligned}\right\}.$$

Da aber x, y, x' und y' sämmtlich verschwinden, so wird auch

$$f = 0, \quad g = 0, \quad f' = 0 \quad \text{und} \quad g' = 0.$$

Lösen wir die beiden ersten dieser Gleichungen nach x und y auf und setzen $\delta = \alpha\beta - \gamma^2$, so finden wir

$$\left.\begin{aligned}
x\,\delta &= (r\,\gamma - p\,\beta)\,x' + (s\,\gamma - q\,\beta)\,y' \\
y\,\delta &= (p\,\gamma - r\,\alpha)\,x' + (q\,\gamma - s\,\alpha)\,y'
\end{aligned}\right\}.$$

Aus der Substitution dieser Werthe in die beiden ersten Gleichungen jener Gruppe ergiebt sich:

$$x'\,(\alpha'\,\delta + p\,r\,\gamma - p^2\,\beta + r\,p\,\gamma - r^2\,\alpha) + y'\,(\gamma'\,\delta + p\,s\,\gamma - p\,q\,\beta + q\,r\,\gamma - r\,s\,\alpha) = 0;$$

$$x'\,(\gamma'\,\delta + q\,r\,\gamma - p\,g\,\beta + s\,p\,\gamma - s\,r\,\alpha) + y'\,(\beta'\,\delta + q\,s\,\gamma - q^2\,\beta + q\,s\,\gamma - s^2\,\alpha) = 0.$$

Diese Gleichungen gelten für jeden Strahl, d. h. für jeden Werth von x' und y' und somit ist:

$$\left.\begin{aligned}
\alpha'\,\delta &= p^2\,\beta - 2\,p\,r\,\gamma + r^2\,\alpha \\
\gamma'\,\delta &= p\,q\,\beta - (p\,s + q\,r)\,\gamma + r\,s\,\alpha \\
\beta'\,\delta &= q^2\,\beta - 2\,q\,s\,\gamma + s^2\,\alpha
\end{aligned}\right\}.$$

Durch diese Gleichungen sind die Koefficienten α', β', γ' bestimmt; sie dienen ihrerseits zur Bestimmung von A', B' und C', sowie der übrigen für das Austrittsbüschel in Betracht kommenden Grössen.

Die Koordinaten (x, y) und (x', y') sind durch eine lineare Transformation unter einander verbunden. Wird daher das enge Büschel durch die dem Ursprung O zukommende X Y-Ebene in einer Ellipse geschnitten, so wird auch der Schnitt·des Büschels durch die dem Ursprung O' entsprechende X Y-Ebene eine Ellipse sein. Hieraus folgt, dass, wenn in irgend einem Punkt des Büschels der Normalschnitt elliptisch ist, dann auch sämmtliche Normalschnitte des Büschels Ellipsen darstellen.

Kapitel IX.

Dispersion und Achromasie.

§ 165. In unseren bisherigen Untersuchungen wurde das Licht als etwas in allen seinen Theilen Gleichartiges behandelt. Indessen ist das Sonnenlicht nicht homogen, sondern zusammengesetzt. Jeder einzelne Strahl des Sonnenlichts besteht aus einer unendlich grossen Anzahl homogener Elementarlichtstrahlen, welche von einander in Farbe und Brechungsvermögen verschieden sind. Diese Thatsache wurde zuerst von Newton festgestellt.

Bei seinen diesbezüglichen Versuchen verdunkelte Newton einen Raum und liess ein Sonnenlichtbündel durch eine kleine kreisförmige Oeffnung, welche in einem der Fensterläden angebracht war, in den dunklen Raum einfallen. Dieses Lichtbündel bildete einen kleinen weissen Fleck auf der gegenüberliegenden Wand. Er setzte nun ein dreiseitiges Glasprisma mit seiner brechenden Kante nach unten und rechtwinklig zur Strahlenrichtung dicht vor die Oeffnung im Fensterladen und richtete das Prisma so, dass die Strahlen dicht an der Kante durch dasselbe drangen. Der Lichtfleck an der Wand war nun nicht mehr kreisförmig und weiss, vielmehr erhielt Newton eine in die Länge gezogene, in lebhaften Farben glänzende Fläche. Seitlich war dieses farbige Bild oder Spektrum durch gerade, zur Prismenkante senkrechte Linien begrenzt, die Enden desselben dagegen erschienen als halbkreisförmige Bögen. Die Breite des Spektrums stimmte mit dem Durchmesser des ursprünglichen weissen Flecks überein, während seine Länge etwa fünfmal so gross war.

Diese Verlängerung des Bildes kann man sich nur erklären, wenn man die Strahlen des Sonnenlichtes als mit verschiedenartiger Brechbarkeit behaftet ansieht. Die Sonnenstrahlen sind bekanntlich nicht streng parallel. Wird aber das Prisma in seine Stellung kleinster Ablenkung gebracht, so bringt eine kleine Differenz im Einfallswinkel keine merkliche Differenz in der Ablenkung mit sich;

folglich wird die Neigung der austretenden Strahlen zu einander
dieselbe wie diejenige der einfallenden Strahlen sein; wenn daher
das Lichtbündel aus gleichartigen Strahlen bestände, so würde in
Folge seines Durchtritts durch das Prisma auf der auffangenden
Wand ein kreisförmiger Fleck von weissem Licht von derselben
Grösse wie vorher, aber in einer der Ablenkung entsprechenden ver-
schobenen Lage sichtbar werden.

Dieses Experiment beweist ferner, dass diejenigen Strahlen,
welche in ihrer Brechbarkeit verschieden sind, auch in ihren Farben
von einander abweichen; es ist nämlich das farbige Spektrum roth
an seinem unteren oder den am geringsten gebrochenen Strahlen
entsprechenden Ende, und von hier aus geht die Farbenskala in
unmerklich feinen Abstufungen allmählich durch gelb, grün, blau,
bis zum oberen oder der stärksten Brechung entsprechenden Ende,
dem Violett, über. Newton unterschied sieben primäre Farben;
dieses waren, nach steigender Brechbarkeit aufgereiht, folgende:
roth, orange, gelb, grün, blau, indigo, violett. Unter ihnen sind
orange und gelb die am hellsten leuchtenden, es folgen dann roth
und grün, während indigo und violett die lichtschwächsten Farben sind.

§ 166. Nach verschiedenen, auf die Gewinnung einer Erklärung
für diese Erscheinungen gerichteten Versuchen gelangte Newton
schliesslich zu dem folgenden experimentum crucis, das wir fast
in seinen eigenen Worten wiedergeben wollen.

Er nahm zwei Bretter und stellte das eine dicht hinter dem
Prisma am Fenster auf, so dass das Licht durch ein in das Brett
geschnittenes kleines Loch hindurchtreten und auf das zweite Brett
fallen konnte, welches in einer Entfernung von ungefähr zwölf Fuss
von dem ersteren aufgestellt war und ebenfalls mit einer kleinen
Oeffnung versehen war, welche einem beschränkten Theil des durch
die Oeffnung im ersten Brett einfallenden Lichtes den Durchtritt ge-
stattete. Er stellte hinter diesem zweiten Brett ebenfalls ein Prisma
so auf, dass das durch die beiden Oeffnungen hindurchgehende Licht
durch das zweite Prisma treten musste und einer zweiten Brechung
unterworfen wurde, ehe es die auffangende Wand erreichte. Nachdem dies geschehen, drehte er das erste Prisma um seine Axe langsam hin und her und erreichte dadurch, dass die Theile des auf das
zweite Brett projicirten Bildes der Reihe nach getrennt durch die
Oeffnung in demselben traten, wodurch er ein Mittel gewann, die
Stelle der auffangenden Wand, nach welcher die einzelnen Gattungen
der von dem Spektrum ausgehenden Strahlen durch die Wirkung
des zweiten Prismas projicirt wurden, zu beobachten. Er entdeckte
hierbei, dass die dem violetten Ende des Spektrums entsprechenden

Lichtstrahlen erheblich stärker gebrochen wurden, als die von dem rothen Ende ausgehenden Strahlen. Hieraus schloss er, dass Sonnenlicht nicht homogen sei, dass es vielmehr aus Strahlen von verschiedener Farbe und verschiedener Brechbarkeit bestehe.

§ 167. In der soeben beschriebenen Form ausgeführt, hat das Experiment den Nachtheil, dass die farbigen, längs einer geraden Linie angeordneten Sonnenbilder eine beträchtliche Grösse haben; die farbigen Bilder überdecken daher einander theilweise und man erhält nicht mehr völlig getrennte Farben. Das Spektrum ist ein unreines. Wir wollen nun zeigen, auf welche Weise man ein reines Spektrum erhalten kann.

Die Sonne bewegt sich ständig relativ zur Erde und somit ändert sich beständig für einen Punkt der Erde die Richtung der Sonnenstrahlen. Diese Veränderlichkeit der Richtung lässt sich durch einen Heliostaten korrigiren; dies Instrument besteht aus einem Spiegel, welcher durch ein Uhrwerk derartig gedreht wird, dass das Licht in eine konstante Richtung reflektirt wird. Die so reflektirten Sonnenstrahlen lässt man nun auf eine konvexe Linse von kurzer Brennweite fallen, wodurch ein sehr kleines Bild der Sonne im Brennpunkte der Linse entsteht; dieses Bild kann man leicht so klein werden lassen, dass es als Punkt angesehen werden kann. Ein schmales Büschel lässt sich von den durch diesen Punkt hindurchtretenden Strahlen auswählen, indem man sie durch einen sehr engen, durch zwei äusserst sorgfältig bearbeitete Plättchen gebildeten Spalt fallen lässt. Bedient man sich einer mit ihren Erzeugenden zum Spalt parallel gerichteten cylindrischen Linse, so können die Strahlen auf dem Spalt seiner ganzen Länge nach koncentrirt werden und man erhält ein sehr schmales, helles Strahlenbüschel. Dieses Lichtbüschel lässt man auf ein Prisma in der Nähe der zum Spalt parallel gestellten brechenden Kante einfallen. Das Prisma muss in seine Stellung kleinster Ablenkung für Strahlen mittlerer Brechbarkeit gebracht werden, und es wird dann annähernd in einer der minimalen Ablenkung für alle Strahlengattungen entsprechenden Lage sein. Man will hierdurch erreichen, dass die mittleren austretenden Strahlen von Punkten und nicht von Paaren von Brennlinien ausgehen.

In Fig. 101 sei Q die kleine Brennfläche oder der Spalt, in welchem die Strahlen koncentrirt sind. Es werden dann nach der Brechung durch das Prisma A die rothen Strahlen von einem Punkt r, die violetten Strahlen von einem Punkt v ausgehen, wobei $Av = Ar = AQ$. Fängt man die Farben auf einem Schirm auf, so werden sie einander theilweise überdecken und wenngleich man sie durch Entfernung des

Schirmes von der Prismenkante mehr und mehr trennen kann, so werden sie hierbei immer lichtschwächer und undeutlicher. Man lässt daher das Lichtbüschel durch eine achromatische Linse (deren Konstruktion später beschrieben werden wird) mit dem Mittelpunkt B treten, so dass nach der Brechung die rothen Strahlen in einem Punkte r', die violetten in einem Punkte v' konvergiren, wobei $r\,B\,r'$ und $v\,B\,v'$ gerade Linien sind. Die Farben sind jetzt vollständig getrennt, aber das Spektrum $v'\,r'$ ist ein sehr kleines, so dass es, wenn es genaue Messungen gestatten soll, vergrössert werden muss. Man betrachtet daher das Spektrum durch eine andere Linse, ein Okular (welches ebenfalls für chromatische Dispersion korrigirt ist). Die beiden Linsen bilden ein gewöhnliches astronomisches Fernrohr. Wenn daher die von dem Prisma kommenden Strahlen von einem Fernrohr aufgenommen werden, indem man letzteres auf das Spektrum

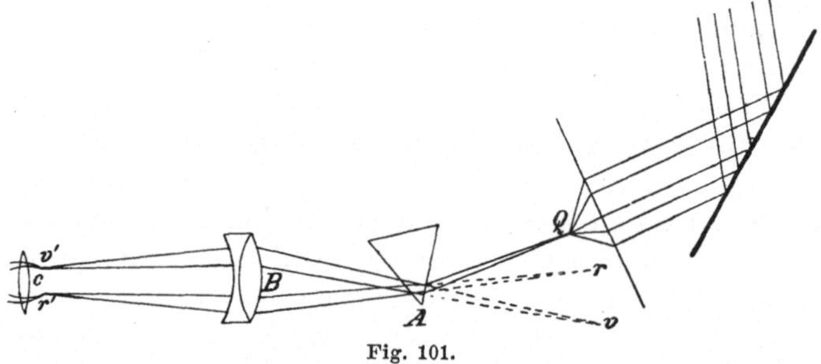

Fig. 101.

einstellt, so wird man ein reines Spektrum beobachten können. Will man das Spektrum auf einen Schirm projiciren, so muss das Okular entfernt werden. In diesem Falle schaltet man zweckmässig zwischen Q und A eine Linse ein, deren Brennpunkt mit Q zusammenfällt. Es werden dann die Strahlen, nachdem sie durch diese Linse getreten sind, parallel und die Punkte v und r befinden sich in unendlicher Entfernung; indem man nun den Schirm von A entfernt, kann man die Farben mehr oder weniger trennen, ohne ihre Intensität zu beeinträchtigen.

§ 168. Untersucht man ein reines Spektrum genau, so findet man, dass es nicht, wie Newton annahm, ein kontinuirliches Farbenband darstellt, dass es vielmehr in bestimmten Intervallen lichtlose Stellen aufweist, welche als dunkle, das Spektrum durchkreuzende Linien auftreten. Diese Linien sind stets unregelmässig über das Spektrum vertheilt, was auch immer die brechende Substanz sein mag. Mit dem brechenden Körper ändert sich auch die Lage der Linien; aber sowohl sie, wie die Farben treten immer in derselben

Aufeinanderfolge auf, so dass man jede Linie identificiren kann. Da diese Linien deutlich und scharf begrenzt erscheinen, so lassen sie sich vortheilhaft zur Bestimmung von Brechungsexponenten benutzen; die Brechungsexponenten für die Strahlen, welchen die Linien entsprechen, können in der That für eine jede Substanz mit der Genauigkeit astronomischer Messungen bestimmt werden. Die Lagen dieser Linien sind, wenigstens für etwa 700 derselben, sorgfältig von Fraunhofer und Anderen gemessen und zusammengestellt worden und man hat für eine sehr grosse Zahl von brechenden Substanzen die verschiedenen Strahlen entsprechenden Brechungsexponenten bestimmt. Mittelst Prismen gleicher Substanz, aber von verschiedenen brechenden Winkeln bestätigte Fraunhofer experimentell das Brechungsgesetz für die den verschiedenen charakteristischen Linien entsprechenden Strahlen mit äusserster Genauigkeit. Diese dunklen Linien bilden kein Charakteristicum für das Licht im Allgemeinen, sondern nur für Sonnenlicht; beleuchtet man nämlich den Spalt durch eine Gasflamme, so erhält man ein vollständig kontinuirliches Spektrum.

Die Helligkeit des Sonnenspektrums ist keineswegs gleichmässig; es hat seine grösste Helligkeit in den gelben und benachbarten Farben, orange und hellgrün, und fällt von da nach beiden Seiten allmählich ab. Wir bemerken hier, obgleich dies strenggenommen nicht zur geometrischen Optik gehört, dass die in ein Spektrum zerlegten Sonnenstrahlen auch in ihren kalorischen und chemischen Wirkungen ein verschiedenes Verhalten zeigen. Die kalorische Wirkung wächst in dem Maasse, als wir von den violetten zu den rothen Strahlen übergehen, und nimmt auch noch zu, wenn bereits das rothe Ende des sichtbaren Spektrums überschritten ist. Ebenso wenn man die Wirkung der verschiedenen Strahlen auf lichtempfindliches Papier beobachtet, ist die Wirkung der rothen Strahlen eine sehr schwache, während die blauen und violetten Strahlen kräftig wirken, und es erstreckt sich diese photo-chemische Wirkung der Strahlen noch um ein Beträchtliches über das violette Ende des sichtbaren Spektrums hinaus.

§ 169. Es giebt drei verschiedene Arten von Spektren, welche von der Natur der benutzten Lichtquelle abhängig sind.

I. Das Sonnenspektrum ist, abgesehen von dem dasselbe durchziehenden System dunkler Linien, ein kontinuirliches. Die Spektra der Fixsterne weisen ebenfalls derartige dunkle Linien auf, welche für verschiedene Sterne verschieden sind.

II. Die von glühenden festen und flüssigen Substanzen herrührenden Spektra sind kontinuirlich und enthalten Licht aller möglichen Grade der Brechbarkeit von dem äussersten roth bis zu einer höheren, durch die Temperatur bedingten Grenze.

III. Flammen, in welchen keine festen Theilchen schwebend enthalten sind, sondern nur das Licht glühender Gase ausstrahlen, liefern diskontinuirliche Spektra, welche aus einer bestimmten Anzahl heller Linien oder Banden bestehen.

§ 170. Neuere Versuche haben gezeigt, dass das Fehlen von Strahlen in dem Sonnen- und ähnlichen Spektren auf Absorption beruht. Denn bekanntlich absorbirt jede Substanz, welche ausschliesslich Strahlen bestimmter Gattungen aussendet, nur Strahlen der von ihr ausgestrahlten Art; ist die Temperatur in beiden Fällen die nämliche, so sind ausgestrahltes und absorbirtes Licht quantitativ einander gleich. Werden die leuchtenden Dämpfe. einer Substanz, welche nur Strahlen ganz bestimmter Brechbarkeit aussenden, zwischen das beobachtende Auge und eine intensive, ein kontinuirliches Spektrum liefernde Lichtquelle eingeschaltet, so absorbiren jene glühenden Dämpfe von dem einfallenden Licht gerade diejenigen Strahlen, welche sie selbst ausstrahlen, derart, dass das von dem Gase ausgestrahlte Licht an die Stelle des von ihm absorbirten Lichtes tritt. Es hängt von der relativen Helligkeit der beiden Lichtquellen ab, ob nun die von dem Gase ausgehenden Strahlen ein Plus oder Minus aufweisen. Sind die beiden Lichtquellen annähernd gleich an Helligkeit, so werden diese Strahlen stark überwiegend vorhanden sein und als helle, das Spektrum durchkreuzende Linien auftreten; denn es bilden diese Strahlen das gesammte Licht der einen, dagegen nur einen sehr geringen Bruchtheil des Lichtes der anderen Lichtquelle. Vermindert man aber die Helligkeit des eingeschalteten Dampfes, während man diejenige der das kontinuirliche Spektrum liefernden Quelle genügend verstärkt, so werden die von dem Dampfe ausgestrahlten Strahlen eine geringere Helligkeit haben, als die von ihm absorbirten und es erscheinen somit in Folge dieser Unterschiedlichkeit die entsprechenden Linien des Spektrums nicht mehr hell, sondern dunkel. Es lassen sich hiernach die dunklen Linien in dem Sonnenspektrum dadurch erklären, dass man annimmt, dass der Haupttheil des Sonnenlichtes von dem inneren Kern derselben kommt, welcher ein kontinuirliches Spektrum liefert, während eine denselben umgebende Gashülle solche Dämpfe enthält, welche bestimmte Strahlen absorbiren und so jene dunklen Absorptionslinien entstehen lassen.

Für Weiteres über den Gegenstand der Spektralanalyse müssen wir auf die darauf bezügliche Speciallitteratur verweisen.

§ 171. Fällt ein Sonnenstrahl auf ein Glasprisma, so wird er, wie wir gesehen haben, in Strahlen verschiedener Farben zerlegt; man bezeichnet diese Erscheinung als die **Dispersion** oder **Zerstreuung des Lichtes.** Wir wollen nun einen geeigneten mathematischen Ausdruck für die Dispersion oder das Zerstreuungsvermögen einer Substanz auffinden.

Es wird hierbei zunächst nöthig sein, einen bestimmten Strahl des Spektrums als Normalstrahl für die Untersuchung auszuwählen, und es würde sich hierzu am besten der einer bestimmten, deutlichen Linie aus der Mitte des Spektrums entsprechende Strahl eignen. Es habe dieser Normalstrahl den Brechungsindex n.

Da ein Ausdruck für die Dispersion einer Substanz unabhängig von dem brechenden Winkel des bei der Bestimmung benutzten Prismas sein muss, so nimmt man hierzu ein Prisma von kleinem brechenden Winkel α. Ist D der Ablenkungswinkel des Normalstrahls, so ist, vorausgesetzt, dass das Licht in einer zu den Prismenflächen fast senkrechten Richtung durch das Prisma tritt, nach (20, II)

$$D = (n-1)\,\alpha.$$

Gelten nun für irgend einen anderen Strahl des Spektrums die entsprechenden Bezeichnungen D' und n', so ist

$$D' = (n'-1)\,\alpha$$

und somit erhalten wir als Differenz der beiden Grössen D und D'

$$D - D' = \alpha\,(n-n')$$

oder

$$\varDelta D = \alpha\,\varDelta n.$$

Um α zu eliminiren, dividiren wir diesen Ausdruck durch D resp. seinen Werth und erhalten

$$\frac{\varDelta D}{D} = \frac{\varDelta n}{n-1}\,.$$

Diese Gleichung liefert einen Ausdruck für die Dispersion des brechenden Körpers für den Strahl, dessen Brechungsexponent $n + \varDelta n$ ist, und bezeichnen wir die Dispersion mit ω, so lautet unsere Formel:

$$\frac{1}{\nu} = \omega = \frac{\varDelta n}{n-1}\ldots\ldots\ldots\ldots (1)$$

§ 172. Ferner lässt sich unseren Bestimmungen eine Normalsubstanz zu Grunde legen. Herschel schlug vor, man solle Wasser bei seiner Temperatur grösster Dichte als Norm benutzen, so dass demnach ein jeder beliebiger Strahl durch seinen auf Wasser bezogenen Brechungsexponenten oder, wie wir sagen könnten, durch seine Stellung in der Skala des Wassers definirt werden könnte.

Bezeichnet man mit x den Brechungsindex des Normalstrahles, bezogen auf diese Normalsubstanz und mit n den Brechungsexponenten desselben Strahls, bezogen auf irgend eine andere Substanz, so muss n eine Funktion von x sein, deren Form von der Art des Mediums abhängig ist. Wir haben somit

$$n = f(x),$$

und bezeichnen nun $x + \varDelta x$ und $n + \varDelta n$ die irgend einem anderen Strahl entsprechenden Brechungsexponenten, so ist

$$n + \varDelta n = f(x + \varDelta x)$$
$$= f(x) + \mathrm{A}\, \varDelta x + \mathrm{B}\, (\varDelta x)^2 + \mathrm{C}\, (\varDelta x)^3 + \ldots,$$

wo A , B , C .... von dem Wachsthum $\varDelta x$ unabhängige Funktionen von x darstellen.

Es ist daher

$$\varDelta n = \mathrm{A}\, \varDelta x + \mathrm{B}\, (\varDelta x)^2 + \mathrm{C}\, (\varDelta x)^3 + \ldots,$$

und hierfür können wir, da x und n konstante Grössen sind, schreiben:

$$\frac{\varDelta n}{n-1} = a\, \frac{\varDelta x}{x-1} + b\, \left(\frac{\varDelta x}{x-1}\right)^2 + c\, \left(\frac{\varDelta x}{x-1}\right)^3 + \ldots, \quad . \ . \ (2)$$

worin a, b, c ..... von der Art des Mediums abhängige Konstanten darstellen.

Um die Werthe der Konstanten a, b, c ..... für jedes der verschiedenen Medien zu bestimmen, müssen wir mehrere zusammengehörige Werthe der Grössen $\frac{\varDelta n}{n-1}$ und $\frac{\varDelta x}{x-1}$ kennen. Fraunhofer's Beobachtungen über die Brechungsexponenten für Strahlen, welche den verschiedenen Absorptionslinien des Spektrums entsprechen, liefern alle erforderlichen Daten. Da der Bruch $\frac{\varDelta x}{x-1}$ immer klein ist, und ebenfalls die Konstanten a, b, c .... sich als nicht sehr gross ergeben, so können wir, ohne einen merklichen Fehler zu begehen, alle Summanden des letzten Ausdruckes ausser den beiden ersten vernachlässigen. Der erste Summand ist der weitaus wichtigste und wir ersehen daraus, dass das Verhältnis der Dispersionen fast konstant und gleich a ist, so dass man a als die Dispersion der Substanz für alle Strahlen, bezogen auf die Normaleinheiten, ansehen kann. Dieses Verhältnis ist indessen nicht streng konstant und man bezeichnet diese Thatsache als die Disproportionalität der Dispersion. Stellt man zwei Prismen her, eins aus der als Vergleichsnorm gewählten und das andere aus der zu untersuchenden Substanz, und untersucht man das von jedem derselben herrührende Spektrum, so treten die Linien und farbigen Strahlen in beiden in derselben Ordnung der Aufeinanderfolge auf; da aber die relative Dispersion für gleichwerthige Strahlen nicht auch für verschiedene Substanzen einen proportionalen Gang aufweisen, so werden auch die Spektren in geometrischem Sinne von einander abweichen müssen. Werden die beiden Prismen neben einander angeordnet in der Weise, dass man zwei über einander liegende gleich lange, mit ihren äussersten Strahlen sich deckende Spektra erhält, so werden die zwischenliegenden Strahlen nicht genau in ihrer Lage übereinstimmen.

§ 173. Wir gehen nun über zur Bestimmung der von der Brechung durch ein Prisma herrührenden Dispersion eines Sonnenlichtstrahls.

Um diese Untersuchung sowohl möglichst allgemein als auch symmetrisch zu gestalten, wollen wir annehmen, es werde das Licht zerstreut, bevor es in das Prisma gelangt. Es bedeuten i und i' Einfalls- und Brechungswinkel an der ersten, i_1' und i_1 dieselben Winkel an der zweiten Prismafläche für den Normalstrahl mit dem Brechungsindex n. Ist α wieder der brechende Winkel des Prismas, so sind diese Grössen nach (15 und 16, II) unter einander verbunden durch die Relationen:

$$\left.\begin{aligned} \sin i &= n \sin i' \\ \sin i_1 &= n \sin i_1' \\ i' + i_1' &= \alpha \end{aligned}\right\}.$$

Bedeuten

$$i + \partial i, \quad i' + \partial i', \quad i_1 + \partial i_1 \quad \text{und} \quad i_1' + \partial i_1'$$

die entsprechenden Winkel für irgend einen anderen Strahl, dessen Brechungsindex $n + \partial n$ ist, so erhalten wir durch Differentiation der obigen Relationen zwischen den Grössen i, i', i_1, i_1' und n die Gleichungen:

$$\left.\begin{aligned} \cos i \, \partial i &= \partial n \sin i' + n \cos i' \, \partial i' \\ \cos i_1 \, \partial i_1 &= \partial n \sin i_1' + n \cos i_1' \, \partial i_1' \\ \partial i' + \partial i_1' &= 0 \end{aligned}\right\}.$$

Aus diesen Gleichungen lassen sich $\partial i'$ und $\partial i_1'$ eliminiren, indem man die erste Gleichung mit $\cos i_1'$, die zweite mit $\cos i'$ multiplicirt und beide dann addirt; auf diese Weise erhalten wir

$$\cos i \cos i_1' \, \partial i + \cos i_1 \cos i' \, \partial i_1 = \partial n \left\{ \sin i' \cos i_1' + \sin i_1' \cos i'' \right\}$$
$$= \partial n \sin (i' + i_1'),$$

und daher

$$\cos i \cos i_1' \, \partial i + \cos i_1 \cos i' \, \partial i_1 = \partial n \sin \alpha \ . \ . \ . \ . \ . \quad (3)$$

Diese Gleichung charakterisirt die Relation zwischen den Dispersionen der einfallenden und austretenden Strahlen.

Wo der einfallende Strahl überhaupt keine Dispersion erleidet, lässt man ∂i verschwinden und die Gleichung für die Dispersion erhält dann die Form

$$\partial i_1 = \frac{\partial n \sin \alpha}{\cos i_1 \cos i''} \ . \ . \ . \ . \ . \ . \ . \ . \ . \ . \quad (4)$$

In Worten heisst das:

Die Dispersion ist umgekehrt proportional dem Produkte der Kosinusse der Brechungswinkel an den beiden Prismenflächen.

§ 174. Fällt der Strahl senkrecht auf die erste Fläche, so ist $i' = 0$, also $i_1' = \alpha$ und somit $\sin i_1 = n \sin \alpha$, so dass dann nach (4) ∂i_1 den Werth hat

$$\partial i_1 = \frac{\partial n}{n} \operatorname{tg} i_1 . \ . \ . \ . \ . \ . \ . \ . \ . \ . \quad (5)$$

Die Bedingung dafür, dass für den Normalstrahl ein Minimum der Ablenkung stattfindet, ist, dass $i' = i_1' = \dfrac{\alpha}{2}$, somit dass

$$\sin \alpha = 2 \sin i_1' \cos i' = \frac{2}{n} \sin i_1 \cos i',$$

oder, nach Einsetzung dieses Werthes von $\sin \alpha$ in (4),

$$\partial i_1 = \frac{2 \, \partial n}{n} \operatorname{tg} i_1 . \ . \ . \ . \ . \ . \ . \ . \ . \quad (6)$$

Newton nahm an, dass der Stellung kleinster Ablenkung auch diejenige kleinster Dispersion entspräche; die Formeln (5) und (6) zeigen indessen, dass diese Annahme unrichtig war. Um die durch die kleinste Dispersion bedingte Stellung des Prismas zu finden, müssen wir den Nenner des Ausdrucks (4), d. h. $\cos i_1 \cos i'$, ein Maximum werden lassen. Setzen wir den ersten Differentialquotienten dieses Ausdrucks gleich 0, so erhalten wir

$$\operatorname{tg} i_1 \, \partial i_1 + \operatorname{tg} i' \, \partial i' = 0.$$

Setzen wir in diese Gleichung

$$\partial i' = - \partial i_1',$$

so wird daraus

$$\operatorname{tg} i_1 \, \partial \, i_1 = \operatorname{tg} i' \, \partial \, i_1'. \qquad \ldots \ldots \ldots \quad (7)$$

Die Winkel i_1 und i_1' sind aber durch die Relation $\sin i_1 = n \sin i_1'$ unter einander verbunden und differentiirt man beide Seiten dieser Relation, nachdem man sie logarithmirt hat, so erhält man

$$\frac{\partial \, i_1}{\operatorname{tg} i_1} = \frac{\partial \, i_1'}{\operatorname{tg} i_1'}.$$

Durch Division dieser Gleichung mit (7) fallen $\partial \, i_1$ und $\partial \, i_1'$ fort und man erhält die Gleichung

$$\operatorname{tg}^2 i_1 = \operatorname{tg} i' \operatorname{tg} i_1', \qquad \ldots \ldots \ldots \quad (8)$$

welche in Verbindung mit den beiden anderen Bedingungen $\sin i_1 = n \sin i_1'$ und $i' + i_1' = \alpha$ die der kleinsten Dispersion entsprechende Stellung des Prismas vollständig bestimmt.

Die Elimination von i_1 und i' lässt sich auf folgende Weise erreichen:

Zwischen i_1 und i_1' besteht die Relation

$$\sin i_1 = n \sin i_1',$$

oder, wenn man die Sinusse durch die Tangenten ersetzt,

$$\frac{\operatorname{tg}^2 i_1}{1 + \operatorname{tg}^2 i_1} = \frac{n^2 \operatorname{tg}^2 i_1'}{1 + \operatorname{tg}^2 i_1'},$$

und wenn man hierin für $\operatorname{tg}^2 i_1$ seinen Werth aus (8) einsetzt, so ergeben sich folgende Relationen:

$$n^2 \operatorname{tg} i_1' = \frac{\operatorname{tg} i' \, (1 + \operatorname{tg}^2 i_1')}{1 + \operatorname{tg} i' \cdot \operatorname{tg} i_1'};$$

hieraus

$$n^2 \operatorname{tg} i_1' = \frac{\operatorname{tg} i' + \operatorname{tg} i_1' \, (1 + \operatorname{tg} i' \operatorname{tg} i_1') - \operatorname{tg} i_1'}{1 + \operatorname{tg} i' \operatorname{tg} i_1'},$$

$$(n^2 - 1) \operatorname{tg} i_1' = \frac{\operatorname{tg} i' - \operatorname{tg} i_1'}{1 + \operatorname{tg} i' \operatorname{tg} i_1'},$$

$$= \operatorname{tg} (i' - i_1'),$$

oder endlich, da $i' + i_1' = \alpha$,

$$(n^2 - 1) \operatorname{tg} i_1' = \operatorname{tg} (\alpha - 2 \, i_1'). \qquad \ldots \ldots \ldots \quad (9)$$

Es ist dies eine kubische Gleichung nach $\operatorname{tg} i_1'$, aus welcher sich i_1' bestimmen lässt.

§ 175. So lange der brechende Winkel des Prismas kleiner als der Grenzwinkel für das betreffende Glas ist, existirt immer ein solches Minimum der Dispersion. Denn fällt der einfallende Strahl fast parallel zu den brechenden Flächen ein, und nehmen wir an, der Einfallswinkel liege auf der von der brechenden Kante abgekehrten Seite des Prismas, so ist nahezu $i = \frac{\pi}{2}$ und daher, wenn man den Grenzwinkel mit γ bezeichnet, $i' = \gamma$. Dies ist der grösste mögliche Werth von i' und es hat dann gleichzeitig i_1' seinen kleinsten Werth. Ist aber $\alpha < \gamma$, so ist i_1' und ebenso i_1 negativ und letzterer hat dann seinen grössten numerischen Werth. In diesem Falle ist daher $\cos i_1 \cos i'$ ein Minimum und daher nach (4) die Dispersion ein Maximum.

In dem Maasse, wie der Einfallswinkel abnimmt, wächst $\cos i'$ beständig, bis $i' = 0$ und damit $\cos i' = 1$ wird; von hier ab nimmt i' einen negativen Werth an und $\cos i_1'$ nimmt seinerseits von 1 bis $\cos(\gamma - \alpha)$ ab. Ferner wächst $\cos i_1$ zuerst bis zur Einheit, wo $i_1 = 0$ ist; hierauf wird i_1 positiv und nimmt bis $\frac{\pi}{2}$ zu, so dass $\cos i_1$ von 1 bis 0 abnimmt. Es wird somit anfänglich die Dispersion kleiner, sie erreicht darauf ihr Minimum und nimmt darauf unbegrenzt zu.

Da die Dispersion durch die Anordnung der Prismenstellung in Bezug auf den einfallenden Strahl bis ins Unendliche vergrössert werden kann, so gelangen wir zu dem Schluss:

Die durch ein Prisma mit ganz beliebig grossem brechenden Winkel erzeugte Dispersion lässt sich durch die Dispersion eines anderen Prismas gleichen Materials mit beliebig kleinem brechenden Winkel aufheben.

§ 176. *Bestimmung der Dispersion, welche zwei mit ihren brechenden Kanten parallel gestellte Prismen erzeugen.*

Es sei α' der brechende Winkel des zweiten Prismas und n' der dem Normalstrahl entsprechende Brechungsexponent für die Substanz, aus welcher dieses Prisma besteht; i_2, i_2', i_3, i_3' seien die den Winkeln i, i', i_1, i_1' bei dem ersten Prisma entsprechenden Winkel für das zweite Prisma. Es bestehen dann zwischen den Winkeln die folgenden Relationen:

$$\sin i = n \sin i', \quad \sin i_1 = n \sin i_1', \quad \sin i_2 = n' \sin i_2',$$

$$\sin i_3 = n' \sin i_3', \quad i' + i_1' = \alpha, \quad i_2' + i_3' = \alpha'.$$

Ferner, bedeutet $\mathfrak{D}$ die Neigung zweier benachbarter Prismenflächen zu einander, so ist

$$i_1 + i_2 = \mathfrak{D}.$$

Suchen wir das für einen Strahl mit dem Brechungsexponenten $n + \partial n$ resp. $n' + \partial n'$ bestehende Abhängigkeitsverhältnis aller dieser Grössen auf, so erhalten wir nach (3) die Gleichungen:

$$\cos i \, \cos i_1' \, \partial i + \cos i_1 \, \cos i'' \partial i_1 = \partial n \sin \alpha$$

$$\cos i_2 \cos i_3' \, \partial i_2 + \cos i_3 \cos i_2' \partial i_3 = \partial n' \sin \alpha' \qquad \cdots \cdots \; (10)$$

und

$$\partial i_1 + \partial i_2 = 0$$

Um nun ∂i_1 und ∂i_2 zu eliminiren, haben wir nur deren Werthe aus den beiden ersten Gleichungen in die letzte zu substituiren und die daraus sich ergebende Gleichung enthält nur ∂i und ∂i_3 und charakterisirt daher die Dispersionen des einfallenden und austretenden Strahls.

§ 177. In ganz analoger Weise können wir die von einer Kombination einer beliebigen Anzahl von Prismen mit parallel gestellten Axen herrührenden Dispersionen bestimmen.

Der Kürze halber bedienen wir uns der Substitutionen:

$$q = \frac{\sin \alpha}{\cos i_1 \cos i'}, \qquad p = \frac{\cos i \cos i_1'}{\cos i' \cos i_1},$$

wo die Winkel i, i', i_1, i_1' und α sich auf irgend eines der Prismen beziehen, und nehmen wir an, es seien m, symbolisch durch die Indices (1), (2), (3) .... (m) von einander unterschiedene, Prismen vorhanden. Wenden wir auf jedes dieser m Prismen der Reihe nach die bereits ermittelten Gleichungen an, so erhalten wir aus (10), wenn wir die ganze Gleichung durch $\cos i' \cos i_1$ dividiren, folgende Gleichungen:

$$p_{(m)} \, \partial i_{(m)} + \partial i_{1(m)} = \partial n_{(m)} \, q_{(m)}$$

$$p_{(m-1)} \, \partial i_{(m-1)} + \partial i_{1(m-1)} = \partial n_{(m-1)} \, q_{(m-1)}$$

$$\cdots \cdots \cdots \cdots \cdots \cdots \cdots \cdots$$

$$\cdots \cdots \cdots \cdots \cdots \cdots \cdots \cdots$$

$$p_{(2)} \, \partial i_{(2)} + \partial i_{1(2)} = \partial n_{(2)} \, q_{(2)}$$

$$p_{(1)} \, \partial i_{(1)} + \partial i_{1(1)} = \partial n_{(1)} \, q_{(1)}$$

$$\partial i_{1(m-1)} + \partial i_{(m)} = 0$$

$$\partial i_{1(m-2)} = \partial i_{(m-1)} = 0$$

$$\cdots \cdots \cdots \cdots \cdots \cdots$$

$$\partial i_{1(1)} + \partial i_{(2)} = 0$$

Multipliciren wir die erste Gruppe der Gleichungen der Reihe nach mit

$$1, \; p_{(m)}, \;\; p_{(m)}\, p_{(m-1)}, \;\; p_{(m)}\, p_{(m-1)}\, p_{(m-2)}, \;\; \cdots \cdot p_{(m)}\, p_{(m-1)} \cdots \cdot p_{(2)},$$

und addiren die dadurch entstehenden Gleichungen, so verschwinden gemäss den Gleichungen der zweiten Gruppe alle Winkel bis auf $\partial\, i_{1\,(m)}$ und $\partial\, i_{(1)}$, so dass demnach

$$\partial\, i_{1\,(m)} + p_{(m)}\, p_{(m-1)} \;\cdots\cdot\; p_{(2)}\, p_{(1)}\, \partial\, i_{(1)} = \partial\, n_{(m)}\, q_{(m)} + \partial\, n_{(m-1)}\, q_{(m-1)}\, p_{(m)}$$

$$+\, \partial\, n_{(m-2)}\, q_{(m-2)}\, p_{(m)}\, p_{(m-1)}$$

$$+ \,\ldots\ldots + \,\partial\, n_{(1)}\, q_{(1)}\, p_{(m)}\, p_{(m-1)}$$

$$\cdots\cdot\; p_{(2)}.\;\; \cdot\;\;\cdot\;\;\cdot\;\;\cdot\;\;\cdot\;\; \quad (11)$$

Diese Gleichung charakterisirt das Abhängigkeitsverhältnis zwischen den Dispersionswinkeln des Strahlenbündels beim Eintritt und Austritt.

§ 178. Wenn der brechende Winkel der Prismen nur klein ist und der Strahl fast senkrecht durch jedes derselben hindurchgeht, so erhält der Ausdruck für die Grösse der Dispersion eine sehr einfache Form. Sind nämlich α, α', $\alpha'' \ldots$ die brechenden Winkel der Prismen und n, n', $n'' \ldots$ die dem Normalstrahl entsprechenden Brechungsexponenten für die verschiedenen Substanzen, aus denen die Prismen hergestellt sind, so ist die durch das erste Prisma hervorgerufene Ablenkung nach (20, II)

$$D = (n-1)\,\alpha,$$

und ähnliche Ausdrücke gelten für alle folgenden Ablenkungen. Bezeichnen wir die gesammte Ablenkung mit D_0, so erhalten wir durch Addition der einzelnen Ablenkungen

$$D_0 = (n-1)\,\alpha + (n'-1)\,\alpha' + (n''-1)\,\alpha'' + \ldots$$

und somit ist für irgend einen Strahl anderer Brechbarkeit die Dispersion gegeben durch die Gleichung

$$\partial\, D_0 = \partial\, n\,\alpha + \partial\, n'\,\alpha' + \partial\, n''\,\alpha'' + \ldots$$

Stellen $\dfrac{1}{\nu}$, $\dfrac{1}{\nu'}$, $\dfrac{1}{\nu''} \ldots$ die relativen Dispersionen der verschiedenen Substanzen für diesen Strahl dar, so ist nach (1)

$$\partial\, D_0 = \frac{1}{\nu}\,(n-1)\,\alpha + \frac{1}{\nu'}\,(n'-1)\,\alpha' + \ldots + \ldots \quad\cdot\;\;\cdot\;\;\cdot \quad (12)$$

der Werth der gesammten Dispersion.

§ **179.** Lässt man einen Lichtstrahl durch zwei Prismen nach einander treten, so ist es immer möglich, ihre brechenden Winkel so zu wählen, dass die von dem ersten herrührende Dispersion annähernd durch die des zweiten aufgehoben wird, und es ist somit ein Mittel gegeben, den austretenden Strahl farblos erscheinen zu lassen.

Newton hielt dieses Resultat für unmöglich, ohne auch gleichzeitig eine gegenseitige Aufhebung der Ablenkungen der beiden Prismen, somit ein Verschwinden der gesammten Ablenkung des Strahlenbüschels, herbeiführen zu müssen. Er scheint auf diese irrthümliche Annahme durch einen zufälligen Umstand bei einem Experiment geführt zu sein, bei welchem er die brechende Wirkung eines Glasprismas dadurch aufhob, dass er es mit einem Wasserprisma umgab. Er hatte dem Wasser Bleizucker zugesetzt, um sein Brechungsvermögen zu erhöhen und hatte ihm damit auch ein grösseres Zerstreuungsvermögen verliehen, und hierbei allerdings trat die Achromasie des austretenden Strahls erst ein, wenn durch die gehörige Einstellung des brechenden Winkels des Wasserprismas der austretende Strahl dem eintretenden parallel gemacht worden war. Hieraus schloss nun Newton, dass die Dispersion aller Substanzen der Ablenkung des mittleren Strahls proportional sei, dass daher die Dispersion niemals aufgehoben werden könne, so lange überhaupt noch Brechung der Strahlen stattfinde. Aus diesem Grunde gab er es auch auf, auf eine Verbesserung dioptrischer Fernrohre zu sinnen, und er widmete nun seine Aufmerksamkeit der Ausbildung der Spiegelteleskope.

Newton's Irrthum entdeckte zuerst der Engländer Hall, welcher das erste achromatische Fernrohr herstellte. Diese Entdeckung verfiel indessen wieder in Vergessenheit, bis das Experiment von Dollond, einem Londoner Optiker, wieder aufgenommen wurde. Diesem gelang es, die Dispersion aufzuheben, ohne die Brechung zu beeinträchtigen, und damit die Unrichtigkeit der Newton'schen Schlussfolgerung darzulegen.

Wir haben indessen gesehen, dass verschiedenfarbige Strahlen nicht durch verschiedene Substanzen in demselben Verhältnis zerstreut werden, oder in anderen Worten, dass die von Prismen aus verschiedenem Material herrührenden Spektra nicht geometrisch ähnlich sind. Wenn daher die Prismen so angeordnet werden, dass sie zwei Strahlengattungen (z. B. die äussersten rothen und die äussersten violetten Strahlen) in dem Austrittsstrahl vereinigen, so wird immer noch eine, wenn auch verminderte, Dispersion der übrigen Strahlen vorhanden sein. Es wird somit das Lichtbüschel, anstatt ganz farblos auszutreten, ein zweites, aber erheblich kleineres Spektrum bilden; man nennt dieses Spektrum das sekundäre Spektrum. Ferner ermöglicht die Anwendung dreier Prismen von verschiedenem Material die Vereinigung dreier Strahlen des austretenden Büschels (z. B. der rothen, grünen und violetten Strahlen); aber es werden immer noch, infolge der Disproportionalität der Dispersion, die übrigen Strahlen nicht ganz vereinigt, und hieraus ergiebt sich ein noch kleineres Spektrum, das sogenannte tertiäre Spektrum; diese Betrachtung liesse sich bis ins Unendliche fortsetzen. In der Theorie ist daher vollkommene Achromasie ohne die Anwendung einer sehr grossen Anzahl verschiedener Medien unmöglich; bei der praktischen Ausführung nehmen diese successiven Spektra an Lichtstärke äusserst schnell ab und werden alsbald praktisch wirkungslos, und zwar in dem Maasse, dass es in den meisten Fällen überflüssig erscheint, mehr als zwei Strahlen zu vereinigen. Als die zu vereinigenden Strahlen wird man in dem letzteren Falle nicht die äussersten rothen und violetten Strahlen wählen, da diese ohnehin sehr lichtschwach sind; sondern es ist zweckmässiger, diejenigen beiden Strahlen zu vereinigen, deren Helligkeit und Farbendifferenz am grössten ist, z. B. einen Strahl aus dem gelb-orangen mit einem solchen aus dem grün-blauen Theil des Spektrums.

Der erste erfolgreiche Versuch, das sekundäre Spektrum zu beseitigen, wurde von Blair angestellt; einen Bericht seiner Arbeit enthalten die Phil. Trans. Edinb., 1791. Er fand in dem Spektrum der Salzsäure eine Kontraktion des stärker brechbaren Theils des Spektrums (grün bis violett) und eine Expansion des weniger brechbaren Theils gegenüber dem Spektrum der meisten metallischen Lösungen, und durch Mischung von Antimon- und Quecksilberchlorid in geeignetem Verhältnis mit Salzsäure oder mit Salmiak erhielt er eine Flüssigkeit, welche bei einer von der des Crownglases abweichenden absoluten Dispersion ein Spektrum ergab, welches demjenigen des Crownglases geometrisch ähnlich war. Kombinirte man daher zwei Linsen oder Prismen aus einer solchen Flüssigkeit und Crownglas derart, dass in dem austretenden Strahlenbüschel zwei verschiedenfarbige Strahlen vereinigt wurden, so war auch das austretende Lichtbüschel vollständig farblos. Blair's Objektive wurden seiner Zeit als etwas sehr Werthvolles angesehen, aber wegen der Unbequemlichkeit, welche die Anwendung flüssiger Linsen im Gefolge haben, kamen sie niemals in Gebrauch.

Was Blair mit flüssigen Linsen gelang, erreichte Prof. Abbe in Jena durch seine Entdeckung neuer Glasarten. Im Jahre 1881 unternahm Prof. Abbe, unterstützt durch Dr. Schott und Dr. Carl

Zeiss eine Untersuchung der optischen Eigenschaften aller Glasarten, d. h. aller bekannten Substanzen, welche sich verglasen lassen und zu einer amorphen, durchsichtigen Masse erstarren. Diese Arbeit wurde fortgesetzt bis Ende 1883 und richtete sich auf die Lösung zweier praktischer Aufgaben. Die erste derselben bestand in der Herstellung solcher Flint- und Crownglaspaare, bei welchen der Gang der Dispersion in den verschiedenen Regionen des Spektrums für jedes Paar ein möglichst proportionaler sei. Die zweite Aufgabe hatte als Ziel die Gewinnung einer grösseren Mannigfaltigkeit an Abstufungen in dem Charakter optischer Gläser, in Bezug auf die wichtigsten optischen Konstanten, den Brechungsexponenten und die mittlere Dispersion, um hierdurch dem rechnenden Optiker einen grösseren Spielraum für seine Rechnungen zu gewähren. Die erstere Aufgabe ist in befriedigender Weise gelöst worden, mit dem Ergebnis nämlich, dass die Benutzung der neuen Gläser die Herstellung achromatischer Linsen weitaus vollkommenerer Art gestattet, als dies vorher jemals möglich war; auch die zweite Aufgabe ist mit Erfolg verwirklicht worden und es stehen dem Optiker bereits eine ganze Reihe neuer Gläser mit abgestuften Eigenschaften zur Verfügung. Als ein besonderer Fortschritt muss wohl auch der Umstand anerkannt werden — und es wird sich derselbe noch immer mehr als ein wesentlicher Fortschritt geltend machen, wenn erst die ausführende Optik auf die zu seiner vollen Verwerthung unumgänglich erforderliche theoretische und rechnerische Stufe der Entwicklung gebracht sein wird —, dass das Abbe-Schott'sche Schmelzverfahren dem Optiker Gläser liefert, in welchen bei gleichem Brechungsindex die Dispersion, bei gleicher Dispersion der Brechungsindex einen erheblichen Spielraum für die Auswahl gewährt, während bekanntlich bei den bis dahin allein angewandten Silikatgläsern, der Einartigkeit ihrer chemischen Zusammensetzung entsprechend, eine Zunahme des Brechungsexponenten auch eine entsprechende Zunahme der Dispersion im Gefolge hatte, abgesehen von ganz minimalen Abweichungen, welche keine praktische Bedeutung haben.

§ 180. Wir werden nun die Bedingungen aufsuchen, unter welchen ein durch ein Prismenpaar fallender Sonnenlichtstrahl als farbloser Strahl wieder austritt.

Zu diesem Ende untersuchen wir zunächst die Bedingung, unter welcher zwei der hellsten Strahlen sich beim Austritt aus dem Prismensystem vereinigen lassen, und wir werden hierbei annehmen, dass das sekundäre Spektrum so klein ist, dass es vernachlässigt werden kann. Man wähle einen der Strahlen als Norm und drücke, wie bisher, den Brechungsindex des anderen Strahls aus durch eine,

eine kleine Abweichung vom mittleren Strahl charakterisirende Bezeichnung. Wir haben dann, da die einfallenden und austretenden Strahlen chromatisch vereinigt sind, $\partial i = 0$ und $\partial i_3 = 0$.

Die Gleichungen (10) erhalten somit die Form:

$$\left.\begin{aligned}
\cos i_1 \cos i' \, \partial i_1 &= \partial n \sin \alpha \\
\cos i_2 \cos i_3' \, \partial i_2 &= \partial n' \sin \alpha' \\
\partial i_1 + \partial i_2 &= 0
\end{aligned}\right\} \, .$$

Eliminiren wir in diesen Gleichungen ∂i_1 und ∂i_2, indem wir deren aus denselben sich ergebenden Werthe addiren, so finden wir

$$\partial n \sin \alpha \cos i_2 \cos i_3' + \partial n' \sin \alpha' \cos i_1 \cos i' = 0. \quad \ldots \quad (13)$$

Die Winkel i_1, i', i_2 und i_3', welche in dieser Gleichung vorkommen, sind unter einander verbunden durch die Relationen:

$$\sin i_1 = n \sin i_1' = n \sin (\alpha - i'),$$
$$\sin i_2 = n' \sin i_2' = n' \sin (\alpha' - i_3'),$$

so dass, wenn n und n' gegeben sind, vier unabhängige Winkel in der Bedingungsgleichung vorkommen, nämlich α, α', i_1 und i_2. Wenn daher Form und Stellung des ersten Prismas gegeben sind, so dass bei ihm das Licht unter einem bekannten Einfallswinkel einfällt, so sind damit die Winkel α und i_1 gegeben und nur die Winkel α' und i_2 bleiben unbestimmt. Der Bedingungsgleichung kann daher auf zweierlei Weise genügt werden: Entweder man wählt für das zweite Prisma eine bestimmte Stellung und verändert entsprechend der durch die Forderung der Achromasie bedingten Gleichung die Grösse des brechenden Winkels, oder man nimmt den brechenden Winkel als unveränderlich an und bestimmt die der Gleichung (13) genügende Stellung des Prismas. Bestehen beide Prismen aus gleichem Material, so dass dann $\partial n = \partial n'$, so lässt sich dennoch der Austrittsstrahl nach der einen sowohl als nach der anderen Methode achromatisiren.

Bringt man beide Prismen in ihre Lage kleinster Ablenkung in Bezug auf den mittleren Strahl, so gestaltet sich die Bedingungsgleichung für die Achromatisirung der Prismen wesentlich einfacher. In diesem Falle ist bekanntlich

$$i' = i_1' = \frac{\alpha}{2} \quad \text{und} \quad i_2' = i_3' = \frac{\alpha'}{2},$$

und die Bedingungsgleichung (13) erhält die Form.

$$\partial n \sin \alpha \cos i_2 \cos \frac{\alpha'}{2} + \partial n' \sin \alpha' \cos i_1 \cos \frac{\alpha}{2} = 0 \, .$$

Dividiren wir nun jede Seite durch $2 \cos \frac{\alpha}{2} \cos \frac{\alpha'}{2}$ und beachten, dass

$$\sin i = n \sin \frac{\alpha}{2}, \quad \sin i_2 = n' \sin \frac{\alpha'}{2}, \quad \ldots \ldots \quad (14)$$

so erhält die Bedingungsgleichung die einfache Form:

$$n' \, \partial n \, \mathrm{tg}\, i + n \, \partial n' \, \mathrm{tg}\, i_2 = 0, \quad \ldots \ldots \ldots \quad (15)$$

wo i und i_2 ihrerseits durch die Gleichungen (14) bestimmt sind.

§ 181. Sind m Prismen vorhanden, so lassen sich nach Analogie der eben dargelegten Untersuchungen die Bedingungen für die Achromatisirung auffinden. Sollen zwei Strahlen vereinigt werden, von denen der eine als mittlerer Strahl gewählt ist, während der andere ein Strahl ist, für welchen der Brechungsexponent der verschiedenen Medien von demjenigen für den mittleren Strahl um ein Geringes abweicht, so haben wir nur in Gleichung (11) $\partial i_1 = 0$ und $\partial i_{1(m)} = 0$ werden zu lassen, und wir erhalten hierdurch als Bedingungsgleichung

$$\partial n_{(m)} \, q_{(m)} + \partial n_{(m-1)} \, q_{(m-1)} \, p_{(m)} + \partial n_{(m-2)} \, q_{(m-2)} \, p_{(m)} \, p_{(m-1)} + \ldots$$

$$\ldots \partial n_{(1)} \, q_{(1)} \, p_{(m)} \, p_{(m-1)} \ldots p_{(2)} = 0. \quad \ldots \quad (16)$$

Wenn ein Strahl fast senkrecht durch ein System von Prismen von sehr kleinem brechenden Winkel tritt, so erhält die Gleichung (16) die einfache Form:

$$\partial n_{(1)} \, \alpha_{(1)} + \partial n_{(2)} \, \alpha_{(2)} + \ldots \partial n_{(m)} \, \alpha_{(m)} = 0. \quad \ldots \quad (17)$$

Bei einer gegebenen Anzahl von m Prismen lässt sich eine Anordnung auffinden, welche es ermöglicht, m Strahlen des Spektrums zu vereinigen. Denn angenommen, die Substanzen und brechenden Winkel aller Prismen seien vorgeschrieben, und ferner sei die Stellung des ersten Prismas gegeben, so dass das Licht auf dasselbe unter einem gegebenen Einfallswinkel einfällt, so bleiben uns noch die Winkel zwischen den benachbarten Seiten auf einander folgender Prismen als Variablen zur Verfügung. Diese $m-1$ veränderbaren Winkel liefern uns ein Mittel, um die $(m-1)$ Gleichungen zu befriedigen, welche die Bedingungen enthalten, dass $m-1$ Strahlen des Spektrums in der Richtung des mittleren Strahls austreten. Stellt man sämmtliche Prismen aus gleichem Material her, so ist

$$\partial n_{(m)} = \partial n_{(m-1)} = \ldots = \partial n_{(1)},$$

und wenn daher die Kombination für nur ein Paar farbiger Strahlen achromatisch ist, so werden alle Farben vereinigt werden. In diesem

Falle lässt sich vollkommene Achromasie erreichen durch nur eine Relation zwischen den Winkeln, welche uns als Variable zur Verfügung stehen.

Achromasie der Linsen.

§ 182. Durch eine zweckmässige Verbindung von Linsen lässt sich die Dispersion verschiedenfarbiger Strahlengattungen nahezu aufheben; ebenso wie in dem Falle des Strahlenganges durch zwei Prismen, so lässt sich die durch eine Linse hervorgerufene Dispersion angenähert durch die von einer zweiten Linse herrührende kompensiren, so dass das austretende Strahlenbüschel farblos erscheint.

Wir werden zunächst unsere Aufmerksamkeit auf die approximative Untersuchung solcher Linsen beschränken, in welchen die Dicke der Linse vernachlässigt werden kann, die Hauptpunkte somit als in einem Punkte, dem Linsenmittelpunkt, zusammenfallend angesehen werden dürfen. Es wird nämlich die strenge Durchführung der Untersuchung der Dispersion bei Linsen darum so sehr komplicirt, weil die Hauptpunkte der Linsen, von denen aus bekanntlich gewöhnlich alle Abstände gemessen werden, selbst eine variable Lage einnehmen, je nach dem Brechungsexponenten für denjenigen einzelnen Strahl, welchen wir unserer Untersuchung zu Grunde legen.

In allen Fällen wollen wir n als den Brechungsexponenten des mittleren Strahls, und $n + \partial n$ als den Brechungsexponenten irgend eines anderen Strahls annehmen. Die Brennweiten der Linsen wollen wir als eine Funktion des dem mittleren Strahl entsprechenden Brechungsexponenten ansehen.

Wir untersuchen zunächst die Veränderung, welche die Brennweite einer Linse erleidet, entsprechend dem Uebergange von dem mittleren zu irgend einem anderen Strahl. Die Grösse der Brennweite einer Bikonvexlinse mit den Krümmungsradien r und s ist nach (14, IV) durch die Gleichung

$$\frac{1}{f} = (n-1)\left(\frac{1}{r} + \frac{1}{s}\right)$$

gegeben, wo n der Brechungsexponent der Linsenmasse in Bezug auf den mittleren Strahl ist. Lässt man n um ein Geringes zunehmen, so dass es $n + \partial n$ wird, so folgt aus der letzten Gleichung durch Differentiation:

$$\partial\left(\frac{1}{f}\right) = \partial n\left(\frac{1}{r} + \frac{1}{s}\right)$$

$$= \frac{\partial n}{n-1} \cdot \frac{1}{f},$$

und hieraus ergiebt sich, wenn wir das Zerstreuungsvermögen des Mediums mit $\dfrac{1}{\nu}$ bezeichnen, als die Veränderung der Brennweite nach (1)

$$\partial\left(\frac{1}{f}\right) = \frac{1}{\nu f} \,. \qquad\ldots\ldots\ldots \quad (18)$$

§ 183. Wenn ein Bild durch eine Linse oder ein System von Linsen entsteht, welches nicht achromatisirt ist, so wird es, das Licht als nicht monochromatisch vorausgesetzt, in zweifacher Hinsicht durch die Dispersion beeinflusst. Erstens, die verschiedenen farbigen Bilder reihen sich auf verschiedenen Punkten der Axe des Systems hinter einander auf, und zweitens die verschiedenen farbigen Bilder haben verschiedene Dimensionen. In gewissen Fällen lassen sich diese Mängel beide beseitigen, in anderen lässt sich nur dem einen derselben begegnen, und um zu entscheiden, welche von den beiden Korrektionen vorgenommen werden muss, hat man den besonderen Zweck, dem das System dienen soll, in's Auge zu fassen, und dementsprechend den in dem besonderen Fall schwerstwiegenden Fehler zu korrigiren.

Bei Fernrohrobjektiven kommen zwei Linsen in Anwendung und sind so dicht neben einander angeordnet, dass sie als nur eine Linse wirken. Es liegt dann ein Punkt und sein Bild immer auf derselben durch den Linsenmittelpunkt gelegten Linie, so dass, wenn die Linse derart korrigirt wird, dass die verschiedenfarbigen Bilder alle in derselben zur Axe senkrechten Ebene liegen, sie auch alle dieselbe Grösse haben werden. Es genügt daher, nur die erstere Korrektion vorzunehmen, indem die zweite sich hieraus von selbst ergiebt.

Diese Objektive setzt man gewöhnlich zusammen aus einer äusseren Bikonvexlinse von Crownglas und einer mit ihr verkitteten Bikonkavlinse von Flintglas, das eine grössere Dispersion hat als das Crownglas. Man erkennt an diesem Beispiel unschwer das Princip der chromatischen Korrektion. Durch die Bikonvexlinse entstehen die farbigen Bilder in verschiedenen Abständen längs der Axe, so zwar, dass das violette Bild das der Linse zunächst liegende, das rothe Bild das am weitesten abliegende ist. Die Wirkung der konkaven Linse auf diese Bilder besteht nur darin, dass sie sie von der Linse entfernt, und die Wirkung auf das violette Bild ist hierbei eine stärkere als die auf das rothe Bild ausgeübte. Durch eine richtige Wahl und Kombination der Linsen lässt sich das resultirende violette Bild zur Deckung mit dem resultirenden rothen Bild bringen, oder es lassen sich irgend zwei andere Farben in dem letzten Bilde vereinigen. Wären beide Linsen aus demselben Glas herzustellen, während gleichzeitig an sie die Forderung gestellt wird, dass die durch die eine hervorgerufene Dispersion durch die der anderen wieder aufgehoben werde, so müssten die Linsen derartig dimensionirt werden, dass mit der Aufhebung der Dispersion auch eine gegenseitige Aufhebung der den einzelnen Linsen zukommenden Ablenkungen verbunden sein würde, und eine solche Kombination würde überhaupt nicht als Linse wirken. Wir haben aber gesehen, dass für verschiedene Glasarten die Dispersion nicht der Ablenkung proportional ist, dass vielmehr Flintglas ein stärkeres Zerstreuungsvermögen besitzt als Crownglas, so dass es möglich ist, die Farbenzerstreuung zu kompensiren, ohne damit auch die Ablenkung aufzuheben.

§ 184. Untersuchen wir jetzt die Bedingung, unter welcher eine Verbindung zweier aus verschiedenen Glasarten hergestellten und dicht neben einander angeordneten Linsen für zwei Farben achromatisirt werden können.

Wir nehmen an, dass die eine dieser Farben derjenigen eines mittleren Strahls entspricht und bezeichnen die Brennweiten der beiden Linsen mit f und f'. Es werden zwei Bilder entstehen, wovon das erste das von der ersten Linse herrührende Bild des Objektes, das zweite das durch die zweite Linse erzeugte Bild des ersten Bildes ist. Sind x und x' die Abstände, um welche das Objekt und sein erstes Bild vor bezw. hinter dem Mittelpunkt der ersten Linse liegen, y', y die Abstände, um welche das erste und zweite Bild vor bezw. hinter dem Mittelpunkt der zweiten Linse liegen, so ist nach (20, IV)

$$\left.\begin{array}{c} \dfrac{1}{x} + \dfrac{1}{x'} = \dfrac{1}{f} \\[2mm] \dfrac{1}{y} + \dfrac{1}{y'} = \dfrac{1}{f'} \end{array}\right\}.$$

Vernachlässigen wir die Linsendicken und die Abstände zwischen den Linsen, so ist $y' = -x'$ und daher

$$\frac{1}{x} + \frac{1}{y} = \frac{1}{f} + \frac{1}{f'} \quad \cdots \cdots \cdots \quad (19)$$

Die Bedingung für die Achromatisirung des Systems liegt in der Identität von y für zwei verschiedene Farben und ist daher, da x von der Farbe unabhängig ist, gegeben durch die Gleichung

$$\partial\left(\frac{1}{f}\right) + \partial\left(\frac{1}{f'}\right) = 0$$

oder nach (18)

$$\frac{1}{\nu f} + \frac{1}{\nu' f'} = 0. \qquad \ldots \ldots \ldots \ldots \quad (20)$$

Diese Gleichung enthält die Bedingung für die Achromasie der Kombination, sofern man die Linsendicken und die Abstände der Linsen von einander vernachlässigen kann.

Es ist diese Bedingungsgleichung unabhängig von x und y, so dass sie als *Bedingung für die Achromasie für eine jede Stellung des Objektes* gilt. Es ist auch für die Achromatisirung gleichgültig, in welcher Aufeinanderfolge die Linsen verbunden werden.

Bei der Konstruktion mikroskopischer Objektive werden achromatische Paare dieser Art sehr allgemein verwendet; es besteht hierbei jedes aus einer plan-konkaven Linse aus Flintglas, welche mit einer Bikonvexlinse von Crownglas verkittet ist, wobei die plane Linsenfläche dem einfallenden Licht zugekehrt wird.

§ 185. Hat man die Kombination zweier in Kontakt angeordneter Linsen für die Dispersion überkorrigirt, d. h. befindet sich das durch das Linsenpaar hervorgerufene violette Bild in einem grösseren Abstande von demselben als das rothe Bild, so lässt sich der Fehler dadurch kompensiren, dass man zwischen den verkitteten Linsen einen dem begangenen Fehler entsprechenden geringen Zwischenraum schafft. Dieser Zwischenraum zwischen den beiden Linsen darf indessen nur ein sehr geringer sein, oder es wird eine Korrektion der farbigen Bilder in Bezug auf deren Abstände eine Differenz in dem Abbildungsverhältnis zur Folge haben.

Es gelten hier dieselben Gleichungen wie die in § 184 angeführten, nämlich

$$\left.\begin{array}{c} \dfrac{1}{x} + \dfrac{1}{x'} = \dfrac{1}{f} \\[2mm] \dfrac{1}{y} + \dfrac{1}{y'} = \dfrac{1}{f'} \end{array}\right\}; \qquad \ldots \ldots \ldots \quad (21)$$

und ausserdem besteht die Gleichung

$$x' + y' = a, \qquad \ldots \ldots \ldots \ldots \quad (22)$$

wo a jenen kleinen Zwischenraum zwischen den beiden Linsen bedeutet. Nehmen wir nun an, die farbigen Bilder entständen in einem gleichen Abstande von der Linse, so ist $\partial x = 0$ und $\partial y = 0$ und daher nach (18):

$$-\frac{\partial x'}{(x')^2} = \frac{1}{\nu f} \left.\right\}$$
$$-\frac{\partial y'}{(y')^2} = \frac{1}{\nu'f'} \left.\right\},$$

oder, da nach (22) $\partial x' + \partial y' = 0$

$$(x')^2 \frac{1}{\nu f} + (y')^2 \frac{1}{\nu'f'} = 0\,.$$

Setzt man hierin für y' seinen Werth $a - x'$ und vernachlässigt die Quadrate des Quotienten $\frac{a}{x'}$, so erhält man für diese Gleichung die Näherungsform

$$\frac{2\,a}{\nu'f'} = x' \left(\frac{1}{\nu f} + \frac{1}{\nu'f'} \right),$$

oder, wenn man hierin nach (21) x' durch seinen Werth nach x und f ersetzt,

$$\frac{2\,a}{\nu'f'} \left\{ \frac{1}{f} - \frac{1}{x} \right\} = \frac{1}{\nu f} + \frac{1}{\nu'f'}\,. \quad \ldots \ldots (23)$$

Hiernach ist der Abstand nicht unabhängig von dem Objektabstand; tritt aber das Linsenpaar als Objektiv eines Fernrohrs auf, so ist der Objektabstand x sehr gross im Vergleich mit den Brennweiten. Vernachlässigt man daher den reciproken Werth von x, so erhält man als Bedingungsgleichung für die Achromatisirung solcher Linsenglieder, welche in einem geringen Abstande von einander angeordnet sind:

$$\frac{2\,a}{\nu'ff'} = \frac{1}{\nu f} + \frac{1}{\nu'f'}\,,$$

oder, da nach (20) $\frac{1}{\nu'f'}$ fast denselben Werth hat wie $-\frac{1}{\nu f}$,

$$-\frac{2\,a}{\nu f^2} = \frac{1}{\nu f} + \frac{1}{\nu'f'}\,. \quad \ldots \ldots \ldots (24)$$

Dies zeigt, dass, wenn die Korrektion möglich sein soll, $\frac{1}{\nu f} + \frac{1}{\nu'f'}$ einen negativen Werth haben müssen.

Wenn aber in der ursprünglichen, durch Gleichung (19) charakterisirten Linsenkombination ∂y die Aenderung von y darstellt, welche eine Aenderung ∂n in dem Brechungsexponenten verursacht, so ist

$$-\frac{\partial y}{y^2} = \frac{1}{\nu f} + \frac{1}{\nu'f'}\,;$$

es muss daher ∂y positiv sein. Die violetten Strahlen vereinigen sich zu einem Bilde, welches in einem grösseren Abstande von der Linse liegt, als das den rothen Strahlen entsprechende; d. h. die ursprüngliche Linse war überkorrigirt.

§ 186. Verbindet man drei dünne, aus Medien von verschiedenem Dispersionsvermögen hergestellte Linsen zu einer einzigen, so lässt sich das System in einem noch höheren Grade der Annäherung achromatisiren; es lassen sich nämlich die drei verschiedenen Farbengattungen entsprechenden Bilder vereinigen. Ganz allgemein gesagt, wenn m Linsen zu einem Linsensystem verbunden werden, dessen Dicke vernachlässigt werden kann, so lässt sich das System achromatisiren für die Strahlen, deren Brechungsexponenten n und $n + \partial n$ sind, vorausgesetzt, dass

$$\Sigma\left(\frac{1}{\nu f}\right) = 0 \, .$$

Dies lässt sich nach Analogie des Vorhergehenden darlegen. Der Bedingungsgleichung lässt sich für $m-1$ Gruppen von Werthen von ∂n genügen und somit lässt sich die Achromatisirung auf die m Linien des Spektrums entsprechenden Bilder ausdehnen.

§ 187. Wenn zwei Linsen, welche zusammen ein System bilden sollen, durch einen Zwischenraum getrennt sind, so ist es unmöglich, beide Arten der Korrektionen für die Dispersion gleichzeitig zu erreichen. Denn bedeuten in Fig. 102 x und x' die Abstände des Objektes und seines ersten Bildes beziehungsweise vor und hinter der jektes und seines ersten Bildes beziehungsweise vor und hinter der

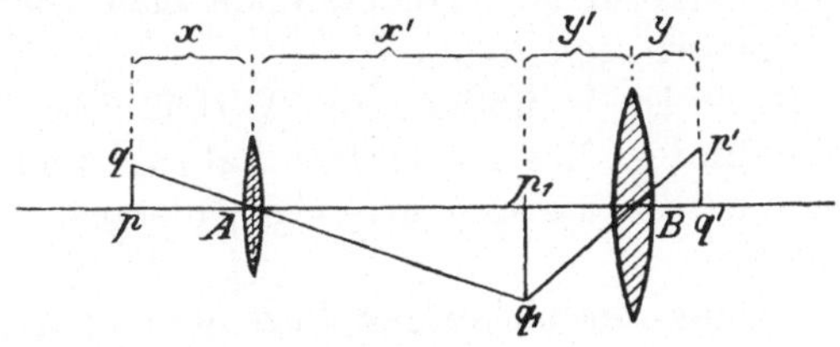

Fig. 102.

ersten Linse, y' und y diejenigen des ersten und zweiten Bildes, beziehungsweise vor und hinter der zweiten Linse und stellen β, β_1 und β' die linearen Dimensionen des Objektes und seiner successiven Bilder dar, so bestehen nach (23, IV) die Gleichungen:

$$\left.\begin{aligned}\frac{\beta}{\beta_1} &= -\frac{x}{x'} \\[2mm] \frac{\beta_1}{\beta'} &= -\frac{y'}{y}\end{aligned}\right\},$$

und daher

$$\frac{\beta}{\beta'} = \frac{x\,y'}{x'\,y}.$$

Wenn die den Brechungsexponenten n und $n + \partial n$ entsprechenden Bilder in gleichem Abstande entstehen und auch die gleiche Grösse haben sollen, so muss

$$\left.\begin{array}{l} \partial x = 0 \\ \partial y = 0 \end{array}\right\},$$

ebenso

$$\partial \left(\frac{x\,y'}{x'\,y} \right) = 0;$$

und daher

$$\partial \left(\frac{y'}{x'} \right) = 0$$

sein. Es ist aber, wenn mit a der Abstand zwischen den beiden Linsen bezeichnet wird, $x' + y' = a$, so dass $\partial y'$ und $\partial x'$ beide verschwinden müssen. In anderen Worten, es muss jede Linse für sich achromatisch sein. Dies lässt sich aber nur dadurch erreichen, dass man jede Linse des Systems für sich als ein verkittetes, achromatisirtes Linsenpaar ausführt.

§ 188. Oft wird es indessen nothwendig, ein System von zwei durch einen Zwischenraum getrennten Linsen auf Dispersionsfehler so weit als möglich zu korrigiren und man hat sich dann zu fragen, welche der zweierlei Arten von Korrektionen man vorzunehmen hat und welche man unterlassen kann.

In diesem Falle ist es üblich, die Verhältnisse so zu wählen, dass die farbigen Bilder dieselbe Grösse haben; denn bekanntlich vermag das Auge besser die Grösse eines Objektes, als seine Entfernung abzuschätzen.

Bedienen wir uns der bisherigen Bezeichnungsweise, so ist

$$\partial \left(\frac{\beta}{\beta'} \right) = 0$$

die Bedingung für eine gleiche Bildgrösse.

Wir haben aber gesehen, dass

$$\frac{\beta}{\beta'} = \frac{x\,y'}{y\,x'},$$

oder, da

$$\frac{1}{y} + \frac{1}{y'} = \frac{1}{f'},$$

$$\frac{\beta}{\beta'} = \frac{x}{x'} \left\{ \frac{y'}{f'} - 1 \right\}.$$

Ferner ist $x' + y' = a$ und somit

$$\frac{\beta}{\beta'} = \frac{x}{x'} \left(\frac{a - x'}{f'} - 1 \right)$$

$$= \frac{x}{x'} \left(\frac{a}{f'} - 1 \right) - \frac{x}{f'},$$

$$= \left(\frac{x}{f} - 1 \right) \left(\frac{a}{f'} - 1 \right) - \frac{x}{f'},$$

oder endlich

$$\frac{\beta}{\beta'} = 1 - \frac{x}{f} - \frac{x + a}{f'} + \frac{a\,x}{f\,f'}.$$

Setzen wir das Differential dieses Ausdruckes der obigen Bedingungsgleichung entsprechend gleich 0, so erhalten wir nach (18)

$$\frac{x\,\dfrac{1}{\nu}}{f} + \frac{(x+a)\,\dfrac{1}{\nu'}}{f'} = \frac{a\,x \left(\dfrac{1}{\nu} + \dfrac{1}{\nu'} \right)}{f\,f'} \quad \ldots \ldots \quad (26)$$

Dieser Ausdruck stellt daher die Bedingung für die partielle Achromatisirung der beiden Linsen dar. Im Allgemeinen ist sie nicht unabhängig von dem Objektabstande.

§ 189. Ziehen wir die Konvergenz der Strahlen in Bezug auf die optische Axe an Stelle des Abbildungsverhältnisses in unsere, auf die Feststellung der Bedingungen für die Achromasie gerichtete Untersuchung hinein, so lässt sich auch auf diese Weise die Bedingung dafür aufstellen, dass zwei farbige, von dem Objekt ausgehende Strahlen parallel zu einander zum Austritt gelangen.

Sind nämlich α und α' die Konvergenzwinkel für den ersten und letzten Strahl und schneiden diese die Axe in den durch die Abscissen x und y bestimmten Punkten, so ergiebt sich sofort aus einer Figur oder aus der Helmholtz'schen Formel für das Abbildungsverhältnis und (5a, IV), dass

$$\frac{\beta}{\beta'} = \frac{\operatorname{tg}\alpha'}{\operatorname{tg}\alpha} = \frac{x\,y'}{x'\,y}, \quad \ldots \ldots \ldots \quad (27)$$

so dass, wenn der Bedingung $\partial \left(\dfrac{\beta}{\beta'} \right) = 0$ oder der in (26) enthaltenen genügt ist, damit auch die, dass $\partial\,\alpha' = 0$, erfüllt wird; das aber bedeutet, die Strahlen treten aus der achromatischen Linse als parallele Strahlen wieder heraus.

§ 190. Ihre nützlichste Anwendung findet diese Bedingungsgleichung bei der Achromatisirung von Okularen. Die Strahlen fallen von dem durch das Objektiv erzeugten Bilde ausgehend excentrisch auf das Okular. Die durch die Linsen des Okulars erzeugten Bilder entstehen in derselben Weise, als ob die Strahlen von einem wirklichen Objekt ausgingen, abgesehen davon, dass die von irgend einem Punkte des Bildes kommenden Strahlen nicht die ganze Linse füllen.

Der Mittelpunkt des Objektivs ist gewöhnlich sehr weit entfernt von dem Okular im Vergleich mit den Brennweiten der Linsen des Okulars. Dividiren wir daher die Bedingungsgleichung (26) durch x und lassen $x = \infty$ werden, so wird aus (26)

$$\frac{1}{\nu f} + \frac{1}{\nu' f'} = \frac{a\left(\frac{1}{\nu} + \frac{1}{\nu'}\right)}{f f'} \,,$$

oder

$$a = \frac{\frac{1}{\nu} f' + \frac{1}{\nu'} f}{\frac{1}{\nu} + \frac{1}{\nu'}} \,. \qquad \ldots \ldots \ldots \quad (28)$$

Es erscheint als besonders vortheilhaft, die Linsen aus derselben Glasart herzustellen, indem dann, wenn man zwei farbige Bilder zur Deckung bringt, alle farbigen Bilder vereinigt werden. Die Bedingung für die Achromatisirung wird dann nach (28)

$$a = \frac{f + f'}{2} \,, \qquad \ldots \ldots \ldots \ldots \quad (29)$$

oder in Worten ausgedrückt, *der Abstand zwischen den aus derselben Glasart hergestellten Linsen muss gleich der halben Summe ihrer Brennweiten sein.*

§ 191. Die Bedingungen für die Achromatisirung irgend eines Systems centrirter dicker sowohl als dünner Linsen lassen sich leicht aus der Gauss'schen Theorie ableiten.

Denn es lassen sich nach §§ 78 und 79 die Relationen zwischen den Koordinaten eines Punktes und seines Bildes in den Formen ausdrücken:

$$k\,(\xi - a)\,(\xi' - a') + n'\,g\,(\xi - a) - n\,l\,(\xi' - a') - n\,n'\,h = 0$$

und

$$\frac{\eta}{\eta'} = \frac{\xi}{\xi'} = \frac{k\,(\xi' - a') + n'\,g}{n'} \,.$$

Nehmen wir nun den Punkt $(\xi,\ \eta,\ \zeta)$ als fest an, so müssten bei vollkommener Achromasie die Koordinaten des konjugirten Punktes unabhängig von dem besonderen, der Rechnung zu Grunde gelegten Strahl sein; und dies gilt für alle Werthe von ξ, η, ζ. Diese Bedingungen lassen sich für zwei Strahlen dadurch erfüllen, dass man

$$\partial\left(\frac{n'g}{k}\right)=0, \quad \partial\left(\frac{nl}{k}\right)=0, \quad \partial\left(\frac{nn'h}{k}\right)=0, \quad \partial\left(\frac{k}{n'}\right)=0, \quad \partial g=0$$

macht.

Diese Relationen sind gleichbedeutend mit

$$\partial g=0, \quad \partial(nh)=0, \quad \partial\left(\frac{k}{n'}\right)=0 \quad \text{und} \quad \partial\left(\frac{n}{n'}l\right)=0.$$

Die Grössen g, h, k, l sind aber unter einander verbunden durch die Gleichung

$$gl-hk=1,$$

woraus man durch Multiplikation mit $\dfrac{n}{n'}$ erhält:

$$g\left(\frac{nl}{n'}\right)-nh\left(\frac{k}{n'}\right)=\frac{n}{n'},$$

woraus sich ohne Weiteres die Bedingung ergiebt:

$$\partial\left(\frac{n}{n'}\right)=0.$$

Dieser Bedingung lässt sich aber nur genügen, wenn man das erste und letzte Medium gleichartig sein lässt; in den meisten optischen Instrumenten liegt dieser Fall thatsächlich vor. Die angeführten Bedingungen lassen sich dann auf drei der vier folgenden zurückführen:

$$\partial g=0, \quad \partial(nh)=0, \quad \partial\left(\frac{k}{n}\right)=0, \quad \partial l=0.$$

Vergleicht man hiermit die Werthe der Koordinaten der Kardinalpunkte des Systems, so erkennt man ohne Weiteres, dass die angeführten Bedingungen damit gleichbedeutend sind, dass man die Hauptpunkte und Brennweiten des Systems für die beiden Farben gleichwerthig macht.

Kapitel X.

Das Auge und das Sehen durch Linsen.

§ 192. Das Auge ist ein optisches Instrument, welches im Wesentlichen aus einer Reihe brechender, durch krumme Flächen begrenzter Medien und einem äusserst empfindlichen, einen Theil des Sehnervs bildenden Netz von Nervenfäserchen besteht. Ein in das Auge gelangendes Strahlenbüschel wird an den krummen Flächen gebrochen und auf jenem Netz zu einem Bildpunkt ver-

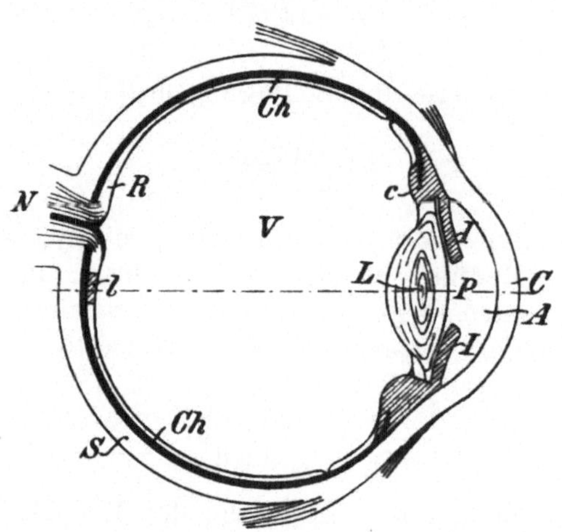

Fig. 103.

einigt und der dadurch erzeugte Eindruck durch den Sehnerv dem Gehirn übermittelt.

Das menschliche Auge, dessen für unsere Betrachtung wichtigsten Theile im ideellen Durchschnitt in Fig. 103 dargestellt sind, hat eine annähernd kugelförmige Gestalt, die vordere Fläche ausgenommen, wo es mit einer etwas stärkeren Rundung aus dem übrigen Theil hervortritt. Es ist von einer dicken zähen Hülle S umkleidet, welche, den vorderen hervorstehenden Theil ausgenommen, weiss und undurchsichtig ist und die Sehnenhaut oder Sclerotica heisst. Dieselbe ist in dem lebenden Auge theilweise entblösst und wird in der Umgangssprache als das „Weisse" des Auges bezeichnet. Der stärker vortretende Theil des Augapfels ist mit einer dicken, starken, durchsichtigen Haut C, der sogenannten Cornea oder Hornhaut bedeckt.

§ 193. Der Augapfel ist ausserdem mit noch zwei anderen Bekleidungen versehen; unmittelbar innerhalb der Sclerotica liegt ein dünnes Häutchen Ch, die sogenannte Aderhaut oder Choroidea, und innerhalb dieser wieder liegt ein anderes dünnes Häutchen, die Retina oder Netzhaut R.

Die Innenfläche der Aderhaut ist mit einem schwarzen Pigment bedeckt, welches derselben ein sammetartiges Aussehen verleiht. Die Funktion dieses Pigmentes besteht darin, durch die Retina gedrungene Lichtstrahlen zu absorbiren und zu verhindern, dass sie von der Retina reflektirt werden, was die Deutlichkeit der erzeugten Bilder beeinträchtigen würde. Der vordere, von der Sclerotica sich abhebende Theil der Aderhaut ist verdeckt und bildet die zusammenziehbare, durch eine centrale Oeffnung, die sogenannte Pupille, durchbrochene Iris oder Regenbogenhaut I. Der äussere Rand der Iris ist fest mit dem Auge verbunden, während der innere Rand mittelst eines starken Muskelbandes, von welchem derselbe umsäumt ist, zusammengezogen werden kann, um so die Grösse der Pupille zu reguliren. Die Iris hat die Bestimmung, die Lichtmenge zu reguliren, welche auf den empfindlichen Theil des Auges fallen soll. Bei hellem Licht zieht sich die Pupille automatisch zusammen, während sie sich bei schwachem Licht erweitert. Die vordere Fläche der Iris ist bei verschiedenen Menschen verschieden gefärbt und tritt in allen Nüancen von blau, braun und grau auf. Ihre hintere Fläche ist mit schwarzem Pigment belegt, welches wieder dazu dient, fremdes, von inneren Reflexionen oder anderen Ursachen herrührendes Licht zu absorbiren. Kurz bevor die Aderhaut sich von der Sclerotica abhebt, spaltet sich die erstere in zwei Schichten; die vordere davon stellt die Iris dar, während die hintere ein kreisförmiges Faltensystem c bildet, welches halskrausenartig den äusseren Rand der (weiter unten beschriebenen) Linse umschliesst. Diese Falten, 70 bis 72 an der Zahl, nennt man die Ciliarfortsätze. Unter diesem dunklen Faltenring und daher in Berührung mit der Sclerotica liegt ein mit radial auslaufenden Fasern versehenes Muskelband, der sogenannte Ciliarmuskel.

§ 194. Die Retina ist eine zarte, halbdurchsichtige·Membrane,

welche durch die Verbreiterung des Sehnervs gebildet wird, und
besteht aus den Endfasern dieses Nervs und aus Nervenzellen; sie
bedeckt das ganze Innere des Augapfels bis zu den Ciliarfortsätzen.
Genau im Centrum der Retina befindet sich ein runder gelblicher,
etwas erhabener Fleck, welcher ungefähr 1,25 mm im Durchmesser
misst und eine kleine Einkerbung, die sogenannte Fovea centralis,
trägt. Es ist dieses der Punkt des deutlichen Sehens und die Fovea
centralis ist der empfindlichste Theil der Retina. Ungefähr 2,5 mm
innerhalb dieses gelben Flecks befindet sich der Punkt, von wo aus
der Sehnerv seine die Retina bildenden Fasern aussendet; es ist
dieses der einzige Punkt auf der Retina, welcher für Lichtstrahlen
ganz unempfindlich ist, und wird daher als der blinde Fleck bezeichnet.

§ 195. Im Innern des Auges, etwas hinter der Iris, schwebt
ein weicher, durchsichtiger Körper, die Krystalllinse, L, welche die
Gestalt einer Bikonvexlinse hat, deren vor-
dere Fläche weniger gewölbt ist. als die hintere. Die Krystalllinse ist in eine dünne, durchsichtige Kapsel eingehüllt und wird durch die
Ciliarfortsätze in ihrer Lage gehalten. Die Substanz, aus welcher die Krystalllinse besteht,
ist doppelbrechend und wirkt wie ein uni-
axialer, senkrecht zu einer Axe gespaltener
Krystall. Sie ist aus einer Reihe von über-
einanderliegenden Schichten zusammengesetzt,
deren Brechungsexponent nach dem Mittel-
punkt hin zunimmt; hier befindet sich der feste Kern, welcher einen
sehr kleinen Krümmungsradius hat und das Licht am stärksten bricht.

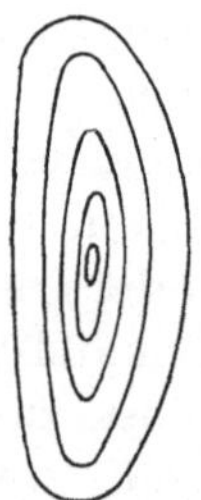

Fig. 104.

Es ist unschwer einzusehen, dass die Wirkung der Linse vermöge dieser Zusammensetzung eine stärkere ist, als wenn sie aus
einer homogenen Masse bestände, welche denselben Brechungsexponenten besitzt, wie der Kern. Denn man kann, wie in Fig. 104 angedeutet, die Linse als eine Kombination einer Bikonvexlinse c mit
zwei anderen, konkaven Linsen a und b ansehen. Diese konkaven
Linsen heben bis zu einem gewissen Grade die Wirkung der Linse c
auf, aber nicht in dem Maasse, als wenn ihre Brechungsexponenten
ebenso gross wie derjenige von c wären. Die Brennweite der Linse
lässt sich experimentell feststellen, und ist ihre Form bekannt, so
lässt sich auch ihr sogenannter totaler Brechungsexponent bestimmen,
d. h. der Brechungsexponent, welchen die Linse haben würde, wenn
sie homogen wäre. Aus dem Angeführten folgt, dass dieser totale
Brechungsexponent grösser als derjenige des Kerns ist.

Die Zunahme des Brechungsvermögens bei dem Uebergange von den äusseren zu den inneren Schichten der Linse dient theilweise dazu, um die Aberration zu korrigiren, indem infolge dieses Umstandes die Konvergenz der Strahlen von dem Rande nach der Axe des Strahlenbüschels hin stärker zunimmt.

§ 196. Der Zwischenraum zwischen der Cornea C (Fig. 103) und der Krystalllinse L ist mit einer durchsichtigen wasserähnlichen Flüssigkeit, der wässerigen Feuchtigkeit oder dem humor aqueus, A, angefüllt. Den Zwischenraum zwischen der Krystalllinse L und der Retina R füllt eine andere durchsichtige Flüssigkeit V von einer im Vergleich mit der erstgenannten Flüssigkeit etwas mehr dickflüssigen Natur aus; dieselbe wird als Glaskörper oder humor vitreus bezeichnet. Diese beiden Flüssigkeiten, ebenso wie die Krystalllinse, sind in durchsichtige, äusserst zarte Membranen eingekapselt.

Bezüglich ihres Brechungsexponenten unterscheiden sich der Glaskörper und die wässerige Flüssigkeit nur wenig vom Wasser, während der totale Brechungsindex der Krystalllinse ein wenig grösser ist als derjenige des Wassers.

§ 197. Um zu untersuchen, welche Veränderungen ein Strahlenbüschel, welches in das Auge gelangt, infolge der Brechung erleidet, müssen wir die Brechungsexponenten der verschiedenen Medien, aus denen das Auge zusammengesetzt ist, und Gestalt und Lage der dieselben begrenzenden Flächen kennen. Die Brechungsexponenten der verschiedenen Medien lassen sich in üblicher Weise bestimmen, nachdem man sie aus dem Auge herausgenommen hat. Es hat sich indessen herausgestellt, dass die Krümmungen der Begrenzungsflächen in dem todten Auge erhebliche Veränderungen erleiden, und man ist somit genöthigt, die erforderlichen Messungen an dem lebenden Auge vorzunehmen. Die Einzelheiten dieser Messungsmethoden anzugeben, würde über den Rahmen dieses Buches hinausgehen und wir müssen uns daher damit begnügen, kurz das Princip der Methode anzudeuten. Der Krümmungsradius einer Fläche lässt sich aus der Grösse eines durch Reflexion an derselben hervorgerufenen Bildes eines Objektes, dessen Grösse und Abstand bekannt sind, bestimmen. Die Schwierigkeit der Messung der Bildgrössen liegt in der störenden Beweglichkeit des Auges. Helmholtz hat nun ein Instrument erfunden, das Ophthalmometer, welches sich zu diesem, wie zu vielen anderen Zwecken verwenden lässt. Die Konstruktion dieses Instrumentes beruht auf der Thatsache, dass ein in schräger Richtung durch eine dicke Glasplatte betrachteter Gegenstand in seiner natürlichen Grösse, aber etwas seitlich verschoben, dem Auge sichtbar wird, wobei diese Verschiebung eine um so grössere ist, je grösser der Einfallswinkel der auf jene Glasplatte einfallenden Strahlen ist. Das Ophthalmometer besteht aus einem auf kurzen Objektabstand adjustirten Fernrohr, vor dessen Objektiv zwei dicke Glasplatten derartig angebracht sind, dass die eine Platte die eine Hälfte des Objektivs, die andere Platte die andere Hälfte desselben bedeckt. Die Platten lassen sich um ihre aneinander stossenden Kanten drehen; dreht man sie in entgegengesetztem Sinne, so entstehen zwei Bilder und der Abstand zwischen diesen beiden Bildern lässt sich nach den Neigungswinkeln der Platten zur Fernrohraxe berechnen. Ist nämlich h die Dicke der Platte, α der Einfalls- und β der entsprechende Brechungswinkel, so beträgt die scheinbare Verschiebung des Objektes: $\dfrac{h \sin(\alpha - \beta)}{\cos \beta}$. Die Platten werden nun soweit gedreht, dass jedes Bild um seine halbe Länge verschoben wird und somit die einander gegenüberliegenden Bildenden zusammenfallen. Die Länge des Bildes ist dann gleich dem Abstande zwischen den beiden Bildern.

§ 198. Der Abstand zwischen der Oberfläche der Cornea und der Ebene der Iris lässt sich messen, indem man das durch die Cornea reflektirte Bild eines hell erleuchteten Objektes beobachtet. Der Abstand zwischen der Cornea und dem hellen Bilde ist bekannt; betrachtet man nun dieses Bild von verschiedenen Punkten aus, so wird es auch auf verschiedene Stellen der Iris projicirt und wenn man die Abstände dieser Projektionen von dem Rande der Iris misst, so lässt sich der Abstand der Irisebene bestimmen. Näheres über diesen Gegenstand giebt [das „Handbuch der physiologischen Optik von Helmholtz“.

Die vordere Fläche der Cornea hat sehr annähernd die Gestalt eines Segmentes eines Rotationsellipsoids, dessen Rotationsaxe sich mit der grossen Axe der Ellipse deckt. Die Gestalt der hinteren Fläche hat sich bis jetzt noch nicht ganz genau feststellen lassen. Indessen sind die beiden Flächen der Cornea fast parallel, und da die vordere Fläche immer durch Wasser, dessen Brechungsindex mit demjenigen der wässerigen Feuchtigkeit übereinstimmt, feucht gehalten wird, so wirkt die Cornea wie eine brechende, planparallele Platte und verursacht keine Ablenkung eines einfallenden Strahls. Man kann daher die optische Wirkung der Cornea vollständig unberücksichtigt lassen und kann bei optischen Untersuchungen des Auges annehmen, dass die wässerige Feuchtigkeit sich bis zur vorderen Fläche der Cornea erstreckt.

Die vordere Fläche der Krystalllinse ist der Form nach ein

Segment eines abgeflachten Sphäroids, und die hintere Fläche sieht man als ein Segment eines Rotationsparaboloids an.

§ 199. Es sind somit drei Flächen vorhanden, an denen Brechung stattfindet, nämlich an der ersten Fläche der Cornea und an den beiden Flächen der Krystalllinse. Die Mittelpunkte dieser Flächen liegen fast genau in einer geraden Linie, der optischen Axe. Solange als die Richtung der Strahlen nicht erheblich von derjenigen der Axe abweicht, kann man die brechenden Flächen als mit den durch die entsprechenden Scheitelpunkte gelegten sphärischen Krümmungsflächen zusammenfallend ansehen. Die Gauss'sche Theorie der Brechung an einer beliebigen Anzahl centrirter Kugelflächen lässt sich daher auch auf diesen Fall anwenden und die Lage der Brennpunkte, der Hauptpunkte und der Knotenpunkte lässt sich rechnerisch feststellen, sobald die Krümmungsradien, die Lagen der brechenden Flächen und die Brechungsexponenten der Medien bekannt sind. Listing hat die folgenden Zahlen als sehr angenäherte Werthe für ein normales Auge angegeben; bei diesen Angaben ist für die Brechungsexponenten derjenige der Luft als Bezugseinheit angenommen.

a) Die Krümmungsradien der Begrenzungsflächen haben die folgenden Werthe:

    1. Für die vordere Fläche der Cornea   8 mm
    2. Für die vordere Fläche der Linse   10 -
    3. Für die hintere Fläche der Linse   6 -

b) Die Abstände zwischen den brechenden Flächen betragen:
Zwischen der vorderen Fläche der Cornea
   und der vorderen Fläche der Linse . .   4 mm
Dicke der Linse . . . .   4 -
Zwischen der hinteren Fläche der Linse
   und der Retina . . . . 13 -

c) Die Brechungsexponenten der Medien sind:

    1. Für die wässerige Feuchtigkeit $\dfrac{103}{77}$

    2. Für die Linse (total) . . . . $\dfrac{16}{11}$

    3. Für den Glaskörper . . . . . $\dfrac{103}{77}$.

Aus diesen Daten berechnete Listing die Lagen der Kardinalpunkte nach der Gauss'schen Theorie und fand die folgenden Werthe:

    1. Der erste Brennpunkt liegt 12,8326 mm vor der Cornea und

der zweite Brennpunkt 14,6470 mm hinter der hinteren Fläche
der Linse.

2. Der erste Hauptpunkt liegt 2,1746 mm, der zweite 2,5724 mm
hinter der Cornea; der Abstand zwischen beiden ist somit 0,3978 mm.

3. Der erste Knotenpunkt liegt 0,7580 mm, der zweite 0,3602 mm
vor der hinteren Fläche der Linse.

4. Die erste Brennweite beträgt somit 15,0072 mm, die zweite
20,0746 mm.

Die optische Wirkung dieses typischen Auges stimmt sehr angenähert mit derjenigen eines natürlichen Auges überein, und berücksichtigt man die individuelle Unterschiedlichkeit des Auges, so
stellen die oben angeführten Zahlen eine vollständig genügende
Annäherung an das natürliche Auge dar.

§ 200. Wir sehen aus Obigem, wie in Fig. 105 dargestellt, dass
die beiden Hauptpunkte, ebenso wie die beiden Knotenpunkte sehr

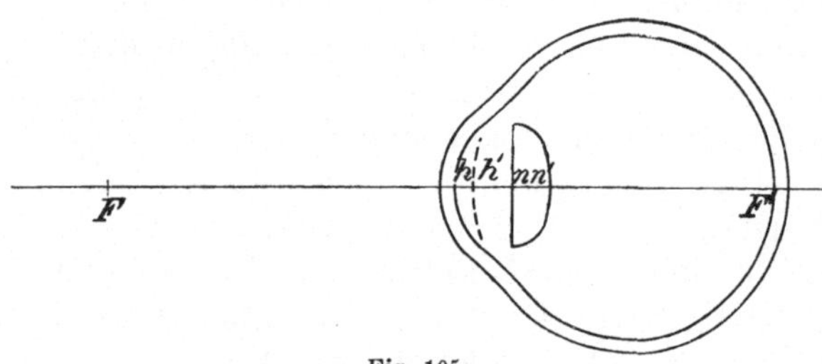

Fig. 105.

dicht neben einander liegen, so dass man, ohne einen erheblichen
Fehler zu begehen, in beiden Fällen dieselben als zusammenfallend
ansehen kann. Unter Zugrundelegung dieser Annahme gelangen wir
zu noch einfacheren Werthen, welche dem Listing'schen reducirten
Auge entsprechen. Der Hauptpunkt liegt hier 2,3 mm hinter der Cornea
und der Knotenpunkt 0,5 mm vor der zweiten Fläche der Linse. Ein
solches Auge ist äquivalent einer einzelnen brechenden Kugelfläche,
deren Scheitel mit dem Hauptpunkte und deren Mittelpunkt mit dem
Knotenpunkte des Auges zusammenfällt, den Brechungsexponent wie
vorher zu $\dfrac{103}{77}$ vorausgesetzt. Ein Punkt und dessen Bild auf der
Retina müssen in einer durch den Knotenpunkt gehenden Linie
liegen; wenn wir daher feststellen wollen, in welcher Richtung ein
Objektpunkt liegt, dessen Bild bezüglich seiner Lage auf der Retina
gegeben ist, so haben wir nur den Bildpunkt mit dem Knotenpunkte
zu verbinden und diese Linie auswärts zu verlängern.

§ 201. Wenn das Auge unthätig ist, so ist es klar, dass die
Bilder nur solcher Punkte, welche innerhalb einer einzigen Fläche

liegen, genau auf die Retina fallen können. Die Gestalt und Lage dieser Fläche lässt sich aus den optischen Konstanten des Auges berechnen. Jedem in dieser Fläche liegenden Objekt entspricht ein der ursprünglichen Figur ähnliches, aber umgekehrtes Bild auf der Retina, wobei die Linien, welche zusammengehörige Objekte und Bildpunkte verbinden, alle durch den Knotenpunkt gehen. Wenn aber ein Punkt nicht auf dieser Fläche liegt, so wird auch sein Bild nicht auf der Retina liegen, sondern vor oder hinter derselben. In beiden Fällen schneidet die Retina das gebrochene Strahlenbüschel nicht in einem einzigen Punkt, sondern innerhalb eines diffusen Lichtkreises. Hieraus folgt, dass ein unbewegliches Auge nur solche Objekte deutlich sehen kann, welche in einer bestimmten Fläche liegen, und ziehen wir nur Lichtstrahlen in Betracht, welche kleine Winkel mit der Axe des Auges einschliessen, so kann man diese Fläche als eine Ebene ansehen. Alle ausserhalb dieser Ebene liegenden Objekte oder Theile von Objekten geben undeutliche Bilder, in welchen Diffusionskreise leuchtenden Punkten des Objektes entsprechen.

Die Erfahrung hat uns indessen gelehrt, dass ein Auge fähig ist, fast in jeder Entfernung deutlich zu sehen; es muss daher eine Vorrichtung vorhanden sein, welche das Auge verändert und ihm gestattet, willkürlich in verschiedenen Entfernungen zu sehen. Diese Fähigkeit des Auges, sich gegebenen Bedingungen entsprechend zu verändern, bezeichnet man als sein Akkommodationsvermögen. Man hat noch nicht mit absoluter Genauigkeit feststellen können, auf welche Entfernung ein unthätiges, d. h. nicht in Folge seiner Bethätigung akkommodirtes, Auge eingestellt ist, aber man nimmt allgemein an, dass ein passives normales Auge auf unendlich fern liegende Objekte eingestellt ist, so dass in dem ruhenden Auge der zweite Brennpunkt des Auges sich auf der Retina befindet. Hieraus folgt, dass, während das Auge sich auf nahe Objekte akkommodirt, Akkommodation nur in einer Richtung stattfindet.

§ 202. Experimentell hat es sich feststellen lassen, dass die Akkommodation durch Veränderung der Gestalt der brechenden Flächen des Auges bewirkt wird. Während das Auge sich auf nahe Objekte akkommodirt, wölbt sich die vordere Fläche der Krystalllinse etwas stärker und nähert sich der Cornea; dieses ist besonders bei demjenigen Theil der Linse der Fall, welcher nicht von der Iris bedeckt ist und sich so durch die Pupille hindurch wölbt. Diese Veränderungen lassen sich mit Hilfe des folgenden Experimentes beobachten. Wird ein brennendes Licht seitlich neben das Auge gestellt in einem im Uebrigen verdunkelten Raume und sieht man von der anderen Seite aus in das Auge, so erblickt man in Folge der Reflexionen an den brechenden Flächen des Auges drei Lichtbilder der Flamme; das erste, ein virtuelles, aufrechtstehendes Bild, rührt von der vorderen Fläche der Cornea her; das zweite, ebenfalls aufrechtstehende, aber bedeutend schwächere und etwas grössere Bild rührt von der vorderen Fläche der Linse her; das dritte ist heller und ist ein umgekehrtes reelles Bild und entsteht durch Reflexion an der zweiten Fläche der Linse. Wenn nun das Auge erst einen sehr fernen und dann einen ganz nahe liegenden Gegenstand fixirt, so wird das zweite Bild sichtlich kleiner und nähert sich dem ersten Bilde, ein Beweis, dass die vordere Fläche der Linse sich stärker gewölbt und der Cornea genähert hat.

Statt einer Flamme wendet man besser einen mit zwei Löchern durchbohrten Schirm an, durch welchen man das Licht hindurchfallen lässt; der Abstand zwischen den reflektirten Bildern dieser Punkte lässt sich mittelst des Ophthalmometers messen.

§ 203. Die folgende Tabelle veranschaulicht die während der Akkommodation auftretenden Veränderungen in den optischen Konstanten des Auges; die Abstände der Kardinalpunkte sind hierbei auf den Scheitel der Cornea bezogen und in mm ausgedrückt. Die Brechungsexponenten der Medien sind dieselben wie die oben angegebenen.

	Ruhendes Auge, eingestellt auf Fernsicht	Akkommodirtes Auge, eingestellt auf naheliegende Gegenstände
Krümmungsradius der Cornea	8	8
- - vorderen Linsenfläche .	10	6
- - hinteren - .	6	5,5
Lage der ersten Linsenfläche	3,6	3,2
- - zweiten -	7,2	7,2
- des ersten Brennpunktes	— 12,9	— 11,2
- - - Hauptpunktes	1,9	2,0
- - zweiten -	2,4	2,5
- - ersten Knotenpunktes	7,0	6,5
- - zweiten -	7,4	7,0
- - . - Brennpunktes	22,2	20,2
Erste Brennweite	14,9	13,3
Zweite -	19,9	17,8

§ 204. Wie wir wissen, ist, wenn sich das Auge in irgend einer Stellung in Ruhe befindet und für einen Gegenstand akkommodirt ist, das Sehen nur für einen Punkt, die Fovea centralis, deutlich; dies gilt aber auch nur von einer sehr kleinen, diesen Punkt umgebenden Fläche. Das Auge ist indessen mit einer sehr grossen Beweglichkeit begabt und bringt in einem unglaublich kurzen Zeittheilchen die verschiedensten Punkte entfernter Gegenstände in den Kreis des deutlichen Sehens. Wir sind hierdurch fähig, uns eine klare Vorstellung von einem Körper oder einer Fläche von beträchtlicher Ausdehnung zu machen. Hierbei wird das Auge wesentlich unterstützt durch die Dauer des Lichteindrucks, welchen dasselbe empfängt. Experimentell hat man festgestellt, dass diese Dauer von der Art des Lichtes abhängt. Für starkes Licht giebt Helmholtz $\frac{1}{24}$ Sekunde und für schwaches Licht $\frac{1}{10}$ Sekunde als die Dauer des Eindrucks an. Lissajou und Andere bezeichnen $\frac{1}{30}$ Sekunde als die untere Grenze für die Dauer eines Lichteindrucks. Wenn daher ein Fleck auf der Retina periodisch Lichteindrücke empfängt, so werden sich diese Lichteindrücke, wenn die Periodicität genügend klein ist, zu einem kontinuirlichen Eindruck summiren, welcher dieselbe Intensität aufweist, welche entstehen würde, wenn das ganze einfallende Licht irgend einer Periode gleichförmig über dieselbe vertheilt wäre.

§ 205. Betrachten wir ein Auge in einer festen Stellung, so ist das Gebiet des deutlichen Sehens nur klein und man kann die Krümmung der Retina innerhalb dieses Sehfeldes vernachlässigen und die Lage eines Punktes auf derselben auf ein ebenes Koordinatensystem beziehen.

Das Auge ist indessen in seinem Sockel beweglich, so zwar, dass seine Axe bis zu fast 55° allseitig aus seiner Mittelstellung schwingen kann. Den entsprechenden körperlichen Winkel, innerhalb dessen also Gegenstände vermöge der Beweglichkeit des Auges gesehen werden können, nennt man das Sehfeld. Das durch äussere Eindrücke in einem einzelnen Auge erzeugte Bild liesse sich vollständig darstellen durch Punkte und Linien auf einer sphärischen Fläche, deren Mittelpunkt eben jener Punkt ist, um welchen das Auge drehbar angeordnet ist; es ist indessen für praktische Zwecke bequemer, die gesehenen Gegenstände auf eine ebene, statt auf eine sphärische Fläche zu projiciren. Denken wir uns in einiger Entfernung von einem bis zum Boden reichenden grossen Fenster stehend, und nehmen wir ferner an, es seien die durch ein einzelnes Auge durch das Fenster gesehenen Gegenstände auf das Glas gemalt genau in den Stellungen, in welchen sie dem Auge durch das Glas erscheinen, so wird eine solche Darstellung eine perspektivische Ansicht des Gesehenen repräsentiren. Die Projektion irgend eines Punktes ist derjenige Punkt, in welchem die Ebene des Fensters von einer jenen Punkt mit dem Mittelpunkt des Auges verbindenden Linie geschnitten wird. Die Projektion einer geraden Linie wird daher wieder eine gerade Linie sein müssen; denn wir haben nur

eine Ebene durch den Mittelpunkt des Auges und die gegebene
gerade Linie gelegt zu denken, es kann diese Ebene die Bildebene
nur in einer geraden Linie schneiden und eben diese gerade Linie
stellt die Projektion der gegebenen geraden Linie dar. Vereinigen
sich eine Reihe von Linien in einem Punkt, so laufen auch ihre Projektionen in einem Punkt zusammen, und es ist dieser Punkt die
Projektion des Schnittpunktes der gegebenen Linien. Insbesondere,
wenn die gegebenen Linien parallel sind, so laufen ihre Projektionen
in einem Punkt zusammen. Um diesen Punkt durch eine geometrische Konstruktion zu bestimmen, ziehen wir von dem Centrum
des Auges aus parallel den Linien unseres Systems eine gerade Linie
nach der Bildebene. Diesen Punkt nennen wir den Fluchtpunkt
des Systems. Vertikale Linien projiciren sich wieder als vertikale
Linien. In diesen Bemerkungen liegt der Grundgedanke der Lehre
von der linearen Perspektive, und aus den hier dargelegten Principien lassen sich leicht die gewöhnlichen einfachen Regeln für die
Konstruktion der Projektionen von Umrissen gegebener Objekte
ableiten.

§ 206. Die Retinä beider unserer Augen nehmen Eindrücke
auf, wenn wir auf irgend einen Gegenstand blicken, und in gewissen
Stellungen der Augen sehen wir zwei von den beiden Retinä herrührende Bilder, während wir in anderen Stellungen nur ein Bild
erblicken. Jedem Punkte der einen Retina ist ein Punkt der anderen Retina, ein sogenannter Deckpunkt, zugeordnet. Wenn nun
die von den beiden Augen herrührenden Bilder eines Objektpunktes
auf solche Deckpunkte fallen, so sehen wir nur einen Punkt, in
jedem anderen Falle dagegen zwei Punkte. Die Punkte auf der
Retina eines Auges lassen sich auf zwei Meridiane, welche wir uns
als von zwei durch die Axe des Auges gelegten Ebenen gebildet
denken, beziehen. Wird das Auge in horizontaler Lage vorwärts
gerichtet, so entsprechen den Punkten auf dem Horizont Bildpunkte,
welche auf einem Meridian liegen, welchen wir als den Netzhauthorizont bezeichnen wollen. Ebenso erscheinen gewisse Linien
dem Auge als vertikale Linien; das Netzhautbild solcher vertikaler
Linien auf der Retina stellt einen Meridian dar, welchen wir den
scheinbar vertikalen Meridian nennen. Durch Versuche ist
Helmholtz zu dem Schlusse gelangt, dass der Netzhauthorizont
für beide Augen wirklich horizontal ist, dass aber die scheinbar
vertikalen Meridiane nicht genau rechtwinkelig zum Netzhauthorizont
gerichtet sind, vielmehr an ihrem oberen Ende nach aussen divergiren. Die Neigung eines jeden dieser Meridiane zur wirklichen
Vertikalen ist die gleiche und beide schliessen mit einander einen

Winkel von $2^0 22'$ bis $2^0 33'$ ein. Helmholtz hat auch gefunden, dass bei normalen Augen sowohl die Punkte des deutlichen Sehens, als auch die Netzhauthorizontale und scheinbaren Vertikalen in beiden Augen aus Deckpunkten bestehen; dass ferner das Nämliche gilt von Punkten auf dem Netzhauthorizont bei gleichem Abstande vom Ursprung, ebenso wie von Punkten auf den scheinbaren Vertikalen bei gleichem Abstande von dem Ursprunge. Da nun das deutliche Sehfeld nicht gross ist und wir die Retinä in der Gegend der Fovea centralis als nahezu eben ansehen können, so haben wir auf jeder derselben ein Paar natürlicher schiefwinkeliger Axen, auf welche wir alle anderen Punkte beziehen können. Das Auge vermag sehr wohl die Parallelität von Linien zu beurtheilen und wir können hieraus den Schluss ziehen, dass Parallele auf der Retina als Parallele erscheinen, so dass aus den obigen Bemerkungen folgt, dass Punkte, deren Koordinaten in den beiden Retinä die gleichen sind, Deckpunkte sind. Oder der symmetrischen Anordnung der Axen entsprechend können wir sagen: Deckpunkte sind von jedem der Netzhauthorizontalen und von jedem der scheinbaren vertikalen Meridiane gleich weit entfernt.

§ 207. Was nun auch immer die Richtungen sein mögen, nach welchen die Augen gedreht sein mögen, es werden stets solche Objektpunkte vorhanden sein, welche man als einfache Punkte erblickt; den geometrischen Ort solcher Punkte nennt man das Horopter. Wir werden sehen, dass dieses Horopter im Allgemeinen eine geschlungene kubische Kurve ist, welche wir uns als Schnitt zweier Hyperboloide mit einer gemeinsamen Erzeugenden denken können.

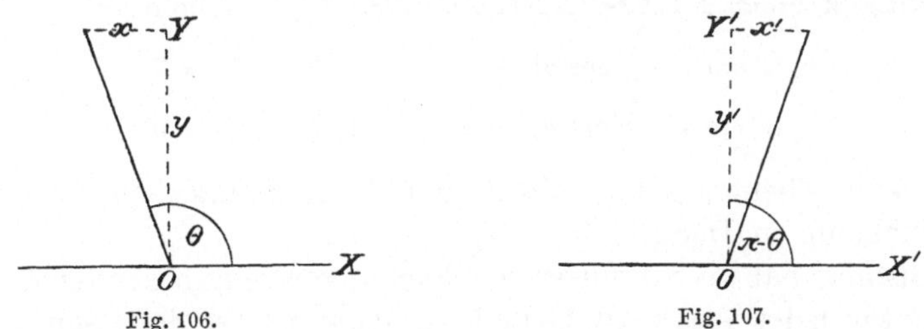

Fig. 106.   Fig. 107.

Nehmen wir in beiden Augen die optische Axe als die Z-Axe, den Netzhauthorizont als die X-Axe eines rechtwinkeligen Koordinatensystems an und bezeichnen, wie in Figuren 106 und 107, mit θ die Neigung des scheinbaren vertikalen Meridians zum Horizont der einen Netzhaut, so dass $\pi-\theta$ diejenige des Horizontes der anderen Netzhaut ist, so erhalten wir als die Gleichungen der scheinbaren Vertikalen:

$$x \sin \theta - y \cos \theta = 0 \;\Big\}$$
$$x' \sin \theta + y' \cos \theta = 0 \;\Big\} \; .$$

Ferner sind $(x,\, y)$ und $(x',\, y')$ die Koordinaten von Deckpunkten, vorausgesetzt, dass

$$y = y',$$

und

$$x \sin \theta - y \cos \theta = x' \sin \theta + y' \cos \theta.$$

Decklinien auf den Netzhäuten lassen sich dann folgendermaassen charakterisiren:

$$r_x \,(x \sin \theta - y \cos \theta) + r_y \, y + r_z = 0,$$

$$r_x \,(x' \sin \theta - y' \cos \theta) + r_y \, y' + r_z = 0.$$

Verbindet man nun Deckpunkte auf den beiden Netzhäuten durch gerade Linien mit den Knotenpunkten der beiden Augen, so kann man diese Linien als korrespondirende Sehlinien bezeichnen. Schneiden sich beide in ihrer Verlängerung nach aussen, so erscheint der Schnittpunkt als einfaches Bild. Ganz analog erhält man, wenn man Decklinien auf der Netzhaut mit den Knotenpunkten verbindet, zwei Ebenen, welche man als korrespondirende Sehebenen bezeichnen könnte. Jedes innerhalb solcher korrespondirenden Ebenen gelegene Linienpaar erscheint als einfache Linie.

Sind

$$x = 0, \quad y = 0, \quad z = c; \quad x' = 0, \quad y' = 0, \quad z' = c$$

die Koordinaten der Knotenpunkte, so erhält man ohne Weiteres als Gleichungen eines Paares korrespondirender Sehebenen

$$r_x \,(x \sin \theta - y \cos \theta) + r_y \, y + r_z \,(z - c) = 0,$$

$$r_x \,(x' \sin \theta - y' \cos \theta) + r_y \, y' + r_z \,(z' - c) = 0,$$

denn beide Ebenen gehen durch den Knotenpunkt und schneiden die Netzhäute in Decklinien.

Bislang haben wir unseren Gleichungen ein besonderes Axensystem für jedes Auge zu Grunde gelegt; es ist indessen zweckmässig, alle Punkte auf ein festes Axensystem im Raum zu beziehen. Angenommen, dass nach erfolgter Transformation die Ausdrücke

$$x \sin \theta - y \cos \theta, \quad y, \quad z - c$$

die Form P, Q, R annehmen, cos P, Q, R lineare Funktionen der Koordinaten sind und dass eine analoge Bezeichnungsweise für die übrigen Koordinaten gilt, so erhalten die Gleichungen eines Paares korrespondirender Sehebenen die Form:

$$r_x\,\mathrm{P} + r_y\,\mathrm{Q} + r_z\,\mathrm{R} = 0\,,$$

$$r_x\,\mathrm{P''} + r_y\,\mathrm{Q'} + r_z\,\mathrm{R'} = 0\,.$$

Aus diesen Gleichungen ergiebt sich, dass sich durch irgend einen Punkt im Raume eine Linie ziehen lässt, welche als einzelne Linie erblickt wird. Denn substituirt man in den Ausdrücken für P, Q, R, P', Q', R' die Koordinaten jenes Punktes, so dienen die beiden Gleichungen dazu, um die Verhältnisse $r_x : r_y : r_z$ zu bestimmen. Diese Gleichungen erhalten indessen eine unbestimmte Form, sobald

$$\mathrm{P\,R'} - \mathrm{P'\,R} = 0\,,$$

$$\mathrm{Q\,R'} - \mathrm{Q'\,R} = 0\,,$$

und als Folge hiervon

$$\mathrm{P\,Q'} - \mathrm{P'\,Q} = 0$$

wird; sobald diese Bedingungen erfüllt sind, lassen sich unendlich viele Linien durch den gegebenen Punkt ziehen, welche alle als einfach gesehene Linien erscheinen müssten, woraus sich ergiebt, dass der Punkt selbst als einfacher Punkt erblickt wird. Die letzte Gleichungsgruppe bestimmt das Horopter.

Die Gleichungen

$$\mathrm{P\,R'} - \mathrm{P'\,R} = 0\,,$$

$$\mathrm{Q\,R'} - \mathrm{Q'\,R} = 0\,,$$

stellen Hyperboloide mit gemeinsamer, durch die Gleichungen

$$\left.\begin{array}{r}\mathrm{R} = 0 \\ \mathrm{R'} = 0\end{array}\right\}$$

bestimmter Erzeugenden dar.

Eliminiren wir R' in den Gleichungen der Hyperboloide, so erhalten wir die Gleichung

$$(\mathrm{P\,Q'} - \mathrm{P'\,Q})\,\mathrm{R} = 0\,;$$

ist daher R nicht gleich 0, so haben wir die dritte Gleichung

$$\mathrm{P\,Q'} - \mathrm{P'\,Q} = 0\,.$$

Die Punkte auf der geschlungenen, durch die beiden ersten Gleichungen bestimmten kubischen Kurve genügen daher auch der dritten Gleichung. Das Horopter hat daher die Gestalt einer geschlungenen kubischen Kurve. Die Form der Gleichungen zeigt, dass die Kurve durch die Knotenpunkte beider Augen geht.

Die zwei beliebige Punkte des Horopters verbindende Linie erblickt man als einzelne Linie; hieraus folgt, dass durch irgend einen Punkt des Horopters unendlich viele, einzeln erblickte Linien gelegt werden können und dass diese Linien auf einem Konus zweiter Ordnung, dessen Spitze mit dem gegebenen Punkt zusammenfällt, liegen.

§ 208. Bei einer bestimmten Stellung der Augen kann der Fall eintreten, dass das Horopter eine Ebene darstellt. Dieses ist dann der Fall, wenn beide Augen horizontal gegen den Horizont gerichtet sind. In diesem Falle können wir den Koordinatenursprung in einen in der Mitte zwischen den Augen und in der Ebene der Netzhäute liegenden Punkt verlegen, während die Z-Axe in die gegebene horizontale Richtung fällt und parallel zu den Axen beider Augen gerichtet ist und die Y-Axe vertikal steht. Ist a der Abstand zwischen den beiden Augen, c der Abstand des Knotenpunktes von den Netzhäuten, so lautet die Gleichung eines Paares korrespondirender Sehebenen

$$r_x \left\{ (x - a) \sin \theta - y \cos \theta \right\} + r_y\, y + r_z\, (z - c) = 0 ,$$

$$r_x \left\{ (x + a) \sin \theta + y \cos \theta \right\} + r_y\, y + r_z\, (z - c) = 0 .$$

Diesen Gleichungen ist für sämmtliche Werthe von $r_x : r_y : r_z$ genügt, vorausgesetzt, dass

$$y \cos \theta + a \sin \theta = 0$$

ist. Die Gleichung des Horopters ist somit:

$$y = - a \operatorname{tg} \theta . \qquad \ldots \ldots \ldots \ldots \quad (1)$$

Dasselbe ist eine *zum Horizont parallel gerichtete Ebene, welche durch den Schnittpunkt der scheinbaren vertikalen Meridiane geht.*

Nach Helmholtz fällt beim normal konstituirten Menschen diese Ebene sehr angenähert mit der Fussbodenebene zusammen und es ist nicht unwahrscheinlich, dass die Obliquität der scheinbaren vertikalen Meridiane in dieser Relation der Fusspunktebene zu den Augen ihre Begründung findet.

§ 209. Unsere Fähigkeit, die Entfernungen sichtbarer Körper abzuschätzen, beruht in erster Linie auf der Thatsache, dass wir zwei Augen haben. Während wir successive den Blick auf Punkte verschiedener Entfernung richten, müssen wir die Konvergenz der Axen beider Augen verändern, und der Grad der Konvergenz dieser Axen, während der Blick auf irgend einen Punkt gerichtet ist, verschafft uns eine Vorstellung von der Entfernung dieses Punktes. Entfernungen vermag indessen auch das einzelne Auge abzuschätzen, indem es die den Veränderungen der Stellung des Beobachters entsprechenden Lagenänderungen der Objekte beobachtet.

Unsere Vorstellung der Körperlichkeit beruht auf dem Vorhandensein zweier Augen. Die jedem der beiden Augen sich darbietenden Ansichten weichen um ein Weniges von einander ab, entsprechend der kleinen Abweichung der Stellung der Augen zum Objekt; durch die Verschmelzung der von den Retinä aufgenommenen Eindrücke erhalten wir die Vorstellung der Körperlichkeit. Dieser Vorgang lässt sich in leichter Weise am Stereoskop veranschaulichen. Dieses Instrument wurde von Wheatstone erfunden behufs Vereinigung zweier verschiedener auf photographischem Wege hergestellter Bilder, deren jedes von je einem Auge betrachtet wird. Diese beiden Bilder stimmen nicht vollkommen überein; vielmehr sind dieselben mit Hilfe einer photographischen Kamera hergestellt, welche mit zwei in geringem Abstande von einander gefassten Linsen versehen ist, so dass die mit diesem Apparat gemachten Aufnahmen zwei verschiedene Ansichten eines Gegenstandes darstellen, wie diese sich thatsächlich bei einer Betrachtung mit dem einen oder anderen Auge dem Beobachter darbieten. Mittelst Spiegel oder Prismen werden diese beiden Bilder zur Deckung gebracht und erzeugen dadurch den nämlichen Eindruck, als habe man körperliche Objekte vor sich, d. h. jeder Gegenstand erscheint dem Auge plastisch. Soll die stereoskopische Darstellung eine vollkommene sein, so müssen in unendlicher Entfernung liegende Punkte bei parallel gerichteten Augenaxen auf Deckpunkte der beiden Netzhäute fallen. Werden nun die Bilder innerhalb derselben Ebene in eine Entfernung von einander gerückt, welche noch kleiner ist als die soeben bestimmte, so entspricht der hierdurch erhaltene Eindruck demjenigen eines Reliefbildes.

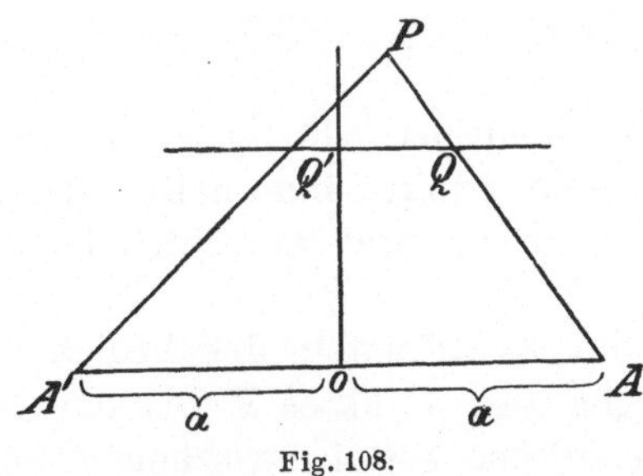

Fig. 108.

§ 210. Die Veränderungen, welche bei der Annäherung zweier stereoskopischer Bilder gegen einander auftreten, lassen sich unter Zugrundelegung eines Axensystems sehr wohl analytisch untersuchen.

A und A' seien in Fig. 108 die Mittelpunkte beider Augen, $2\,a$ deren Abstand von einander.

Man nehme O, den Mittelpunkt von AA', als Koordinatenursprung, OA als die positive Richtung der X-Axe und eine durch O gelegte Horizontale als Z-Axe. Ist nun P irgend ein Punkt, Q und Q' die Schnittpunkte der Linien AP und $A'P$ mit der Ebene $z = b$, so sind Q und Q' als die stereoskopischen Projektionen des Punktes P anzusehen. Sind (ξ, η, ζ) die Koordinaten von P, (u, v, b) und (u', v', b') diejenigen von Q und Q', so hat AP die Gleichung

$$\frac{x - a}{\xi - a} = \frac{y}{\eta} = \frac{z}{\zeta} \, .$$

Setzen wir daher $z = b$, so ergeben sich aus den Gleichungen $\dfrac{u - a}{\xi - a} = \dfrac{b}{\zeta}$ und $\dfrac{v}{\eta} = \dfrac{b}{\zeta}$ für u und v die Werthe

$$\left. \begin{aligned} u &= a + \frac{b}{\zeta}(\xi - a) \\[2ex] v &= \frac{b}{\zeta}\eta \end{aligned} \right\} \quad \cdots \cdots \cdots \quad (2)$$

Analog finden wir nach entsprechender Veränderung des Vorzeichens von a

$$\left. \begin{aligned} u' &= -a + \frac{b}{\zeta}(\xi + a) \\[2ex] v' &= \frac{b}{\zeta}\eta \end{aligned} \right\} \quad \cdots \cdots \cdots \quad (3)$$

Durch Kombination beider Gleichungspaare erhalten wir

$$2a + u' - u = \frac{2ab}{\zeta} = e. \quad \cdots \cdots \cdots \quad (4)$$

Diese Grösse e nennt man die **stereoskopische Differenz**. Sie ist konstant für alle Punkte innerhalb jeder beliebigen, zu OZ senkrecht gerichteten Ebene und verschwindet für unendlich entfernte Punkte.

Kennen wir die Koordinaten der Projektionen Q und Q', so sind damit diejenigen des Punktes P bekannt. Denn bezeichnen wir mit x das arithmetische Mittel zwischen u und u', so folgt aus (2), (3) und (4)

$$\left.\begin{aligned} \xi &= x\,\frac{2\,a}{e} \\[2mm] \eta &= v\,\frac{2\,a}{e} \\[2mm] \zeta &= b\,\frac{2\,a}{e} \end{aligned}\right\}$$

oder

$$\left.\begin{aligned} \frac{\xi}{\zeta} &= \frac{x}{b} \\[2mm] \frac{\eta}{\zeta} &= \frac{v}{b} \\[2mm] \frac{1}{\zeta} &= \frac{e}{2\,b\,a} \end{aligned}\right\} \quad . \quad . \quad . \quad . \quad . \quad . \quad . \quad (5)$$

§ 211. Denkt man sich nun das rechtsseitige Bild nach links, das linksseitige nach rechts verschoben und zwar beide um die Strecke η, so wird x unverändert bleiben, während e den neuen Werth $e + 2\,\eta$ erhält. Nehmen wir ferner an, der Maassstab der ursprünglichen Zeichnung werde im Verhältnis von $1 : n$ verjüngt, so dass wir für ξ, η, ζ der Reihe nach $n\,\xi$, $n\,\eta$, $n\,\zeta$ setzen müssen, und bezeichnen die Koordinaten des dem Punkte $\cdot(\xi,\ \eta,\ \zeta)$ korrespondirenden Punktes nach der angenommenen Transformation mit $(\xi',\ \eta',\ \zeta')$, so ist

$$\frac{\xi'}{\zeta'} = \frac{x}{b} = \frac{\xi}{\zeta},$$

$$\frac{\eta'}{\zeta'} = \frac{v}{b} = \frac{\eta}{\zeta},$$

$$\frac{1}{\zeta'} = \frac{e + 2\,\eta}{2\,a\,b} = \frac{1}{n\,\zeta} + \frac{\eta}{a\,b}. \quad . \quad . \quad . \quad . \quad (6)$$

Setzen wir der Kürze halber in (6) $\dfrac{a\,b}{\eta} = p$, so ist

$$\frac{1}{\zeta'} = \frac{1}{n\,\zeta} + \frac{1}{p}. \quad . \quad . \quad . \quad . \quad . \quad . \quad . \quad (7)$$

Hieraus folgt, dass alle ursprünglich in unendlich grosser Entfernung liegenden Punkte nach der Transformation Punkten der Ebene

$$z = p$$

entsprechen.

Diese Ebene hat man als die **Hauptebene** des Reliefbildes bezeichnet.

Jede Ebene des ursprünglichen Systems stellt sich nach der Transformation wieder als Ebene dar. Denn die Gleichung

$$A \xi + B \eta + C \zeta + D = 0$$

erhält, wenn man die Grössen (ξ', η', ζ') einführt, und durch ζ, dessen Werth sich aus (7) ergiebt, dividirt, die Form

$$A \frac{\xi'}{\zeta} + B \frac{\eta'}{\zeta} + C + D \left\{ \frac{n}{\zeta'} - \frac{n}{p} \right\} = 0,$$

oder

$$A \xi' + B \eta' + \left(C - \frac{n D}{p} \right) \zeta' + D n = 0.$$

Es lässt sich leicht nachweisen, dass die Transformation einer Reihe von Ebenen, welche durch eine Linie hindurchgehen, wieder eine Reihe von Ebenen ergeben, welche durch eine Linie gehen.

Eine Reihe paralleler Ebenen erhält man, wenn man D als variablen Parameter auftreten lässt. Die transformirten Ebenen gehen dann, wie ohne Weiteres einzusehen ist, durch eine durch die Gleichungen

$$\left. \begin{array}{r} A \xi' + B \eta' + C \zeta' = 0 \\[2mm] \zeta' = p \end{array} \right\}$$

bestimmte Linie.

Hiermit ist eine Reihe von parallelen Ebenen in eine Reihe von Ebenen transformirt, welche durch eine in der Hauptebene liegende Linie gehen.

Ferner bleibt jede durch den Ursprung gelegte Ebene von der Transformation unberührt. Dies erhellt, wenn wir in den vorhergehenden Gleichungen $D = 0$ werden lassen.

Aus diesen Sätzen folgt ohne Weiteres, dass eine Reihe von Linien, welche sich in einem Punkte schneiden, bei der Transformation in eine andere Reihe in einem Punkte sich schneidender Linien übergehen, und dass eine Reihe paralleler Linien durch die Transformation zu einem System von Linien wird, welche sich innerhalb der Hauptebene in einem Punkte schneiden.

Ferner folgern wir aus Gleichung (7)

$$\zeta = \zeta',$$

unter der Voraussetzung, dass

$$\frac{1}{\zeta} \left\{ \frac{n-1}{n} \right\} = \frac{1}{p},$$

oder

$$\zeta = \frac{p\,(n-1)}{n}$$

ist. Ferner ist in demselben Fall $\xi = \xi'$, $\eta = \eta'$, so dass ein jeder Punkt der Ebene

$$\zeta = p\left\{1 - \frac{1}{n}\right\} \quad \ldots \ldots \ldots \ldots \quad (8)$$

bei der Transformation keine Verschiebung erfährt. Diese letztere Ebene bezeichnet man als die **Kongruenzebene**.

Rückt die Kongruenzebene unendlich nahe an die Hauptebene heran, d. h. wird n unendlich gross, so wird aus dem Reliefbild eine perspektivische Zeichnung.

Ein Reliefbild, bei welchem die Entfernungen und Tiefen sehr viel kleiner sind als bei dem Original, bringt in Bezug auf Form und Grössenverhältnisse, selbst bei binokularer Betrachtung, den Eindruck des körperlichen Originals hervor und stellt daher eine weit vollkommenere Nachbildung des Objektes dar, wenigstens, was dessen Gestalt anbetrifft, als dies bei der ebenen Darstellung jemals möglich ist.

Das Sehen durch eine dünne Linse.

§ 212. *Bestimmung des Sehwinkels, unter welchem ein in der Linsenaxe liegendes Auge ein Objekt erblickt.*

Bedeuten in Fig. 109 β und β' die linearen Dimensionen des

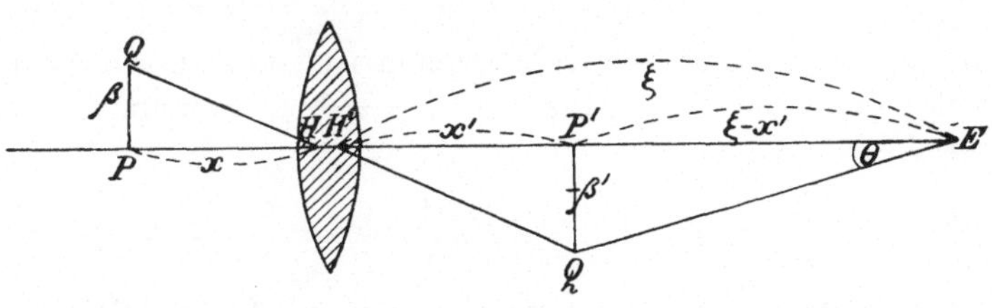

Fig. 109.

Objektes und seines Bildes, x und x' deren Entfernungen von dem ersten resp. zweiten Hauptpunkt, so ist

$$\beta' = -\beta\,\frac{x'}{x}\,.$$

Bezeichnet man mit ξ den Abstand des Auges von dem zweiten Hauptpunkt, so dass $\xi - x'$ den Abstand des Bildes von dem Auge darstellt, so ist die Grösse des Winkels θ, unter welchem der auf einer Seite der Axe liegende Theil des Bildes von dem Auge erblickt wird, gegeben durch die Gleichung:

$$\operatorname{tg} \theta = \frac{\beta'}{\xi - x'} = \frac{\beta}{x\left(1 - \dfrac{\xi}{x'}\right)}. \qquad \ldots \ldots \quad (9)$$

Mathematisch lässt sich daher die Grösse des Winkels θ beliebig derjenigen eines rechten Winkels nähern, wenn man nur x' fast ebenso gross wie ξ werden lässt. Der physiologische Vorgang des Sehens setzt indessen dieser beliebigen Annäherung an den rechten Winkel eine Grenze, indem das Auge, sobald ein bestimmter Abstand unterschritten wird, das Bild nicht mehr deutlich zu erkennen vermag. Bezeichnet λ den kleinsten zulässigen Abstand für das deutliche Sehen, so erhält man als grössten Werth für θ, wenn man $\xi - x' = \lambda$ werden lässt, nämlich

$$\operatorname{tg} \theta = -\frac{\beta}{\lambda} \cdot \frac{x'}{x}. \qquad \ldots \ldots \ldots \quad 10)$$

Das Minuszeichen deutet an, dass das Bild ein umgekehrtes ist.

§ 213. Fällt das Bild auf die andere Seite der Linse, so wird x' negativ und θ erhält dann seinen grösstmöglichen Werth, wenn man das Auge möglichst nahe an die Linse bringt. In diesem Falle ist ξ so klein, dass man es gewöhnlich vernachlässigen kann, und man erhält dann aus (9) als angenäherten Werth von θ

$$\operatorname{tg} \theta = \frac{\beta}{x} \qquad \ldots \ldots \ldots \ldots \quad (11)$$

Hieraus folgt, dass wir rein geometrisch $\operatorname{tg} \theta$ durch Verkleinerung von x einen beliebig grossen Werth geben können. Es ist nun nach (14, IV)

$$\frac{1}{x} + \frac{1}{x'} = \frac{1}{f}, \qquad \ldots \ldots \ldots \ldots \quad (12)$$

und setzt man hierin $x' = -\lambda$, so erhält man als die Gleichung für den Fall, dass x' seinen kleinsten Werth erreicht hat,

$$\frac{1}{x} = \frac{1}{\lambda} + \frac{1}{f}.$$

Der grösste Sehwinkel, unter welchem ein Objekt deutlich gesehen werden kann, ist somit nach (11) bestimmt durch die Formel

$$\operatorname{tg} \theta = \beta\left(\frac{1}{\lambda} + \frac{1}{f}\right). \qquad \ldots \ldots \ldots \quad (13)$$

Die Tangente des Sehwinkels, unter welchem das in die Lage des Bildes gebrachte Objekt erscheinen würde, ist $\dfrac{\beta}{\lambda}$. Das Verhältnis der Tangenten beider Sehwinkel stellt die **Vergrösserung** oder das **Abbildungsverhältnis** dar. Für diese Grösse erhalten wir somit

$$N = 1 + \frac{\lambda}{f} \quad\ldots\ldots\ldots\ldots\ldots \quad (14)$$

Für Konvexlinsen ist f positiv und somit erscheint das Objekt durch die Linse vergrössert; für Konkavlinsen dagegen ist f negativ und durch die Linse betrachtet erscheint in diesem Falle das Objekt verkleinert.

§ 214. Substituiren wir in Formel (9) für x' seinen Werth aus (12), so wird daraus

$$\operatorname{tg}\theta = \frac{\beta}{x + \xi - \dfrac{x\,\xi}{f}}. \quad\ldots\ldots\ldots \quad (15)$$

Aus dieser Formel erkennt man unschwer, in welcher Weise der Sehwinkel sich entsprechend verschiedenen Stellungen des Objektes und des Auges ändert.

Wir erkennen, dass die Formel in Bezug auf x und ξ symmetrisch ist, so dass man Auge und Objekt bezüglich ihrer Lagen in jedem Falle vertauschen kann, ohne dass dadurch eine Aenderung des Sehwinkels eintritt.

Befindet sich das Auge in einem der Brennpunkte, so ist die scheinbare Grösse unabhängig von der Lage des Objektes; und umgekehrt, wenn das Objekt mit einem der Brennpunkte zusammenfällt, so ist die scheinbare Grösse unabhängig von der Lage des Auges. Es ist nämlich in beiden Fällen die scheinbare Grösse die nämliche, wie in dem Falle eines mit dem blossen Auge gesehenen Objektes, das sich in Brennweitenabstand von dem Auge befindet. Setzen wir nämlich in Formel (15) $x = f$ oder $\xi = f$, so erhalten wir in beiden Fällen

$$\operatorname{tg}\theta = \frac{\beta}{f} \ldots\ldots\ldots\ldots \quad (15\,\mathrm{a})$$

Andererseits ist, wenn das Objekt oder Auge sich unmittelbar vor der Linse befinden, die scheinbare Grösse dieselbe, in welcher das Objekt von dem blossen Auge gesehen würde. Denn in diesen Fällen müssen wir ξ oder x als sehr klein ansehen, und es wird somit nach (15)

$$\operatorname{tg}\theta = \frac{\beta}{x} \quad\text{oder}\quad \frac{\beta}{\xi}.$$

§ 215. In jedem Falle ist aber der Sehwinkel nothwendigerweise durch die Apertur der Linse beschränkt; es ist nämlich, wenn y die halbe Apertur der Linse bedeutet, der grösste Werth von tg θ angenähert gleich $\dfrac{y}{\xi}$. Die grösste lineare Ausdehnung eines bei beliebiger Lage durch eine Linse betrachteten Objektes bezeichnet man als das (lineare objektive) Gesichtsfeld. Einen Ausdruck für seine Grösse erhält man alsbald, wenn man in die Formel (15) $\dfrac{y}{\xi}$ für tg θ einsetzt. Der grösste zulässige Werth von β wird somit

$$\beta = yx\left(\frac{1}{x} + \frac{1}{\xi} - \frac{1}{f}\right) \quad \ldots \quad \ldots \quad (16)$$

Unter sonst gleichen Bedingungen ist also das lineare objektive Gesichtsfeld der Apertur der Linse proportional.

Befindet sich das Objekt in dem (vorderen) Brennpunkt der Linse, so ist $x = f$ und somit $\beta = \dfrac{yf}{\xi}$. Befindet sich dagegen das Auge in dem (hinteren) Brennpunkte der Linse, so ist die lineare Ausdehnung des Sehfeldes gleich der Apertur der Linse, was auch immer die Lage des Objektes sein mag. Denn wenn $\xi = f$, so ist nach (16) $\beta = y$.

Rückt man das Objekt dicht an die Linse, so wird x verschwindend klein und β wird nahezu gleich y, so dass in diesem Falle die Ausdehnung des Sehfeldes von der Lage des Auges unabhängig ist. Andererseits wird, wenn das Auge dicht an die Linse herangerückt wird, d. h. wenn man ξ verschwindend klein werden lässt, das Sehfeld sehr gross.

Brillen- und Lesegläser.

§ 216. Die Deutlichkeit der durch das blosse Auge aufgenommenen Bilder beruht auf der Genauigkeit der Vereinigung der Strahlen verschiedener Strahlenbüschel in Punkten der Retina. Wir haben bereits angeführt, dass das Auge mit einem Mechanismus begabt ist, welcher ihm ermöglicht, Objekte in verschiedenen Entfernungen deutlich zu erkennen. Ein normales, d. h. nicht akkommodirtes, Auge ist für aus grosser Entfernung kommende, sagen wir für parallele Strahlen eingestellt; um in der Nähe liegende Objekte deutlich wahrzunehmen, muss es das Akkommodationsvermögen zu Hilfe nehmen. In normalen Fällen liegt der Bereich des deutlichen Sehens zwischen 125 bis 150 mm und ∞. Augen, für welche die grösste Entfernung des deutlichen Sehens endlich ist, nennt man kurzsichtig oder myopisch; solche Augen können nur divergente Strahlen auf der Retina in einem Punkte vereinigen. Augen dagegen, welche nicht nur parallele, sondern auch konvergente Strahlen auf der Retina zur Vereinigung zu bringen vermögen, bezeichnet man als weitsichtig oder hypermetropisch. Die hervorgehobenen Mängel finden in beiden Arten von Augen ihren Ursprung in Fehlern in der Länge der Augenaxe; bei kurzsichtigen Augen ist diese zu lang, bei weitsichtigen Augen dagegen zu kurz. Sowohl im kurzsichtigen als auch im weitsichtigen Auge kann hierbei das Akkommodationsvermögen ein vollkommen normales sein. Wenn dies der Fall ist, können die Kurzsichtigkeit und Weitsichtigkeit hervorrufenden Fehler des Auges durch die Anwendung von Brillen vollständig kompensirt werden.

§ 217. Die Grenzen des deutlichen Sehens für das blosse Auge seien durch die Abstände a und b des Objektpunktes gegeben. Für das normale Auge ist b unendlich gross, in dem kurzsichtigen Auge ist b endlich und positiv, für ein weitsichtiges Auge dagegen ist b endlich und negativ. Erblickt das Auge ein Objekt durch eine unmittelbar vor das Auge gesetzte Linse von der Brennweite f, und setzen wir f als positiv voraus für eine Sammellinse, als negativ für eine Zerstreuungslinse, so haben wir, wenn x, x' die Abstände eines Objektes resp. seines Bildes von dem Auge (oder von der Linse) nach aussen gemessen darstellen, nach (14, IV) die Beziehung:

$$\frac{1}{x} - \frac{1}{x'} = \frac{1}{f} \quad . \quad . \quad . \quad . \quad . \quad . \quad . \quad . \quad . \quad (17)$$

Die in das Auge gelangenden Strahlen erscheinen nun als von dem Bilde divergirend; die Strahlen werden daher vereinigt, vorausgesetzt, dass x' zwischen den Grenzen a und b liegt Substituiren wir in (17) für x' die Werthe a resp. b, so ergeben die hieraus resultirenden Werthe von x die Grenzen des deutlichen Sehens durch Brillen.

Ist das Akkommodationsvermögen ein vollkommenes, so haben wir nur f so zu wählen, dass die Grenze des weitesten Sehens in der Unendlichkeit liegt. Wir müssen daher für $x' = b$, x unendlich gross annehmen, und als Brennweite des Brillenglases ergiebt sich somit aus (17) $f = -b$. Als Grenzwerth für den Abstand beim Sehen in der Nähe erhält man dann aus (17), indem man $x' = a$ setzt,

$$x = \frac{a\,b}{b - a}, \quad . \quad . \quad . \quad . \quad . \quad . \quad . \quad . \quad (18)$$

es erstreckt sich somit der Umfang des deutlichen Sehens durch Brillengläser von $\dfrac{a\,b}{b-a}$ bis ∞.

Bei kurzsichtigen Menschen ist b endlich und positiv, somit f negativ; diese müssen daher Zerstreuungslinsen anwenden, gewöhnlich in Gestalt von Bikonkavlinsen, deren Brennweiten gleich der grössten, deutliches Sehen bei blossem Auge noch zulassenden Entfernung sein müssen. Stellen daher in einem gegebenen Falle Abstände vom Auge von 75 und 150 mm die Grenzen des deutlichen Sehens dar, so ermöglicht die Anwendung einer Konkavlinse mit einer Brennweite von 150 mm deutliches Sehen zwischen den Grenzen 150 mm bis ∞.

Bei einem weitsichtigen Auge ist dagegen b negativ und daher f positiv. Wenn z. B. die deutliche Sehweite sich von 300 mm, durch unendlich bis — 300 mm erstreckt, so müssen die gewählten Brillengläser Sammellinsen von 300 mm Brennweite sein. Setzen wir diese Werthe in die allgemeine Formel (17) oder (18), so ergeben sich als Grenzen der Sehweite 150 mm und ∞.

Ein einfaches praktisches Mittel, um die für ein kurzsichtiges oder weitsichtiges Auge passenden Gläser zu finden, besteht darin, dass man den Patienten das Auge auf einen fernen Gegenstand richten lässt; das schwächste Konkavglas, durch welches einem kurzsichtigen Auge der entfernte Gegenstand deutlich erscheint, oder anderseits, das stärkste Bikonvexglas, mittelst dessen ein weitsichtiges Auge den fernen Gegenstand deutlich erkennt, kann dann als das passende Glas angesehen werden.

Die Grenzen der deutlichen Sehweite lassen sich dadurch bestimmen, dass man den Patienten durch derartig gewählte Konvexlinsen blicken lässt, dass die fraglichen Punkte innerhalb 300 mm von dem Auge zu liegen kommen, worauf man an einer Skala ihre Abstände vom Auge ablesen kann. Im Allgemeinen sind diese Abstände nicht für beide Augen dieselben, so dass die beiden Augen auch verschiedener Gläser bedürfen.

Kurzsichtige Personen, welche sehr feine Arbeiten zu verrichten haben, haben oft die Gegenstände sehr dicht an die Augen zu führen; in solchem Falle sollten reichlich schwächere Konkavgläser als die nach der oben angegebenen Methode ermittelten zur Anwendung kommen. Zu gleichem Zwecke verwendet man auch prismatische Gläser, welche ihre dicken Enden der Nase, die dünneren den Schläfen zukehren, indem mittelst dieser die Objekte unter geringerer Konvergenz der Augenaxen beobachtet werden können.

§ 218. In dem Maasse, wie das Alter eines Menschen fortschreitet, verliert das Auge allmählich einen Theil seines Akkommodationsvermögens; man nimmt an, dass die äusseren Schichten der Krystalllinse ihre Elasticität verlieren und dass dadurch die Fähigkeit der Linse, ihre Gestalt und Krümmung willkürlich zu verändern, vermindert wird. Diesen Fehler bezeichnet man als Presbyopie. Die Presbyopie hat nichts mit der oben beschriebenen Weitsichtigkeit zu thun, wenn auch bejahrte Personen als weitsichtig bezeichnet zu werden pflegen. Die Structur des Auges ändert sich nicht mit dem steigenden Alter, so dass ein mit normalen Augen begabter Mensch im Alter noch entfernte Gegenstände erkennt, dagegen erleidet das Akkommodationsvermögen eine Verminderung, so dass das Auge nicht mehr Strahlen, welche von nahe liegenden Punkten kommen, auf der Retina vereinigen kann; mit anderen Worten, die untere Grenze der deutlichen Sehweite hat sich von dem Auge entfernt. Presbyopische Augen bedürfen daher konvexer Gläser, um sie nahe Gegenstände erkennen zu lassen, wie es beim Lesen und Schreiben erforderlich ist; diese Gläser müssen aber bei Seite gelegt werden, sobald die Entfernung des betrachteten Gegenstandes eine grössere wird. In der Regel wählt man die Gläser so, dass die geringste deutliches Sehen zulassende Entfernung von dem Auge 250 mm bis 300 mm beträgt. Bei sehr hohem Alter, bei welchem das Gesicht seine Schärfe verloren hat, wendet man oft zweckmässig Brillen an, welche die untere Grenze der deutlichen Sehweite auf 200 bis 175 mm oder weniger bringen, so dass die Objekte unter einem grösseren Winkel betrachtet werden können. Nach dem eben Gesagten ist es einleuchtend, dass Presbyopie gleichzeitig neben den anderen oben erwähnten Fehlern auftreten kann. Sowohl weitsichtige als auch kurzsichtige Augen lassen sich, wie wir gesehen haben, mit Hilfe einer Brille korrigiren. Tritt indessen Presbyopie ein, so bedürfen diese Augen zweier verschiedener Paare von Brillen, eines für das Sehen im Freien, das andere zum Lesen und Schreiben.

§ 219. Vergrössernde Konvexlinsen von grosser Apertur werden oft zum Lesen oder zur Betrachtung kleiner Objekte angewandt. Solche Linsen können sowohl bei kurzsichtigen, als auch bei weitsichtigen Augen zur Anwendung kommen. Angenommen nämlich, die Linse werde in eine solche Lage zum Objekte gebracht, dass das letztere sich im Brennpunkte derselben befindet, so werden die aus der Linse tretenden Strahlen parallel. Nähert man nun die Linse etwas dem Objekte, so werden die Austrittsstrahlen divergent und lassen sich im kurzsichtigen Auge in einem Punkte der Retina vereinigen; entfernt man dagegen die Linse etwas von dem Objekte, so werden die Strahlen konvergent und verhelfen somit dem weitsichtigen Auge zum deutlichen Sehen. In jedem Falle wird hier nach (14) die Vergrösserung $1 + \dfrac{\lambda}{f}$ sein, wenn hierin λ die kleinste deutliche Sehweite, f die Brennweite der Linse bedeutet.

Der Astigmatismus.

§ **220.** Abgesehen von den beschriebenen Fehlern des Auges kommt auch oft der Fall vor, dass das Auge in Bezug auf seine Axe nicht symmetrisch ist, und ferner leidet es auch, wie andere optische Instrumente, an sphärischer Aberration. Alle aus diesen Ursachen resultirenden Fehler des Auges fasst man unter dem Namen Astigmatismus zusammen[1]).

Blickt eine Person nach einem entfernten kleinen, hellen Punkt, während ihre Augen auf einen näher liegenden Gegenstand akkommodirt sind, so müsste man erwarten, dass ein kleiner kreisförmiger Lichtfleck auf der Retina erscheint; oft aber erblickt man anstatt eines solchen kreisförmigen Lichtflecks ein sternartiges, vier bis acht Strahlen aussendendes Gebilde. Die Form dieser Figur ist bei verschiedenen Individuen und meistens auch für beide Augen verschieden. Ist das Licht weiss, so treten an den Rändern der hellen Theile der Figur blau gefärbte Säume auf, während die nach der Mitte zu liegenden röthlich-gelb gefärbt erscheinen. Ist das Licht nur schwach, so sind nur die hellen Theile der Figur sichtbar und die Augen erblicken dann mehrere Bilder des leuchtenden Punktes. Die bekannte Erscheinung, dass uns ein Stern oder ein entferntes Licht nicht als eine scharfe Figur, sondern als ein glitzerndes Gebilde erscheint, ist mit dieser Anomalie in der Struktur der Augen eng verknüpft. Ist umgekehrt das Auge für eine grössere Entfernung als die des leuchtenden Punktes akkommodirt, so erblickt man eine andere sternartige Figur; selbst wenn das Auge sich auf den leuchtenden Punkt akkommodiren kann, so treten, vorausgesetzt, dass das Licht genügend stark ist, dieselben Erscheinungen auf. Stellt das Objekt eine ferne leuchtende Linie dar, so lassen sich die Formen, in welchen die Linie den Augen erscheint, leicht aus den früheren Erscheinungen folgern; man sieht mehrere Bilder der Linie; bei den meisten Augen beträgt die Anzahl der Bilder wenigstens zwei.

In einigen Fällen rühren diese Erscheinungen von Feuchtigkeit auf der Cornea her, und es lässt sich dann durch das Blinzeln mit

---

[1]) In Deutschland nicht. Man bezeichnet hier mit diesem Worte nur die nachstehend beschriebenen Fehler. Cz.

den Augenlidern Abhilfe schaffen. In den meisten Fällen beruhen diese Erscheinungen auf Unregelmässigkeiten in dem Bau der Krystalllinse.

Diese Erscheinungen bezeichnet man als irregulären Astigmatismus; sie lassen sich durch optische Hilfsmittel nicht beseitigen.

Donders untersuchte das Wesen dieser Anomalien, indem er durch einen engen Spalt Licht in das Auge treten liess und hierbei den Spalt in verschiedene Meridianebenen brachte. Er fand, dass gewöhnlich jeder Sektor der Linse die einfallenden Strahlen in einem Punkt vereinigt, dass aber die Vereinigungspunkte für verschiedene Sektoren nicht zusammenfallen. Ferner fand er, dass selbst innerhalb eines einzelnen Sektors nicht eine streng genaue Strahlenvereinigung stattfindet, dass vielmehr ein Vereinigungspunkt für in der Nähe der Augenaxe einfallende Strahlen weiter von der Linse entfernt liegt als ein solcher für in der Nähe des Pupillenrandes zum Eintritt gelangende.

§ 221. Die Fehler im Bilde, welche von einer mangelhaften Symmetrie in der Krümmung der brechenden Flächen herrühren, nennt man regulären Astigmatismus. Diese Art des Astigmatismus kommt in fast allen Augen vor. Das Auge ist im Allgemeinen nicht geeignet, horizontale und vertikale Linien gleichzeitig mit gleicher Schärfe zu sehen. Blickt man auf eine Figur, welche aus mehreren, von einem Punkt ausgehenden Linien besteht, so werden, wenn sich irgend eine dieser Linien scharf und deutlich hervorhebt, die anderen unscharf erscheinen, und in dem Maasse, wie sich die Entfernung ändert, tritt bald die eine, bald eine andere als die deutlichste hervor. Oder blickt man auf eine aus einer Anzahl von koncentrischen, durch kleine Zwischenräume getrennte Kreise, so nimmt man in der Figur noch eine eigenthümliche sternartige Zeichnung wahr. Für die weissen Strahlen treten die Grenzlinien zwischen den schwarzen Kreisen und den weissen Intervallen scharf hervor und diese Deutlichkeit nimmt in dem Maasse ab, als man sich den dunkleren Strahlen nähert. Lässt man die Akkommodation des Auges sich ändern oder bringt man die Figur in eine grössere Entfernung vom Auge, so erscheinen andere Theile der Figur deutlich und wir erhalten den Eindruck, als ob die deutlicheren Strahlen hin- und herschwankten.

Hierfür giebt uns die Theorie dünner Strahlenbüschel eine Erklärung. Verfolgen wir den Verlauf eines von einem Punkte der Retina ausgehenden engen Strahlenbüschels von dem Auge aus nach aussen, so finden wir, dass das austretende Strahlenbüschel orthogonal ist und zwei Brennlinien hat, welche zur Axe des Büschels senkrecht gerichtet sind und in Ebenen liegen, welche durch die Axe des Büschels gehen und senkrecht zu einander gerichtet sind. Für den jeweiligen Akkommodationszustand des Auges repräsentiren die Lagen dieser Brennlinien die Abstände, in welchen sich zu ihren Richtungen parallel gerichtete Linien am deutlichsten erkennen lassen. Bezeichnen wir die Abstände dieser Brennlinien von dem Auge mit p und q, so können wir nach § 157 $\frac{1}{p} - \frac{1}{q}$ als ein Maass für den Astigmatismus des Auges für den betreffenden Akkommodationszustand ansehen. Setzt man eine Linse vor das Auge, so wird dadurch der Werth von $\frac{1}{p} - \frac{1}{q}$ nicht beeinflusst, so dass wir annehmen dürfen, dass, während der Zustand der Akkommodation sich ändert, der Werth von $\frac{1}{p} - \frac{1}{q}$ fast konstant bleibt.

§ 222. Diese Form des Astigmatismus lässt sich durch eine passend gewählte astigmatische Linse korrigiren. Setzen wir vor das Auge eine Linse solcher Art, dass einem von einem leuchtenden Punkt ausgehenden, durch dieselbe tretenden Strahlenbüschel ein Paar Brennlinien entsprechen, welche mit den bereits für das Auge gefundenen zusammenfallen, so wird das Strahlenbüschel bei seinem Eintritt in das Auge derartig gebrochen, dass die Strahlen sich in einem Punkte vereinigen.

Bei den zu diesem Zweck verwendeten Linsen ist die eine Fläche cylindrisch. Nach (45, VIII) ist das Maass des Astigmatismus einer cylindrischen Linse mit den Krümmungsradien a und b und dem Neigungswinkel $2\,a$ zwischen den Erzeugenden der beiden Cylinderflächen durch die Formel

$$\frac{1}{u} - \frac{1}{v} = (n-1)\sqrt{\frac{1}{a^2} + \frac{1}{b^2} - \frac{2}{a\,b}\cos 4\,a}$$

ausgedrückt, oder für den Fall, dass die hintere Fläche eben ist (46, VIII), durch die Gleichung

$$\frac{1}{u} - \frac{1}{v} = \frac{n-1}{a}\,.$$

Eine Linse dieser letzteren Art lässt sich immer finden, um den Astigmatismus des Auges aufzuheben. Der Radius der cylindrischen Fläche muss dann der Bedingung genügen:

$$\frac{1}{p} - \frac{1}{q} = \frac{n-1}{a} \quad \dots \dots \dots \dots \quad (19)$$

§ 223. Verbindet man zwei astigmatische Linsen, eine konkave und eine konvexe, derartig, dass ihre ebenen Flächen zusammenfallen, so erhält man damit wieder eine cylindrische Linse wie im ersteren Falle. Sind die Radien der cylindrischen Flächen einander gleich, also $a = b$, so ist

$$\frac{1}{u} - \frac{1}{v} = \frac{2\,(n-1)\sin 2\,\alpha}{a}. \qquad \ldots \ldots (20)$$

Diese Linsen können nun so gefasst werden, dass sie um ihre gemeinsame Axe gedreht werden können, so dass man α verändern kann. Der Astigmatismus der Kombination kann dann verschiedene Werthe annehmen und zwar von 0 für $2\,\alpha = 0$ bis zu $\dfrac{2\,(n-1)}{a}$ für $2\,\alpha = \dfrac{\pi}{2}$.

Man gewinnt hiermit ein sehr bequemes Mittel, um den Astigmatismus eines Auges zu bestimmen. Man lässt den Patienten durch eine Konvexlinse eine durch eine Reihe von einem Punkt ausgehender Linien gebildete Figur betrachten und schiebt diese Figur allmählich so weit zurück, bis der äusserste Punkt erreicht ist, bei welchem der Patient noch irgend eine der vorhandenen Linien deutlich erkennen kann. Es wird nun ein Paar astigmatischer Linsen der eben beschriebenen Art eingeschaltet und diese dann um ihre gemeinsame Axe so weit gedreht, bis alle Linien sichtbar geworden sind; der Astigmatismus des Auges lässt sich alsdann durch denjenigen der Kombination corrigiren und ein Maass für die Grösse des Astigmatismus erhält man, indem man den Winkel zwischen den Erzeugenden der cylindrischen Flächen misst[1]).

§ 224. Die Richtung der Brennlinien des Auges lassen sich durch die Beobachtung bestimmen. Lassen wir die Brennebenen mit den Koordinatenaxen zusammenfallen, so ist, wenn wir uns der im § 157 angenommenen Bezeichnungen bedienen, $\theta = 0$. Somit ist $\sin 2\,\alpha = 0$ und hieraus $\alpha = 0$ oder $\dfrac{\pi}{2}$.

Lassen wir die Erzeugende der cylindrischen Fläche mit der Richtung der entfernter liegenden Brennlinie zusammenfallen, so ist $\alpha = \dfrac{\pi}{2}$ und

$$\frac{1}{p} - \frac{1}{q} = -\frac{(n-1)}{a}.$$

Hieraus ersehen wir, dass a negativ, somit die cylindrische Fläche konvex sein muss.

Soll die Fläche dagegen konkav sein, so müssen wir $\alpha = 0$

---

[1]) In Deutschland sind andere Verfahren üblich. S. die Lehrbücher der Augenheilkunde. Cz.

werden lassen, d. h. die Richtung der Erzeugenden der cylindrischen Fläche muss mit der Richtung der näher liegenden Brennlinie zusammenfallen.

Die zweite Fläche des Brillenglases kann anstatt eben auch sphärisch geschliffen werden. Die Wirkung einer solchen Linse ist dieselbe, wie die einer aus einer astigmatischen Linse und einer gewöhnlichen plan-sphärischen Linse bestehenden Doppellinse. Durch Anfügung einer solchen Linse wird die Grösse des Astigmatismus nicht beeinflusst und durch geeignete Wahl der Linsenkrümmung erhält man daher ein Mittel, um mittelst eines Brillenglases gleichzeitig den Astigmatismus und Myopie, Hypermetropie oder Presbyopie zu kompensiren.

Die Anwendung cylindrischer Linsen, um die aus dem Astigmatismus entspringenden Fehler zu korrigiren, wurde zuerst von Airy empfohlen.

Das Sehen durch eine beliebige Anzahl von Linsen.

§ 225. Um zu bestimmen, auf welche Weise ein Objekt durch ein beliebiges System von Linsen von dem Auge erblickt wird, hat man den Verlauf eines Strahlenbüschels von irgend einem Punkte des Objektes zu verfolgen; die verschiedenen Vereinigungspunkte dieses Strahlenbüschels bestimmen die Lagen der verschiedenen Bilder des Objektes. Das Gesichtsfeld, die wirksamen Aperturen der Linsen, der Gesichtswinkel, unter welchem das Objekt gesehen wird, und die beste Stellung des Auges lassen sich alle ermitteln, sobald man den Verlauf der Axen dieser verschiedenen Strahlenbüschel verfolgt. Diese Axen treten alle durch die Knotenpunkte des Objektivs[1]), d. h. der ersten Linse des Systems, und lassen sich daher als ein von dem zweiten Knotenpunkt dieser Linse ausgehendes Strahlenbüschel ansehen. Die äussersten Strahlen dieses Büschels bestimmen das Gesichtsfeld und die wirksamen Aperturen der an die erste Linse sich anreihenden Linsen.

Wir haben bereits die Lage des Vereinigungspunktes eines engen, von einem Punkt ausgehenden und durch eine beliebige Anzahl von Linsen verlaufenden Strahlenbüschels untersucht. In unserem optischen System sind die beiden äussersten Medien gleichartig und es fallen somit die Hauptpunkte mit den Knotenpunkten zusammen und die beiden Brennweiten sind einander gleich.

---

[1]) Anders nach der Abbe'schen Theorie des Strahlenganges. S. Czapski, Theorie d. opt. Instr. Kap. VII.

§ 226. Unter der Vergrösserung eines Fernrohres versteht man das Verhältnis zwischen dem Winkel, unter welchem ein Objekt einem durch das Fernrohr blickenden Auge erscheint, und dem bei Betrachtung mit blossem Auge. Hierbei ist vorausgesetzt, dass die lineare Ausdehnung eines Objektes und seines Bildes, nicht deren Flächengrössen mit einander verglichen werden. Um dies ausdrücklich hervorzuheben, spricht man von der linearen Vergrösserung eines Instrumentes.

Die Axen der äussersten, in die Objektivlinse tretenden Strahlenbüschel bestimmen den Winkel, unter welchem ein Objekt für ein in dem Mittelpunkt des Objektivs befindliches Auge sichtbar wird; in dem Falle eines Fernrohrs weicht dieser Winkel nur unerheblich von demjenigen ab, unter welchem das Objekt von einem thatsächlich durch das Fernrohr sehenden Auge erblickt wird, indem die Länge des Fernrohres gegenüber dem Objektabstand in der Regel vernachlässigt werden kann.

Unter Benutzung der bei der Untersuchung der allgemeinen Gauss'schen Theorie gewählten Bezeichnungen denken wir uns die Axe eines der äussersten Strahlenbüschel bestimmt durch die Grössen β und b für das eintretende Büschel, durch β_1 und b_1, β_2 und b_2 .... β' und b' für die successive Brechung durch die folgenden Trennungsflächen der verschiedenen Medien. Da nun die Axen aller einfallenden Strahlenbüschel durch den ersten Knotenpunkt des Objektivs hindurchgehen, so ist zunächst angenähert $b = 0$, indem der erste Knotenpunkt eine sehr geringe Entfernung von der Fläche des Objektivs hat. Führen wir diesen Werth von b in die Gleichung (15, V)

$$\beta' = \mathrm{k}\, b + l\, \beta$$

ein, so ist

$$\frac{\beta'}{\beta} = l; \quad \dots \dots \dots \dots (21)$$

l *stellt* somit *das Abbildungsverhältnis des Instrumentes dar.*

§ 227. Das im Instrument erscheinende Bild der Objektivfläche wird als Augenkreis bezeichnet. Jeder Strahl, welcher durch das Instrument tritt, gelangt innerhalb dieses Augenkreises zum Austritt und zwar in dem Bilde desjenigen Punktes, in welchem der Strahl die Objektivlinse trifft.

Richtet man das Instrument auf eine leuchtende Fläche oder gegen den Himmel, so erhält ein jeder Punkt des Augenkreises Licht von den Ausgangspunkten aller solcher Strahlen im Raume, welche durch das Instrument treten können, das heisst von allen Punkten im Raume, welche mit Hilfe des Instrumentes erblickt werden können. Giebt man dem Auge eine solche Stellung, dass sein Mittelpunkt im oder dicht an dem Centrum des Augenkreises liegt, so wird das Auge daher das gesammte Gesichtsfeld des Instrumentes überblicken. Der Mittelpunkt des Augenkreises entspricht somit der besten Stellung des Auges; man bezeichnet ihn als Augenpunkt.

Wie wir bereits hervorhoben, bilden die Axen der verschiedenen, auf die Objektivlinse auffallenden Strahlenbüschel ein von dem zweiten Knotenpunkte der Objektivlinse ausgehendes Strahlenbüschel. Der schliessliche Vereinigungspunkt dieses Strahlenbüschels nach seinem Durchtritt durch das Instrument liegt dicht an dem Mittelpunkt des Augenkreises; bei dieser Disposition gelangt in das Auge die grösstmögliche Anzahl von Axen der von dem Objekt ausgehenden Strahlenbüschel.

Um die Grösse und Lage des Augenkreises zu bestimmen, haben wir in (29, V) $\xi = a$ zu setzen und wir erhalten dann

$$\xi' = a' - \frac{n'\,h}{l} \quad \dots\dots\dots\dots \quad (22)$$

Für diesen Punkt ergiebt sich ferner aus (27, V) die Beziehung

$$\frac{n'\,\eta'}{n\,\eta} = \frac{n'\,g - n'\,\dfrac{k\,h}{l}}{n},$$

d. h. da $g\,l - h\,k = 1$ ist,

$$\frac{\eta'}{\eta} = \frac{1}{l} \quad \dots\dots\dots\dots \quad (23)$$

l aber repräsentirt, wie wir wissen, die dem Fernrohr zukommende Vergrösserung. *Die durch das Instrument erzielte Vergrösserung ist somit gleich dem Verhältnis des Radius der Objektivlinse zu demjenigen ihres im Fernrohre erscheinenden Bildes.*

Wir erhalten hierdurch eine praktische Methode zur Bestimmung der Vergrösserung eines Teleskops. Wir richten das Teleskop auf eine beleuchtete Fläche und messen den Durchmesser des Augenkreises mittelst eines Mikrometers, d. h. einer durch eine Lupe abzulesenden Skala. Der Durchmesser der Objektivlinse lässt sich ebenfalls leicht messen und das Verhältnis des letzteren zum ersteren bestimmt die durch das Teleskop erlangte Vergrösserung.

§ 228. Das Gesichtsfeld ist durch die Axen der äussersten, in das Objektiv gelangenden Strahlenbüschel bestimmt. Die wirksamen Aperturen der verschiedenen brechenden Flächen ergeben sich aus den entsprechenden Werthen von b. Bedeutet β die Neigung der äussersten Axen der einfallenden Strahlenbüschel, so sind, da b

verschwindet, die wirksamen Aperturen durch die folgenden, aus den Gleichungen des § 73 sich ergebenden Formeln bestimmt:

$$\beta_1 = \beta, \qquad\qquad\qquad b_1 = \beta_1 t_1,$$
$$\beta_2 = \beta_1 + k_1 b_1, \qquad\qquad b_2 = b_1 + \beta_2 t_2,$$
$$\beta_3 = \beta_2 + k_2 b_2, \qquad\qquad b_3 = b_2 + \beta_3 t_3,$$
$$\cdots\cdots\cdots \qquad\qquad \cdots\cdots\cdots$$
$$\beta' = \beta_{m-1} + k_{m-1} b_{m-1}, \qquad b' = b_{m-2} + \beta_{m-1} t_{m-1}.$$

Diese Gleichungen bestimmen b_1, b_2, $\ldots$ b'.

Aus der Addition der ersteren Gruppe von Gleichungen ergiebt sich

$$\beta' - \beta = k_1 b_1 + k_2 b_2 + \ldots + k_{m-1} b_{m-1},$$

wofür wir nach der zweiten der Gleichungen 15, V schreiben können:

$$(l - 1)\beta = k_1 b_1 + k_2 b_2 + \ldots + k_{m-1} b_{m-1} \cdots\cdots \quad (24)$$

In Worten ausgedrückt heisst das: *Das Gesichtsfeld nimmt mit der Anzahl der konvexen Linsen kontinuirlich zu;* denn für beide Flächen einer konvexen Linse ist k positiv.

Wird die Apertur irgend einer der Linsen der Kombination verringert, so werden damit auch die Werthe sämmtlicher übrigen Aperturen sowie die Grösse des Gesichtsfeldes in gleichem Verhältnis kleiner. Es ist also zwecklos, die Apertur irgend einer Linse der Kombination grösser zu nehmen als deren wirksame Apertur.

§ 229. Zuweilen kommt es vor, dass der Augenpunkt innerhalb des Fernrohres liegt, d. h. vor der nach aussen gerichteten Fläche der Augenlinse. Dieser Fall wird dann eintreten, wenn $\frac{h}{l}$ positiv ist, denn dann wird nach (22) $\xi' - a'$ negativ. Das Auge kann hier nicht mit dem Augenpunkt zusammenfallen, sondern man muss sich damit begnügen, dasselbe möglichst nahe an den Augenpunkt zu rücken; es nimmt daher seine Stellung unmittelbar vor der Augenlinse. Bei der Bestimmung des Gesichtsfeldes muss dann an Stelle des Radius der äusseren Fläche der Augenlinse der Radius der Pupillenöffnung in Rechnung gezogen werden. Es darf auch nicht die Objektivlinse als die gemeinsame Eintrittsfläche der das Bild auf der Retina erzeugenden Strahlenbüschel angesehen werden, da ein gewisser Theil der Lichtbüschel abgeblendet wird. Vielmehr hat man das durch das Instrument erzeugte Bild der Augenpupille als die gemeinsame Basis sämmtlicher einfallender Strahlenbüschel anzusehen. Dieses Bild hat man die Eintrittspupille genannt. Die Axen sämmtlicher eintretenden Strahlenbüschel, welche das Bild erzeugen, treten durch den Mittelpunkt der Eintrittspupille und das Gesichtsfeld ist durch den von diesem Punkt ausgehenden und die Objektivlinse füllenden Strahlenkegel begrenzt.

Helligkeit der Bilder.

§ 230. Stellen β und β' die linearen Dimensionen eines Objektes und seines durch Brechung an einer sphärischen Fläche, welche zwei Medien vom Brechungsexponenten n und n' trennt, entstehenden Bildes dar und sind α und α' die Konvergenzwinkel zweier einander zugeordneter Strahlen in den beiden Medien, so ist nach (18, III)

$$n\,\beta\,\text{tg}\,\alpha = n'\,\beta'\,\text{tg}\,\alpha'.$$

Mit anderen Worten, der Werth von $n\,\beta\,\text{tg}\,\alpha$ erleidet in Folge der Brechung keine Veränderung. Die letztere Gleichung gilt demnach für eine jede beliebige Anzahl von Brechungen, d. h. es ist

$$n\,\beta\,\text{tg}\,\alpha = n'\,\beta'\,\text{tg}\,\alpha',$$

wenn n', β' und α' sich auf das letzte einer beliebigen Anzahl von Medien beziehen.

Da α und α' kleine Grössen bedeuten, können wir, ohne einen erheblichen Fehler zu begehen, für die letztere Gleichung schreiben

$$n\,\alpha\,\beta = n'\,\alpha'\,\beta'. \quad \ldots \ldots \ldots \ldots \quad (25)$$

Stellen nun dS und dS' Flächenelemente des Objektes und seines Bildes, welche wir als senkrecht zur Axe stehend voraussetzen, dar, so dass

$$dS : dS' = \beta^2 : \beta'^2,$$

bezeichnen wir ferner mit $d\omega$ den kleinen, von dem von dS ausgehenden Strahlenbüschel eingeschlossenen körperlichen Winkel und mit $d\omega'$ den entsprechenden Winkel für das austretende Strahlenbüschel, mit I schliesslich die Helligkeit des Objektes, mit I' diejenige seines Bildes, so stellt

$$L = I\,dS\,d\omega$$

die von dem Objektelement ausgehende Lichtmenge dar,

$$L' = I'\,dS'\,d\omega'$$

diejenige, welche aus dem System hervortritt.

Unter der Voraussetzung, dass durch die Medien des Systems kein Licht absorbirt wird, ist $L = L'$, somit

$$I\,dS\,d\omega = I'\,dS'\,d\omega'.$$

Nach Obigem aber ist

$$d\,S : d\,S' = \beta^2 : \beta'^2\,;$$

ferner

$$d\,\omega : d\,\omega' = \alpha^2 : \alpha'^2\,;$$

daher

$$I\,\alpha^2\,\beta^2 = I'\,\alpha'^2\,\beta'^2.$$

Nach (25) erhalten wir hieraus die Gleichung:

$$I : n^2 = I' : n'^2. \quad \ldots \ldots \ldots \ldots \quad (26)$$

Sind erstes und letztes Medium gleichartig, was bei optischen Instrumenten fast immer der Fall ist, so ist

$$I = I', \quad \ldots \ldots \ldots \ldots \ldots \quad (26\,a)$$

d. h. *die Helligkeit eines durch Brechung von Strahlen geringer Konvergenz in einem beliebigen optischen System hervorgerufenen Bildes ist gleich derjenigen des Objektes.*

§ 231. Dieses Gesetz behält aber auch dann seine Gültigkeit, wenn wir es mit einem weitwinkligen aplanatischen System zu thun haben, wenn also die oben geforderte Beschränkung, dass die Strahlen nur geringe Konvergenz besitzen, wegfällt.

Denn bestände seine Gültigkeit nicht, so wäre damit die Möglichkeit gegeben, ein optisches Instrument zu konstruiren, das ein durch dasselbe betrachtetes Objekt heller erscheinen liesse als das mit blossem Auge gesehene. Das aber steht im direkten Widerspruch mit den Resultaten aller mit den verschiedensten brechenden Körpern vorgenommenen Versuche. Wäre eine solche Möglichkeit für Licht vorhanden, so bestände sie auch für Wärmestrahlen, deren Emissions- und Brechungsgesetze mit denjenigen des Lichtes sich decken; wir stiessen somit auf einen Widerspruch des Gesetzes der Ausstrahlungsgleichung zwischen Körpern gleicher Temperatur. Hieraus schliessen wir, dass die obige Gleichung für die Helligkeit

$$I : n^2 = I' : n'^2$$

für alle aplanatischen Systeme gilt.

§ 232. Wir dürfen nunmehr das Abhängigkeitsgesetz für die Konvergenzwinkel des eintretenden und austretenden Strahlenbüschels auch auf weitwinklige Systeme übertragen.

Untersuchen wir wieder, wie oben, die von einem Element $d\,S$ der senkrecht zur Axe gerichteten hellen Fläche ausgesandte Lichtmenge. Die Ausstrahlungsintensität für irgend eine Richtung ist bekanntlich dem Kosinus des Neigungswinkels dieser Richtung zur

Axe proportional. Somit ist die gesammte, innerhalb eines Kegels vom halben Oeffnungswinkel α ausgestrahlte Lichtmenge

$$L = I \, dS \int_0^\alpha \cos\theta \, . \, 2\,\pi \sin\theta \, d\theta \, ,$$

oder

$$L = \pi \, I \, dS \sin^2 \alpha.$$

Für das entsprechende austretende Strahlenbüschel haben wir die Formel

$$L' = \pi \, I' \, dS' \sin^2 \alpha'.$$

Setzen wir beide Ausdrücke einander gleich, so wird

$$I \, dS \sin^2 \alpha = I' \, dS' \sin^2 \alpha'.$$

Es ist aber

$$I : n^2 = I' : n'^2,$$

und ferner

$$dS : \beta^2 = dS' : \beta'^2.$$

Somit erhalten wir schliesslich die Gleichung:

$$n \, \beta \sin \alpha = n' \, \beta' \sin \alpha'. \quad\ldots\ldots\ldots\ldots \quad (27)$$

Diese Gleichung drückt für weitwinklige aplanatische Systeme das Abhängigkeitsverhältnis zwischen den Konvergenzwinkeln des ein- und austretenden Strahlenbüschels aus, während Gleichung (25) dasselbe Verhältnis für Strahlen geringer Konvergenz charakterisirt. Sind die Konvergenzwinkel sehr klein, so können wir unbeschadet der Genauigkeit α oder tg α für sin α schreiben.

Dieser Satz wurde 1874 zuerst von Helmholtz und unabhängig von ihm von Abbe aufgestellt.

§ 233. Bei Instrumenten, welche starke Vergrösserungen liefern, tritt oft der Fall ein, dass das austretende Strahlenbüschel die Pupille des Auges nicht vollständig ausfüllt. In diesem Falle wird das Bild auf der Retina eine geringere Helligkeit besitzen, als wenn die Pupille von den Strahlen vollständig erfüllt ist.

Bedeutet nämlich I_0 die Helligkeit des Bildes bei vollständig mit Lichtstrahlen ausgefüllter Pupille, λ die Entfernung des Bildes vom Auge, so ist $\pi \, \lambda^2 \sin^2 \alpha'$ die Grösse eines in der Ebene der Pupille durch das Strahlenbüschel gelegten Schnittes. Ist ferner p der Radius der Pupillenöffnung, so ist

$$I : I_0 = \pi \, \lambda^2 \sin^2 \alpha' : \pi \, p^2,$$

woraus sich ergiebt

$$I = I_0 \left(\frac{\lambda}{p}\right)^2 \frac{n^2}{n'^2} \cdot \frac{\beta^2}{\beta'^2} \sin^2\alpha.$$

Das letzte Medium zwischen dem Auge und dem Instrument ist Luft, so dass $n' = 1$. Bezeichnet man ausserdem das Abbildungsverhältnis $\frac{\beta'}{\beta}$ mit N, so ist

$$I = I_0 \frac{\lambda^2}{p^2} \cdot \frac{n^2 \sin^2\alpha}{N^2} \cdot \quad . \quad . \quad . \quad . \quad . \quad . \quad (28)$$

Diese Gleichung werden wir bei der Behandlung optischer Instrumente anzuwenden Gelegenheit haben.

18*

Kapitel XI.

Optische Instrumente.

§ **234.** Nachdem wir uns den Gang der Strahlen beim Sehen durch eine einfache Linse klar gemacht und unsere Untersuchungsresultate auf Brillengläser und Lupen übertragen haben, gehen wir einen Schritt weiter und betrachten das einfache Mikroskop.

Befindet sich ein Objekt im Brennpunkt einer Konvexlinse, so gelangen die Strahlen der verschiedenen Strahlenbüschel parallel zu einander zum Austritt und jedes Strahlenbüschel findet somit ohne Anstrengung des Auges seinen Vereinigungspunkt auf der Retina. Bei dieser Lage des Objektes wird dasselbe von dem Auge unter demselben Winkel erblickt, unter welchem ein im Brennweitenabstand befindliches Auge dasselbe erblicken würde. Es entsteht somit ein deutliches und vergrössertes Bild. Eine in dieser Weise angewandte stark vergrössernde Linse nennt man ein einfaches Mikroskop.

Bezeichnet man mit l die lineare Ausdehnung des Objektes, so ist $\dfrac{l}{f}$ die Tangente des Winkels, unter welchem dasselbe durch die Linse hindurch erblickt wird, während $\dfrac{l}{\lambda}$ die Tangente desjenigen Sehwinkels ist, unter welchem es bei der Betrachtung mit blossem Auge im kleinsten, deutliches Sehen noch zulassenden Abstande λ gesehen würde. Als Maass der Vergrösserung haben wir somit $\dfrac{\lambda}{f}$. Einfache Linsen lassen sich in dieser Weise noch ganz wohl verwenden, so lange deren Brennweite nicht weniger als ca. 25 mm beträgt. Sobald aber stärkere Vergrösserungen verlangt werden, sind Verbindungen aus mehreren Linsen vorzuziehen.

§ **235.** Eine einfache Lupenart, welche manche Vorzüge gegenüber der bikonvexen Linse aufzuweisen hat, ist die wohlbekannte Coddington'sche Lupe. Die Lupe ist sphärisch geschliffen; die Strahlen gehen aber annähernd durch den Mittelpunkt der Linse. Die Grundidee dieser Linsenform rührt von Wollaston her; derselbe machte den Vorschlag, man solle zwei halbkugelförmige Linsen mit ihren ebenen Flächen zusammenkitten und zwischen beiden ein Diaphragma einschalten, dessen centrale Oeffnung im Durchmesser ein Fünftel der Brennweite messen solle. Dasselbe lässt sich nach Brewster auf zweckmässigere Weise dadurch erreichen, dass man in den cylindrischen Mantel der sphärischen Linse eine tiefe Rinne einschleift und diese dann mit irgend einer undurchsichtigen Masse ausfüllt. Der grosse Vortheil dieser Lupe besteht darin, dass sowohl schief als auch central einfallende Strahlenbüschel normal zur Linsenfläche einfallen, wodurch Aberrationsfehler nur in geringem Maasse auftreten.

Die Stanhope'sche Lupe wird durch einen Cylinder gebildet, dessen Enden zu sphärischen Konvexlinsen ungleicher Krümmung geschliffen sind. Die Länge des Cylinders ist so bemessen, dass, wenn das stärker konvexe Ende dem Auge zugekehrt wird, an das andere Ende geklebte oder sonstwie befestigte Objekte sich im Brennpunkt der Linse befinden. Man erhält hierdurch ein bequemes Mittel, um ohne Weiteres leichte Körper behufs Untersuchung an ihr anzubringen.

Eine Variation der Stanhope'schen Lupe, bei welcher die hintere Fläche eben ist, wurde vielfach in Frankreich (und wird noch jetzt viel in Deutschland) verwendet, um kleine, direkt auf der ebenen Fläche auf photographischem Wege hergestellte Bilder vergrössert zu zeigen. Man nannte eine solche Lupe ein „Stanhoskop".

§ 236. Wollaston verwendete zuerst anstatt einer einfachen Linse eine Kombination zweier Linsen. Diese Kombination ist noch unter dem Namen Wollaston'sches Doublet bekannt. Angeregt wurde es durch die Umkehrung des weiter unten zu beschreibenden Huyghen'schen Okulars. Es besteht aus zwei plan-konvexen Linsen, deren Brennweiten sich wie 1 : 3 verhalten und deren plane Flächen dem Objekt zugekehrt sind, wobei die Linse von kürzerer Brennweite dem Objekte zunächst liegt. Der Abstand zwischen den beiden Linsen beträgt etwa $^3/_2$ der kürzeren Brennweite.

Pritchard stellte vorzügliche Doublets von 200 bis 300facher Vergrösserung her, bei welchen der Abstand zwischen den Linsen gleich der Differenz ihrer Brennweiten war, während das Verhältnis der letzteren eine Variation von 1 : 3 bis 1 : 6 zuliess.

Ein besseres Doublet konstruirte Chevalier in der Weise, dass er zwei plan-konvexe Linsen von gleicher Brennweite, aber verschiedenem Durchmesser sehr dicht über einander fasste und zwischen beide eine Blende einschaltete.

Dreifache Lupen, Triplets, sind nach demselben Princip hergestellt worden. Bei genügender Sorgfalt giebt die Kombination

dreier plan-konvexer Linsen sogar noch bessere Resultate, als mit
zwei Linsen erreichbar ist. Sie lassen sich für die in Frage kommenden Zwecke genügend frei von sphärischer sowohl als chromatischer
Aberration herstellen. Sie weisen indessen gegenüber dem modernen
zusammengesetzten Mikroskop manche Mängel auf, so dass man sie
meist nur zu oberflächlichen Untersuchungen oder zum Präpariren
verwendet.

Besondere Erwähnung verdient die Steinheil'sche aplanatische Lupe. Sie besteht, wie Fig. 110 zeigt, aus zwei gleichen
konvex-konkaven Flintglaslinsen, zwischen welchen
eine gleichseitige Crownglasbikonvexlinse eingekittet
ist. Die inneren Flächen sind ungefähr doppelt so
stark gekrümmt wie die äusseren. Diese Lupe liefert
sehr schöne, reine und flache Bilder und zeichnet sich
durch ein grosses Gesichtsfeld und grossen Objektabstand aus.

Fig. 110.

§ 237. Das dioptrische Fernrohr und das zusammengesetzte
Mikroskop bestehen in ihrer einfachsten Form aus zwei Linsen. Die
dem Objekt zunächst liegende Linse erhält Strahlen von dem Objekt
und erzeugt ein reelles umgekehrtes Bild von ihm. Diese Linse
nennt man das Objektiv. Das umgekehrte Bild wird durch eine
zweite Linse, Okular genannt, mit dem Auge betrachtet. Dieses
Okular verändert die Divergenz der engen, das erste Bild erzeugenden Strahlenbüschel in der Weise, dass sie sich ohne Anstrengung
für das Auge auf der Retina vereinigen lassen, und es vergrössert
den Gesichtswinkel, unter welchem das Bild erblickt wird. Im Allgemeinen ist das Auge für parallel gerichtete Strahlen akkommodirt
das Okular ist somit so anzuordnen, dass das erste Bild in der Brennebene des Okulars liegt. Beim Mikroskop, wo es wesentlich auf
Erzielung einer starken Vergrösserung ankommt, ist das Instrument
so eingerichtet, dass das zuletzt erzeugte Bild in einem Abstande
von ca. 250 mm vom Auge zu Stande kommt. Dieser Abstand ist ein
willkürlicher, er dient aber als Basis für den Vergleich verschiedener
Instrumente bezüglich ihrer Vergrösserungen unter gleichen Verhältnissen.

Das astronomische Fernrohr.

§ 238. Das gewöhnliche astronomische Fernrohr, dessen Konstruktion zuerst von Kepler erklärt wurde, besteht im Wesentlichen
aus zwei, in einer Röhre befestigten Konvexlinsen. In Fig. 111 ist
BAC die dem Objekte zugekehrte Linse, welche daher das Objektiv
genannt wird. Diese Linse erzeugt ein umgekehrtes Bild pq von

dem Objekt und es liegen einander zugeordnete Punkte des Objektes und seines Bildes auf derselben durch A, den Mittelpunkt der Linse, gehenden Geraden. Bq, Aq und Cq sind drei, von einem beliebigen Punkt des Objektes ausgehende Strahlen, welche nach der Brechung durch das Objektiv sich in q, dem dem Objektpunkt zugeordneten Bildpunkt, schneiden. Nach ihrem Schnitt bei q fallen die Strahlen auf die Konvexlinse bac, das sogenannte Okular, durch welches sie in den meisten Fällen zu einander parallel gerichtet zum Austritt gelangen. Diesen letzteren Strahlengang erreicht man dadurch, dass man das Okular so adjustirt, dass das Bild pq in dessen Brennebene liegt.

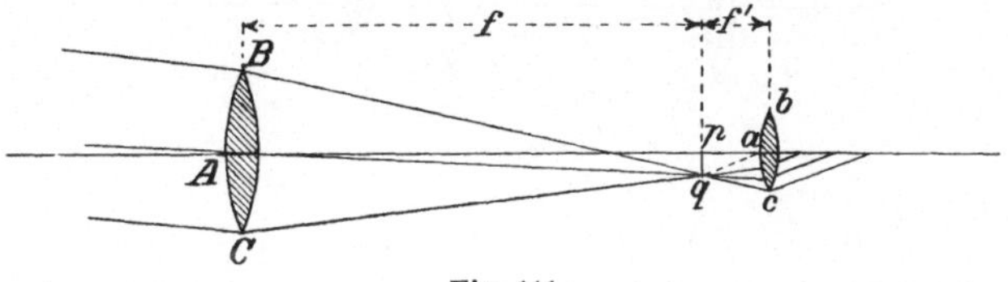

Fig. 111.

Der Winkel q A p ist der auf den Mittelpunkt der Objektivlinse bezogene Gesichtswinkel des Objektes; genügend grossen Objektabstand vorausgesetzt, wird sich die Grösse desselben nicht wesentlich ändern, wenn man ihn auf das Auge bezieht. Bedeuten beziehungsweise f und f' die Brennweiten des Objektives und des Okulars, so würde demnach das blosse Auge das Objekt unter einem Winkel erblicken, dessen Tangente $-\dfrac{\beta}{f}$ ist, unter β die lineare Ausdehnung des Objektivbildes verstanden. Durch das Okular wird das Bild pq unter einem Winkel gesehen, dessen Tangente $\dfrac{\beta}{f'}$ ist, was auch immer die Lage des Auges sein mag, vorausgesetzt, dass pq in der Brennebene der Okularlinse liegt. Das Vergrösserungsverhältnis ist demnach

$$m = -\frac{f}{f'} \ . \qquad \qquad \ldots \ldots \ldots \quad (1)$$

§ 239. Das Gesichtsfeld ist begrenzt durch die Axen der äussersten, noch durch das Okular zum Austritt gelangenden Strahlenbüschel. Seine Grösse ist somit bestimmt durch den Oeffnungswinkel des Kegels, dessen Spitze in dem Mittelpunkt der Objektivlinse liegt und dessen Grundfläche die freie Oeffnung der Okularlinse bildet. Bedeutet daher b' (Fig. 112) den Radius dieser Oeffnung und θ den halben Gesichtsfeldwinkel, so stellt

$$\theta = \frac{b'}{f+f'} \quad \cdots \cdots \cdots \quad (2)$$

die Grösse des Gesichtsfeldes dar.

Damit das Auge die ganze Ausdehnung des Gesichtsfeldes
überblicken kann, muss sich dasselbe in dem Punkte befinden, in
welchem die Axen der von dem Mittelpunkt der Objektivlinse ausgehenden äussersten Strahlenbüschel bei ihrem schliesslichen Austritt

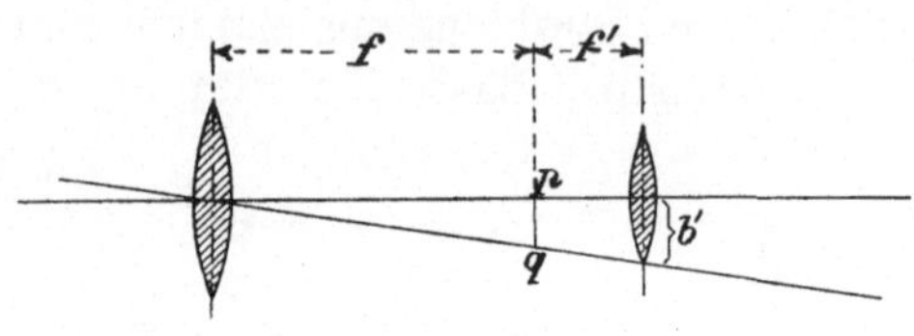

Fig. 112.

aus dem Teleskop die Axe desselben schneiden. Das Auge befindet
sich in diesem Falle in dem Punkt, welcher dem durch das Okular
erblickten Mittelpunkt der Objektivlinse konjugirt ist. Bezeichnet x
den Abstand dieses Punktes von der Okularlinse nach auswärts gemessen, so ist nach (14, IV):

$$\frac{1}{x} + \frac{1}{f+f'} = \frac{1}{f'},$$

oder

$$x = \frac{f'}{f}(f+f'). \quad \cdots \cdots \cdots \quad (3)$$

Dieser Umstand wird bei der Konstruktion des Fernrohrs berücksichtigt, und um dem Auge seine richtige Lage anzuweisen,
versieht man das Okular mit einer Blendenöffnung, vor welcher sich
bei der Beobachtung das Auge befinden muss.

§ 240. Die volle Ausdehnung des sichtbaren Feldes ergiebt
sich aus der Bestimmung des Verlaufes aller überhaupt durch
die beiden Linsen tretenden Strahlen. Verbindet man nämlich die
Randpunkte und den Mittelpunkt der Objektivlinse mit einem Randpunkte der Okularlinse und schneiden die Verbindungslinien die
gemeinsame Brennebene in den Punkten r, q und s (Fig. 113), so
gelangen alle von der Objektivlinse ausgehenden und innerhalb ps
liegenden Strahlen in das Okular; aber nur die Hälfte derjenigen
Strahlen, welche in q sich schneiden, gelangen in das Okular, während
nur einer von den in r sich schneidenden Strahlen das Okular trifft.
Es ist somit das gesammte innerhalb As liegende Gesichtsfeld ein
von ganzen Strahlenbüscheln gebildetes, während das zwischen As

und Aq liegende nur aus Theilen von Strahlenbüscheln, die grösser
sind als die Hälfte der Strahlenbüschel, das zwischen Aq und Ar
liegende Gesichtsfeld aber aus Theilen von Strahlenbüscheln, die
kleiner sind als die Hälften der letzteren, sich zusammensetzen.
Zieht man parallel zur Axe des Fernrohrs durch einen Randpunkt
des Okulars die Linie mnb, so ergiebt sich aus der Aehnlichkeit der

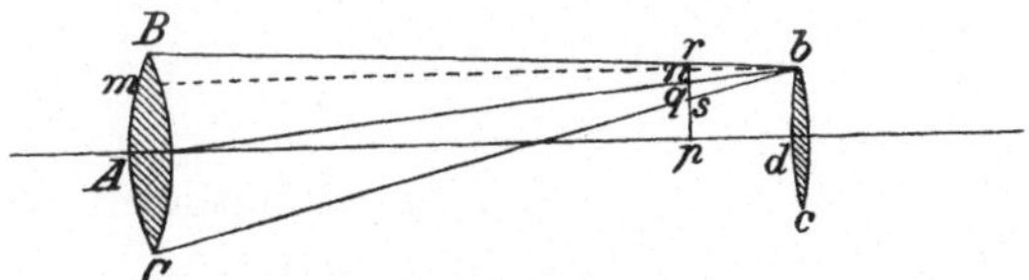

Fig. 113.

Dreiecke Cmb und snb, dass $Cm:mb = sn:nb$. Bezeichnet man ps
mit y und die Halböffnungen der beiden Linsen mit b und b', so
gestaltet sich die letztere Relation folgendermaassen:

$$\frac{b+b'}{f+f'} = \frac{b'-y}{f'},$$

oder hieraus

$$y = \frac{fb' - f'b}{f+f'}.$$

Bezeichnet man mit θ' und θ'' die Grösse des halben hellen
Gesichtsfeldes resp. diejenige des halben überhaupt sichtbaren Feldes,
so ist $y = f\theta'$; daher

$$\theta' = \frac{fb' - f'b}{f(f+f')}. \qquad \ldots \ldots \ldots \quad (4)$$

Um den Werth von θ'' zu finden, hat man nur das Vorzeichen
von b umzukehren und erhält somit

$$\theta'' = \frac{fb' + f'b}{f(f+f')}. \qquad \ldots \ldots \ldots \quad (5)$$

Werden die Verhältnisse so gewählt, dass $\dfrac{b'}{b} = \dfrac{f'}{f}$, d. h. sind
die Aperturen der Linsen ihren Brennweiten proportional, so verschwindet θ'; in diesem Falle nimmt die Helligkeit des Gesichtsfeldes von dem Centrum nach dem Umfange zu ab. Ist $\dfrac{b'}{b} < \dfrac{f'}{f}$,
so erhält θ' einen negativen Werth, und es wird in diesem Falle
kein Theil des Gesichtsfeldes von vollen Strahlenbüscheln erleuchtet.
Das durch die Axen der Randstrahlenbüschel begrenzte Gesichtsfeld liegt innerhalb der Linie Aq, und aus einer elementar-

mathematischen Betrachtung oder aus der Summirung der für θ' und θ'' gefundenen Werthe ergiebt sich

$$\theta' + \theta'' = 2\,\theta. \qquad \ldots \ldots \ldots \quad (6)$$

In der Praxis wird das Gesichtsfeld auf die Grösse des hellen Gesichtsfeldes durch Einschaltung einer in die Brennebene der Objektlinse verlegten Blendung mit einem Oeffnungsradius

$$y = \frac{f\,b' - f'\,b}{f + f'} \qquad \ldots \ldots \ldots \quad (7)$$

reducirt. Hierdurch werden die Bilder sämmtlicher von partiellen Strahlenbüscheln gebildeten Punkte abgeblendet.

In astronomischen Fernrohren befindet sich in der Regel ein aus feinen Drähten bestehendes Netz in der Brennebene der Objektivlinse. Das durch die Objektivlinse erzeugte Bild des Objektes fällt somit in die Ebene des Fadennetzes und beide werden dann zusammen durch das Okular betrachtet. Man erhält hierdurch ein Mittel, um sich genau über die Lage des Bildes irgend eines Punktes zu orientiren.

Galileo's Fernrohr.

§ 241. Dieses nach seinem Erfinder, Galileo, benannte Fernrohr war das erste, dessen Konstruktion auf Grund theoretischer Principien erklärt wurde. Es unterscheidet sich von dem astronomischen Fernrohr hauptsächlich durch die Form seines Okulars, welches als Bikoncavlinse auftritt und sich zwischen dem Objektiv

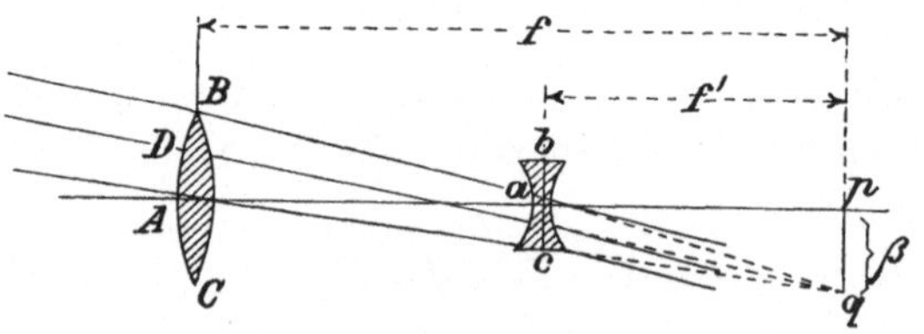

Fig. 114.

und dessen Brennpunkt befindet. Ein von dem Objekt ausgehendes Strahlenbüschel wird durch das Objektiv vereinigt; ehe aber die Strahlen diesen Vereinigungspunkt erreichen, wird ein Theil des Strahlenbüschels von dem Okular aufgefangen. In Fig. 114 stelle BAC die Objektivlinse, bac die Okularlinse, pq ein durch das Objektiv erzeugtes umgekehrtes Bild des Objektes dar, wobei einander zugeordnete Punkte des Objektes und seines Bildes auf derselben durch A, den Mittelpunkt dieser Linse, gehenden Linie liegen. Bq, Aq und Dq seien drei von irgend einem Punkt des Objektes ausgehende Strahlen, welche sich nach der Brechung im Punkte q, dem zugeordneten Bildpunkt, schneiden. Diese Strahlen fallen auf das Okular, und man lässt sie im Allgemeinen parallel zum Austritt gelangen. Man erreicht dies, wenn man das Okular so anordnet, dass das Bild $p\,q$ in seinem Brennpunkt liegt. Ist das Fernrohr auf fernliegende Gegenstände gerichtet, so kann man $p\,q$ als auch im Brennpunkt des Objektivs liegend ansehen und es ist dann der Abstand zwischen den beiden Linsen gleich der Differenz zwischen den Brennweiten beider Linsen.

Ist, wie in Fig. 114 dargestellt, β die lineare Dimension des Bildes $p\,q$, und sind f und f' die Brennweiten der Objektivlinse des Okulars, so würde ein bei A befindliches Auge das Objekt unter dem Winkel $p\,\mathrm{A}\,q$ erblicken und es wird dieser Winkel nicht merklich von demjenigen abweichen, unter welchem das Objekt von dem Auge in seiner thatsächlichen Stellung erblickt wird. Die Tangente dieses Winkels ist $-\dfrac{\beta}{f}$. Ferner wird das Bild $p\,q$ durch das Okular unter einem Winkel gesehen, dessen Tangente $-\dfrac{\beta}{f'}$ ist. Das Vergrösserungsverhältnis ist somit wieder

$$m = \frac{f}{f'}. \qquad \ldots \ldots \ldots \ldots \quad (8)$$

Das Vergrösserungsverhältnis ist somit dasselbe wie bei einem astronomischen Fernrohr, dessen Linsen dieselben Brennweiten haben wie diejenigen des Galilei'schen Fernrohres. Das letztere hat den Vorzug verminderter Länge. Während nämlich bei dem astronomischen Fernrohr der Abstand zwischen den Linsen gleich der Summe ihrer Brennweiten gemacht werden muss, ergiebt sich derselbe bei dem Galilei'schen Fernrohr als die Differenz der Brennweiten.

Ein noch grösserer Vorzug dieses Instrumentes ist darin zu suchen, dass mittelst desselben die Objekte aufrecht und nicht, wie bei dem astronomischen Fernrohr, umgekehrt erblickt werden. Diese Thatsache lässt sich ohne Weiteres erkennen, wenn man den Verlauf der Axen der Randstrahlenbüschel von dem Mittelpunkt des Objektivs aus verfolgt. Durch den Durchtritt durch das Okular wird die Divergenz noch vermehrt. Das von dem obersten Theile des Objektes ausgehende Strahlenbüschel trifft auf den unteren Theil der Retina und umgekehrt. Das Objekt wird also dem Auge in derselben Lage sichtbar wie beim Erblicken mit blossem Auge. Aus diesem Grunde eignet sich das Instrument besonders zur Betrachtung irdischer Objekte. Der gewöhnliche „Operngucker" besteht aus einem Paar mit ihren Axen parallel angeordneter Galilei'scher Fernrohre, welche behufs Einstellung auf verschiedene Entfernungen der Objekte eine Veränderung des Abstandes zwischen den Linsen gestatten.

§ 242. Das Gesichtsfeld ist bei diesem Konstruktionstypus ein sehr begrenztes. Denn, da die Axen der von den verschiedenen Theilen des Objektes ausgehenden Strahlenbüschel von dem Mittelpunkte der Objektivlinse aus divergiren und die Divergenz nach der Brechung durch die Okularlinse zunimmt, so fallen die Strahlen grösstentheils ausserhalb der Pupillenöffnung, gelangen also nicht in das Auge. Damit nun eine möglichst grosse Anzahl dieser Axen in das Auge gelangen, muss dasselbe möglichst nahe an den Punkt gerückt werden, von welchem die Axen divergiren. Dieser Punkt, welcher dem Augenpunkt entspricht, liegt aber innerhalb des Instrumentes; man wird sich daher damit begnügen müssen, das Auge möglichst nahe an die Okularlinse zu rücken. Die wirksame Apertur der Okularlinse reducirt sich somit auf diejenige der Pupille und es ist daher ganz nutzlos, dem Okular eine grössere Apertur zu geben als sie die Pupille besitzt.

Bestimmt man das durch das Instrument erzeugte Bild der Pupille, so müssen alle Strahlenbüschel, welche schliesslich vollständig in die Pupille gelangen, innerhalb dieses Bildes zum Durchtritt gelangen. Man kann daher dieses Bild als die Eintrittspupille bezeichnen, und die Axen aller Strahlenbüschel treten bei ihrem Eintritt durch den Mittelpunkt dieser Eintrittspupille. Das Gesichtsfeld ist daher durch einen Strahlenkegel, welcher von dem Mittelpunkt der Eintrittspupille ausgeht und das Objektiv füllt, begrenzt[1]).

Bezeichnet man den Abstand der Eintrittspupille von dem Objektiv mit x und sieht die Augenpupille als örtlich mit dem Okular zusammenfallend an, so hat man nach (14, IV):

$$\frac{1}{f-f'} - \frac{1}{x} = \frac{1}{f}$$

und daher

$$\frac{1}{x} = \frac{f'}{f(f-f')} \ . \quad \cdots \cdots \quad (9)$$

---

[1]) Wegen einer vollständigeren Darlegung der für das Gesichtsfeld des Galilei'schen Fernrohrs maassgebenden Faktoren sehe man Czapski, Theorie der opt. Instrumente S. 248 und die auf S. 251 daselbst angeführten Abhandlungen.   Cz.

Bedeutet daher θ das durch die Axen der äussersten Strahlenbüschel bestimmte Gesichtsfeld und b den Oeffnungsradius des Objektivs, so ist

$$\theta = \frac{f' b}{f(f-f')}. \qquad \qquad (10)$$

Dieser Ausdruck giebt indessen nicht ein Maass für das gesammte, von allen überhaupt durch das System tretenden Strahlen gebildete Gesichtsfeld. Dieses lässt sich in derselben Weise wie beim astronomischen Fernrohr bestimmen. Diejenigen Strahlenbüschel, welche die Pupille vollständig ausfüllen, sieht man als ganze Strahlenbüschel, diejenigen, welche die Pupille nicht vollständig ausfüllen, als Theile von Strahlenbüscheln an, das Objektiv begrenzt also das Gesichtsfeld.

Wir nehmen an, b und b' (Fig. 115) seien die Oeffnungsradien der Linsen; die letztere Grösse stelle also auch gleichzeitig den Oeff-

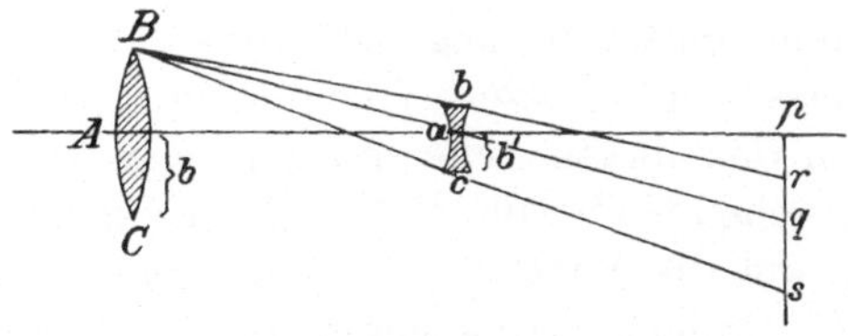

Fig. 115.

nungsradius der Pupille dar. Man verbinde einen Randpunkt der Objektivlinse mit den beiden Randpunkten b und c und dem Mittelpunkt a der Okularlinse und es seien r, s und q der Reihe nach die Schnittpunkte der Verbindungslinien und der Bildlinie $p\,q$. Sämmtliche, nach irgend einem innerhalb $p\,r$ liegenden Punkt konvergirenden Strahlen füllen die Okularlinse aus, nach Punkten des Theiles $r\,q$ konvergirende Strahlenbüschel füllen mehr als die Hälfte, nach Punkten des Theiles $q\,s$ konvergirende Strahlenbüschel weniger als die Hälfte der Okularlinse aus. Bezeichnet man daher mit θ' das halbe helle Feld, mit θ'' das halbe visuelle Feld, so ist

$$\theta' = \frac{p\,r}{f}, \qquad \theta'' = \frac{p\,s}{f}.$$

Aus der Dreiecksähnlichkeit ergiebt sich ebenso wie in dem Falle des astronomischen Fernrohrs, dass

$$p\,r = \frac{f'\,b - f\,b'}{f - f'},$$

so dass

$$\theta' = \frac{f'\,b - f\,b'}{f\,(f - f')} \cdot \quad \ldots \ldots \ldots \quad (11)$$

Den Werth von θ'' erhält man, indem man das Vorzeichen von b' umkehrt; man findet somit

$$\theta'' = \frac{f'\,b + f\,b'}{f\,(f - f')} \cdot \quad \ldots \ldots \ldots \quad (12)$$

Bei diesem Fernrohr ist der Brennpunkt des Objektivs ein virtueller; es lassen sich somit hier weder eine Blendung noch ein Fadenkreuz anwenden.

Objektivlinsen.

§ 243. Wir wollen nun die soeben angestellten theoretischen Betrachtungen auf die Herstellung guter Objektivlinsen anwenden.

Ein Vorzug des Fernrohrs gegenüber dem blossen Auge, wenn es darauf ankommt, entfernte Gegenstände zu erkennen, besteht zunächst darin, dass eine grössere Lichtmenge in das Auge gelangt. Während nämlich das blosse Auge nur ein enges, von jedem Punkte des Objektes ausgehendes Strahlenbüschel aufnimmt, welches gerade gross genug ist, um die Pupille zu füllen, gelangt in das Fernrohr ein Strahlenkegel, welcher gross genug ist, um das ganze Objektiv zu füllen. Mittelst des Fernrohrs lassen sich daher Sterne erkennen, welche wegen ihrer Lichtschwäche für das blosse Auge unsichtbar sind. Je grösser nun die Apertur des Objektivs, um so mehr Licht gelangt in dasselbe. Die erste Forderung, die wir an ein Fernrohrobjektiv stellen, ist daher die einer grossen Apertur.

Wir haben bereits erkannt, dass die Helligkeit eines Bildes gleich derjenigen des Objektes ist, so dass, wenn das Licht des Bildes ebenso wie dasjenige des Objektes die Pupille vollständig ausfüllt, beide Lichtquellen gleiche Helligkeit besitzen. Hat indessen das Instrument eine starke Vergrösserung, so füllt das austretende Strahlenbüschel niemals die Pupille ganz. Wird das Fernrohr gegen eine helle Fläche gerichtet, so füllt das austretende Strahlenbüschel den Bildkreis. Ist r dessen Radius, p der Radius der Pupille, so ist, wie bereits hervorgehoben wurde, r gewöhnlich kleiner als p, und die scheinbare Helligkeit wird eine kleinere sein als die Helligkeit des Objektes und zwar im Verhältnis der Bildkreisfläche zu derjenigen der Pupille. Die Helligkeit ergiebt sich somit aus der Gleichung

$$\mathrm{I} = \mathrm{I}_0 \left(\frac{r}{p} \right)^2 .$$

Ist aber m die Vergrösserung, b der Oeffnungsradius des Objektivs, so ist $m = \dfrac{b}{r}$; somit

$$I = I_0 \left(\frac{b}{m\,p}\right)^2 . \quad\ldots\ldots\ldots \quad (13)$$

Es ist also die Helligkeit abhängig von der Vergrösserung und der Apertur des Objektivs, und ist die Vergrösserung eine hohe, so muss auch die Apertur entsprechend gross gemacht werden; anderenfalls verliert das Bild an Helligkeit.

Bei dem Galilei'schen Fernrohr wird das Auge unmittelbar vor die Okularlinse gehalten und die Pupille ist mit Licht ausgefüllt, wenn Punkte des Objektes vermittelst ganzer Strahlenbüschel gesehen werden; es ist hier daher die Helligkeit des Bildes fast gleich derjenigen des Objektes und ist von der Apertur des Objektivs unabhängig. Bei diesem Instrument ist dagegen das Gesichtsfeld von der Apertur des Objektivs abhängig. Der Grösse dieser Apertur ist indessen eine enge Grenze gesetzt, da die Brechung durch die Linse excentrisch ist, und macht man die Apertur gross, so werden die äussersten Strahlenbüschel in einer solchen Entfernung von der Axe gebrochen, dass dadurch die chromatische Aberration eine unbequem grosse wird.

§ 244. Objektivlinsen werden in der Regel aus zwei Linsen, einer konvexen aus Crownglas und einer konkaven aus Flintglas, hergestellt. Die Strahlenbüschel fallen centrisch auf die erste Linse; wäre daher ein Zwischenraum zwischen den Linsen vorhanden, so würde dadurch der Strahlengang durch die zweite Linse ein excentrischer. Da dies für die Wirkung der Linse nachtheilig sein würde, so werden die Linsen gewöhnlich dicht neben einander gefasst.

Wir haben also für die Berechnung des Objektivs vier variable Grössen, nämlich die Krümmungsradien der vier Linsenflächen.

An die Wahl der Brennweiten der beiden Einzellinsen knüpfen sich die beiden wesentlichen Bedingungen, dass das Objektiv eine gegebene Brennweite haben und achromatisch sein muss. Sind f und f' die Brennweiten der Einzellinsen und F diejenige des Systems, so ist nach (26, IV), indem in dieser Gleichung für den vorliegenden Fall $c = 0$ ist,

$$\frac{1}{F} = \frac{1}{f} + \frac{1}{f'} . \quad\ldots\ldots\ldots \quad (14)$$

Die Bedingung für den Achromatismus giebt ferner die Formel (20, IX):

$$\frac{1}{v\,f} + \frac{1}{v'\,f'} = 0 \quad \ldots \ldots \ldots \quad (15)$$

Aus diesen beiden Bedingungen ergiebt sich der Werth von f und f', so dass eine weitere Bedingung, welche irgend welche Beziehungen zwischen f und f' vorschreibt, nicht erfüllt werden kann.

Untersuchen wir nun die Aberrationsfehler. Die Mängel eines durch eine einzelne Linse hervorgerufenen Bildes sind:

1. Verzerrung infolge der Krümmung des Bildes;
2. Undeutlichkeit infolge schiefen Strahlenganges in den äusseren Theilen des Gesichtsfeldes;
3. Undeutlichkeit infolge sphärischer Aberration in der Axe.

In dem vorliegenden Falle ist eine lineare oder angulare Verzerrung nicht vorhanden, da der Strahleneintritt centrisch erfolgt und daher Objekt und Bild parallele Schnitte desselben Kegels darstellen.

Nach § 160 ist aber, wenn ϱ und ϱ' die Krümmungsradien des Objektes und seines Bildes in den centralen Theilen des Feldes darstellen,

$$\frac{1}{\varrho'} - \frac{1}{\varrho} = -\left\{ \frac{2\,k+1}{f} + \frac{2\,k'+1}{f'} \right\} \quad \ldots \ldots \quad (16)$$

Da aber dieser Ausdruck eine Relation zwischen den Brennweiten der Einzellinsen enthält, so lässt sich der Mangel einer gekrümmten Bildfläche nicht beseitigen.

Untersuchen wir nun die Wirkung des schiefen Strahlenganges. Nach schiefer centrischer Brechung an einer Linse konvergiren die Strahlenbüschel nicht nach einem Punkt, sondern nach zwei Brennlinien. Um diesen Fehler zu korrigiren, hat man den Strahlengang so erfolgen zu lassen, dass die Brennlinien nach der Brechung durch die beiden Einzellinsen sich decken. Nach (50, VIII) bestehen, wenn v und v' die Abstände der Brennlinien von dem Mittelpunkte einer einzelnen Linse bedeuten, für ein von einem im Abstande u gelegenen Punkt ausgehendes Strahlenbüschel die Gleichungen

$$\frac{1}{v} - \frac{1}{u} = \frac{1}{f}\left\{ 1 + \Phi^2 \left(1 + \frac{1}{2\,n} \right) \right\},$$

$$\frac{1}{v'} - \frac{1}{u} = \frac{1}{f}\left\{ 1 + \frac{\Phi^2}{2\,n} \right\},$$

wo f die Brennweite der Linse darstellt, Φ den Konvergenzwinkel des betreffenden Strahls, welche aber so klein ist, dass die über die dritte hinausgehenden Potenzen von Φ vernachlässigt werden können.

Damit die Brennlinien nach erfolgter Brechung durch beide Linsen zusammenfallen, muss daher die Relation bestehen:

$$\Phi^2 \left\{ \frac{1}{f} \left(1 + \frac{1}{2\,n}\right) + \frac{1}{f'} \left(1 + \frac{1}{2\,n'}\right) \right\} = \Phi^2 \left\{ \frac{1}{2\,nf} + \frac{1}{2\,n'f'} \right\}. \quad (17)$$

Diese Gleichung bedingt aber wieder eine Relation zwischen den Brennweiten der Einzellinsen. Es kann also nur in dem Falle, dass $\Phi = 0$ ist, vollkommene Deutlichkeit erzielt werden.

Der aus der sphärischen Aberration sich ergebende Fehler lässt sich dahin korrigiren, dass man die Aberration für parallele Strahlen verschwinden lässt. Aus § 130 wissen wir, in welcher Weise die Aberration des Linsenpaares von den beiden Grössen ε und ε', welche beide von den Brennweiten unabhängig sind, abhängt. Um nun die Aberration für parallele Strahlenbüschel verschwinden zu lassen, hat man eine einzelne Relation zwischen den Grössen ε und ε' zu schaffen und hat dann noch die Möglichkeit, einer weiteren Bedingung zu genügen. Es stehen uns hierbei zwei Wege offen. Wir können den Linsen zwei gleiche Krümmungsflächen geben, so dass sie zusammen verkittet werden können; oder, wie bei der Behandlung der Aberration im VII. Kapitel dargelegt wurde, wir können die Aberration nicht nur für parallele, sondern auch von einem Punkte in endlicher, aber beträchtlicher Entfernung ausgehende Strahlen verschwinden lassen.

Okulare.

§ 245. Bei dem astronomischen Fernrohr kommt in der Regel statt einer einfachen Okularlinse eine Kombination zweier durch einen Zwischenraum getrennter Linsen zur Anwendung. Die Einführung einer dritten Linse zwischen dem Objektiv und dem Okular bringt eine Vergrösserung des Gesichtsfeldes mit sich. Man bezeichnet diese Linse in der Regel als Kollektivlinse.

Der Eintritt der Strahlenbüschel in diese Linse ist nicht ein centrischer, so dass man keinen Vortheil dadurch erzielt, wenn man dieselbe unmittelbar neben das Okular rückt. Die beiden Linsen eines zweitheiligen Okulars sind daher durch einen Zwischenraum getrennt.

Es stehen uns somit für die Berechnung des Fernrohrokulars fünf variable Grössen zur Verfügung, nämlich die vier Krümmungsradien der vier Linsenflächen und der Abstand zwischen den Linsen.

Bedeuten f und f' die Brennweiten beider Linsen, a den Abstand zwischen ihnen, so haben wir nach (48, V) als Ausdruck für die Brennweite der äquivalenten Linse

$$\frac{1}{F} = \frac{1}{f} + \frac{1}{f'} - \frac{a}{f f'} \quad \dots \quad (18)$$

Die Brennweite des Systems erweist sich somit als eine gegebene Grösse, welche als die eine Relation zwischen den Konstanten anzusehen ist.

Der bei Weitem schwerwiegendste Mangel, welcher aus der Anwendung nur einer Linse entspringt, besteht in den auf chromatischer Aberration beruhenden Fehlern. Diese Fehler sind zweifacher Art: Einmal liegen die farbigen Bilder nicht in derselben, senkrecht zur Fernrohraxe gerichteten Ebene; und zweitens weichen sie in ihrer Grösse von einander ab. Der eine oder der andere dieser Fehler lässt sich wohl beseitigen, nicht aber ist dies mit beiden gleichzeitig möglich. Da nun der erstere Fehler der weniger nachtheilige ist, so kann man ihn vernachlässigen. Man stellt zweckmässigerweise beide Linsen aus gleichartigem Glase her; denn gelingt es, die Linsen für zwei Farben zu achromatisiren, so ist damit das Linsenpaar ein vollkommen achromatisches, da eine Disproportionalität der Dispersion nicht vorhanden ist.

Nach (29, IX) ist die Bedingung für diese unvollkommene Achromatisirung zweier aus gleichartigem Material hergestellten Linsen durch die Relation

$$a = \frac{f + f'}{2} \quad \dots \dots \quad (19)$$

gegeben.

Hiermit gewinnen wir eine zweite Relation zwischen den Konstanten.

Die aus der sphärischen Aberration resultirenden Fehler sind komplicirter als die im Objektiv auftretenden gleicher Art, weil bei dem Okular die Strahlenbüschel excentrisch und mit erheblicher Schiefe einfallen.

Der erste Fehler ist die aus der sphärischen Aberration der schieferen Strahlenbüschel entspringende Undeutlichkeit des Bildes. Bei richtigem Abstande des centralen Theils des Bildes von dem Okular liegen die Randtheile in einer zu grossen Entfernung; wenn daher der centrale Theil des Gesichtsfeldes deutlich ist, so sind die Randtheile undeutlich; schiebt man dagegen das Okular einwärts, um die Randtheile deutlich zu sehen, so wird dadurch der centrale Theil undeutlich.

Der zweite Fehler äussert sich als Krümmung des Bildes[1]).

---

[1]) Gerade die Krümmung des Bildes ist es, welche sich in der vorstehend beschriebenen Weise äussert. Die sphärische Aberration der schiefen Büschel zeigt sich als Unschärfe der Randtheile des Sehfelds bei jeder Einstellung.

Der dritte Fehler ist die lineare und angulare Verzerrung. Die Axen der äussersten, von dem Mittelpunkt des Objektivs ausgehenden Strahlenbüschel werden infolge der sphärischen Aberration des Okulars die Axe des Fernrohrs in einem geringeren Abstande schneiden als diejenigen der axialen Strahlenbüschel. Das Verhältnis der Gesichtswinkel wird daher für die Randpartien des Gesichtsfeldes grösser sein als für das Centrum desselben. Die Randpartien des Gesichtsfeldes erscheinen daher unverhältnismässig stark vergrössert und das Objekt erscheint verzerrt[1]).

Ein vierter Fehler rührt von dem Astigmatismus schiefer Strahlenbüschel her. Die Strahlenbüschel bilden nach ihrem Durchtritt durch das Instrument zwei Brennlinien, und das Netzhautbild eines durch ein solches Strahlenbüschel abgebildeten Punktes ist im Allgemeinen eine Ellipse, welche sich indessen unter Umständen als Kreis specialisirt.

§ 246. Ohne weiter in die Einzelheiten dieser Mängel einzudringen, genügt es, uns hier die leicht ersichtliche Thatsache zu vergegenwärtigen, dass im Allgemeinen die Fehler sich durch Verringerung der Aberrationen der äussersten Strahlenbüschel vermindern lassen und dass, wenn die Gestalt der Linsen gegeben ist, man diese Wirkung dadurch erzielen kann, dass man ihre Anzahl vermehrt und dadurch die Brechung der Strahlen vertheilt. Die resultirende Aberration wird, caeteris paribus, ein Minimum, wenn man die gesammte Ablenkung der Strahlen gleichmässig unter die Linsen vertheilt.

Die Bedingung für eine gleichmässig vertheilte Brechung lässt sich ohne Schwierigkeit aufstellen. Wir wollen uns zunächst auf die Untersuchung des Falles nur zweier Linsen beschränken.

Bezeichnen wir die Abstände, in welchen die beiden Linsen von einem ursprünglich zur Axe parallelen Strahl getroffen werden, mit y und y', so sind $\frac{y}{f}$ und $\frac{y'}{f'}$ die durch die beiden Linsen hervorgerufenen Ablenkungen und gefordert wird, dass $\frac{y}{f} = \frac{y'}{f'}$. Ist aber θ der Konvergenzwinkel des Strahls zwischen den Linsen, deren Abstand mit a bezeichnet sein mag, so ist nach Fig. 116

$$y' = y - a\,\theta \quad \text{und} \quad \theta = \frac{y}{f};$$

daher

$$y' = y\left(1 - \frac{a}{f}\right);$$

---

[1]) Diese Deduction ist nicht ganz vollständig. Die Verzerrung kann trotz der sphärischen Aberration — ja sogar mittels derselben — aufgehoben sein.

hieraus und der Forderung $\dfrac{y}{f} = \dfrac{y'}{f'}$ folgt:

$$f' = f\left(1 - \frac{a}{f}\right),$$

oder endlich

$$a = f - f' \ . \ . \ . \ . \ . \ . \ . \ . \ . \ . \ . \ . \quad (20)$$

In Worten ausgedrückt fordert diese Bedingung, dass der Abstand zwischen den beiden Linsen gleich der Differenz zwischen ihren Brennweiten sei. Nach diesem Princip wurde das Huyghensche Okular konstruirt.

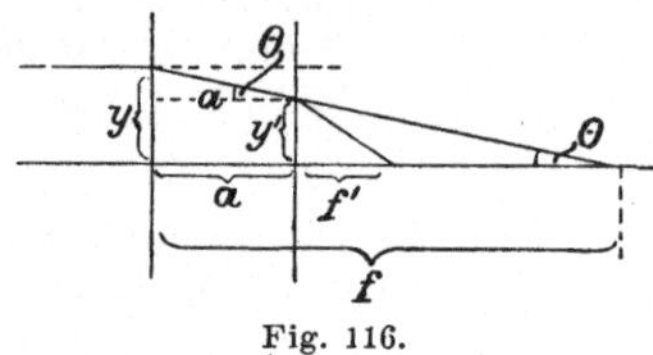

Fig. 116.

Die eben aufgestellten Bedingungsformeln beziehen sich nur auf die Brennweiten und die Abstände der Linsen von einander und sind von deren Gestalt unabhängig. Die Aberrationen hängen aber wesentlich von der Gestalt der Linsen ab. Die Korrektion der verschiedenen oben aufgeführten Fehler bedingt nun im Allgemeinen die Anwendung verschiedener und oft gegensätzlicher Linsenformen. Es bleibt daher nichts weiter übrig, als von der Vervollkommnung des Instrumentes nach der einen Richtung abzustehen, um dadurch die Möglichkeit zu gewinnen, es nach einer anderen, für den jeweiligen Zweck wichtigeren Richtung zu vervollkommnen. Die hierher gehörende Theorie ist indessen sehr verwickelt und es wird ihr auch in der Praxis nur ein geringer Grad von Beachtung geschenkt. Die zur Anwendung gelangenden Linsen sind fast ohne Ausnahme plankonvexe oder äqui-konvexe Linsen.

§ 247. Verbinden wir die Bedingung für die Achromatisirung der Linsen (19) mit derjenigen für die gleichgrosse Ablenkung durch jede der beiden Linsen (20), so erhalten wir die beiden Gleichungen

$$\left.\begin{array}{l} a = \frac{1}{2}\,(f + f') \\[1mm] a = f - f' \end{array}\right\} .$$

Aus diesen Gleichungen ergiebt sich:

$$f = 3f', \qquad a = 2f' \ . \ . \ . \ . \ . \ . \ . \ . \quad (21)$$

Das Okular besteht daher aus zwei Linsen, von denen die hintere eine dreimal so grosse Brennweite hat als die dem Auge zunächst liegende und deren Abstand von einander gleich der doppelten Brennweite der vorderen Linse ist. Dieser Typus entspricht dem Okular, welches Huyghens konstruirte, um die Wirkung der Aberration dadurch unschädlich zu machen, dass er die gesammte Ablenkung der Strahlen auf beide Linsen gleichmässig vertheilte. Später machte Boscovich darauf aufmerksam, dass die Kombination den weiteren Vortheil der Achromasie besässe.

Dieses Okular wird gewöhnlich aus plan-konvexen Linsen hergestellt, deren Planflächen dem Auge zugekehrt sind (Fig. 117). Von dem Objektiv ausgehende Strahlen würden sich in q schneiden, wenn pq in der Brennebene des Objektivs liegt. Die Strahlen werden indessen von der hinteren Okularlinse aufgefangen, ehe sie in q zur Vereinigung gelangen und werden in q', einem Punkte in der Brennebene der vorderen Linse, vereinigt, so dass demnach die Strahlen

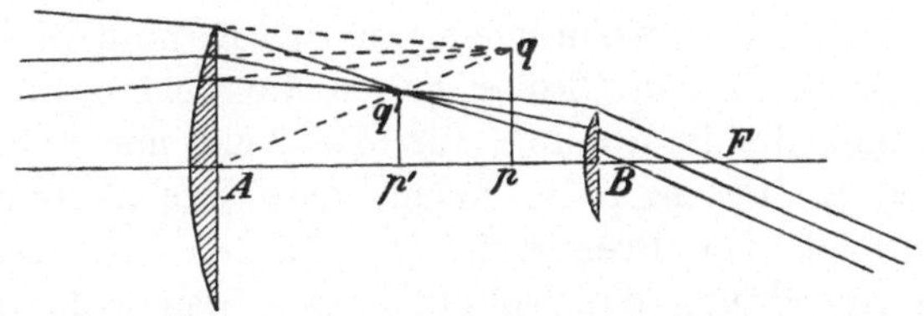

Fig. 117.

als parallelstrahliges Bündel zum Austritt gelangen. Bedeuten A und B die Mittelpunkte der beiden Linsen, AF die Brennweite der Linse A, so ist, da $AF = 3f'$ und $AB = 2f'$, Punkt F auch der Brennpunkt der Linse B. Da ferner $q'p'$ in der Brennebene der Linse B liegt, so ist $Bp' = \frac{1}{2}AB$. Ferner, da p und p' in Bezug auf die Linse A konjugirte Punkte sind, so ist nach (14, IV)

$$\frac{1}{Ap'} - \frac{1}{Ap} = \frac{1}{3f'}$$

und $Ap' = f'$. Es ist somit

$$Ap = \frac{3}{2}f' = \frac{3}{4}AB, \quad \ldots \ldots \quad (22)$$

p ist somit der Mittelpunkt von AF.

Die hintere Okularlinse muss demnach so gefasst werden, dass sie sich zwischen dem Objektiv und dessen Brennpunkt, in einem Abstande ihrer halben eignen Brennweite von dem Brennpunkte des Objektivs, befindet.

Die Anwendung dieses Okulars ist indessen in den Fällen nicht rathsam, wo mit Hilfe von Fadenkreuzen Fernrohrmessungen angestellt werden sollen; denn der Brennpunkt des Objektivs ist virtuell. Die Ebene des Fadenkreuzes darf nicht mit derjenigen des Bildes pq zusammenfallen, weil der Strahlendurchtritt durch die Augenlinse des Okulars Verzerrungen des Bildes verursacht, während das Bild des Objektes infolge des excentrischen Strahlenganges sowohl durch die hintere als auch vordere Okularlinse Verzerrungen erleidet. Fadenkreuz und Objekt erscheinen daher in verschiedenem Grade verzerrt, und man würde daher für die Lage eines Punktes im Gesichtsfelde ein verkehrtes Maass gewinnen, wollte man dieselbe mit dem Fadenkreuze vergleichen. In allen für Messungen bestimmten, mit Fadenkreuzen versehenen Fernrohren muss die hintere Okularlinse zwischen der vorderen Linse und dem Brennpunkt des Objektivs liegen. Findet jetzt eine Verzerrung des Bildes und des Fadenkreuzes statt, so ist diese gleicher Art und es tritt kein Fehler in die Messung ein.

§ 248. Bei dem gewöhnlichen, als das Ramsden'sche Okular bekannten, astronomischen Okular haben die beiden Linsen gleiche Brennweiten und die Bedingung für die Achromasie besteht demnach nach (19) in diesem Falle darin, dass der Abstand zwischen den Linsen gleich der Brennweite der Linsen ist. Da aber bei einer solchen Anordnung das Kollektiv sich genau in dem Brennpunkt der Augenlinse befindet, so würde ein zufällig auf dem ersteren liegendes Staubkörnchen oder irgend eine fehlerhafte Stelle im Glase durch die Augenlinse vergrössert werden und das Bild undeutlich machen. Aus diesem Grunde nimmt man den Abstand zwischen den Linsen etwas kleiner als die Brennweite der Linsen; wenn auch hierdurch die Achromasie beeinträchtigt wird, so ist die dabei gemachte Einbusse nicht von Belang. Man wählt in der Regel plankonvexe Linsen, deren konvexe Flächen einander zugekehrt sind, und fasst sie in einem Abstande gleich zwei Drittel ihrer, wie gesagt gleichen, Brennweiten von einander.

Die von dem Objektiv ausgehenden Strahlen schneiden sich, wie in Fig. 118 gezeigt, in einem Punkte q der Brennebene des Objektivs und gelangen nach der Kreuzung bei q in das Kollektiv. Die Richtung der Strahlen ändert sich nun, so dass sie von q' auszugehen scheinen. Man wählt nun die Verhältnisse des Okulars so, dass dieser Punkt in der Brennebene der Augenlinse liegt, so dass die Strahlen als parallelstrahliges Bündel zum schliesslichen Austritt gelangen. Bezeichnet man mit A und B die Mittelpunkte der Linsen und ist $AF = f$ die Brennweite jeder der beiden Linsen, so ist AB

$= {}^2/_3 f$. Da ferner $q' p'$ im Brennpunkt der Linse B liegt, so ist B $p' = f$, so dass A $p' = {}^1/_3 f$. Ferner sind p und p' konjugirte Punkte in Bezug auf die Linse A und daher nach (14, IV)

$$\frac{1}{\mathrm{A}\,p} - \frac{1}{\mathrm{A}\,p'} = \frac{1}{f};$$

hieraus, da

$$\mathrm{A}\,p' = {}^1/_3 f, \quad \mathrm{A}\,p = {}^1/_4 f. \quad \ldots \ldots \ldots \quad (23)$$

Wie hieraus ersichtlich, befindet sich das Kollektiv ausserhalb des Brennpunktes des Objektivs und zwar in einem Abstande von demselben, welcher ein Viertel seiner eigenen Brennweite beträgt.

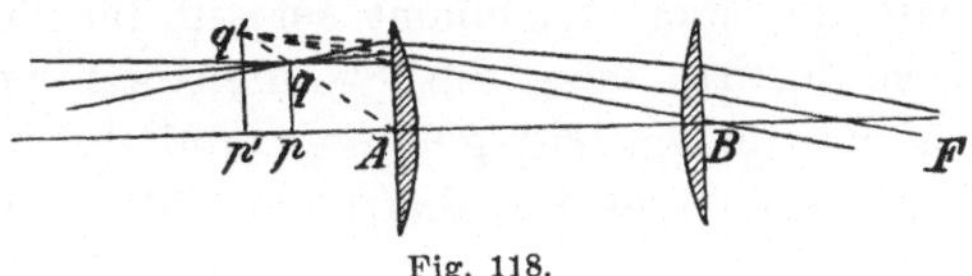

Fig. 118.

Die Radien der Linsenkrümmungen lassen sich so wählen, dass die Aberrationsfehler möglichst unschädlich gemacht werden. Die aus diesen Fehlern entspringende Undeutlichkeit lässt sich bei diesem Okular weit besser korrigiren als in irgend einem anderen der üblichen Typen.

§ 249. Ein allgemein verbreitetes Okular ist das viertheilige terrestrische Fernrohrokular. Das terrestrische Fernrohr unterscheidet sich von dem astronomischen in der That nur dadurch, dass es statt eines gewöhnlichen ein bildumkehrendes Okular besitzt.

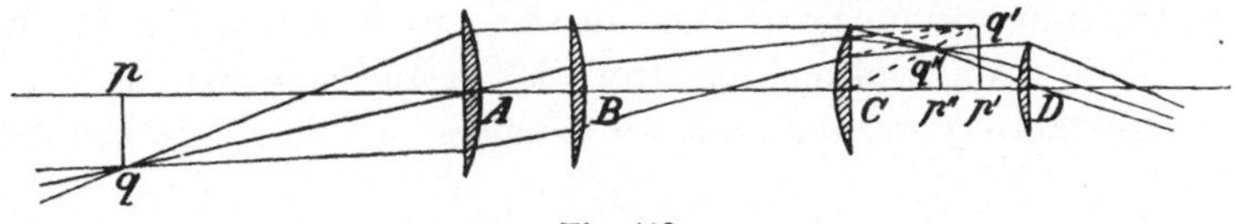

Fig. 119.

Figur 119 stellt eine Form des bildumkehrenden Okulars dar [1]). A und B sind zwei Konvexlinsen von gleicher Brennweite, welche sich in beliebigem Abstande von einander befinden können. $p\,q$ ist das durch das Objektiv erzeugte Bild. Die Linse A ist so justirt, dass $p\,q$ in ihrer Brennebene liegt. Da nun die Strahlen zwischen A und B parallel verlaufen und A und B gleiche Brennweiten haben, so erzeugt die Linse B ein umgekehrtes Bild $p'\,q'$ von $p\,q$ im Abstande ihrer Brennweite von B, das von derselben Grösse ist wie

---

[1]) Der Strahlengang zwischen q und q' weicht in der Figur nicht unerheblich von dem thatsächlichen ab.

pq, so dass $\mathrm{B}\,p' = \mathrm{A}\,p$ und $p\,q = p'\,q'$. Ausser diesen beiden Linsen hat das Okular noch zwei ein gewöhnliches Huyghen'sches Okular bildende Linsen, welche genau wie bei dem astronomischen Okular auf das Bild $p'\,q'$ einzustellen sind. Die Abstände zwischen den vier Linsen sind unveränderlich; sie werden gewöhnlich in eine Röhre gefasst, die sich dann entsprechend den Entfernungen der Objekte in dem Fernrohrtubus verschieben lässt.

§ 250. Die Stellung und Vergrösserung eines für deutliches Sehen eingestellten aus zwei Linsen zusammengesetzten Okulars lässt sich bestimmen, wenn man die successiven, durch den Strahlengang erzeugten Bilder untersucht.

Nehmen wir an, das Instrument sei auf fernliegende Objekte gerichtet[1]) und so justirt, dass die Strahlen als parallelstrahliges Büschel schliesslich zum Austritt gelangen und daher das erste Bild in der Brennebene des Objektivs, das letzte Bild in der Brennebene

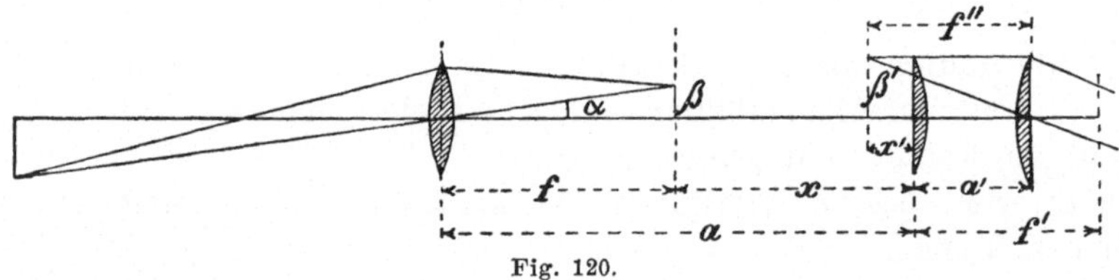

Fig. 120.

der Augenlinse liegt. Bezeichnen wir nach Fig. 120 mit x den Abstand des ersten Bildes vor, mit x' den Abstand des letzten Bildes hinter der Kollektivlinse, ferner mit β und β' die linearen Dimensionen dieser Bilder, mit α und α' die ursprüngliche und schliessliche Konvergenz der Axen der äussersten Strahlenbüschel, mit f, f' und f'' die Brennweiten der drei Linsen und schliesslich mit a und a' deren Abstände von einander, so erhalten wir folgende Relationen:

$$a = x + f \;\Big\rangle$$
$$a' = x' + f''$$

und nach (14, IV)

$$\frac{1}{x} + \frac{1}{x'} = \frac{1}{f'}.$$

Die Grössen a und a' sind daher durch die Gleichung

$$\frac{1}{a-f} + \frac{1}{a'-f''} = \frac{1}{f'} \quad \ldots \ldots \quad (24\,\mathrm{a})$$

mit einander verbunden.

---

[1]) In der Figur ist der Anschaulichkeit wegen das Objekt relativ nahe am Objektiv gelegen gezeichnet.

Durch entsprechende Umformung gelangen wir zu dem Ausdruck

$$(f + f' - a)\,(f' + f'' - a') = f'^2. \quad \ldots \ldots \quad (24)$$

Die Bestimmungsgleichungen für die Konvergenz der Eintritts- und Austrittsstrahlenbüschel lauten

$$\alpha = \frac{\beta}{f},$$

$$\alpha' = -\frac{\beta'}{f''},$$

und ferner ist nach (5a, IV)

$$\frac{\beta}{x} = -\frac{\beta'}{x'}.$$

Das Abbildungsverhältnis ist daher

$$N = \frac{\alpha'}{\alpha} = -\frac{\beta'}{\beta}\,\frac{f}{f''},$$

oder

$$N = \frac{x'}{x}\,\frac{f}{f''}.$$

Es ist aber gleichzeitig nach (14, IV)

$$\frac{x'}{x} = \frac{x'}{f'} - 1 = \frac{a' - f' - f''}{f'},$$

und daher

$$N = -f\left\{\frac{1}{f'} + \frac{1}{f''} - \frac{a'}{f'f''}\right\}. \quad \ldots \ldots \quad (25)$$

Zu diesem Ausdruck hätte man auf direktem Wege gelangen können, wenn man die beiden Linsen des Okulars nach (47, V) durch deren äquivalente Linse ersetzt und dann die bereits für das Abbildungsverhältnis bei dem aus zwei Linsen bestehenden astronomischen Fernrohr entwickelte Formel (1) eingeführt hätte.

In ganz analoger Weise lässt sich zeigen, dass

$$\frac{1}{N} = -f''\left\{\frac{1}{f} + \frac{1}{f'} - \frac{a}{ff'}\right\}. \quad \ldots \ldots \quad (26)$$

Multipliciren wir Gleichungen (25) und (26) mit einander, so ergiebt sich daraus der in Gleichung (24) enthaltene Ausdruck.

Das Objekt wird, wie beim gewöhnlichen astronomischen Fernrohr, umgekehrt erscheinen, es sei denn, dass a grösser als $f + f'$, d. h. der Abstand zwischen den beiden ersten Linsen grösser ist als die Summe ihrer Brennweiten ist.

Sind die Brennweiten der Linsen und die Vergrösserung gegeben, so sind damit auch die Abstände der Linsen von einander festgelegt; denn aus den Gleichungen (25) und (26) folgt:

und

$$
\left.
\begin{aligned}
a &= f + f' + \frac{f f'}{f'' \mathrm{N}} \\[2ex]
a' &= f' + f'' + \frac{f' f'' \mathrm{N}}{f}
\end{aligned}
\right\} \qquad \ldots \ldots \ldots \quad (27)
$$

§ 251. Das Gesichtsfeld lässt sich in derselben Weise bestimmen wie beim gewöhnlichen astronomischen Fernrohr, vorausgesetzt, dass die beiden ersten Linsen die für die Berechnung des Fernrohres maassgebenden sind. Man hat in diesem Falle die Apertur der dritten Linse so zu wählen, dass sämmtliche Strahlen zum Austritt gelangen. Wenn daher θ die Grösse des auf die Axen der äussersten Strahlenbüschel bezogenen Gesichtsfeldes bedeutet, b' und b'' die Oeffnungsradien der Kollektivlinse und der Augenlinse darstellen, so ist

$$
\theta = \frac{b'}{a}.
$$

Bezeichnet ferner α' den Konvergenzwinkel für die Axe des äussersten Strahlenbüschels nach dem Durchtritt durch die erste Linse, so ist $\alpha' - \theta$ die durch jene Linse hervorgerufene Ablenkung und somit

$$
\alpha' = \theta - \frac{b'}{f'}.
$$

Ferner ist

$$
b'' = b' + a' \alpha',
$$

daher

$$
b'' = b' + a' \theta - \frac{a' b'}{f'}
$$

oder

$$
b'' = \theta \left\{ a + a' - \frac{a a'}{f'} \right\}, \qquad \ldots \ldots \ldots \quad (28)
$$

wodurch die Apertur der Augenlinse bestimmt ist.

Die Apertur der Augenlinse, welche dem maximalen Gesichtsfeld entspricht, und die Grösse des· hellen Feldes lassen sich in analoger Weise bestimmen.

Beim Galilei'schen Fernrohr ist die zur Anwendung gelangende Augenlinse stets eine einfache Konkavlinse oder auch ein verkittetes achromatisches Linsenpaar[1]).

---

[1]) Ausser bei dem „panorthischen" Fernrohr von Steinheil.

Die Spiegelteleskope oder Reflektoren.

§ 252. Wendet man statt einer konvexen Objektivlinse einen Konkavspiegel an, um die von einem Objekt ausgehenden Strahlen aufzufangen, so erzeugt ein solcher Spiegel ein Bild des Objektes, welches, vorausgesetzt dass die Apertur des Spiegels genügend gross ist, sich wie bei den Refraktoren durch ein in geeigneter Stellung angebrachtes Okular betrachten lässt. Dies ist der Grundgedanke des von Herschel konstruirten einfachsten aller Reflektoren.

Damit nun durch den Kopf des Beobachters ein möglichst kleiner Theil der von dem Objekt ausgehenden Strahlen abgehalten werde, ist die Axe des Spiegels zur Axe des Rohres, in welchem derselbe befestigt ist, ein wenig geneigt; hierdurch entsteht das Bild in der Nähe des Tubusrandes und lässt sich von dem seinen Rücken dem Objekt zukehrenden Beobachter mittelst eines Okulars betrachten. Die Schiefe des einfallenden Strahlenbüschels zur Spiegelaxe hat eine geringe Verzerrung des Bildes zur Folge[1]); aber die aus diesem Umstande entspringenden Fehler sind in den sehr grossen Instrumenten, für welche allein dieser Typus in Frage kommt, kaum wahrnehmbar.

Wir setzen voraus, das Objekt befinde sich in sehr grosser Entfernung, so dass das durch den Spiegel erzeugte Bild in die Brennebene des Spiegels fällt. Ferner nehmen wir an, das Instrument sei für normale Augen eingestellt, so dass die Strahlen parallel austreten, also das Okular so eingestellt ist, dass das erst erzeugte Bild in seinen Brennpunkt fällt.

Der Gesichtswinkel, unter welchem das Objekt vom Mittelpunkt des Spiegels, also mit blossem Auge gesehen wird, ist durch den Quotienten $-\dfrac{\beta}{F}$ bestimmt, wo β die lineare Grösse des ersten Bildes, F die Brennweite des Spiegels bedeutet. Der Winkel, unter welchem das Bild vom Auge erblickt wird, ist $\dfrac{\beta}{f}$, wo f die Brennweite der Okularlinse ist.

Das Vergrösserungsverhältnis ist durch das Verhältnis beider Winkel dargestellt und ist somit

$$N = -\frac{F}{f} \quad . \quad . \quad . \quad . \quad . \quad . \quad . \quad . \quad (29)$$

Dieses Instrument liefert daher ein umgekehrtes Bild.

Figur 121 stellt schematisch die Anordnung des Spiegels und

---

[1]) Nicht so sehr die eigentliche Verzerrung (Distortion), als vielmehr etwas Astigmatismus auch in der Axe des Bildes.

der Okularlinse dar. B A C ist der grosse sphärische Reflektor, O A dessen Axe und O dessen Krümmungsmittelpunkt. A P ist die Axe der Reflektorröhre, A a diejenige des Okulars und beide Axen sind unter gleichem Winkel zur Spiegelaxe A O geneigt. B q, A q und C q sind drei durch den Reflektor in q vereinigte Strahlen. Da q ein Brennpunkt der Okularlinse ist, so gelangen die Strahlen nach ihrem Durchtritt durch die Linse als parallelstrahliges Bündel in das Auge. Der Brennpunkt q und der ihm entsprechende Objektpunkt liegen auf derselben durch O, den Mittelpunkt des Reflektors, gezogenen Linie.

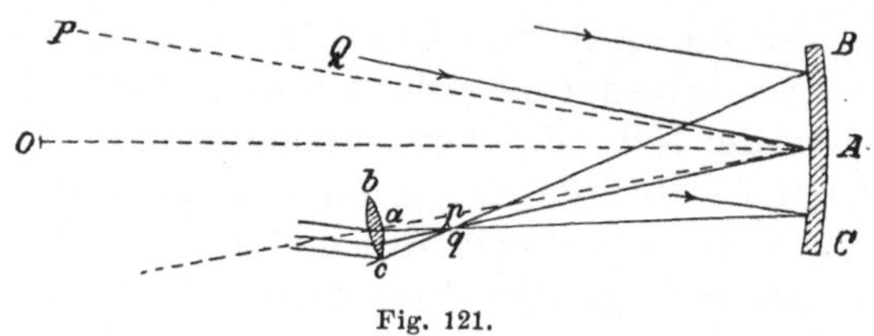

Fig. 121.

§ **253.** Das auf die Axen äusserster Strahlenbüschel als Begrenzungselemente bezogene Gesichtsfeld dieses Fernrohrs lässt sich bestimmen, indem man die äussersten Randpunkte des Okulars mit dem Mittelpunkt des Spiegels verbindet. Der Abstand zwischen der Linse und dem Spiegelmittelpunkt ist sehr angenähert $F - f$; denn $A O = 2 F$ und $A p = F$, während die Neigung von $A p$ zu $A O$ eine nur sehr geringe ist. Bezeichnet man daher mit a die halbe Apertur der Okularlinse und mit θ das halbe Gesichtsfeld, so ist

$$\theta = \frac{a}{F - f}. \quad \ldots \ldots \ldots \quad (30)$$

Die Brennweite der Okularlinse ist indessen im Vergleich zu derjenigen des Spiegels sehr klein und *das Gesichtsfeld ist daher angenähert gleich dem Oeffnungswinkel eines Kegels, der seine Spitze im Scheitel des Spiegels hat und dessen Basis die Oeffnung der Okularlinse ist.*

Zu einem Ausdruck für die Grösse des gesammten Gesichtsfeldes gelangt man, indem man den Rand der Okularlinse mit demjenigen des Spiegels verbindet. Der von diesem Kegel begrenzte Theil der in dem gemeinsamen Brennpunkte des Spiegels und der Linse errichteten Senkrechten zur Kegelaxe stellt die lineare Grösse der von allen beliebigen, von dem Objekte ausgehenden Strahlen beleuchteten Fläche, und der diese Senkrechte einschliessende Winkel bei O stellt die Grösse des Gesichtsfeldes dar. Seine Grösse wird in genau derselben Weise bestimmt, wie das beim astronomischen Fernrohr geschah, und wir können demnach auch hier die in jenem Falle entwickelte Formel (5) benutzen und schreiben

$$\theta' = \frac{A f + a F}{F (F + f)}, \quad \ldots \ldots \ldots \quad (31)$$

wo A die halbe Apertur des Spiegels und θ' das halbe totale Gesichtsfeld bedeutet. Vernachlässigen wir f gegenüber der Grösse von F und substituiren N für $\frac{F}{f}$, so lautet diese Formel:

$$\theta' = \frac{1}{F} \left\{ a + \frac{A}{N} \right\}, \quad \ldots \ldots \ldots \quad (32)$$

welche bei Instrumenten mit starker Vergrösserung nur wenig von den bereits für die mittlere Grösse des Gesichtsfeldes aufgestellten Formeln abweichende Resultate liefert.

Herschel's grosses Fernrohr wurde im Jahre 1789 konstruirt; es war 40 Fuss engl. = 12,2 m lang und der Reflektor hatte einen Durchmesser von 50 Zoll = 1,27 m. Die Lichtstärke war bei diesem Instrument so gross, dass Herschel Okulare von erheblich kürzerer Brennweite anwenden konnte, als das bis dahin möglich gewesen war.

Das Teleskop von Lord Rosse hat einen Spiegel von 53 Fuss engl. = ca. 16 m Brennweite und 6 Fuss = 1,8 m Durchmesser.

Newton's Teleskop.

§ 254. Die Beobachtung von vorne, wie sie bei dem zuletzt beschriebenen Fernrohr die Konstruktion gestattet, ist auf Instrumente mit sehr grosser Apertur beschränkt; bei Instrumenten geringerer Apertur ist der beschriebene Konstruktionstypus ausgeschlossen. Bei dem von Newton ersonnenen und konstruirten Teleskope werden die von dem Spiegelobjektiv reflektirten Strahlen von einem kleinen, zwischen dem Spiegelobjektiv und seinem Brennpunkt angeordneten Planspiegel aufgefangen. Die Ebene des letzteren Spiegels ist unter 45^0 zur Axe des Teleskops geneigt und die Strahlen, welche ohne die Einschaltung des Planspiegels sich in dem Brennpunkt des Spiegels zu einem Bilde vereinigen würden, werden seitwärts reflektirt und erzeugen ein jenem Bilde kongruentes und in Bezug auf den Planspiegel symmetrisch gelegenes Bild in der Nähe des Tubusrandes. Dieses Bild, dessen Ebene zur Fernrohraxe parallel ist, wird nun durch ein seitlich am Instrument angebrachtes Okular betrachtet. An Stelle eines Planspiegels benutzte Newton

ein gleichschenklig-rechtwinkliges, total reflektirendes Prisma. Da
die Reflexion an der Hypotenuse eine totale ist, so ist mit der Anwendung eines solchen Prismas ein weit geringerer Lichtverlust
verbunden, als dies bei der Reflexion an einem Metallspiegel der
Fall ist.

Fig. 122 zeigt die Anordnung der Spiegel und des Okulars.
BAC stellt das Spiegelobjektiv, $B'A'C'$ den Planspiegel und bac
die Okularlinse dar. Die parallel bei A, B und C einfallenden
Strahlen werden nach der Reflexion an dem Objektivspiegel im
Punkte Q vereinigt, indem PQ die Lage der Brennebene andeutet.

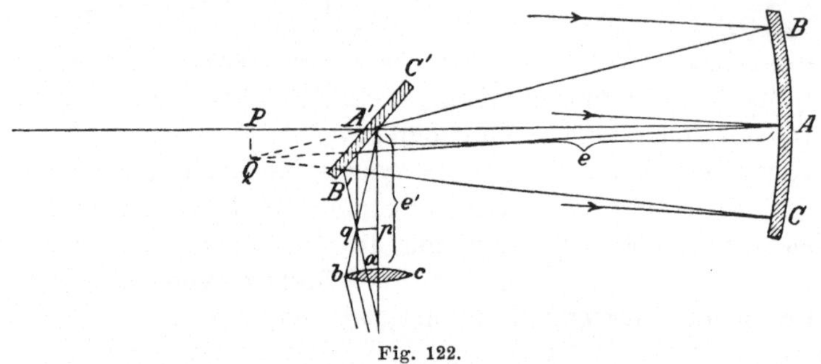

Fig. 122.

Ehe indessen die Strahlen in Q zur Vereinigung gelangen, werden
sie durch den Planspiegel reflektirt und in q zur Vereinigung gebracht. Nach der Kreuzung bei q erfolgt der Eintritt in die Okularlinse und hierauf parallelstrahliger Austritt aus derselben. Der
Punkt Q und der zugeordnete Objektpunkt liegen auf der durch
den Mittelpunkt des Reflektors gehenden Geraden. Ferner liegen
das erste und das zweite Bild qp in Bezug auf den Spiegel $B'A'C'$
symmetrisch und qp und PQ sind gleich gross.

Bezeichnen wir mit F und f die Brennweiten des Spiegelobjektivs und des Okulars, mit e und e' deren Abstände von dem
geneigten Planspiegel, so ist mit Rücksicht auf die Figur

$$\left.\begin{array}{l} A'P = F - e \\ A'p = e' - f \end{array}\right\rbrace,$$

indem das erste Bild in der Brennebene des grossen Spiegels, das
zweite in derjenigen der Okularlinse liegt. Da nun $A'P = A'p$, so ist

$$e + e' = F + f. \quad \ldots \ldots \ldots \quad (33)$$

Diese Gleichung enthält die Bedingung für das deutliche Sehen
bei parallelem Strahlenaustritt.

Die Vergrösserung lässt sich genau in derselben Weise bestimmen wie bei dem Herschel'schen Fernrohr. Wir erhalten
wieder für dieselbe den Ausdruck

$$N = \frac{F}{f} \quad \ldots \ldots \ldots \ldots \quad (34)$$

§ 255. Der kleinere Planspiegel muss genügend gross sein,
um das ganze Hauptstrahlenbüschel, d. h. den im Brennpunkt des
Spiegelobjektivs zusammenlaufenden Strahlenkegel reflektiren zu
können; der Spiegel darf indessen nicht grösser gemacht werden,
als zu diesem Zweck erforderlich ist, da sonst die Helligkeit des
mittleren Theils des Gesichtsfeldes beeinträchtigt wird. Der Spiegel
muss daher nur so gross gemacht werden, dass er einen unter 45°
zur Axe gelegten Schnitt mit seinem vollen, von dem Reflektor nach
dessen Brennpunkt konvergirenden Strahlenkegel vollständig deckt.
Der Spiegel muss also eine elliptische Form haben.

Bezeichnen wir nach Fig. 123 den halben Oeffnungswinkel des
vollen Kegels mit θ, so ist

$$\operatorname{tg} \theta = \frac{A}{F},$$

unter A die halbe Apertur des Reflektors verstanden.

Fig. 123 stelle einen durch die Axe senkrecht zur Ebene des
Planspiegels gelegten Schnitt des Lichtkegels dar, und zwar sei

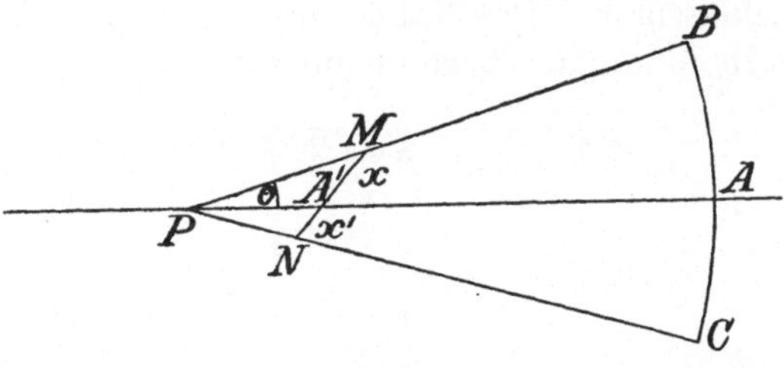

Fig. 123.

M N der Schnitt durch den Planspiegel, also die grosse Axe der
elliptischen Spiegelfläche. Bezeichnet man nun die zu beiden Seiten
der Axe A P liegenden Theile der Ellipsenaxe mit x und x', d. h.
A′ M mit x, A′ N mit x', und A′ P mit d, so ist

$$x = \frac{d \sin \theta}{\sin (45° - \theta)} = \frac{d \sqrt{2} \operatorname{tg} \theta}{1 - \operatorname{tg} \theta} = \frac{A \, d \sqrt{2}}{F - A},$$

und

$$x' = \frac{d \sin \theta}{\sin (45° + \theta)} = \frac{d \sqrt{2} \operatorname{tg} \theta}{1 + \operatorname{tg} \theta} = \frac{A \, d \sqrt{2}}{F + A},$$

und daher, wenn a und b die halben Ellipsenaxen bezeichnen,

$$a = \frac{x + x'}{2} = \frac{A\,F\,d\sqrt{2}}{F^2 - A^2} \ . \qquad \ldots \ldots \quad (35)$$

Bezeichnet y die Breite des zu der in der Figur dargestellten Ebene senkrechten Schnittes bei A', so ist

$$\frac{b^2}{a^2} = \frac{y^2}{x\,x'} \ .$$

y ist aber der Radius des in A' durch den Kreiskegel gelegten Orthogonalschnittes, d. h. $y = \dfrac{A\,d}{F}$ und daher

$$\frac{b^2}{a^2} = \frac{F^2 - A^2}{2\,F^2} \ .$$

Setzen wir für a seinen Werth aus (35) ein, so ergiebt sich als zugehöriger Werth von b:

$$b = \frac{A\,d}{\sqrt{F^2 - A^2}} \ . \qquad \ldots \ldots \ldots \quad (36)$$

Berücksichtigt man nun, dass die Apertur des Objektivspiegels im Vergleich mit seiner Brennweite klein ist, so kann man A^2 gegenüber F^2 vernachlässigen. Die Näherungswerthe von a und b lassen sich daher durch folgende Formeln ausdrücken:

$$\left.\begin{aligned} a &= \frac{A\,d\sqrt{2}}{F} \\[2ex] b &= \frac{A\,d}{F} \end{aligned}\right\} , \qquad \ldots \ldots \ldots \quad (37)$$

und die Werthe von a und b verhalten sich daher wie $\sqrt{2} : 1$.

§ 256. Das äusserste Gesichtsfeld ist bei ·dem Newton'schen Fernrohr durch den das Okular und den nach Formel (37) bestimmten Planspiegel tangirenden Kegel begrenzt. Der von diesem Kegel begrenzte Theil der durch den Brennpunkt der Okularlinse senkrecht zu deren Axe errichteten Ebene $p\,q$ stellt die grösste Ausdehnung der von allen beliebigen, von dem Objekt ausgehenden und durch das Okular tretenden Strahlen beleuchteten Bildfläche dar. Also repräsentirt der Winkel, welchen die Axe und ein von dem Centrum des Reflektors nach Q gehender Strahl einschliessen, die halbe Grösse des Gesichtsfeldes. Ist y die Grösse jenes ersten Bildes, a die halbe Apertur der Okularlinse, A' der lothrechte Abstand des äussersten Punktes B' des Spiegelrandes von der Linsenaxe $A'a$, so ergiebt sich aus der Aehnlichkeit der Dreiecke

$$\frac{a-y}{f} = \frac{y-A'}{d-A'},$$

wo d sowohl den Abstand $A'P$ als auch $A'p$ bezeichnet. Vernachlässigt man A' gegenüber d, so ergiebt sich aus dem letzten Ausdruck

$$y = \frac{ad+A'f}{d+f}.$$

Bezeichnet man mit θ das halbe sichtbare Gesichtsfeld, so ist demnach

$$\theta = \frac{y}{F} = \frac{1}{F}\,\frac{ad+A'f}{d+f} \quad . \quad . \quad . \quad . \quad . \quad . \quad (38)$$

Substituiren wir in die Gleichung für y den aus (37) sich ergebenden Näherungswerth $A' = \dfrac{Ad}{F}$ und vernachlässigen f als im Vergleich zu d praktisch von geringem Einfluss, so erhalten wir

$$y = a + A\,\frac{f}{F}$$

und nach (34)

$$y = a + \frac{A}{N},$$

und es ist wie bei dem Herschel'schen Teleskop

$$\theta = \frac{1}{F}\left(a + \frac{A}{N}\right) . \quad . \quad . \quad . \quad . \quad . \quad . \quad (39)$$

Das Gregory'sche Teleskop.

§ 257. Die Erfindung des Spiegelteleskops schreibt man gewöhnlich James Gregory zu, welcher den nach ihm benannten Typus in seinem Werke „Optica promota", im Jahre 1663 veröffentlicht, beschrieb.

Gregory's Teleskop besteht aus zwei ihre Konkavflächen einander zukehrenden, centrirten Hohlspiegeln, welche sich in einem Abstande von etwas mehr als der Summe ihrer Brennweiten von einander befinden. In dem Scheitel des grösseren Objektivspiegels befindet sich eine kreisförmige Durchbohrung, welche die das Okular enthaltende Röhre trägt. Wird die Axe des Fernrohrs auf ein entferntes Objekt gerichtet, so entsteht im Brennpunkt des Objektivspiegels ein Bild. Die von diesem Bilde divergirenden Strahlen fallen auf den kleineren Hohlspiegel und durch Reflexion entsteht ein zweites Bild in der Nähe des Scheitels des grossen Spiegels, und dieses Bild wird durch eine im Abstande ihrer Brennweite von demselben angeordnete Okularlinse beobachtet.

Fig. 124 stellt die Anordnung der Spiegel und der Linse dar; es ist hier B C der Objektivspiegel, B' C' der kleinere Spiegel und b c das Okular. Die von dem Objektpunkt ausgehenden Strahlen werden von dem grossen Spiegel reflektirt und in Q vereinigt, wenn P Q die Brennebene des Spiegels darstellt. Q und der zugeordnete Objektpunkt liegen auf derselben durch den Spiegelmittelpunkt gehenden Geraden. Nach der Kreuzung bei Q divergiren die Strahlen, fallen auf den kleineren Spiegel und gelangen bei q zur

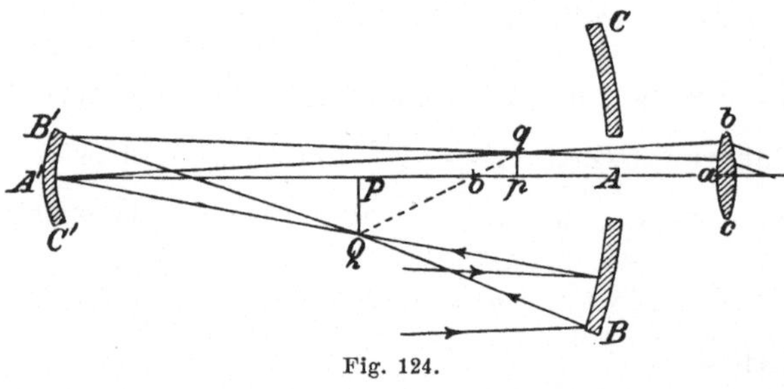

Fig. 124.

Vereinigung; analog dem ersten Falle liegen einander zugeordnete Punkte auf derselben durch den Krümmungsmittelpunkt o des kleineren Spiegels gehenden Geraden. Die Okularlinse erhält eine solche Stellung, dass das Bild p q sich in ihrer Brennebene befindet und somit die Strahlen als parallelstrahlige Strahlenbündel zum Austritt gelangen.

In der ursprünglichen Beschreibung des Instrumentes wurde der grosse Reflektor als ein Rotationsparaboloid dargestellt, der kleinere als ein längliches Sphäroid und deren Brennpunkte nach P resp. p, den beiden Bildpunkten, verlegt. Bei einer derartigen Gestaltung der Spiegelflächen sind die centralen Strahlen frei von Aberration. Man verzweifelte indessen anfänglich an der Herstellung solcher Spiegel und erst nach der Erfindung des Newton'schen Teleskops gelangte das Gregory'sche zur Ausführung.

Das Gregory'sche Teleskop wird meist dem Newton'schen vorgezogen. Seine Bevorzugung beruht zum grossen Theil darauf, dass die Anwendung zweier Hohlspiegel ein Mittel liefert, um Unregelmässigkeiten in der Form des einen durch absichtliche Fehler in dem anderen zu kompensiren; das Newton'sche Fernrohr dagegen enthält kein Element, das eine Korrektion von Fehlern im Spiegelobjektiv ermöglicht, und erfahrungsmässig gehören genau sphärische Spiegel zu den grossen Seltenheiten.

§ 258. Sind F, F' und f beziehungsweise die Brennweiten der beiden Spiegel und der Okularlinse, e und e' die Abstände des Objektivspiegels und der Okularlinse von dem kleineren Spiegel und x und x' die Abstände der beiden Bilder von demselben Spiegel, so bestehen, vorausgesetzt, dass das Instrument für ein normales Auge auf die Ferne eingestellt ist, die folgenden Relationen

$$\left. \begin{aligned} x &= e - F \\ x' &= e' - f \end{aligned} \right\}.$$

Da aber x und x' die Abscissen konjugirter Punkte in Bezug auf den kleineren Spiegel sind, so ist nach (3, III)

$$\frac{1}{x} + \frac{1}{x'} = \frac{1}{F'}, \quad \ldots \ldots \ldots \quad (40\,a)$$

oder, wenn man hierin x und x' eliminirt,

$$\frac{1}{e - F} + \frac{1}{e' - f} = \frac{1}{F'}. \quad \ldots \ldots \ldots \quad (40)$$

In dieser Gleichung ist die Bedingung für das deutliche Sehen beim Gregory'schen Teleskop enthalten. Die Gleichung erinnert in ihrer Form an die bei der Behandlung der aus drei Linsen bestehenden Refraktoren entwickelte Gleichung (24a).

Das Okular wird in der Regel unverrückbar angeordnet und die Einstellung auf deutliches Sehen durch Verschiebung des kleinen Spiegels mittelst Mikrometerschraube erreicht.

Bedeuten β und β' die linearen Dimensionen des ersten und zweiten Bildes, so ist $-\dfrac{\beta}{F}$ der Winkel, unter welchem das Objekt mit blossem Auge gesehen wird, $\dfrac{\beta'}{f}$ der Winkel, unter welchem das zweite Bild erblickt wird. Als Vergrösserung des Instrumentes hat man demnach

$$N = -\frac{\beta'}{\beta}\frac{F}{f} \quad \ldots \ldots \ldots \ldots \quad (41)$$

Nach (7, III) lässt sich aber für die Reflexion am sphärischen Spiegel die Relation zwischen den linearen Dimensionen eines Objektes und seines Bildes durch die Gleichung

$$\frac{\beta}{x} + \frac{\beta'}{x'} = 0$$

ausdrücken; somit lässt sich der Gleichung (41) die Form geben

$$N = \frac{F}{f}\,\frac{x'}{x} \quad \ldots \ldots \ldots \ldots \quad (42)$$

Ferner ist aus (40a)

$$\frac{x'}{x} = \frac{x'}{F'} - 1 = \frac{e' - f}{F'} - 1$$

daher

$$N = -F\left\{\frac{1}{f} + \frac{1}{F'} - \frac{e'}{f\,F'}\right\}. \quad \ldots \ldots \quad (43)$$

Auf analoge Weise erhält man

$$\frac{1}{N} = -f\left\{\frac{1}{F} + \frac{1}{F'} - \frac{e}{F\,F'}\right\}. \quad \ldots \ldots \quad (44)$$

Die aus diesen Gleichungen sich ergebenden Werthe von e und e' sind

$$e = F + F' + \frac{F\,F'}{f\,N} \quad \text{und} \quad e' = F' + f + \frac{F'\,f\,N}{F}, \quad \ldots \quad (45)$$

wodurch bei gegebenen Brennweiten und gegebener Vergrösserung die Abstände zwischen den Spiegeln und der Linse bestimmt sind.

Aus Formel (43) lässt sich ein einfacher Näherungswerth für die Vergrösserung gewinnen. Da nämlich das erste Bild fast in den Brennpunkt des kleineren Spiegels, das zweite fast in den Scheitel des grossen Spiegels fällt, so ist angenähert $e' - F' - f = F$, somit ergiebt sich aus (43) der Näherungswerth:

$$N = \frac{F^2}{F'\,f}. \quad \ldots \ldots \ldots \ldots \quad (46)$$

Da das zweite Bild in Bezug auf das erste ein umgekehrtes, das erste in Bezug auf das Objekt ebenfalls ein umgekehrtes ist, so erblickt man durch dieses Teleskop ein aufrechtes Bild.

§ 259. Der kleinere Spiegel muss eine genügend grosse Fläche besitzen, um den ganzen von dem grossen Spiegel nach dessen Brennpunkt konvergirenden Strahlenkegel aufzufangen. Giebt man dem Spiegel eine grössere Fläche, so wird ein unnöthig grosser Theil der einfallenden Strahlen abgeschnitten. Die Apertur A' des kleineren Spiegels bestimmt sich daher durch die Gleichung

$$A' = A \cdot \frac{x}{F} = A\left(\frac{e}{F} - 1\right). \quad \ldots \ldots \quad (47)$$

Die im Scheitel des grossen Spiegels angebrachte Oeffnung darf
nicht grösser sein als die Apertur des kleineren Spiegels, da ja sonst
einfallendes Licht direkt in die Okularlinse gelangen würde; es ist
daher üblich, die Oeffnung im grossen Spiegel gleich der Apertur
des kleinen Spiegels zu machen, um auf diese Weise eine möglichst
grosse Apertur der Okularlinse und somit auch ein möglichst grosses
Gesichtsfeld zu gewinnen.

§ 260. Die Grösse des äussersten Gesichtsfeldes beim Gregory'-
schen Teleskop lässt sich bestimmen, indem man den kleinen Spiegel
und die Okularlinse in einen Kreiskegel einhüllt, d. h. die Linie B′ b
zieht; die durch diese Gerade abgeschnittene Strecke $p\,q$ giebt uns
ein Maass für die Grösse des Gesichtsfeldes. Ist a der Oeffnungsradius der Okularlinse und β' die halbe lineare Ausdehnung des
zweiten unter den vorliegenden Bedingungen zu Stande kommenden
Bildes, so ergiebt sich aus der Dreiecksähnlichkeit

$$\frac{a - \beta'}{f} = \frac{\beta' - A'}{x'},$$

somit ist

$$\beta' = \frac{a\,x' + A'\,f}{x' + f},$$

oder, da f im Vergleich mit x' nur klein ist, annähernd

$$\beta' = a + A'\,\frac{f}{x'}.$$

Nach (47) ist $A' = \dfrac{A\,x}{F}$, somit ist nach (42)

$$\beta' = a + \frac{A}{N}, \quad \ldots \ldots \ldots \ldots \quad (48)$$

unter N die Vergrösserung des Fernrohrs verstanden.

Ferner folgt aus Formel (41)

$$\frac{\beta'}{f} = N \cdot \frac{\beta}{F} = N\,\theta,$$

wo θ die Grösse des halben Gesichtsfeldes bedeutet. Es ist somit
schliesslich

$$\theta = \frac{1}{N\,f}\left(a + \frac{A}{N}\right) \ldots \ldots \ldots \ldots \quad (49)$$

Der zweite Summand des Klammerausdrucks ist im Allgemeinen
klein im Vergleich zum ersten; als Näherungsformel für das Gesichtsfeld kann man somit aufstellen

$$\theta = \frac{a}{N\,f}. \quad \ldots \ldots \ldots \ldots \ldots \quad (50)$$

§ **261.** Eine andere Form des Spiegelteleskops wurde, wahrscheinlich unabhängig von Gregory und Newton, einige Jahre nach der Konstruktion der nach den letzteren benannten Teleskope von dem Franzosen Cassegrain erfunden. Cassegrain's Teleskop unterscheidet sich von dem Gregory'schen nur dadurch, dass bei ihm der kleinere Spiegel konvex anstatt konkav ist und sich zwischen dem grossen Spiegel und dessen Brennpunkt befindet. Die Anordnung der Spiegel und die Lage der erzeugten Bilder ist in Figur 125 dargestellt.

Die bei der Untersuchung der Abbildungsvorgänge beim Gregory'schen Fernrohr aufgestellten Formeln zur Bestimmung der Lagen der Spiegel und Linsen für deutliches Sehen, der Vergrösserung und des Gesichtsfeldes lassen sich ohne Weiteres auf

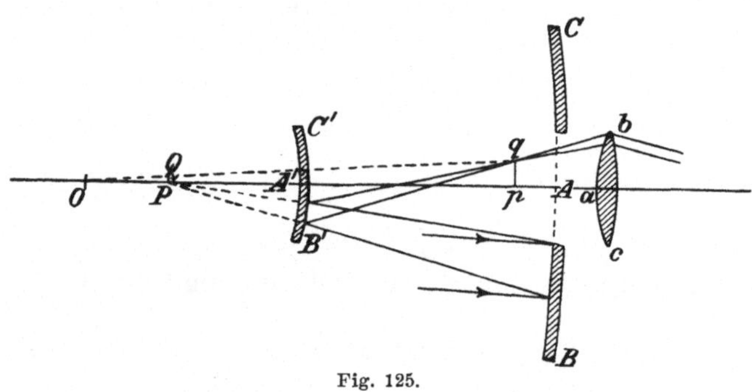

Fig. 125.

das Cassegrain'sche Teleskop übertragen; man hat nämlich nur das Vorzeichen von F', der Brennweite des kleineren Spiegels, in allen Fällen entgegengesetzt zu nehmen wie dort.

Das Bild ist hier wie beim astronomischen Teleskop ein umgekehrtes.

§ **262.** Der von Cassegrain angegebene Typus ist nicht zu verbreiteter Anwendung gelangt, trotzdem er gegenüber der Gregory'schen Konstruktion gewisse Vorzüge besitzt. Bei gleicher Vergrösserung ist das Cassegrain'sche Teleskop das kürzere von beiden; der grösste Vortheil, den das Cassegrain'sche Teleskop bietet, besteht aber darin, dass bei ihm die sphärischen Aberrationen der beiden Spiegel entgegengesetzter Art sind, so dass sie kompensirend auf einander wirken, während bei dem Gregory'schen Teleskop beide Aberrationen sich summiren. Bei der Untersuchung der Aberration normaler Strahlenbüschel (§ 116) sahen wir, dass bei einem normal zu einer sphärischen Spiegelfläche auffallenden Strahlenbüschel die Katakaustik sich von dem Spiegel nach dessen

Centrum zuspitzt. Werfen wir einen Blick auf die Figur 124 in § 257, so erkennen wir, dass das erste Bild PQ in Folge der sphärischen Aberration des grossen Spiegels eine Verschiebung erfährt und diesem Spiegel genähert wird. Der Abstand x erfährt daher ein positives Wachsthum dx und ist y die halbe Apertur des grossen Spiegels, so ist nach (5, VII)

$$dx = \frac{y^2}{8\,F}.$$

Abgesehen von der sphärischen Aberration des kleinen Spiegels ergiebt sich hieraus eine Verschiebung von x'. Da nämlich

$$\frac{1}{x} + \frac{1}{x'} = \frac{1}{F'}$$

ist, so ist auch

$$\frac{dx}{x^2} + \frac{dx'}{x'^2} = 0.$$

Wir erhalten somit als Verschiebung der Bildlage

$$dx' = -\,\frac{x'^2}{x^2}\,\frac{y^2}{8\,F}.$$

Ausser dieser Verschiebung des zweiten Bildes ist noch eine zweite vorhanden, welche ihren Ursprung in der sphärischen Aberration des kleinen Spiegels findet. Bezeichnen wir den Oeffnungsradius dieses Spiegels mit y' und ist O' der Krümmungsmittelpunkt des Spiegels, so erfährt x' in Folge der sphärischen Aberration des Spiegels das Wachsthum

$$\Delta x' = -\,\frac{y'^2}{8\,F'^3}\,(O'p)^2.$$

Die gesammte Veränderung des Werthes x' setzt sich also aus den Theilen dx' und $\Delta x'$ zusammen. Bei Gregory's Teleskop haben diese Grössen gleiche Vorzeichen, bei dem Cassegrain'schen Teleskop dagegen sind, da das Vorzeichen von F' das entgegengesetzte ist, die Vorzeichen von dx' und $\Delta x'$ umgekehrt.

Das zusammengesetzte Mikroskop.

§ 263. In seiner einfachsten Gestalt besteht das zusammengesetzte Mikroskop ebenso wie das astronomische Fernrohr aus zwei Linsen, der Objektivlinse und der Okularlinse. Das Objektiv hat eine sehr kurze Brennweite und das Objekt befindet sich in einem die Brennweite um ein Geringes übertreffenden Abstande. Unter dieser Bedingung erzeugt die Objektivlinse ein reelles, umgekehrtes Bild des Objektes, welches sich durch die Okularlinse betrachten lässt.

Das Objektiv ist gewöhnlich aus einem System von Linsen zusammengesetzt behufs Reduktion der chromatischen und sphärischen Aberration. In manchen Fällen verwendet man drei Doublets, deren jedes aus einer Bikonvexlinse aus Crownglas und einer plan-konkaven Flintglaslinse besteht; diese sind so angeordnet, dass das System für die centralen Strahlenbüschel achromatisirt ist. Diese Doublets kehren dem einfallenden Licht ihre planen Flächen entgegen, das Doublet kürzester Brennweite ist das dem Objekt zunächstliegende und die Aperturen der Linsenpaare nehmen von dieser Linse aus nach aussen zu. Hierbei lassen sich nun die Aperturen so wählen, dass ein die erste Linse ausfüllendes Strahlenbüschel die übrigen Linsen der Reihe nach ausfüllt.

§ 264. Die im VII. Kapitel für die Grösse der Aberration aufgestellten Formeln sind vollständig werthlos, wollte man sie auf Mikroskop-Objektive anwenden. Bei der Entwicklung jener Formeln gingen wir nämlich von der Voraussetzung aus, dass die Konvergenz der Strahlen eine so geringe sei, dass man die dritten Potenzen der Konvergenzwinkel in Bogenmaass ausgedrückt vernachlässigen könne. Bei Mikroskop-Objektiven aber, wo der Einfallskegel einen halben Oeffnungswinkel bis 60° oder selbst 70° hat, ist jene Voraussetzung natürlich nicht zulässig. Es lassen sich dennoch gute Objektive herstellen, welche bei einem Oeffnungswinkel von 105 bis 110° in Luft noch genügend frei von sphärischer Aberration sind.

Die Erklärung dieser interessanten Thatsache wurde von J. J. Lister in den Philosophical Transactions von 1830 veröffentlicht und die Schlussfolgerungen, zu denen man dadurch gelangte, bildeten die Wegweiser für weitere Vervollkommnungen[1]). Lister konstatirte, dass in einer achromatischen Objektivlinse des oben beschriebenen Typus zwei Axenpunkte vorhanden sind, in Bezug auf welche das Linsenpaar bei mässigen Aperturen aplanatisch ist. Der eine aplanatische Punkt liegt in einem etwas grösseren Abstande von der ebenen Fläche der Linse als deren Brennweite, der andere befindet sich näher der Linse. Ferner fand er, dass, wenn der

---

[1]) Die Lister'sche Entdeckung wird gewöhnlich in Bezug auf ihren praktischen Werth sehr überschätzt. Niemals, soviel bekannt, sind nach seinen unmittelbaren Angaben Objektive mit Erfolg ausgeführt worden und für starke Systeme musste überhaupt sein Konstruktionsprincip verlassen und dasjenige Amici's angewandt werden. Cz.

leuchtende Punkt zwischen den aplanatischen Punkten liegt, eine Ueberkorrektion der sphärischen Aberration eintritt, d. h. dass die letztere das umgekehrte Vorzeichen von demjenigen enthält, welches unter gewöhnlichen Umständen der sphärischen Aberration einer Sammellinse zukommt; liegt aber der leuchtende Punkt ausserhalb dieser beiden aplanatischen Punkte in der einen oder anderen Richtung, so resultirt daraus eine Unterkorrektion der sphärischen Aberration.

Die sphärische Aberration einer Kombination zweier solcher achromatischer Linsen lässt sich daher durch Verschiebung der Linsen kompensiren. Denn ordnet man die erste Linse so an, dass sie Strahlen empfängt, welche von einem in dem der Linse zunächst liegenden aplanatischen Punkt befindlichen Objekt ausgehen, giebt aber der zweiten Linse eine solche Lage, dass das in dieselbe gelangende Strahlenbüschel von dem entfernteren aplanatischen Punkt kommt, so lässt sich dadurch nahezu vollkommene Korrektion der Aberration erreichen. Nähert man von dieser Stellung der Linsen aus dieselben einander, so tritt Ueberkorrektion, im entgegengesetzten Falle Unterkorrektion ein.

Bei der Konstruktion der Objektive mit den jetzt üblichen grossen Aperturen benutzt man diese Thatsache in der Weise, dass man die unvermeidlichen Fehler der Linsen starker Vergrösserung dadurch kompensirt, dass man absichtlich bei den Linsen schwächerer Vergrösserung entsprechende entgegengesetzte Aberrationsfehler einführt. Bei den modernen Objektiven von ungewöhnlich hoher Apertur besteht ein sehr verbreiteter (von Amici herrührender) Typus in einer einzelnen fast halbkugeligen Vorderlinse, an welche sich ein stark überkorrigirtes Linsensystem anreiht. Dieses letztere System besteht entweder aus zwei Doublets oder aus einem Doublet und einem Triplet oder sogar aus einem vorderen Triplet, einem mittleren Doublet und einem hinteren Triplet. Soll aber diese komplicirte Zusammensetzung gute Resultate liefern, so ist ganz besondere Sorgfalt auf das Schleifen und Centriren der Linsen zu verwenden.

Die Farbenkorrektionen werden in ähnlicher Weise vorgenommen. Neben den sekundären Spektren besteht bei dem Mikroskop noch eine Fehlerquelle, auf welche Prof. Abbe aufmerksam machte und welche er als die chromatische Differenz der sphärischen Aberrationen bezeichnete. Mit diesem Ausdruck charakterisirt er die Thatsache, dass bei Linsensystemen, in welchen die sphärische Aberration für die Strahlen mittlerer Brechbarkeit korrigirt ist, noch ein Fehlerrest für alle Strahlen geringerer oder grösserer Brechbarkeit vorhanden ist; die Linsen werden also in diesem Fall für rothe Strahlen unterkorrigirt, für violette Strahlen überkorrigirt sein. In einem Aufsatz über diesen Gegenstand legt er dar, in welcher Weise sich durch zweckmässige Wahl der Linsenabstände dieser Fehler nahezu beseitigen lässt.

§ 265. Bei der Berechnung von Linsensystemen grosser Apertur wird es nothwendig, die aus der Anwendung von Deckgläsern für mikroskopische Präparate resultirende Aberration in Rechnung zu ziehen. Tritt nämlich ein Lichtstrahl durch eine planparallele Platte, so sind Ein- und Austrittsstrahl parallel gerichtet, aber beide gehen,

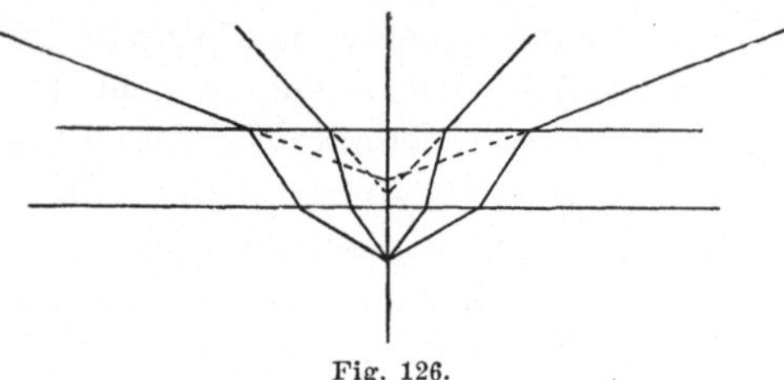

Fig. 126.

wie aus Fig. 126 ersichtlich, von scheinbar verschiedenen Punkten aus; ein von einem Punkte ausgehendes Strahlenbüschel divergirt nach dem Durchtritt durch die Platte demnach nicht mehr von einem Punkte, sondern von einer Reihe von Punkten der Axe des Systems, deren Lagen sich etwa folgendermaassen bestimmen lassen. Ein

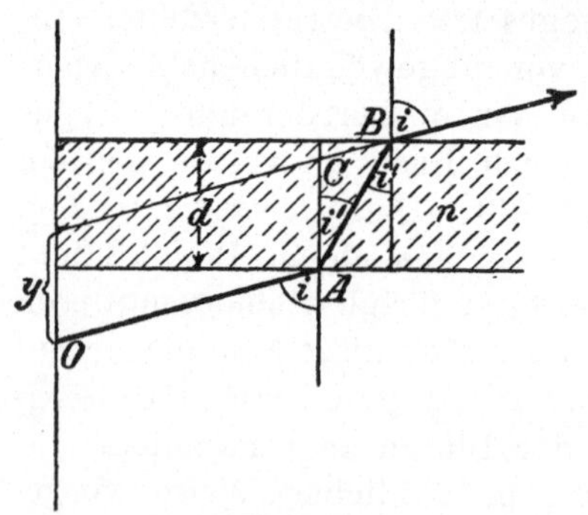

Fig. 127.

vom Objektpunkt O (Fig. 127) ausgehender Strahl treffe die Platte von der Dicke d in A und gelange bei B zum Austritt. Hierbei ergebe sich eine axiale Verschiebung y des Objektpunktes O im Bilde. Aus Fig. 127 ergiebt sich dann:

$$\mathrm{AB} = \frac{d}{\sin(90^{\circ} - i')} = \frac{d}{\cos i'},$$

$$\frac{\mathrm{AB}}{\mathrm{AC}} = \frac{\mathrm{AB}}{y} = \frac{\sin i}{\sin(i - i')}.$$

Hieraus

$$y = \frac{d \sin(i - i')}{\sin i \cos i'} = d\left(1 - \frac{\sin i \cos i}{n \sin i \cos i'}\right) = d\left(1 - \frac{\cos i}{n \cos i'}\right)$$

$$= d\left(1 - \frac{\cos i}{\sqrt{n^2 - \sin^2 i}}\right),$$

$$y = d\left\{ 1 - \cos i \left(\frac{1}{n} + \frac{1}{2\,n^3} \sin^2 i + \frac{3}{8\,n^5} \sin^4 i + \frac{5}{16\,n^7} \sin^6 i + \right.\right.$$

$$\left.\left. + \frac{35}{128\,n^9} \sin^8 i + \;\;\ldots\ldots \right) \right\}.$$

Bis auf kleine Grössen 2. Ordnung erhält man somit

$$y = d\left(1 - \frac{\cos i}{n} \right).$$

Für $i = 0$ findet man also den bekannten Ausdruck für senkrecht einfallende Strahlen:

$$y = d\frac{n-1}{n}.$$

Der durch das Deckglas verursachte Fehler hat denselben Charakter wie die sphärische Aberration einer Linse und lässt sich daher durch Justirung der Linsen korrigiren. Es ist üblich, einen Theil des Systems gegen den übrigen Theil verschiebbar zu lassen, so dass sich das System auf die jeweilige Dicke des Deckglases einstellen lässt.

§ 266. Einen bedeutenden Fortschritt in der Mikroskopie machte man durch die Einführung sogenannter Immersionssysteme. Bei diesen wird ein Flüssigkeitstropfen zwischen das Deckglas und die vorderste Linsenfläche gebracht. Zuerst wendete man als Immersionsflüssigkeit Wasser an; man erreicht aber wesentlich günstigere Resultate durch Anwendung homogener Immersion. Prof. Abbe fand nach vielen Versuchen, dass Cedernholzöl von geeigneter Konsistenz annähernd denselben Brechungsindex und dasselbe Dispersionsvermögen besitzt wie das gebräuchliche Deckglasmaterial, so dass bei der Anwendung einer solchen homogenen Immersionsflüssigkeit der aus dem Deckglas hervortretende Strahlenkegel keine Veränderungen infolge von Refraktion oder Lichtverluste durch Reflexion erfährt und somit sämmtliche Strahlen unter ihrem ursprünglichen Winkel in das Objektiv gelangen; selbst die schrägsten Strahlen gelangen auf diese Weise noch ungebrochen in das Objektiv und werden erst beim Verlassen der hinteren Fläche der Vorderlinse gebrochen. Dieses Mittel ermöglicht die Erzielung weit grösserer Aperturen, als dies bei irgend einem Trockenobjektiv möglich wäre.

Hierin liegt indessen nicht der einzige Vorzug der Immersionssysteme.

Nach (28, X) ist die Helligkeit eines Bildes ausgedrückt durch die Formel:

$$I = I_0 \frac{\lambda^2}{p^2} \cdot \frac{n^2 \sin^2 \alpha}{N^2},$$

wo n den Brechungsindex des Mediums darstellt, in welchem das Objekt eingeschlossen ist. Aus der Formel erkennt man ohne Weiteres den Vortheil eines hohen Brechungsexponenten; und in der That hat Clausius sowohl für Wärme wie für Licht nachgewiesen, dass die Ausstrahlung eines Körpers in einem Medium dem Quadrate des Brechungsindex proportional ist. Ein nach dem Principe der Immersion konstruirtes Objektiv kann daher eine grössere Anzahl von Strahlen aufnehmen, als dies bei den Trockensystemen möglich ist. Prof. Abbe's Erklärung des hierbei stattfindenden physikalischen Vorganges gründet sich auf Ausstrahlung gebeugten Lichtes. Bei Trockensystemen kann der Verlust von Strahlen niemals durch Verstärkung der Beleuchtung ersetzt werden; denn die einmal verlorenen Strahlen haben andere physische Eigenschaften als die durch irgend eine noch so intensive Lichtquelle innerhalb eines Mediums wie Luft gelieferten Beleuchtung.

§ 267. Die bei dem Mikroskop angewendeten Okulare sind die nämlichen wie diejenigen der Teleskope. In den meisten Fällen benutzt man nach dem Huyghens'schen Princip konstruirte Okulare; das Ramsden'sche Okular ist namentlich da zweckmässig, wo es sich um Messungen handelt.

Für die sogenannten Apochromatobjektive, welche zuerst nach den Rechnungen Prof. Abbe's durch die bekannte optische Werkstätte von Carl Zeiss hergestellt wurden, sind besondere Okulare konstruirt worden, welche dazu dienen, einen den Objektiven anhaftenden Fehlerrest oder eine absichtliche Ueberkorrektion durch Unterkorrektion zu kompensiren und daher von Prof. Abbe Kompensationsokulare genannt worden sind. Wir werden auf diese Kompensationsokulare in Verbindung mit einer kurzen Besprechung der Apochromatobjektive nochmals zurückkommen.

Aus der zuletzt citirten Formel für die Helligkeit des Bildes erkennen wir, dass einer Verstärkung der Vergrösserung eine Verdunklung des Bildes entspricht, und zwar ist, caeteris paribus, die Helligkeit des Bildes dem Quadrat der Vergrösserung umgekehrt proportional. Es sind daher beim Mikroskop Mittel zur Erzielung einer starken künstlichen Lichtkoncentration unentbehrlich. Ein durch einen Plan- oder Konkavspiegel in die optische Axe geworfener Lichtkegel wird durch eine Linsenkombination auf die Unterseite des Objektes koncentrirt; das während seines Durchtrittes durch das Objekt infolge der Kontraste in dem Brechungs- und Absorptionsvermögen differentiirte Strahlenbündel gelangt alsdann in das Instrument. Mancherlei Formen von Beleuchtungsapparaten sind konstruirt. Der interessanteste von diesen ist ohne Frage der von Abbe angegebene und nach ihm benannte Beleuchtungsapparat. Genauere Beschreibungen dieses Apparates finden sich u. A. in Dippel's Werk über „Das Mikroskop".

Die Vergrösserung beim Mikroskop.

§ 268. Ein genaues Maass für die durch ein Instrument gelieferte Vergrösserung erhält man, wenn man die Dimensionen des Netzhautbildes, welches bei bewaffnetem und blossem Auge zu Stande kommt, mit einander vergleicht. Soll aber ein solcher Vergleich möglich sein, so müssen wir uns vor Allem darüber klar sein, wo das Objekt resp. das durch das Linsensystem erzeugte Bild sich befinden solle, damit sich eine Bestimmung der Vergrösserung vornehmen lässt. Damit der Vergleich einen quantitativen Werth erhält, muss die Wirkung des blossen Auges mit derjenigen der Verbindung des Auges mit dem Instrument unter möglichst gleichen Bedingungen verglichen werden. Diese Bedingungen lassen sich herbeiführen, wenn man den Vergleich unter möglichst günstigen Verhältnissen für die Beobachtung anstellt; ein Fall, der dann eintritt, wenn die Netzhautbilder möglichst gross sind. Bei der Beobachtung mit blossem Auge wird man also das Objekt in den kleinsten Abstand deutlichen Sehens bringen. Nun ist dieser Abstand bei verschiedenen Individuen ein sehr verschiedener, während die einem Instrument zukommende Vergrösserung von dieser Individualität unabhängig sein muss. Man giebt daher dem Objekt einen konventionell festgesetzten Abstand, und zwar hat man diesen Abstand so gewählt, dass das Netzhautbild noch genügend annähernd seinen grössten Werth hat und dass sich ein normales Auge ohne Anstrengung auf längere Zeit auf die Bildebene akkommodiren kann. Man hat demnach 25 cm als diesen Abstand festgesetzt und ihn als „deutliche Sehweite" ein für alle Mal fixirt. Diese Bezeichnung ist keine glückliche, denn das Auge vermag in jeder Entfernung, auf welche es sich akkommodiren kann, gleich deutlich zu sehen. Diesen Abstand muss nun auch das durch das Linsensystem erzeugte Bild haben. Die in beiden Fällen entstehenden Netzhautbilder werden dann den linearen Dimensionen des Objektes und seines Bildes proportional sein.

Bezeichnen wir mit x und x' die Abstände des Objektes und des resultirenden Bildes von dem ersten resp. zweiten Hauptpunkte des (scil. ganzen Mikroskop-)Systems, mit f dessen Brennweite, so ist bekanntlich

$$\frac{1}{x} + \frac{1}{x'} = \frac{1}{f}.$$

Sind ferner β und β' die linearen Dimensionen des Objektes und seines Bildes, so ist

$$\frac{\beta}{x} = -\frac{\beta'}{x'}.$$

Bezeichnet schliesslich ξ den Abstand des Auges von dem zweiten Hauptpunkt, so wird das Bild unter einem Gesichtswinkel erblickt, für welchen

$$\operatorname{tg} \theta = \frac{\beta'}{\xi - x'} = \frac{\beta}{x \left(1 - \dfrac{\xi}{x'}\right)}$$

Für ein sehr kleines f wird x' negativ und das Auge liegt unweit des Hauptpunktes, so dass man $\dfrac{\xi}{x'}$ vernachlässigen kann und somit für θ den Näherungswerth

$$\operatorname{tg} \theta = \frac{\beta}{x}$$

erhält.

Rückt man ferner das Bild in den konventionellen Abstand λ, sodass $x' = -\lambda$, so wird

$$\operatorname{tg} \theta = \beta \left(\frac{1}{\lambda} + \frac{1}{f}\right).$$

Bei der Betrachtung des Objektes mit blossem Auge hat der Gesichtswinkel den Werth

$$\operatorname{tg} \theta_0 = \frac{\beta}{\lambda}$$

und man hat somit als Ausdruck für die Vergrösserung die Gleichung:

$$N = 1 + \frac{\lambda}{f} \ldots \ldots \ldots \ldots \quad (51)$$

Im Allgemeinen ist f im Vergleich mit λ sehr klein und wir erhalten somit als hinreichend genauen Ausdruck für die Vergrösserung

$$N = \frac{\lambda}{f} \ldots \ldots \ldots \ldots \quad (52)$$

Die Bestimmung der Apertur des Mikroskops.

§ 269. Als Gleichung für die Helligkeit des mikroskopischen Bildes hatten wir in § 266 die Formel

$$I = I_0 \frac{\lambda^2}{p^2} \cdot \frac{n^2 \sin^2 \alpha}{N^2}$$

aufgestellt. Hierin bedeutet λ den konventionellen Bildabstand, p den Radius der Augenpupille, N die Vergrösserung und α den halben Oeffnungswinkel des von einem Objekte, welches sich in einem Medium vom Brechungsexponenten n befindet, ausgehenden Strahlenkegels. Bei einem Instrument, dessen Vergrösserung vorgeschrieben ist, ist daher I proportional $(n \sin \alpha)^2$ und somit lässt sich $n \sin \alpha$ als ein numerisches Maass der Apertur ansehen.

In diesen Ausdruck für die Apertur lassen sich nun auch die Brennweite des Objektivs und der Durchmesser des durch dasselbe tretenden Strahlenkegels einführen. Der Durchmesser des Strahlenkegels ändert sich ununterbrochen während des Durchtritts des letzteren durch das Objektiv. Wir gehen von dem Durchmesser des Kegels in der Ebene des Strahlenaustritts aus der hintersten Linsenfläche des Objektivs aus. Diese Ebene fällt bei den Objektiven der üblichen Konstruktion so angenähert mit der zweiten Brennebene des Systems zusammen, dass man von der Differenz der Abstände ganz absehen kann. Wir nehmen daher an, b, der halbe Durchmesser der letzten Linse, sei der Radius des Strahlenkegelschnittes in der zweiten Brennebene des Objektivs und f stelle die Brennweite des Objektivs dar. Ist nun u' der Abstand des Bildes von dem zweiten Brennpunkt, so besteht nach (40, IV) die Relation

$$\frac{\beta'}{\beta} = -\frac{u'}{f}.$$

Nach der Abbe-Helmholtz'schen Formel ist

$$n \beta \sin \alpha = n' \beta' \sin \alpha'$$

daher

$$n \sin \alpha = n' \frac{\beta'}{\beta} \sin \alpha'$$

oder

$$n \sin \alpha = -\frac{n'}{f} u' \sin \alpha'.$$

Der Winkel α' ist beim Mikroskop immer sehr klein, beträgt nur wenige Grade, so dass $u' \sin \alpha'$ nicht wesentlich von $u' \operatorname{tg} \alpha'$ abweicht; da aber $b = -u' \operatorname{tg} \alpha'$ ist, so wird aus der letzten Gleichung

$$n \sin \alpha = \frac{n' b}{f}.$$

Da das letzte Medium immer Luft ist, so ist $n' = 1$ und man erhält also schliesslich die einfache Formel

$$n \sin \alpha = \frac{b}{f} \quad\ldots\ldots\ldots\ldots \quad (53)$$

§ 270. Die Rationalität dieses von Prof. Abbe eingeführten Begriffs der numerischen Apertur leuchtet unschwer ein, sobald wir uns vergegenwärtigen, dass das numerische Maass der Apertur dem Durchmesser des Strahlenkegels proportional sein muss. Nehmen wir den Fall an, wir hätten zwei Objektive von gleicher Oeffnung, aber verschiedenen Brennweiten. Verfolgen wir nun bei beiden Objektiven die Strahlen von dem Bilde aus rückwärts. In dieser Umkehrung gelangen die Strahlen als fast paralleles Bündel zum Eintritt in das Objektiv und da bei beiden Objektiven die Oeffnungen die nämlichen sind, so gelangt bei der Umkehrung des Strahlenganges die gleiche Anzahl von Strahlen in jedes der beiden Objektive. In dem Falle der Linse kürzerer Brennweite werden aber diese Strahlen auf eine kleinere Fläche koncentrirt wie bei dem Objektiv grösserer Brennweite, während die Helligkeit in beiden Fällen die gleiche ist. Kehren wir nun zum thatsächlichen Strahlenverlauf zurück, so gelangen von der kleineren Objektfläche ebenso viele Strahlen in das Objektiv von kürzerer Brennweite, als das andere Objektiv Strahlen von der grösseren Fläche aufnimmt. Die thatsächliche Apertur differirt daher bei den beiden Objektiven im umgekehrten Verhältnis ihrer Brennweiten.

Der Werth $\dfrac{b}{f}$ ist unabhängig von dem Medium, in welchem sich das Objekt befindet; dasselbe mag nun Luft, Wasser, Balsam oder irgend ein anderes Immersionsmedium sein. Die Einheit der numerischen Apertur würde einem in Luft zum Eintritt gelangenden Strahlenkegel, dessen Oeffnungswinkel 180^0 beträgt, gleich sein, während bei homogener Immersion dieselbe Apertur einem Oeffnungswinkel von $82^0\,17'$ entsprechen würde. Bei modernen Objektiven hat man es bis zu Aperturen von 1,40 und mehr gebracht. Carl Zeiss hat 1889 sogar ein Immersionssystem nach Angaben von Prof. Abbe hergestellt, welches die Apertur 1,63 hat. Einen kleinen interessanten Aufsatz über dies System und zugleich über die bei der Konstruktion von Objektiven grösster Apertur sich darbietenden Gesichtspunkte veröffentlichte Dr. S. Czapski in der Zeitschrift für wissenschaftliche Mikroskopie und für mikroskopische Technik, Band VI, 1889, S. 417—422.

§ 271. Die Vergrösserung eines Objektivs lässt sich für eine

bestimmte Lage des Bildes finden, wenn man das Bild eines Objekt-
mikrometers auf ein Okularmikrometer projicirt. Mit Hilfe der so
gewonnenen Grösse lässt sich dann nach der Formel

$$n \sin \alpha = \frac{N\,b}{u'}$$

die numerische Apertur bestimmen. Man hat nämlich nur ein Hilfs-
mikroskop auf die Brennebene einzustellen und den linearen Durchmesser $2\,b$ des austretenden Strahlenbüschels in jener Brennebene
zu messen. Misst man nun noch u', den Abstand der Brennebene
von dem Bilde, welchem die Vergrösserung N zukommt, so hat man
damit alles zur Bestimmung von $n \sin \alpha$ Erforderliche.

Kennen wir umgekehrt die numerische Apertur, so lässt sich
die Brennweite des Objektivs ohne Weiteres messen. Wir haben
nämlich nur den Durchmesser $2\,b$ des Strahlenbüschels da, wo es
die Brennebene verlässt, mikrometrisch zu bestimmen und diesen
Werth in die Formel

$$n \sin \alpha = \frac{b}{f}$$

einzusetzen.

Für unseren Zweck genüge das über das Mikroskop Gesagte.
Im Uebrigen verweisen wir auf das Werk Dippel's „Das Mikro-
skop“, dasjenige von Nägeli und Schwendener gleichen Titels,
Dr. Czapski's „Theorie der optischen Instrumente“ und auf die
leider zerstreuten Aufsätze Prof. Abbe's, welche namentlich im
„Journal of the Royal Microscopical Society“ zu finden sind. Prof.
Abbe verdanken wir die eigentliche Theorie der mikroskopischen
Abbildung und die hervorragendsten praktischen Verbesserungen
des Mikroskops.

Es sei hier nur noch in kurzen Worten der sogenannten „apo-
chromatischen“ Objektive erwähnt, welche nach Berechnungen Prof.
Abbe's zuerst von der bekannten Firma Carl Zeiss in Jena unter
Benutzung der nach dem Abbe-Schott'schen Verfahren hergestellten
Glasarten ausgeführt wurden. Während bei den achromatischen
Linsensystemen, wie sie bisher konstruirt wurden, die Achromati-
sirung sich auf die Vereinigung zweier verschiedener Farben des
Spektrums in einem Punkte der Axe beschränkte und die sphärische
Aberration nur für eine und zwar die hellste Farbe des Spektrums
korrigirt war, gelang es Prof. Abbe, mit Hilfe seiner in § 179 be-
sprochenen Glasarten einen Linsentypus zu formuliren, welcher durch
die gleichzeitige Vereinigung von drei verschiedenen Spektralfarben
in einem Axenpunkt (d. h. Aufhebung des bei den achromatischen
Linsen als farbige Säume sich dokumentirenden sekundären Spek-

trums) und die Korrektion der sphärischen Aberration für zwei verschiedene Farben charakterisirt ist. Wir haben also in den Apochromatobjektiven nicht nur eine technische Verbesserung der bisher bekannten achromatischen Objektive, sondern wir begegnen hier einem principiellen Fortschritt. Aus der Apochromasie ergeben sich praktisch wichtige Vortheile, die wir kurz aufführen wollen. Bekanntlich ist es bei achromatischen Objektiven nur für eine Zone desselben möglich, eine gute Farbenkorrektion herbeizuführen; bei den Apochromaten ist die Farbenkorrektion für alle Zonen eine gleichmässig vollständige. Ein zweiter Vortheil besteht bei den apochromatischen gegenüber den achromatischen Systemen darin, dass bei den ersteren ein gleichmässig scharfes Bild für nahezu alle Farben des Spektrums entworfen wird, während dies bei den achromatischen Systemen nur für die Strahlen einer Farbengattung gilt. Hieraus erklärt sich die vorzügliche Leistungsfähigkeit der apochromatischen Systeme in der Mikrophotographie. Während drittens bei den achromatischen Objektiven infolge der beschränkten Farbenkorrektion die den verschiedenen Farben entsprechenden Bilder immer nur paarweise an dieselbe Stelle fallen und daher eine beträchtliche Focusdifferenz aufweisen, ist bei apochromatischen Objektiven die Koincidenz der Bilder für die ganze Reihe der Spektralfarben vom kalorisch wirksamen durch den visuellen bis zum chemisch wirksamen Theil, eine für alle praktischen Zwecke hinreichend vollkommene. Eine Konsequenz der auf diese Weise herbeigeführten sehr vermehrten Lichtkoncentration der Apochromate ist u. A. die Möglichkeit, in Verbindung mit ihnen Okulare zu benutzen, welche eine bis 18fache Uebervergrösserung des Objektivbildes liefern.

Die für diese Apochromatobjektive bestimmten sogenannten Kompensationsokulare dienen dazu, um den bei der Konstruktion von Objektiven von grosser Apertur unkorrigirbaren Farbenfehler für die ausseraxialen Strahlen zu „kompensiren". Dieser Fehler, die chromatische Differenz der Vergrösserung, entspringt daraus, dass das von dem Objektiv entworfene Bild des Objektes sich aus verschieden grossen Bildern zusammensetzt, indem nämlich das blaue Bild grösser ist als das rothe. Diesen Fehler besitzen auch die apochromatischen Objektive von grösserer Apertur, und da hat nun Prof. Abbe denselben Fehler auch in den Objektiven von geringerer Apertur absichtlich eingeführt, um so ein Mittel zu gewinnen, durch Anwendung von Okularen, welche den entgegengesetzten Fehler besitzen, d. h. für roth stärker als für blau vergrössern, die chromatische Differenz der Vergrösserung zu kompensiren.

Kapitel XII.

Optische Instrumente.
Bestimmung der Konstanten optischer Instrumente.

----

§ 272. Lässt man durch eine sehr kleine Oeffnung in einen verdunkelten Raum Lichtstrahlen, welche von den ausserhalb des Raumes befindlichen Objektpunkten ausgehen, eintreten und auf einen Schirm fallen, so entsteht ein umgekehrtes Bild jener Objekte auf dem Schirm. Von jedem Objektpunkt geht entsprechend der Kleinheit der Oeffnung ein enges Strahlenbündel aus, fällt in geradliniger Richtung durch die Oeffnung auf den Schirm und erzeugt dort ein Bild des Objektpunktes. Infolge des beschränkten Lichtdurchganges ist ein so entstehendes Bild verhältnismässig lichtschwach. Vergrössert man nun die Oeffnung, so tritt zwar mehr Licht durch dieselbe, das Bild wird aber infolge der Superposition der durch die Vermehrung der engen Strahlenbündel entstehenden vielen Bilder ein verschwommenes, und bei genügender Grösse der Oeffnung verschwindet das Bild ganz und man erblickt nur einen hellen Fleck. Um bei grosser Oeffnung ein scharfes Bild auf dem Schirm zu gewinnen, hat man sich dioptrischer Mittel zu bedienen und zwar einer Linse, welche so beschaffen ist, dass sie von den auf der einen Seite derselben befindlichen Objekten auf der anderen Seite reelle, also auffangbare Bilder entwerfen kann. Ihrem Urwesen nach ist die so benutzte Linse, das Projektions-system oder photographische Objektiv, also nichts weiter als eine einfache Kollektivlinse. Wenn nun das photographische Ob-jektiv thatsächlich mehr oder weniger zusammengesetzt ist und in mannigfaltigen Konstruktionsformen auftritt, so rührt das davon her, weil ein vollkommenes photographisches Objektiv den folgenden durch seinen Zweck bedingten Anforderungen zu genügen hat:

1. Es muss achromatisch sein und zwar müssen die chemisch wirksamen Strahlen (etwa H-Linie des Spektrums) und die optisch hellsten Strahlen (etwa D-Linie) homocentrisch

werden, damit die scharfe Einstellung des sichtbaren Bildes auch die scharfe Einstellung in Bezug auf die empfindliche Platte darstellt.

2. Es soll möglichst lichtstark sein; das ist zu erreichen durch möglichst grosse Oeffnung, möglichst kleine Anzahl von Linsen, möglichst farbloses Glas.

3. Es muss sphärisch korrigirt sein.

4. Es soll unter Umständen innerhalb eines sehr weiten Winkels (bis 110^0) liegende Objekte ohne Verzerrung zur Abbildung bringen können.

5. Das Bild soll innerhalb eines möglichst grossen gleichmässig beleuchteten Sehfeldes scharf und naturgetreu sein (orthoskopisch, frei von Astigmatismus).

6. Innere Reflexionen sollen möglichst unschädlich gemacht werden.

7. Das Objektiv soll für manche Zwecke grosse Tiefenschärfe besitzen; es soll in weiten Abständen hinter einander liegende Objekte in einer Ebene scharf zur Abbildung bringen.

Betreffs der zur Verwirklichung dieser Anforderungen zur Anwendung gelangenden Mittel müssen wir auf die ausgedehnte Literatur über photographische Optik und auf die betreffenden Patentschriften verweisen.

Bei der bekannten Laterna magica oder dem Sonnenmikroskop wird das zu projicirende Bild oder Objekt in einem die Brennweite eines Sammellinsensystems um ein Geringes übertreffenden Abstande vor dem Linsensystem eingestellt und dann durch künstliches oder Sonnenlicht, das man mittelst geeigneter Reflektoren in die optische Axe projicirt, intensiv beleuchtet. Ein reelles umgekehrtes und vergrössertes Bild entsteht dann in einer gewissen Entfernung von dem Linsensystem und lässt sich auf einer Wand innerhalb eines verdunkelten Raumes auffangen. Sind Objekt und auffangende Wand unverrückbar, so lässt sich der Apparat durch Verschiebung des Linsensystems innerhalb einer Schiebhülse mittelst einer Schraube oder durch Zahn und Trieb einstellen. Eine Einstellung lässt sich stets erreichen, solange der Abstand des Schirmes von dem Objekt mindestens das Vierfache der Brennweite des Linsensystems beträgt.

§ 273. Die Wollaston'sche Camera lucida ist ein Instrument, das vielfach von Zeichnern bei der Aufnahme von Architekturen u. dgl. benutzt wird.

Es besteht, wie in Fig. 128 angedeutet, im Wesentlichen aus einem vierseitigen Prisma, dessen Winkel A ein rechter, der gegenüberliegende ein Winkel von 135° ist, während die beiden anderen Winkel einander gleich sind, so dass jeder von ihnen 67,5° beträgt. Strahlen, welche die Fläche A D senkrecht treffen, werden successive von D C und C B reflektirt und gelangen in einer zu A B senkrechten Richtung zum Austritt.

Stellt P R S T U einen solchen Strahlengang dar und PQ ein kleines senkrecht zu P R gerichtetes Objekt, so entsteht zunächst infolge der Brechung an der ersten Fläche ein Bild qp. Die von qp ausgehenden Strahlen werden von der Fläche D C reflektirt und gehen dann scheinbar von einem zu qp in Bezug auf die Fläche D C symmetrisch liegenden Bilde $q_1 p_1$ von gleicher Grösse wie qp aus. Die von $q_1 p_1$ ausgehenden Strahlen werden dann durch die Fläche C B reflektirt und es entsteht ein anderes Bild $q' p'$. Bei dem Uebergange der von $q' p'$ ausgehenden Strahlen aus dem Prisma in Luft findet wieder

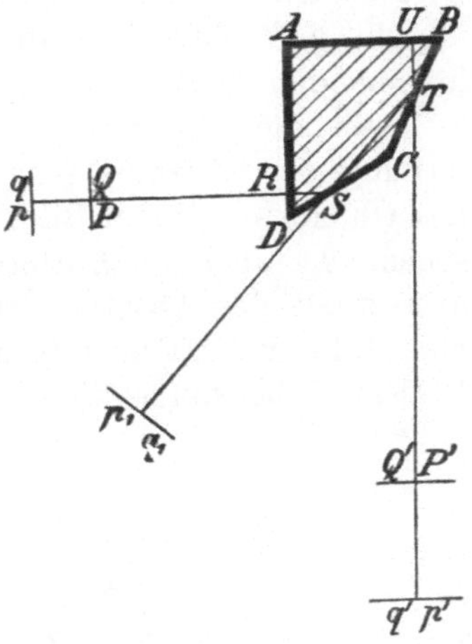

Fig. 128.

Brechung statt und die Strahlen gehen dann scheinbar von dem Bilde P' Q' aus. Bezeichnet man P R, den Abstand des Objektes von der ersten Fläche, mit x und U P', den Abstand des definitiven Bildes von der letzten Fläche A B, mit x' und stellen u, v und w die Weglängen des Strahls innerhalb des Prismas dar, so ist zunächst $p \, \mathrm{R} = n\,x$. Ferner ist

$$\mathrm{U}\,p' = n\,x + u + v + w = n\,x'$$

und somit

$$x' = x + \frac{u + v + w}{n} \quad \ldots \ldots \ldots \ldots (1)$$

d. h. in Worten: *Die Differenz zwischen den Abständen des Objektes und dessen definitiven Bildes von der vertikalen resp. horizontalen Seite des Prismas ist gleich der Weglänge des Strahls innerhalb des Prismas dividirt durch dessen Brechungsexponenten.*

Das Prisma wird gewöhnlich in einem Messinggehäuse eingefasst und dieses um die Prismenaxe drehbar mit einem Stativ verbunden, dessen unteres Ende sich an einer Tischplatte festklemmen lässt. Die Länge des Stativs lässt sich mittelst Schiebhülse verändern. Ueber der oberen Fläche des Prismas befindet sich ein Okulardeckel mit sehr kleiner Oeffnung, welche durch die Kante B halbirt wird. Hierdurch wird nur ein sehr kleiner

Theil der Fläche AB benutzt, während der übrige Theil bedeckt ist. Wird die vertikale Fläche auf das Objekt gerichtet, so erblickt der durch das Okular schauende Beobachter gleichzeitig das Bild des Objektes durch den nichtbedeckten Theil des Prismas und die Zeichenfläche durch die andere Hälfte des Okulardeckels. Das Bild ist ein aufrechtes, da die von dem oberen Theile des Objektes kommenden Strahlen dem oberen Theil des Bildes entsprechen.

Da die Dimensionen des Prismas im Vergleich mit der Entfernung des Objektes sehr klein sind, so kann man die Abstände des Objektes und der Bildebene vom Prisma als einander gleich ansehen. Ist aber die Entfernung des Objektes vom Prisma erheblich grösser als der Abstand des letzteren von der Tischfläche, so kann man Bild und Zeichenfläche nicht mit gleicher Schärfe erkennen. Diesem Uebelstande kann man leicht dadurch abhelfen, dass man

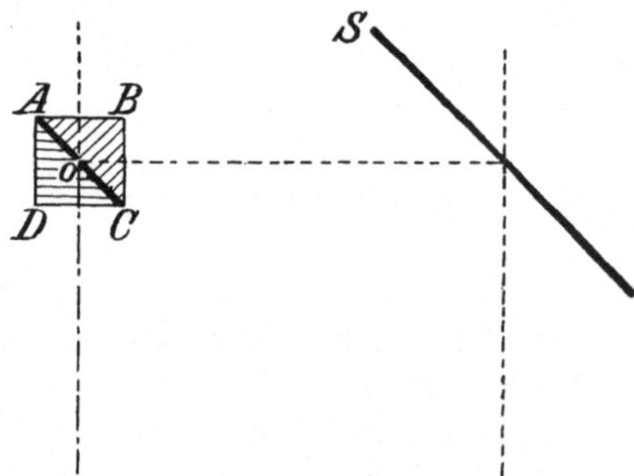

Fig. 129.

unter dem Prisma eine Konvexlinse anbringt, deren Brennweite gleich dem grössten Abstande des Prismas von der Tischfläche ist. Befindet sich nun die Zeichenfläche in dem Brennpunkt der Linse, so wird dessen Bildfläche in eine unendlich grosse Entfernung gerückt und fällt daher annähernd mit der Ebene des durch das Prisma entworfenen Bildes eines entfernten Objektes zusammen. Zu demselben Ende kann man auch eine Konkavlinse von derselben Brennweite vor die vertikale Fläche des Prismas einschalten. Die aus der Entfernung kommenden Strahlen werden divergent gemacht und gehen nun von einem Bilde aus, dessen Abstand gleich der Brennweite der Linse ist. Dieses Bild fällt daher infolge der Prismenwirkung in die Zeichenebene. Die Konvexlinse ist bei normalen, die Konkavlinse bei kurzsichtigen Augen anzuwenden.

Für in die Nähe gerückte Objekte besteht die Regulirung der Abstände in einer Verschiebung des Prismas zur Zeichenfläche.

Eine sehr einfache und zweckmässige Camera lucida hat Prof.

Abbe für die Zwecke der Mikroskopie ersonnen. Der kleine Apparat, welcher dem Okular des Mikroskops aufgesetzt wird, besteht, wie in Fig. 129 gezeigt, aus einem verkitteten Doppelprisma $ABCD$ und dem Spiegel S, welcher von einem vom Prismengehäuse ausgehenden Arm getragen wird. Die Fläche AC des oberen Prismas ABC ist versilbert; nur da, wo die Axe des Mikroskops durch die Prismen geht, befindet sich in der Versilberung eine kleine Oeffnung. Durch diese gelangt das mikroskopische Bild direkt in das Auge. Gleichzeitig wird die Zeichenfläche durch zweimalige Reflexion, erst an der Spiegelfläche S und dann an der versilberten Hypotenuse der Prismen, in das Auge projicirt, und befindet sich die Zeichenfläche in gleichem Abstande vom Auge wie das mikroskopische Bild, was sich mittelst eines kleinen Zeichenpultes leicht erreichen lässt, so erblickt ein normales Auge beide mit gleicher Schärfe.

§ 274. *Der Winkelspiegel.* Das Princip dieses einfachen Instrumentes gründet sich auf die Thatsache, dass die Stellung der Bilder gerader Ordnung, welche ein zu einander geneigtes Spiegelpaar erzeugt, durch eine Drehung des letzteren um die Schnittkante keine Veränderung erfahren, indem, wie wir in §§ 14 und 32 zeigten, die Abstände der Bilder gerader Ordnung, also des 2 ten, 4 ten, 6 ten . . . . . $2n$ ten Bildes vor dem Objektpunkt sich durch den Ausdruck $2\,n\,\alpha$ (wo α den Winkel zwischen den Spiegeln bedeutet) darstellen lassen, also nur von diesem konstanten Winkel abhängen. Wählt man nun, wie das bei dem zu Feldmessungen benutzten Winkelspiegel der Fall ist, den Winkel $\alpha = 45^0$, so wird der Abstand zwischen dem Objekt und dem zweiten Bilde $2\,\alpha = 90^0$. Hat man also dafür gesorgt, dass der Winkel zwischen den Spiegeln genau 45^0 beträgt, so hat man in dem Instrument ein sicheres Mittel, um von einem gegebenen Punkte einer geraden Strecke aus einen rechten Winkel abzustecken. Der in der Geodäsie benutzte Winkelspiegel besteht aus zwei kleinen, genau eben geschliffenen Spiegeln, welche in gemeinsamem Gehäuse gefasst sind und sich unter 45^0 schneiden. Das Gehäuse trägt unten eine Handhabe mit Senkel, so dass man es senkrecht über einen bestimmten Punkt halten kann. Es ist natürlich wesentlich, dass man die Spiegel genau unter 45^0 zu einander einstellen kann und zu diesem Zwecke ist einer der Spiegel um seine Kante verstellbar eingerichtet. Die Genauigkeit der Einstellung lässt sich folgendermaassen prüfen: Man steckt rechtwinklig zu einer Strecke von einem Punkte C aus nach beiden Seiten je einen Stab A und B aus. Der Winkelspiegel ist nur dann richtig eingestellt, wenn A, C und B in gerader Linie liegen, d. h. beim Visiren sich decken.

Hadley's Sextant (Fig. 130) ist ein Instrument, das dazu dient, um die Entfernung zweier entfernter Punkte in Bogenmaass zu bestimmen. Es besteht aus einem Gestell in Gestalt eines Kreissektors (daher der im Uebrigen sehr willkürliche Name), welches eine Winkelskala trägt und mit zwei zur Ebene des Sektors senkrecht gerichteten Spiegeln versehen ist. Einer der Spiegel A ist um eine dem Mittelpunkt des Sextantbogens entsprechende Axe drehbar angeordnet und ist mit einem Arm verbunden, an dessen Ende sich ein Nonius D befindet. Der andere Spiegel F ist fest und ist dem Spiegel A parallel gerichtet, wenn der denselben tragende Arm auf dem Nullpunkt der Sextantenskala bei E steht. Von dem letzteren Spiegel ist nur die untere Hälfte versilbert, so dass Strahlen, welche

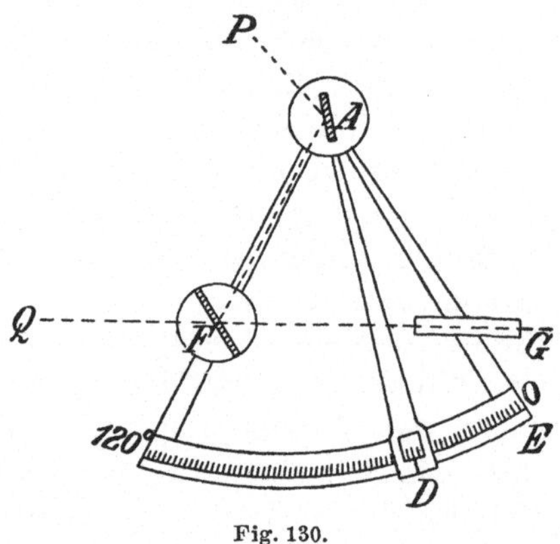

Fig. 130.

auf die obere Hälfte treffen, direkt in das auf die Halbirungslinie dieses Spiegels gerichtete Fernrohr G gelangen.

Um den Winkel zwischen zwei Punkten P und Q zu messen, wird zunächst das Instrument in gleiche Ebene mit ihnen gebracht und dann das Fernrohr G direkt durch den durchsichtigen Theil des Spiegels F auf den einen der Punkte, sagen wir Q, gerichtet. Der Spiegel A wird nun soweit gedreht, bis das durch zweimalige Reflexion an den Spiegeln A und F in das Fernrohr gelangende Bild des Punktes P mit Q zusammenfällt. Bei dieser Anordnung entspricht der Bogen zwischen den Punkten P und Q der aus der zweimaligen Reflexion resultirenden Ablenkung und diese ist gleich dem doppelten Drehungswinkel des Spiegels A. Dieser Winkel lässt sich an der Skala ablesen. Wird die Skala so getheilt, dass jeder halbe Grad als ganzer Grad beziffert wird, so lässt sich die Entfernung zwischen zwei Punkten in Bogenmaass ohne Weiteres am Sextanten ablesen.

Der Heliostat.

§ 275. Ein Heliostat ist ein Instrument, welches dazu dient, Sonnenstrahlen in eine konstante Richtung zu reflektiren, also den Einfluss der relativen Sonnen- und Erdbewegung auf die Strahlenrichtung zu kompensiren.

Sieht man von der kontinuirlichen Variation der Deklination der Sonne innerhalb eines Tages ab, so beschreibt die Sonne um die Polaxe der Erde scheinbar einen Kreis.

Alle bisher konstruirten Heliostaten haben das Gemeinsame, dass bei ihnen eine zur Erdaxe parallel gerichtete Axe durch ein Uhrwerk mit einer der Sonnenbewegung entsprechenden Geschwindigkeit in konstanter Drehung gehalten wird.

Der einfachste Heliostat ist der **Fahrenheit**'sche. In diesem Instrument ist ein Planspiegel fest mit der Drehungsaxe verbunden derartig, dass die Normale zur Spiegelebene mit der Axe einen Winkel einschliesst, welcher gleich der halben Poldistanz der Sonne ist. Stellt man nun diese Normale so ein, dass sie dieselbe Rektascension hat wie die Sonne, so werden beide gleiche Rektascension behalten und der Spiegel reflektirt während des Tages, für den die Einstellung gemacht ist, in eine zur Erdaxe parallele konstante Richtung. Mittelst eines zweiten festen Spiegels kann man dann den Strahlen eine beliebige Richtung geben.

Der **Grüel**'sche Heliostat besteht aus einer der Erdaxe parallel zu richtenden Axe, welche einen zu ihr parallelen Planspiegel SS trägt. Hier ist, wie wir sehen werden, die Richtung der reflektirten Strahlen auf den Mantel eines Kreiskegels beschränkt, dessen halber Oeffnungswinkel gleich der Poldistanz der Sonne ist und dessen Axe mit der des Instrumentes zusammenfällt.

Ist in Fig. 131 GB die Axe des Instrumentes und somit auch die der Erde (indem gegenüber der Entfernung der Sonne die Entfernung zwischen Erd- und Instrumentaxe vernachlässigt werden kann) und φ die Poldistanz der Sonne, so beschreiben die einfallenden Strahlen infolge der relativen Bewegung der Sonne um die Axe GB einen Kreiskegel von der halben Winkelöffnung φ.

SS_1D sei ein zur Axe MB senkrechter Querschnitt, also eine Kreisfläche. Es werden dann auch die Radien CS, CS_1 etc. dieses Kreises senkrecht zu Axe sein. Von der Peripherie dieses Kreises nun gehen die Strahlen nach dem Punkte M, werden dann durch den Spiegel GG, welcher von der Axe AB getragen wird und zu dieser parallel gerichtet ist, reflektirt, und zwar fordert der Zweck

des Instrumentes, dass der reflektirte Strahl immer in eine unveränderliche, ihm ertheilte Richtung MS_r fällt.

Soll das erreicht werden, so müssen zunächst S_r, ein jeweilig
einfallender Strahl und das beiden zugehörige Einfallsloth in ein er
Ebene liegen, d. h. es müssen S_r, S und N und ebenso S_r, S_1 und
N_1 in ein er Ebene liegen. Da der Spiegel stets parallel zur Achse
ist und das Einfallsloth stets senkrecht auf der Spiegelebene steht,
so steht das Einfallsloth N resp. N_1 etc. auch stets senkrecht auf
der Axe A B. Es liegen somit die Einfallslothe innerhalb einer zur
Kreisfläche SS_1D parallelen Ebene. Die Frage ist nun die: Wird
die Ebene SMS_rN um die festliegende Linie MS_r, MS_r um den
Winkel $NMN_1 = x$ gedreht, wie gross wird dann der entsprechende

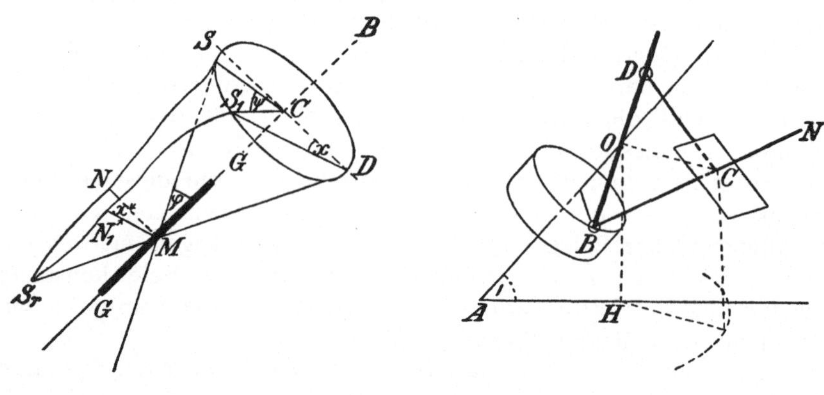

Fig. 131.
Fig. 132.

Winkel SCS_1? Verlängert man S_rM bis zum Kegelkreis, so wird
S_rMD den letzteren tangiren. Da S, M, S_r und N in einer Ebene
liegen, so liegt auch D S in derselben Ebene. D S und M N liegen
demnach in einer Ebene und sind einander parallel. Dasselbe gilt
von DS_1 und MN_1. Winkel SDS_1 ist somit gleich $NMN_1 = x$. Da
aber Winkel $SDS_1 = \frac{1}{2}SCS_1 = \frac{1}{2}\psi$, so folgt daraus, dass der einem
bestimmten Zeitraum entsprechende Drehungswinkel des Spiegels
gleich dem halben von der Sonne in demselben Zeitraum beschriebenen Bogenwinkel sein muss, d. h. es muss sein: $x = \frac{1}{2}\psi$.

Foucault's Heliostat ist so eingerichtet, dass er die Sonnenstrahlen in jede beliebige horizontale Richtung reflektirt. O (Fig. 132)
ist ein fester Punkt, O A die Drehungsaxe. O B ist ein mit der
Drehungsaxe fest verbundener Arm; dieser schliesst mit der Axe
einen Winkel ein, welcher sich auf die Poldistanz der Sonne einstellen lässt. Bei entsprechender Einstellung der Rektascension der

Ebene OBA stellt OB die Richtung der Sonnenstrahlen für den betreffenden Tag dar.

Es sei OC die horizontale Richtung, in welche die Sonnenstrahlen reflektirt werden sollen, und C sei der Drehpunkt eines Spiegels; ein Stab, welcher normal zur Spiegelfläche gerichtet ist, ist mit OB in einem Punkt B derartig verbunden, dass OC = OB. Schliesslich trägt der Spiegel einen in dessen Ebene liegenden geschlitzten Arm CD, dessen Lage von der Stellung der durch ihn hindurchgehenden Stange BD abhängt. Da nun OC = OB, so schliessen OB und OC gleiche Winkel mit BC ein und beide Theile liegen in einer Ebene mit der Normalen zum Spiegel. Sonnenstrahlen, welche in einer zu OB parallelen Richtung auf den Spiegel auffallen, werden daher in der konstanten Richtung OC reflektirt.

§ 276. Der Silbermann'sche Heliostat (Fig. 133) reflektirt Sonnenstrahlen in jeder gewünschten Richtung. Es sei auch hier OA die Drehungsaxe, OB ein mit derselben feststellbar verbundener Arm, der sich so einstellen lässt, dass er bei entsprechender Stellung der Drehaxe mit der Richtung der Sonnenstrahlen zusammenfällt. OR ist ein zweiter Arm, welcher in jeder beliebigen Richtung, in welche die Strahlen reflektirt werden sollen, durch eine Schiebhülse R festgehalten werden kann. $Oacb$ ist ein Rhombus von Gelenken, wobei x und b feste Drehpunkte auf den Armen OR und OB sind, während c sich

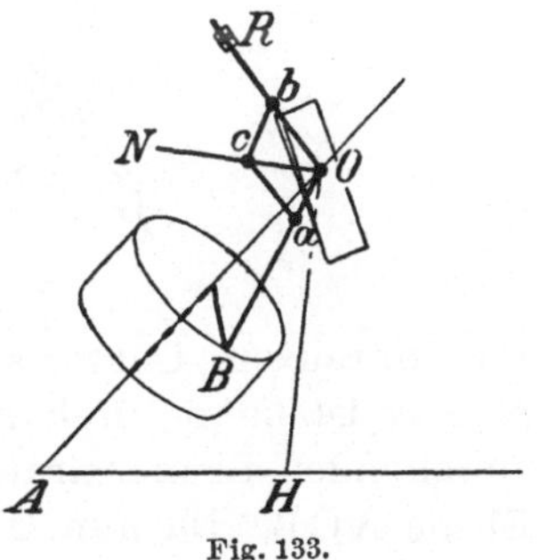

Fig. 133.

innerhalb eines Schlitzes in der Richtung der Normalen ON zur Spiegelfläche verschieben lässt. Wie man leicht erkennt, wird hierdurch die Richtung OR der reflektirten Strahlen konstant gehalten.

§ 277. Ein in neuerer Zeit sehr beliebt gewordener Heliostat ist der in Fig. 134 schematisch dargestellte Fuess'sche, der ebenfalls Reflexion nach jeder Richtung gestattet.

Derselbe hat eine Azimuthaxe OD, welche mittelst Nivellirschrauben und Libelle so eingestellt wird, dass sie durch den Erdmittelpunkt geht. Mit dieser Axe ist eine zweite, EE', fest verbunden unter einem Winkel, welcher die geographische Breite des betreffenden Ortes repräsentirt; oder, soll das Instrument ein Universalinstrument sein, so kann auch die Axe EE' verstellbar angeordnet sein. EE' muss jedenfalls in die Richtung der Erdaxe gebracht werden, was mit Hilfe einiger einfacher Manipulationen leicht zu erreichen ist. Man hat nämlich nur den um O drehbaren Arm AO direkt gegen die Sonne zu richten, zu welchem Zweck die Axe EE' einen getheilten Kreisbogen trägt, und nun das ganze Instrument so weit um die Azimuthaxe zu drehen, bis die Sonnenstrahlen in die Richtung AO fallen, was sich mit Hilfe der Diopter p und q erreichen lässt. Ein Spiegel ist nun in einer Gabel bei B und mittelst der Führungsstange AB so aufgehängt, dass $AO = OB$ und die Spiegelaxe B stets senkrecht zu OB gerichtet ist. Da AO auf die mittlere Sonnenhöhe eingestellt ist, so wird, wenn die Axe

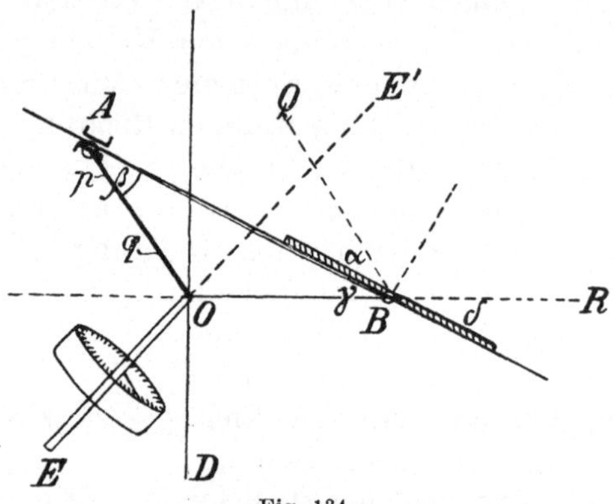

Fig. 134.

EE' durch ein Uhrwerk so gedreht wird, dass sie in 24 Stunden eine vollständige Drehung macht, AO die bleibende Richtung des einfallenden Sonnenstrahls sein und dieser liegt daher stets in der Ebene AOB. Da nun OB festliegt, $\alpha = \beta = \gamma$ und die Spiegelebene vermöge der Spiegelaufhängung bei B stets senkrecht zu Ebene AOB ist, so wird ein unter dem Winkel $\alpha = \beta = \gamma$ einfallender Strahl in die konstante Richtung OR reflektirt.

Fresnel'sche Linsen.

§ 278. Diese Linsen, welche bei Beleuchtungsapparaten für Leuchtthürme ausgedehnte Verwendung gefunden haben, wurden zuerst von Fresnel im Jahre 1822 beschrieben. Ein solcher Beleuchtungsapparat besteht aus einer Plankonvexlinse und einer Reihe von dieselbe umgebenden koncentrischen Ringen, deren Aussenflächen sich treppenstufenförmig an einander reihen. In dem mittleren Theile der Figur 135 ist eine solche Fresnel'sche Linse im Schnitt dargestellt. Die Rückseite der zusammengesetzten Linse ist eben, die Vorderfläche des mittleren Theils sphärisch. Die konvexen Flächen der Ringe sind dagegen nicht sphärisch; vielmehr sind diese ringförmigen Flächen aufzufassen als Rotationsflächen, entstanden durch Rotation von Kreisbögen, welche in der Ebene der Linsenaxe liegen, ihren Mittelpunkt aber in einer Reihe von Punkten haben, welche bei wachsendem Durchmesser der einzelnen Ringe sich immer weiter von der Axe entfernen. Fresnel berechnete die Koordinaten der Mittelpunkte der einzelnen Bögen in der Weise, dass die äussersten Strahlen parallel zur Axe zum Austritt gelangen. Durch diese Annäherungsmethode lässt sich die Aberration fast vollständig beseitigen. Bei den Linsenapparaten grosser Leuchtthürme entspricht dem Durchmesser dieser Linsenkombination ein Winkel von 57° im Mittelpunkt der Lichtquelle.

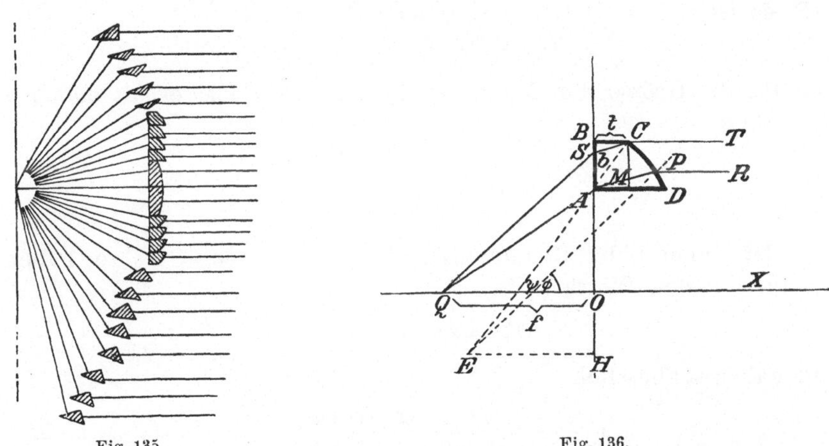

Fig. 135.   Fig. 136.

§ 279. Um die Gestalt des Querschnittes irgend eines Ringes in einer Fresnel'schen Linsenkombination zu bestimmen, nehmen wir an, Q (Fig. 136) sei der leuchtende Punkt, ABCD der Meridianschnitt eines der Ringe des Systems. Wir nehmen an, OAPR und QSCT seien die äussersten Strahlen, welche innerhalb der betrachteten Ebene durch den Ring treten, und wir setzen voraus, dass die Fläche CD eine solche Form hat, dass die Austrittsstrahlen PR und CT parallel zur Linsenaxe sind. Ferner sei E der Krümmungsmittelpunkt des Bogens CP und die Radien EP und EC mögen Winkel φ und ψ mit der Axe einschliessen.

Bezeichnen α und ϱ Einfalls- und Brechungswinkel bei A, β und σ jene bei S und setzt man $QO = f$, $BC = t$ und $AB = b$, so ist

$$b = f(\operatorname{tg}\beta - \operatorname{tg}\alpha) + t\operatorname{tg}\sigma$$

und

$$n\sin\varrho = \sin\alpha, \quad n\sin\sigma = \sin\beta.$$

Ferner haben wir bei P als Einfalls- und Brechungswinkel $\varphi - \varrho$ und φ, und bei C $\psi - \sigma$ und ψ, so dass also

$$\sin \varphi = n \sin (\varphi - \varrho), \quad \sin \psi = n \sin (\psi - \sigma),$$

daher

$$\operatorname{tg} \varphi = \frac{n \sin \varrho}{n \cos \varrho - 1},$$

und

$$\operatorname{tg} \psi = \frac{n \sin \sigma}{n \cos \sigma - 1},$$

wodurch φ und ψ bestimmt sind.

Zieht man nun ferner C M parallel A B bis zum Schnitt mit A P, so ist

$$C M = b - t \operatorname{tg} \varrho,$$

und für die Grösse der Sehne C P im Dreieck C P M erhält man die Gleichung

$$C P = \frac{C M \cos \varrho}{\cos \left\{ \frac{1}{2} (\varphi + \psi) - \varrho \right\}}. \quad \ldots \ldots \quad (1)$$

Ist daher r der Krümmungsradius des Bogens C P, so haben wir für CP den Werth

$$C P = 2 r \sin \frac{\psi - \varphi}{2}$$

und daher schliesslich

$$r = \frac{(b - t \operatorname{tg} \varrho) \cos \varrho}{2 \sin \dfrac{\psi - \varphi}{2} \cos \left(\dfrac{\varphi + \psi}{2} - \varrho \right)}. \quad \ldots \ldots \quad (2)$$

Die Koordinaten des Mittelpunktes E in Bezug auf O als Null-punkt sind

und

$$\left. \begin{aligned} E H &= r \cos \psi - t \\ O H &= r \sin \psi - f \operatorname{tg} \beta - t \operatorname{tg} \sigma \end{aligned} \right\} \ldots \ldots \ldots \quad (3)$$

Durch die Gleichungen (2) und (3) sind die Krümmung der Ringfläche und die Lage des Krümmungsmittelpunktes bestimmt.

Für den Durchschnitt eines von der Linsenkombination losge-lösten Prismas ist $t = 0$.

§ 280. Ueber und unter der Linse sind eine Reihe total reflek-tirender Zonen von dreieckigem Querschnitt angeordnet. Von diesen Zonen sind eine grössere Anzahl vorhanden, so dass oberhalb und unterhalb der Lichtquelle nur ein kleiner Zwischenraum frei bleibt, innerhalb dessen das Licht nicht aufgefangen und in horizontale Richtung abgelenkt wird.

Wir wollen nun im Folgenden nach Fresnel'scher Methode die Querschnittsform der reflektirenden Zonen bestimmen. Die reflektirende Fläche ist gekrümmt; anstatt der wahren Kurve gelangt aber aus Gründen der Herstellung ein Kreisbogen zur Anwendung. ABC sei der Querschnitt der total reflektirenden Zone und Q sei der leuchtende Punkt; AK und CH seien die äussersten aus dem Prisma in horizontaler Richtung zum Austritt gelangenden Strahlen. Den Winkel AQB bezeichnen wir mit α, den Einfalls- und Brechungswinkel für den Strahl QA bei A mit θ resp. θ' und δ sei der Winkel DAK, welchen die Verlängerung von QA mit dem horizontalen Strahl AK einschliesst.

Zur Vermeidung von überflüssiger Verwendung von Glas sind die Seitenflächen, wie in Fig. 137 gezeigt, so angeordnet, dass AB

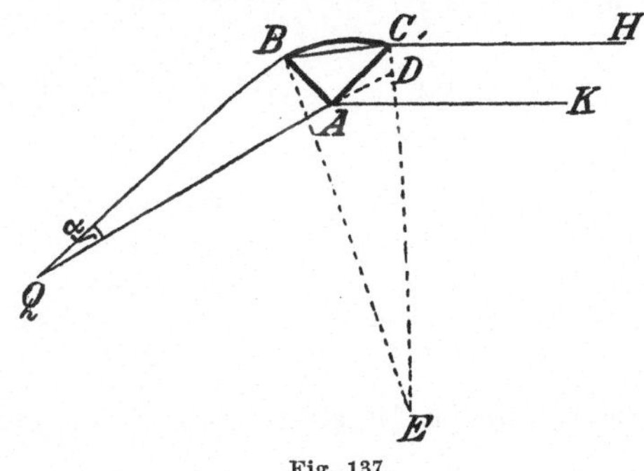

Fig. 137.

mit der Richtung des bei B gebrochenen und reflektirten Strahls QB, AC mit derjenigen des bei A gebrochenen Strahls QA zusammenfällt. In diesem Falle sind die Winkel BAK und CAQ einander gleich und daher auch $\angle\,BAQ = \angle\,CAK$. Ferner ist $\angle\,BAC = \dfrac{\pi}{2} + \theta'$. Der überstumpfe Winkel QAK hat somit die Grösse

$$QAK = 2\,BAQ + BAC = 2\left(\frac{\pi}{2} - \theta\right) + \frac{\pi}{2} + \theta' = \pi + \delta,$$

oder hieraus

$$\theta' = 2\,\theta + \delta - \frac{\pi}{2},$$

und daher

$$\sin\theta = n\sin\left(2\,\theta + \delta - \frac{\pi}{2}\right).$$

Aus dieser Gleichung lässt sich der Werth des Winkels θ bestimmen.

Bezeichnen wir nun mit φ und φ' den Einfalls- resp. Brechungswinkel für den Strahl QB bei B, so ist $\varphi = \theta - \alpha$ und daher

$$n \sin \varphi' = \sin (\theta - \alpha).$$

Da nun die Austrittsstrahlen CH und AK einander parallel gerichtet sind, so müssen auch die Einfallswinkel innerhalb des Prismas bei A und C einander gleich sein und zwar haben beide den Werth θ'.

Ziehen wir nun von den Punkten B und C der reflektirenden Kurve aus deren Krümmungsradien nach dem Krümmungsmittelpunkt E und verbindet B und C, so finden wir alsbald aus dem Strahlengange in Folge der Brechung und Reflexion

$$ABE = \frac{1}{2}\left(\frac{\pi}{2} + \varphi'\right) \quad \text{und} \quad ACE = \frac{1}{2}\left(\frac{\pi}{2} + \theta'\right).$$

Ferner ist $\angle\, BEC = BAC - (ABE + ACE)$ und, wenn man die betreffenden Werthe einsetzt,

$$BEC = \theta' - \frac{\theta' + \varphi'}{2},$$

$$= \frac{\theta' - \varphi'}{2}.$$

Die Winkel EBC und ECB sind daher jeder gleich

$$\frac{\pi}{2} - \frac{1}{4}(\theta' - \varphi')$$

und somit

$$\angle\, ABC = EBC - ABE = \frac{1}{4}(\pi - \theta' - \varphi')$$

und

$$\angle\, ACB = ECB - ACE = \frac{1}{4}(\pi - 3\theta' + \varphi').$$

In dem Dreieck QAB müssen wir die Seite QA und die Winkel AQB und QAB als bekannt voraussetzen. Es ist somit auch AB bekannt. Im Dreieck ABC kennen wir die beiden Winkel B und C und die Seite AB; hierdurch bestimmt sich auch BC.

Aus der oben gefundenen Grösse des Winkels BEC bestimmt sich dann der Krümmungsradius des Kreisbogens.

§ 281. Im Vorhergehenden haben wir nur den Querschnitt des Apparates berücksichtigt. Denken wir uns nun diesen Querschnitt um eine vertikale, mit dem Centrum der Lichtquelle zusammenfallende Axe gedreht, so entsteht ein Rotationskörper, welcher sich dazu eignet, um von einem Leuchtthurm mit feststehendem Licht Strahlen horizontal nach allen Seiten auszusenden. Bei Leuchtthürmen mit Blinkfeuern odnet man die Linsen in der Regel so an, dass sie ein achtseitiges hohles Prisma bilden; jede Seite desselben besteht aus einer Fresnel'schen Linse, welche durch Rotation des beschriebenen Durchschnittes um eine horizontale Axe entstanden zu denken ist, und einer Reihe total reflektirender Prismenzonen, welche Rotationskörper, entstanden durch Rotation der besprochenen Querschnittsform um einen Winkel von 45^0 um eine vertikale Axe, darstellen. Dieser ganze Apparat dreht sich nun langsam um seine vertikale Axe.

Methoden für die Bestimmung von Brechungsexponenten.

§ 282. Die am allgemeinsten verbreitete Methode der Bestimmung der Brechungsexponenten fester Körper für eine bestimmte Farbe besteht darin, dass man aus dem fraglichen Material ein Prisma herstellt und die kleinste Ablenkung eines durch dasselbe tretenden Strahls jener Farbe beobachtet. Aus Früherem wissen wir bereits, dass die Ablenkung eines Strahls dann ein Minimum ist, wenn der Strahlengang in Bezug auf das Prisma symmetrisch ist. Unter Benutzung der im § 26 angewandten Bezeichnungen haben wir für diesen Fall die Beziehungen:

$$i = i_1, \quad i' = i_1',$$

und daher nach (17, II) und (16, II)

$$\left. \begin{array}{l} \varDelta + \alpha = 2\,i \\[2mm] \alpha = 2\,i' \end{array} \right\}.$$

Ist n der Brechungsexponent des Mediums, so ist

$$\sin i = n \sin i'$$

und somit

$$\sin \frac{\varDelta + \alpha}{2} = n \sin \frac{\alpha}{2} \quad \ldots \ldots \ldots \quad (4)$$

Wenn wir also α, den brechenden Winkel des Prismas, und $\varDelta$, die kleinste Ablenkung, gemessen haben, lässt sich n berechnen.

§ 283. Das hierzu benutzte Instrument besteht im Wesentlichen aus einem horizontalen getheilten Kreise und einem horizontal gerichteten Fernrohr, das derartig um die vertikale Axe des getheilten Kreises drehbar ist, dass seine optische Axe sich stets mit der ersteren Axe schneidet. Das Versuchsprisma kittet man nun mit

Wachs oder Balsam auf ein Tischchen, welches sich über der Mitte des getheilten Kreises befindet. Das Licht tritt durch einen Kollimator, welcher aus einem sehr engen, im Brennpunkt eines achromatischen Objektivs befindlichen vertikalen Spalt besteht. Die Axe des Kollimaters schneidet die vertikale Axe des Kreises in gleicher Höhe wie diejenige des Fernrohrs dies thut.

Man bestimmt zunächst den brechenden Winkel des Prismas in folgender Weise. Man stellt zunächst das Fernrohr direkt auf den Spalt ein, indem man das Prisma so dreht, dass ein Theil des Lichtes ungebrochen an dem Prisma vorbei in das Fernrohr gelangt, Man stellt dann das Prisma so, dass das durch den Kollimator tretende Licht an beiden Prismenflächen reflektirt wird. Man stellt nun das Fernrohr so, dass das an der einen Fläche des Prismas reflektirte Bild des Kollimatorspaltes sich mit dem Fadenkreuz des Fernrohrs deckt. Der Winkel nun, um welchen man das Fernrohr drehen muss, damit sich das an der anderen Prismenfläche

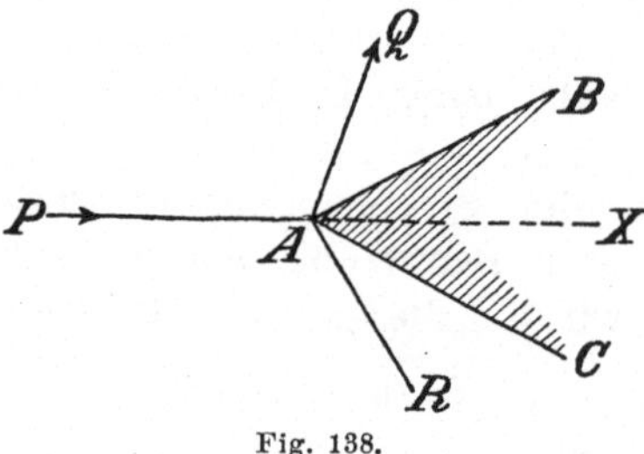

Fig. 138.

reflektirte Bild des Spaltes mit dem Fadenkreuz deckt, lässt sich an dem getheilten Kreis direkt ablesen. Es ist ohne Weiteres aus Fig. 138 ersichtlich, dass

$$\measuredangle\,\mathrm{B\,A\,X} = {}^{1}/_{2}\,\mathrm{Q\,A\,X}$$

und

$$\measuredangle\,\mathrm{C\,A\,X} = {}^{1}/_{2}\,\mathrm{R\,A\,X},$$

wenn P A X die Richtung des einfallenden Strahls, A Q der an der Fläche A B, A R der an der Fläche A C reflektirte Strahl ist. Es ist daher

$$\measuredangle\,\mathrm{B\,A\,C} = {}^{1}/_{2}\,\measuredangle\,\mathrm{Q\,A\,R}.$$

§ 284. Man hat nun die kleinste Ablenkung eines Strahls von bestimmter, einer gegebenen Linie des Spektrums entsprechender Brechbarkeit zu bestimmen. Prisma und Fernrohr werden zu dem Zwecke soweit gedreht, bis ein Bild des Spaltes durch das Prisma hindurch im Fernrohr sichtbar wird; jetzt wird das Prisma so gedreht, dass das Bild sich der Richtung des direkt in das Fernrohr gelangenden Lichtes nähert; während der Drehung des Prismas folgt man dem Bilde mit dem Fernrohr. Man erhält schliesslich eine Prismenstellung, bei welcher die geringste Links- oder Rechtsdrehung des Prismas eine Vermehrung der Abweichung der Fernrohraxe von der Richtung des direkt einfallenden Lichtes zur Folge hat. Diese Prismenstellung entspricht somit der kleinsten Ablenkung und zwar stellt man dieselbe für die gegebene Linie des Spektrums her, d. h. indem man auf diese das Fadenkreuz des Fernrohrs eingestellt hält. Der Winkel, durch welchen das Fernrohr aus seiner Parallellage zur Kollimatoraxe gedreht worden ist, lässt sich am getheilten Kreis ablesen und stellt die gesuchte kleinste Ablenkung dar.

Das Abbe'sche Refraktometer. Dieser von Prof. Abbe ursprünglich für seine eigenen ausgedehnten Untersuchungen ersonnene sinnreiche Apparat gründet sich auf die Beobachtung der durch eine zwischen zwei Prismen eingeschlossene Flüssigkeit hervorgerufenen Totalreflexion.

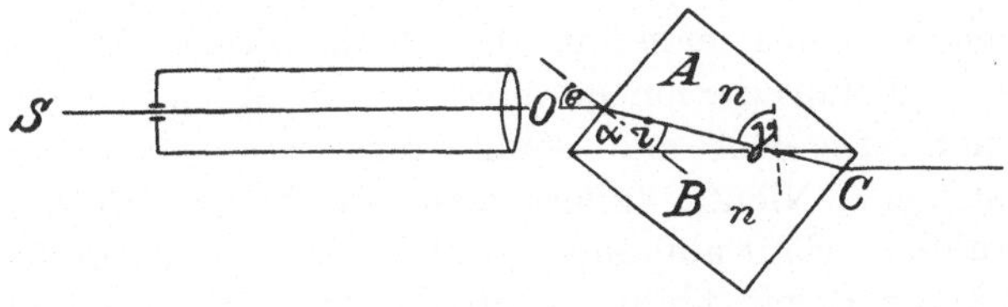

Fig. 139.

A und B (Fig. 139) seien zwei aus gleichartigem, stark brechendem Flintglase hergestellte rechtwinklige Prismen von genau gleicher Form, also auch von gleichen Winkeln. Zwischen den an einander gelegten Hypothenusenflächen der Prismen befindet sich eine dünne Schicht der zu untersuchenden Flüssigkeit. O sei ein Objektiv, in dessen Brennebene sich ein beleuchteter Spalt S befindet. Die von diesem Spalt ausgehenden Strahlen treten, so lange Winkel γ nicht den Grenzwinkel erreicht, ungehindert und parallel zur Eintrittsrichtung aus dem Prismenpaar bei C heraus. Das Prismenpaar wirkt hier als blosse plan-parallele Platte. Sobald aber durch Drehung des Prismenpaares Winkel γ den Werth des Grenzwinkels erreicht, so wird ein unter dem entsprechenden Einfallswinkel e eintretender Strahl an der Zwischenschicht total reflektirt und, da dasselbe für nur wenig zum Hauptschnitt geneigte Strahlen gilt, so erscheint der Spalt einem bei C befindlichen Auge dunkel. Hat man die Mittel, die Grösse des Winkels e zwischen der Fornrohraxe und der

Eintrittsnormalen im Moment der eintretenden Verdunkelung des Spaltes S zu bestimmen, so lässt sich aus dem Werthe von e, dem bekannten Winkel α und dem Brechungsexponenten des Prismenglases der Brechungsexponent der zu untersuchenden Substanz bestimmen.

Man findet nämlich

$$\sin i = \frac{\sin e}{n},$$

$$\gamma = \alpha + i.$$

Die Bedingung aber dafür, dass γ ein Grenzwinkel ist, liefert die Gleichung

$$\sin \gamma = \frac{n'}{n},$$

und mithin ist

$$n' = n \sin \gamma.$$

Dies ist der Grundgedanke des Abbe'schen Refraktometers. Durch die Weiterentwickelung desselben hat Prof. Abbe die praktische Ausführung und Handhabung des Instrumentes noch sehr vereinfacht.

Denken wir uns nämlich, das Prismenpaar habe eine solche Lage, dass die Totalreflexion gerade für diejenigen Strahlen beginnt, welche von S ausgehen und somit durch O als parallelstrahliges Bündel austreten. Nichts ändert sich an diesem Vorgange, wenn wir den Strahlenverlauf umkehren, d. h. die parallelstrahligen Bündel durch das Prismenpaar hindurch in das Objektiv parallel zur Axe desselben eintreten und im Brennpunkt S zur Vereinigung gelangen lassen. Dasselbe gilt für die zum Hauptschnitt wenig geneigten Strahlenbüschel, also auch für solche Bündel paralleler Strahlen, welche in den ausserhalb der Axe liegenden Punkten des Spaltes vereinigt werden. Es ist daher leicht einzusehen, dass in der gedachten Stellung überhaupt keine Strahlen durch das Objektiv zum Spalt gelangen können.

Lassen wir nun Strahlen von einer beliebig ausgedehnten Lichtquelle durch das Prismenpaar in das Objektiv gelangen und ersetzen den Spalt durch ein gewöhnliches Okular, so erblicken wir in dem Moment, wo die Totalreflexion für die der Axe parallel verlaufenden Strahlenbündel eintritt, eine helle und eine dunkle Gesichtsfeldhälfte; denn die Mittellinie des Gesichtsfeldes repräsentirt den erwähnten Spalt; die helle Hälfte entspricht den noch durch das Prismenpaar transmittirten Strahlen, die dunkle Hälfte den total reflektirten Strahlen. Die exakte Lage der Mittellinie lässt sich durch ein Okularfadenkreuz feststellen.

In seiner thatsächlichen Form, wie es von der Firma Carl Zeiss geliefert wird, ist das Refraktometer so eingerichtet, dass man nicht den Winkel *e*, sondern direkt die Brechungsexponenten für die Fraunhofer'sche D-Linie (Natronflamme) abliest.

Derselbe Apparat ist auch mit einem Dispersionsapparat ausgerüstet, mittelst dessen man im Stande ist, die Dispersion für das Interval n_D bis n_F zu bestimmen.

Ausführliches über diesen Apparat und die Anwendung desselben Principes auf andere Apparate findet man in Abbe, *Neue Apparate zur Bestimmung des Brechungs- und Zerstreuungsvermögens fester und flüssiger Körper, Jena 1874.*

§ 285. Will man den Brechungsexponenten einer Flüssigkeit spektrometrisch bestimmen, so bringt man dieselbe in ein Hohlprisma aus Glas, welches aus verkitteten Glasplatten besteht. Da aber die beiden zur Messung benutzten Seiten des Prismas niemals genau plan-parallele Flächen haben, so hat man von der beobachteten Ablenkung noch die kleine, durch das leere Hohlprisma verursachte Ablenkung in Abzug zu bringen.

Man hat nach ähnlichen Methoden auch die Brechungsexponenten von Gasen unter gegebenen Bedingungen in Bezug auf Temperatur und Spannung bestimmt. Man brachte die Gase in Röhren und verschloss deren Enden mit zwei zur Axe der Röhre stark geneigten Glasplatten.

Die Versuche von Biot und Arago über die Brechungsexponenten von Gasen haben gezeigt, dass bei diesen die Grösse $n^2 - 1$ der Dichtigkeit der Gase proportional ist, ein Gesetz, welches Newton aus seiner Emissionstheorie auf mathematischem Wege abgeleitet hatte. Eine vollständigere Zusammenstellung der Methoden für die Bestimmung der Berechnungsindices auf dioptischem Wege (aus der Feder von Dr. C. Pulfrich) findet man in dem von Winkelmann herausgegebenen Handbuch der Physik Bd. II, S. 302—321.

§ 286. *Bestimmung der Brennweite einer dünnen Konvexlinse.*

Diese wird gewöhnlich dadurch gemessen, dass man die Linse so auf ein Objekt einstellt, dass der Abstand des Bildes vom Objekt ein Minimum wird. Dieser Abstand stellt das Vierfache der Brennweite dar. Denn bezeichnen in Fig. 140 *u* und *v* die Abstände des Objektes vor resp. hinter der Linse, so ist nach der bekannten Formel (14, IV)

$$\frac{1}{u} + \frac{1}{v} = \frac{1}{f},$$

während

$$u + v = x$$

die Gleichung für den Abstand zwischen Objekt und Bild ist.

Aus der Kombination beider Gleichungen ergiebt sich

$$u\,v = x\,f$$

und daher

$$(u - v)^2 = x^2 - 4\,x\,f. \quad\ldots\ldots\ldots\ldots \quad (5)$$

Die Grösse $(u - v)^2$ ist stets positiv, der kleinstmögliche Werth von x daher $4\,f$.

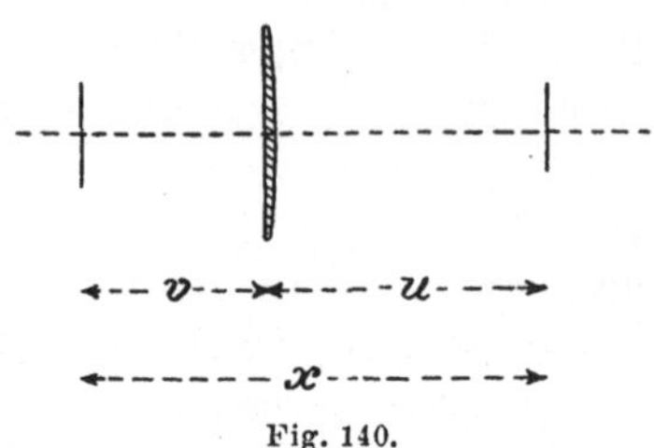

Fig. 140.

Ist die Linse konkav, so verbindet man sie mit einer unmittelbar neben dieselbe gerückten Konvexlinse, welche dem System eine sammelnde Wirkung ertheilt. Die Brennweite der Kombination lässt sich nun in derselben Weise bestimmen, wie im vorigen Falle. Sind f und f' die Werthe der Brennweiten der beiden Linsen, F diejenige der Kombination, so ist nach (26, IV) oder (47, V)

$$\frac{1}{\mathrm{F}} = \frac{1}{f'} - \frac{1}{f}\,,$$

und kennt man f', so ist dadurch auch f bestimmt.

Experimentelle Bestimmung der Brennweite und der Kardinalpunkte eines optischen Instrumentes.

§ 287. Wir wissen, dass sich die Lage und Grösse eines jeden durch ein symmetrisches optisches Instrument erzeugten Bildes eines Objektes durch geometrische Konstruktion oder durch einfache Formeln bestimmen lassen, sobald die Lagen der beiden Brennpunkte und der beiden Hauptpunkte gegeben sind, und es ist daher das optische System vollständig definirt, sobald man die Abscissen der Brennpunkte und die Brennweiten des Systems kennt. Um diese drei Grössen zu bestimmen, hat man (nach Gauss) drei Versuche anzustellen. Bezeichnen g und g' die Abscissen der beiden Brennpunkte, bezogen auf irgend einen Punkt als Ursprung, ξ und ξ' die Abscissen des Objektes und seines Bildes und f die Brennweite des Systems, so ist nach (44, IV)

$$(g - \xi)\,(\xi' - g') = f^2.$$

Um symmetrische Ausdrücke zu gewinnen, beziehen wir alle Abstände auf einen festen Punkt mit der Abscisse e gemessen und setzen

$$e - \xi = a , \qquad \xi' - e = b ,$$

$$e - g = p , \qquad g' - e = q ,$$

so dass p, q und f die zu bestimmenden Konstanten darstellen.

Bestimmen wir durch Versuche die Lage des Bildes für drei verschiedene Lagen des Objektes, so erhalten wir die drei Gleichungen:

$$(a - p)(b - q) = f^2 ,$$

$$(a' - p)(b' - q) = f^2 ,$$

$$(a'' - p)(b'' - q) = f^2 ,$$

wo a', b' und a'', b'' der zweiten und dritten Objektlage entsprechen. Die Grössen a, b, a', b', a'', b'' lassen sich alle direkt messen und es genügen daher diese drei Gleichungen, um die Werthe von p, q und f als Vielfache bekannter Grössen zu bestimmen. Eliminiren wir f^2 aus der ersten und zweiten Gleichung und ebenfalls aus der ersten und dritten Gleichung, so erhalten wir zwei Gleichungen ersten Grades nach p und q, welche eindeutige Werthe für diese Grössen liefern. Wir können dann f^2 aus irgend einer derselben bestimmen. Das Vorzeichen von f bleibt somit noch unbestimmt. Dieses ergiebt sich aus der Stellung des Bildes; ist dasselbe ein aufrechtes, so haben $\xi' - g'$ und f entgegengesetzte Vorzeichen, dagegen gleiche Vorzeichen, wenn das Bild ein umgekehrtes ist.

§ 288. Bei der Aufstellung der zuletzt behandelten Formeln wurde angenommen, dass bei den drei Messungen der Bildabstände das Objekt auf ein und derselben Seite der Linsen liegt. Ist in irgend einem Falle das Objekt auf der anderen Seite, so lassen sich Objekt und Bild vertauschen und die Anordnung ist dann die nämliche wie im vorigen Falle. Praktisch kommen hierbei nur reelle Bilder in Frage; im Falle einer Einzellinse sind wir daher auf eine Sammellinse angewiesen, sofern nicht besondere Methoden zur Bestimmung virtueller Punkte nutzbar gemacht werden. Es ist indessen immer möglich, das System mit einer einzelnen Sammellinse so zu verbinden, dass das ganze System eine sammelnde Wirkung erhält, um dann nach Bestimmung der Konstanten der Kombination diejenigen des ursprünglich gegebenen Systems zu berechnen.

Um Beobachtungsfehler möglichst unschädlich zu machen, sollte man durch zweckmässige Wahl der verschiedenen Objektstellungen eine möglichst grosse Ungleichartigkeit der drei Gleichungen erstreben.

§ 289. Bei einer einzelnen Linse oder einem achromatischen Objektiv, welches aus verkitteten Linsen besteht, ist der Abstand zwischen den Hauptpunkten in der Regel klein. Ist dieser Abstand, den wir mit λ bezeichnen wollen, bekannt, so genügen zwei Versuche. Denn wir haben nun die Gleichung

$$p + q = 2f + \lambda$$

neben den beiden anderen

$$(a - p)(b - q) = f^2,$$

$$(a' - p)(b' - q) = f^2.$$

Eliminiren wir hierin p und q, so erhalten wir

$$\frac{(a' + b' - a - b)^2}{(a' - a)(b - b')} f^2 + 2(a + b + a' + b' - 2\lambda) f$$

$$- (a + b' - \lambda)(a' + b - \lambda) = 0,$$

eine im Allgemeinen in Bezug auf f quadratische Gleichung. Richten wir aber unsere Versuche so ein, dass $a' + b' - a - b = 0$ wird, d. h. so, dass der Abstand zwischen Objekt und Bild in beiden Fällen bei veränderter Stellung der Linse derselbe ist, so reducirt sich unsere Gleichung auf eine Gleichung des ersten Grades. Ist c der Abstand zwischen Objekt und Bild, so ist $a = c - b$, $a' = c - b'$ und unsere Gleichung erhält die Form:

$$4f(c - \lambda) = (c - \lambda + b' - b)(c - \lambda - b' + b),$$

oder

$$f = \frac{1}{4}(c - \lambda) - \frac{(b' - b)^2}{4(c - \lambda)} . \quad \cdots \cdots \cdots (7)$$

Die Werthe von p und q sind dann

$$\left.\begin{aligned} p &= \frac{1}{2}(2f + c + \lambda - b - b') \\[2mm] q &= \frac{1}{2}(2f - c + \lambda + b + b') \end{aligned}\right\} \quad \cdots \cdots \cdots (8)$$

§ 290. Sehr zweckmässig verfährt man bei der Ausführung dieser Versuche in der Weise, dass man zunächst das Objekt in sehr grosse Entfernung bringt, in welchem Falle die Strahlen nach dem zweiten Brennpunkt konvergiren, wodurch der Werth von q ohne Weiteres gegeben ist. Hierauf kehre man die Linse um und messe den Abstand des Bildes desselben Objektes, wodurch p bestimmt ist. Diesen beiden Versuchen hat ein dritter zu folgen zur Gewinnung von Werthen für die Gleichung

$$(a - p)(b - q) = f^2,$$

damit sich f bestimmen lässt. Der Abstand λ ergiebt sich nun aus der Gleichung:

$$\lambda = p + q - 2\sqrt{(a-p)(b-q)} \quad\ldots\ldots\ldots\ldots (9)$$

Für die meisten Fälle ist hiermit die Bestimmung vollständig. Ist aber eine besonders genaue Bestimmung erforderlich, so hat man die oben beschriebene Untersuchung als eine Vorstufe für die Ausführung der im letzten Paragraphen angegebenen Methode anzusehen.

Gauss empfiehlt für den dritten Versuch den folgenden Gang: Auf einem Bogen Papier beschreibe man einen Kreis von annähernd demselben Durchmesser wie derjenige der Linse und zeichne in dessen Mittelpunkt ein kleines, deutliches Kreuz. Hierauf lege man die Linse unmittelbar auf's Papier, so dass sie mit dem gezeichneten Kreise koncentrisch ist und betrachte das Kreuz mittelst eines mit Fadenkreuz versehenen kleinen Mikroskops, welches sich in der Richtung der Linsenaxe einstellen lässt. Man stelle alsdann das Mikroskop so ein, dass das Bild des gezeichneten Kreuzes mit dem Fadenkreuz im Mikroskop zusammenfällt. Hierauf entferne man die Linse und mache wieder eine Einstellung. Die Verschiebung, welche das Mikroskop hierbei erfährt, ist $\xi' - \xi$. Nimmt man den Kreuzungspunkt des Fadenkreuzes als Ausgangspunkt, so ist

$$a = 0, \qquad b = \xi' - \xi \,{}^1).$$

Photometrische Messungen.

§ 291. Wird ein Flächenelement von einer im Abstand r befindlichen Lichtquelle beleuchtet, welche eine Ausstrahlungsintensität I hat, und schliesst die Axe des Beleuchtungskegels einen Winkel θ mit der Normalen zu jenem Flächenelement ein, so ist die Beleuchtungsintensität bekanntlich proportional

$$\frac{I \cos \theta}{r^2}.$$

Wir wissen aus der Erfahrung, dass das Auge an und für sich das Verhältnis der Intensitäten zweier Lichtquellen nicht zu schätzen vermag; wohl aber besitzt das Auge in hohem Maasse die Fähigkeit, zwei unmittelbar neben einander grenzende beleuchtete Flächen bezüglich ihrer Helligkeit zu vergleichen. Sämmtliche photome-

---

[1]) Auch über den Gegenstand dieses und der folgenden Abschnitte findet man eingehendere Mittheilungen (von F. Auerbach, E. Brodhun, S. Czapski und R. Straubel) in dem oben citirten Handbuche der Physik herausgegeben von A. Winkelmann, Breslau 1893, Bd. II, oder in dem Lehrbuche der Physik von Violle (Deutsche Uebersetzung). Berlin 1894, Bd. II, 2.

trischen Methoden gründen sich daher auf die Ausgleichung von Beleuchtungsintensitäten.

Um z. B. die Intensitäten zweier Lichtquellen zu vergleichen, beleuchtet man je eine der beiden Hälften einer dünnen Porcellanscheibe durch eine der zu vergleichenden Quellen derart, dass das Licht entweder senkrecht auf das Scheibchen fällt oder die Einfallswinkel in beiden Fällen die nämlichen sind. Die Abstände der Lichtquellen von den Scheibchen werden nun durch Versuche so gewählt, dass beide Scheibchen dem Auge gleich hell beleuchtet erscheinen. Die Intensitäten der Lichtquellen verhalten sich dann umgekehrt wie die Quadrate ihrer Entfernungen von den Porcellanscheibchen. Hierauf gründet sich die Einrichtung der Photometer nach **Ritchie** und **Foucault**.

§ 292. **Ritchie's** Photometer (Fig. 141) besteht aus einem an beiden Enden offenen Kasten, in dessen Deckel ein schmaler Streifen

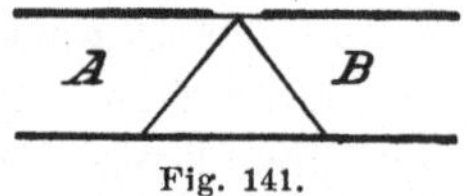

Fig. 141.

Porcellan oder geöltes Papier eingelegt ist. Das Instrument wird nun zwischen die beiden zu vergleichenden Lichtquellen gestellt und deren Licht wird durch die beiden unter 45° zur Axe des Kastens geneigten, vollkommen gleichartigen Spiegelstücke gegen die Unterseite des Porcellanstreifens geworfen. Der Kasten wird nun zwischen den beiden Lichtquellen so lange verschoben, bis die beiden Porcellanhälften gleichmässig beleuchtet erscheinen, und darauf der Abstand der Lichtquellen gemessen.

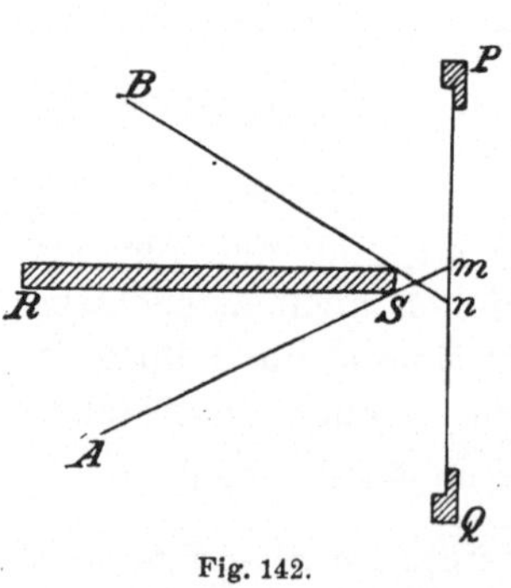

Fig. 142.

§ 293. Bei dem Photometer von **Foucault** (Fig. 142) wirken die beiden zu vergleichenden Lichtquellen jedes für sich auf zwei verschiedene Theile derselben vertikal aufgestellten, dünnen, durchsichtigen Porcellanscheibe PQ. RS ist eine undurchsichtige vertikale Wand, welche beide Lichtquellen von einander trennt. Wird nun diese Wand so eingestellt, dass die Vertikalebenen ASm und BSn, welche die von den beiden Lichtquellen A und B einzeln beleuchteten Theile der Porcellanscheibe begrenzen, sich unmittelbar vor der Scheibe PQ schneiden, so lässt sich der dunkle Streifen beliebig schmal machen. Die Abstände der Lichtquellen A und B werden dann so regulirt, dass die rechts und links von dem dunklen Streifen liegenden Theile der beleuchteten Porcellanscheibe gleich hell erscheinen.

§ 294. Beim Rumford'schen Photometer werden die Tiefen der Schatten, welche durch einen vertikalen, von zwei Lichtquellen beleuchteten Stab auf einen Schirm geworfen werden, mit einander verglichen. Die Lichter werden so aufgestellt, dass die Schatten dicht nebeneinander fallen und der von der einen Lichtquelle herrührende Schatten wird durch die andere Lichtquelle erhellt. Richtet man nun die Verhältnisse so ein, dass die Schatten gleiche Intensität haben, und misst man die Abstände der Lichtquellen von den Schatten, so lässt sich aus dem Verhältnis der Quadrate der Abstände ein Maass für die Leuchtkräfte gewinnen.

Bunsen hat ein sehr einfaches Photometer angegeben. Bringt man auf einem Bogen Papier einen Oelfleck an, so lässt sich dieser bei beiderseitig gleich intensiver Beleuchtung kaum erkennen. Die Lichtquellen werden auf den entgegengesetzten Seiten des Papierschirmes aufgestellt und ihre Abstände so ausprobirt, dass der durchscheinende Oelfleck verschwindet; es verhalten sich dann die Helligkeiten der Lichtquellen umgekehrt wie die Quadrate ihrer Abstände vom Papierschirm. Die Einstellung nimmt man zweckmässiger Weise erst von der einen und dann, nachdem man den Schirm umgedreht hat, von der anderen Seite des letzteren vor, so dass man in beiden Fällen dieselbe Seite des Papiers beobachtet. Man umgeht hierdurch Fehler, welche sich aus Verschiedenheit in der Absorptionsfähigkeit der beiden Papierflächen ergeben würden. Das Mittel aus beiden Messungen giebt ein ziemlich genaues Resultat.

§ 295. Bei allen Versuchen der beschriebenen Art sind gleichartige Lichtquellen vorausgesetzt, indem im anderen Falle ein Vergleich nicht möglich ist. Ein strenger Vergleich zwischen den Leuchtkräften zweier ungleichartiger, zusammengesetzter Lichtquellen liesse sich nur in der Weise anstellen, dass man die relativen Helligkeiten für alle Farben der Spektra beider Lichtquellen bestimmt und die Resultate in einer Tabelle zusammenstellt.

§ 296. Die ersten Schritte zur photometrischen Bestimmung der Helligkeit des 'Sternenlichtes unternahm Herschel. Derselbe liess das Licht des Mondes auf eine Linse von kurzer Brennweite fallen und projicirte so ein kleines Mondbild in die Brennebene der Linse. Dieses Mondbildchen benutzte er als künstlichen Stern und verglich mit seiner Helligkeit diejenige der Sterne. Die Linse liess sich nun auf verschiedene Abstände einstellen und es liess sich eine Stellung finden, bei welcher das Mondbildchen und der Stern gleiche

Helligkeit zeigten. Die Abstände der Bilder für verschiedene Sterne liefern ein Mittel zum Vergleich ihrer Helligkeiten.

Dr. Seidel benutzte ein Instrument, welches sich im Princip von dem Herschel'schen nur wenig unterschied, aber bequemer zu handhaben war. Er theilte das kleine Objektiv eines Fernrohrs in zwei Hälften, deren eine sich in der Richtung der Axe verschieben liess. Zwei mit einander zu vergleichende Sterne wurden durch einen Reflektor in annähernd derselben Richtung sichtbar gemacht. Die Strecke, um welche die eine halbe Objektivlinse verschoben werden musste, damit beide Bilder gleiche Helligkeit aufwiesen, lieferte hinreichend genaue Data für den Vergleich von Sternhelligkeiten.

§ 297. Neuerdings hat Professor Pritchard am Observatorium zu Oxford eine Methode zum Vergleich von Sternhelligkeiten angegeben, welche sich auf die Thatsache gründet, dass die Absorption, welche Licht bei seinem Durchtritt durch ein dichtes Medium erfährt, eine Funktion der Dicke dieses Mediums ist. Prof. Pritchard schaltet einen dünnen Keil homogenen und fast neutral-farbigen (Rauch-) Glases ein und beobachtet das im Brennpunkte des Fernrohrs entworfene Sternbild durch den Keil. Mittelst einfacher Vorrichtungen lässt sich nun mit grosser Genauigkeit die Dicke des verschiebbaren Keils bestimmen, bei welcher das Licht der teleskopischen Sternbilder ausgelöscht wird. Auf diese Weise lässt sich das Licht irgend eines Sternes ohne Weiteres mit demjenigen irgend eines Sternes bekannter Helligkeit vergleichen und eine Tabelle von Sterngrössen zusammenstellen.

Methoden zur Bestimmung der Geschwindigkeit des Lichts.

§ 298. Man kann die Geschwindigkeit des Lichtes durch optische Versuche nach zweierlei Methoden bestimmen; es sind dies die Methoden von Fizeau und Foucault. Fizeau's Experimente wurden im Jahre 1876 von M. Cornu wiederholt und später wurde eine Modifikation der Fizeau'schen Methode von Dr. Young und Prof. Forbes in Schottland benutzt. Die Geschwindigkeit des Lichtes wurde auch von A. A. Michelson nach dem Vorbilde der Foucault'schen Methode bestimmt.

§ 299. Bei den Fizeau'schen Versuchen (Fig. 143) sind zwei astronomische Fernrohre in mehreren Kilometer Entfernung von einander so aufgestellt, dass ihre optischen Axen in einer Linie liegen und ihre Objektive einander zugekehrt sind. In dem Brennpunkt des Objektivs des einen Instrumentes befindet sich ein zur Fernrohraxe

genau senkrechter Spiegel. Der Beobachter nimmt vor dem anderen
Fernrohr Stellung. Hier befindet sich eine unter einem Winkel von
45^0 zur Fernrohraxe geneigte plan-parallele Glasplatte zwischen dem
Okular und dem Brennpunkt des Objektivs. Die von einer seitlich
von dem Instrument befindlichen Lichtquelle ausgehenden Strahlen
werden so auf die geneigte Glasplatte geworfen, dass sie nach der
Reflexion in dem Brennpunkt des Objektivs zur Vereinigung gelangen und als zur Axe paralleles Strahlenbündel aus dem Objektiv
hervortreten. Dieses Strahlenbündel gelangt in das Objektiv des
anderen Fernrohrs, wird dort durch den rechtwinklig zur Axe ange-
brachten Spiegel in der ursprünglichen Richtung zurückgeworfen
und einige dieser Strahlen passiren nach dem Durchtritt durch das
Objektiv die geneigte Glasplatte und gelangen so durch das Okular
in das Auge. Ein mit einer grossen Anzahl kleiner Zähne versehenes
Zahnrad wird in einer zur optischen Axe rechtwinkligen Ebene so in

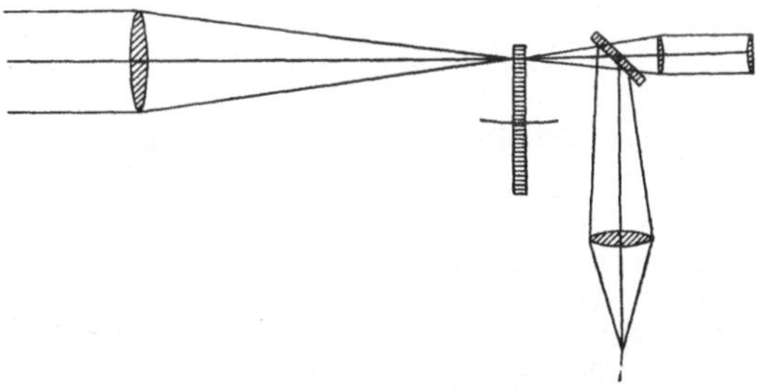

Fig. 143.

Rotation versetzt, dass der Zahnkranz den Brennpunkt des Objektivs
durchschneidet. Versetzt man dieses Zahnrad in verhältnismässig
langsame, aber doch genügend schnelle Rotation, damit das inter-
mittirend auf das Auge wirkende Licht in diesem die Empfindung
einer kontinuirlichen Lichteinwirkung hervorruft, so erblickt das
Auge ein Bild der Lichtquelle. Es ist nämlich die Zeit, welche das
Licht gebraucht, um nach dem entfernten Fernrohr und zurück zu
gelangen, von so kurzer Dauer, dass Licht, welches während einer
gewissen Phase der Rotation eine Zahnlücke passirte, durch dieselbe
Lücke zurückkehrt, ohne dass das Rad sich merklich gedreht hätte.
Wir setzen voraus, dass Zahnbreiten und Zahnlücken gleich gross
sind. Vergrössert man nun allmählich die Umdrehungsgeschwindigkeit, so wird schliesslich der Fall eintreten, dass Lichtstrahlen,
welche eine Zahnlücke passirten, auf dem Rückwege auf einen Zahn
des inzwischen weiter gerückten Zahnkranzes stossen. In solchem
Falle gelangt kein Licht in's Auge. Wird die Umdrehungszahl nun

stetig weiter vergrössert, so erscheint das Bild der Lichtquelle allmählich wieder und verschwindet ebenso wieder, und so fort bei
kontinuirlich steigender Umdrehungszahl. Bezeichnen wir nun mit
$2\,l$ den Gesammtweg des Lichts vom rotirenden Zahnkranz nach
dem entfernten Fernrohr und zurück bis zum Ausgangspunkt, mit v
die Geschwindigkeit des Lichts, so ist die während eines vollständigen Hin- und Herganges des Lichtes verflossene Zeit $\dfrac{2\,l}{v}$. Ist m
die Anzahl der im Rade vorhandenen Zähne, n die Umdrehungszahl
des Rades pro Sekunde, so ist $\dfrac{1}{2\,m\,n}$ die Anzahl der Sekunden,
welche ein Zahn gebraucht, um den Brennpunkt zu passiren. Lässt
man nun die Umdrehungszahl so gross werden, dass sie eine erste
Verfinsterung hervorruft, so wird

$$\frac{2\,l}{v} = \frac{1}{2\,m\,n}$$

oder

$$v = 4\,m\,n\,l,$$

und bringt n eine p^{te} Verfinsterung hervor, so ist

$$v = \frac{4\,m\,n\,l}{2\,p-1}. \qquad\qquad \cdots \cdots \cdots \quad (10)$$

Die Entfernung l lässt sich messen und die sekundliche Umdrehungszahl kann man beobachten, so dass sich der Werth von v
aus dieser Formel bestimmen lässt.

Ein Uebelstand dieser Methode besteht darin, dass praktisch
eine totale Verfinsterung kaum eintritt. Im Allgemeinen bemerkt
man nur eine starke Verminderung der Helligkeit, ein bestimmter
der Berechnung zu Grunde zu legender Zeitpunkt für die Verfinsterung lässt sich demnach nicht mit Sicherheit feststellen.

§ **300.** Young und Forbes stellten diesen Versuch in der
Weise an, dass sie in fast gerader Linie mit einem Fernrohr, welches
wie das zuletzt beschriebene Instrument mit einem rotirenden Zahnrade versehen war, zwei Reflektoren in gewissem Abstande von einander aufstellten. Bei diesem Verfahren handelte es sich nun darum,
dem Zahnrade eine solche Umdrehungsgeschwindigkeit zu geben,
dass die beiden Spiegelbilder gleich hell erschienen.

Ist E die Helligkeit des Bildes bei ausgehobenem Rade, so ist
$\dfrac{E}{2}$ die Helligkeit des Bildes bei langsam rotirendem Rade.

Die sekundliche Umdrehungszahl sei wieder mit n bezeichnet
und t sei die auf den Hin- und Herweg des Lichtes entfallende

Zeit; ferner sei k die Breite jedes Zahns und jeder Lücke des Rades. Innerhalb des Zeitraums t legt somit der Umfang des Rades die Strecke $2\,m\,n\,k\,t$ zurück. Ehe die erste Verdunkelung eintritt, wirkt die Rotation ganz in derselben Weise, als ob das Rad sich langsam drehte, dabei aber jeder Zahn eine Breite $k + 2\,m\,n\,k\,t$ hätte. Ist daher I die Helligkeit des erblickten Lichtes, so ist

$$I = \frac{1}{2}\,E\left\{1 - 2\,m\,n\,t\right\}.$$

Bedeutet N die Umdrehungszahl bei der ersten Verdunkelung, so ist

$$1 - 2\,m\,t\,N = 0,$$

oder hieraus

$$N = \frac{1}{2\,m\,l} = \frac{v}{4\,m\,l}.$$

In der ersten Phase ist daher

$$I = \frac{1}{2}\,E\left\{1 - \frac{n}{N}\right\}.$$

In der zweiten Phase, wo also n den Werth von N überschritten hat, nimmt I zu und hat den Werth

$$I = \frac{1}{2}\,E\left\{\frac{n}{N} - 1\right\}.$$

Allgemein lässt sich für die p^{te} Phase der Verdunkelung, diese als eine ungerade Zahl vorausgesetzt, die Formel aufstellen:

$$I = \frac{1}{2}\,E\left\{p - \frac{n}{N}\right\},$$

oder, wenn p eine gerade Zahl ist,

$$I = \frac{1}{2}\,E\left\{\frac{n}{N} - p + 1\right\}.$$

Für das zweite Fernrohr, das wir im Gegensatze zu dem ersten, A, mit B bezeichnen wollen, mögen E', l', t', N', I' als die den Grössen E, l, t, N, I analogen Bezeichnungen gelten. Das Fernrohr A sei das von beiden entferntere. Wir haben für das Fernrohr die Gleichungen

$$I' = \frac{1}{2}\,E'\left\{p - \frac{n}{N'}\right\},$$

und

$$I' = \frac{1}{2}\, E'\left\{ \frac{n}{N'} - p + 1 \right\},$$

je nachdem p eine ungerade oder gerade Zahl ist.

Vergleicht man die Ausdrücke für I und I', so erkennt man, dass die $r$te Gleichheit der Intensitäten in die $r$te Phase für B und die $(r+1)$te Phase für A fallen kann.

Ist r eine gerade Zahl, so ist die Bedingung für die $r$te Gleichheit:

$$\frac{1}{2}\, E\left\{ r + 1 - \frac{n}{N} \right\} = \frac{1}{2}\, E'\left\{ \frac{n}{N'} - r + 1 \right\},$$

und die Bedingung für die $(r+1)$te Gleichheit ist

$$\frac{1}{2}\, E\left\{ \frac{n'}{N} - r - 1 \right\} = \frac{1}{2}\, E'\left\{ r + 1 - \frac{n'}{N'} \right\}.$$

Aus der Subtraktion dieser Gleichungen ergiebt sich:

$$E\left\{ \frac{n + n'}{N} - (2\,r + 2) \right\} = E'\left\{ 2\,r - \frac{n + n'}{N'} \right\},$$

oder

$$\frac{1}{2}\,(n + n')\left\{ \frac{E}{N} + \frac{E'}{N'} \right\} = (r + 1)\,E + r\,E'.$$

Diese Formel erfährt eine wesentliche Vereinfachung, wenn man die beiden Abstände l und l' so wählt, dass

$$\frac{l}{l'} = \frac{r + 1}{r},$$

wo r eine gerade ganze Zahl ist. Bei den thatsächlichen Versuchen von Young und Forbes war $l : l' = 13 : 12$.

In diesem Falle wird $\dfrac{N'}{N} = \dfrac{r + 1}{r}$ und unsere Bedingungsgleichung lautet

$$\frac{1}{2}\,(n + n')\,\frac{1}{N'\,r} = 1,$$

oder

$$N' = \frac{n + n'}{2\,r}.$$

Wir wissen aber, dass $N' = \dfrac{v}{4\,m\,l'}$; wir erhalten somit hieraus und der letzten Gleichung für v die Formel

$$v = \frac{2\,m\,l'\,(n + n')}{r}. \quad \ldots \ldots \ldots \quad (11)$$

Aus diesen Versuchen ergab sich für v der Werth 301,382,000 m pro Sek. Cornu, welcher nach der Fizeau'schen Methode Versuche anstellte, fand 300,400,000 m pro Sek. als die Geschwindigkeit des Lichtes.

§ 301. Im Folgenden sei die von Foucault befolgte Methode zur Bestimmung der Geschwindigkeit des Lichtes beschrieben.

Ein Bündel Sonnenlicht wurde mit Hilfe eines Spiegels durch eine kleine quadratische Oeffnung P im Fensterladen in ein dunkles Zimmer geworfen und nach dem Durchtritt durch die Linse C (Fig. 144) von einem Spiegel $m\ o\ n$ aufgefangen. Der Spiegel $m\ o\ n$ war so angeordnet, dass er um die in o zur Zeichenebene senkrechte Axe in schnelle Rotation versetzt werden konnte. Verfolgen

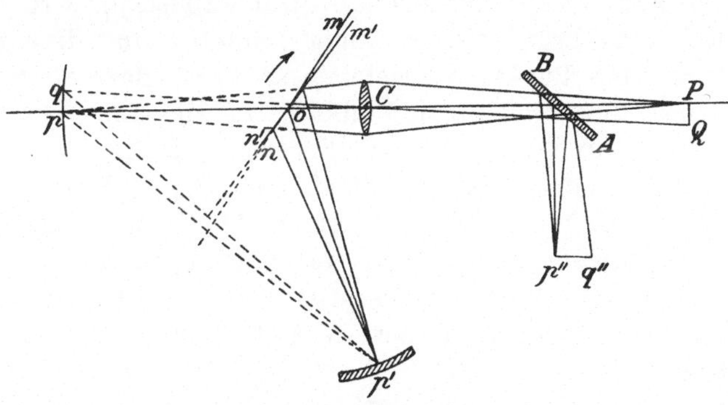

Fig. 144.

wir nun den Verlauf eines kleinen, von dem Punkt P der Fensteröffnung ausgehenden Strahlenbüschels, so haben wir zunächst p als den dem Punkt P konjugirten Punkt. Infolge der Einschaltung des Drehspiegels $m\ o\ n$ werden aber die Strahlen, bevor sie in p homocentrisch werden, durch den Spiegel reflektirt und kommen in p' zur Vereinigung, so dass $op = op'$. p' ist gleichzeitig ein Punkt eines Konkavspiegels, der dort so angeordnet ist, dass sein Krümmungsradius op ist und sein Mittelpunkt auf o fällt. Durch diesen Spiegel wird das Strahlenbüschel wieder in derselben Richtung zurückgeworfen, und befindet sich der Drehspiegel in Ruhe, so gelangt das Strahlenbüschel auf seinem ursprünglichen Wege nach P. Zwischen P und der Linse C befindet sich eine unter einem Winkel von 45^0 zur Axe P C geneigte Glasplatte, so dass ein Theil des zurückkehrenden Strahlenbüschels durch dieselbe reflektirt wird und im Punkte p'' zur Vereinigung kommt, wo es mittelst eines dort aufgestellten Fernrohrs beobachtet wird. Wird der Spiegel $m\ o\ n$ in langsame Drehung versetzt, so wird das Licht dann zurückgeworfen, wenn der Spiegel $m\,o\,n$ eine solche Stellung einnimmt, dass er Licht nach dem kleinen Hohlspiegel p' reflektiren kann; man erblickt daher bei p'' ein intermittirendes Bild. Wird indessen die sekundliche Drehungszahl auf ca. 30 erhöht, so empfängt das Auge den Eindruck eines kontinuirlichen Bildes. So lange der Spiegel sich mit mässiger Geschwindigkeit dreht, ist die Zeit, welche das Licht gebraucht, um von o nach p' und wieder zurück zu gelangen, so kurz, dass das zurückkehrende Lichtbüschel den Spiegel erreicht, ehe derselbe seine Lage messbar verändert hat Lässt man aber die Rotationsgeschwindigkeit so gross werden, dass der Spiegel einige hundert Drehungen pro Sekunde macht, so beschreibt der Spiegel einen kleinen Winkel, während das Strahlenbüschel von o nach p' und wieder zurück gelangt. Das nun von p' ausgehende Strahlenbüschel wird von dem Spiegel in dieser veränderten Stellung reflektirt und divergirt nach der Reflexion vom Punkte q, welcher so liegt, dass $o\,q = o\,p'$; die Linse C bringt die Strahlen im Punkt Q auf der Linse q C zur Vereinigung; das durch Reflexion im Fernrohr erscheinende Bild befindet sich daher bei q'' anstatt bei p'' und $p''\,q'' = \mathrm{P\,Q}$.

Ueber der Oeffnung, durch welche das Licht eintrat, ist ein feiner Draht gespannt, dessen Lage durch P angedeutet ist, und die Verschiebung $p''\,q''$ dieses Drahtes lässt sich mit Hilfe des Fernrohrs bestimmen. Die Grösse dieser Verschiebung soll mit δ bezeichnet sein.

§ **302.** n sei die Anzahl der Umdrehungen des Spiegels pro Sekunde; dieselbe lässt sich mittelst einer Sirene bestimmen. Ferner sei $\mathrm{C\,P} = a$, $\mathrm{C\,O} = b$ und $o\,p' = r$. Ist v dann die Geschwindigkeit des Lichtes, so haben wir als Ausdruck für die Anzahl der Sekunden, welche das Licht gebraucht, um von o nach p' und wieder zurück zu gelangen:

$$t = \frac{2\,r}{v}.$$

Während dieser Zeit dreht sich der Spiegel um einen Winkel $2\,\pi\,n\,t$ oder $\dfrac{4\,\pi\,n\,r}{v}$.

Die Punkte p, q, p' liegen auf einem um o als Mittelpunkt beschriebenen Kreise und die Linien $p\,p'$ und $q\,p'$ sind beziehungsweise senkrecht zu den beiden Stellungen des Spiegels und somit ist der Winkel $p\,p'\,q$ gleich dem von den beiden Spiegelstellungen gebildeten Winkel, also gleich $\dfrac{4\,\pi\,n\,r}{v}$. Hieraus folgt, dass der Winkel $p\,o\,q = \dfrac{8\,\pi\,n\,r}{v}$ ist, und es ist somit

$$p\,q = \frac{8\,\pi\,n\,r^2}{v}.$$

Aus der Aehnlichkeit der Dreiecke P Q C und $p\,q$ C ergiebt sich:

$$\mathrm{P\,Q} : p\,q = a : b + r,$$

und hieraus

$$\mathrm{P\,Q} = \frac{8\,\pi\,n\,r^2\,a}{v\,(b+r)}.$$

Für diese Länge PQ, welche gleich $p''q''$ ist, findet man durch Beobachtung den Winkel δ; die Formel zur Bestimmung der Geschwindigkeit des Lichtes lautet somit:

$$v = \frac{8\,\pi\,n\,r^2\,a}{\delta\,(b+r)} \quad\ldots\ldots\ldots \quad (12)$$

Foucault fand nach dieser Methode als die Geschwindigkeit des Lichts 298,000,000 m pro Sekunde. Michelson, welcher das Foucault'sche Verfahren etwas modificirte, fand hierfür den Werth 299,940,000 m pro Sekunde.

Die von Foucault angegebene Methode lässt sich auch zur Bestimmung der Geschwindigkeit des Lichtes in anderen transparenten Medien, z. B. Wasser, benutzen. Zu diesem Zwecke füllt man eine Röhre, deren Enden durch Glasplatten verschlossen sind, mit Wasser, schaltet dieselbe zwischen dem rotirenden Spiegel und dem kleinen sphärischen Spiegel ein, so dass der Strahlenverlauf theilweise durch Wasser statt Luft erfolgt. Man hat hierbei gefunden, dass Licht sich im Wasser langsamer als in der Luft fortpflanzt und zwar verhalten sich die Geschwindigkeiten umgekehrt wie die Brechungsexponenten der Medien.

Kapitel XIII.

Brechung durch Medien von variabler Dichtigkeit. Meteorologische Optik.

———

§ **303.** Variirt das brechende Medium kontinuirlich nach einem gegebenen Gesetze, so lässt sich der für irgend einen Punkt gültige Brechungsexponent als eine gegebene Funktion der Koordinaten jenes Punktes ansehen. Setzt man diese Funktion gleich einer Konstanten, so erhält man die Gleichung einer Fläche, für welche der Brechungsindex konstant ist; die Gestalt dieser Fläche charakterisirt die Art der Schichtung des Mediums. Untersuchen wir nun die Brechung eines Strahls bei seinem Uebergange von einer Schicht von gleichförmigem Brechungsvermögen zu einer ihm unendlich benachbarten Schicht, so werden wir dadurch auf eine Differentialgleichung für den Strahlengang geführt und die Auflösung dieser Gleichung bestimmt den gesammten Strahlenverlauf.

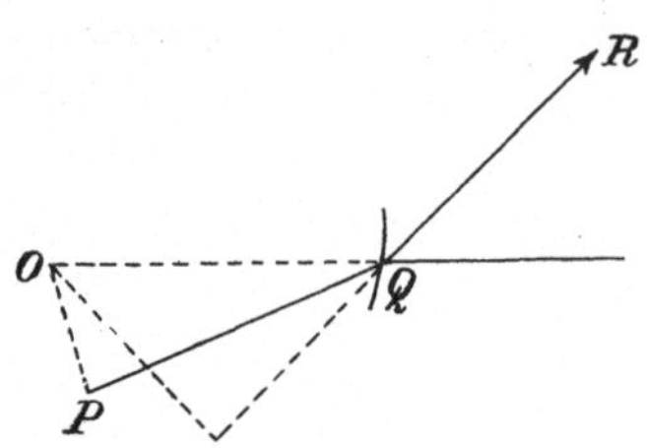

Fig. 145.

§ **304.** Wir wollen zunächst annehmen, das Medium sei um einen Punkt symmetrisch in Bezug auf sein variables Brechungsvermögen, also in koncentrischen Kugelflächen geschichtet, und der Strahl verlaufe in einer durch diesen Punkt gehenden Ebene.

In Fig. 145 seien PQ und QR zwei einander unendlich benachbarte Richtungen des Strahls vor und nach seiner Brechung an einer um O als Mittelpunkt beschriebenen Kugelfläche. Sind nun i und i' Einfalls- und Brechungswinkel, so ist

$$n \sin i = n' \sin i'.$$

Bedeuten p und p' die Längen der von O auf die Richtung des Strahls vor und nach der Brechung gefällten Perpendikel, so erhält die letzte Gleichung die Form

$$n\,p = n'\,p'.$$

Diese Relation gilt für jede beliebige Brechung; verläuft daher der Strahl in einem Medium, das aus koncentrisch um einen Punkt O gruppirten Hohlkugeln von stetig wachsendem Brechungsvermögen besteht, so lässt sich die Gleichung für den Strahlenverlauf folgendermaassen ausdrücken:

$$n\,p = a, \quad\dots\dots\dots\dots \quad (1)$$

worin a konstant ist.

Hieraus lässt sich die Veränderung des Brechungsexponenten in dem Medium berechnen, welche einem gegebenen Strahlenverlauf entspricht. In der Gleichung der Kurve lässt sich p durch ein Vielfaches von r ersetzen und man erhält dann als Gleichung für die Veränderung des Brechungsexponenten:

$$n = \frac{a}{p}. \quad\dots\dots\dots\dots \quad (2)$$

§ 305. Um eine Vorstellung zu gewinnen über die Art und Weise, in welcher ein in einem heterogenen Medium befindliches Objekt erblickt wird, wollen wir den Strahlenverlauf für ein Medium untersuchen, für welches

$$n = \frac{b}{a^2 + r^2},$$

worin a und b Konstanten darstellen. Auf diese Gleichung wurde Maxwell durch die Untersuchung eines Fischauges geführt. Die Gleichung für den Verlauf irgend eines Strahls ist $n\,p = \text{konstant}$, oder

$$\frac{b\,p}{a^2 + r^2} = \text{konstant} = \frac{b}{2c},$$

wenn hierin c eine willkürliche, von einem Strahl zum anderen sich ändernde Konstante bedeutet. Die Gleichung für irgend einen Strahl ist daher

$$2\,p\,c = a^2 + r^2,$$

woraus folgt:

$$\frac{r\,d\,r}{d\,p} = c.$$

Die Relation zeigt, in Worten ausgedrückt, dass der Krümmungs-radius der Kurve der nämliche ist für alle Punkte derselben, so dass der Strahlenweg einen Kreis mit dem Radius c bildet. Es ist in der That leicht ersichtlich, dass die Beziehung zwischen r und p für irgend einen Punkt eines Kreises, dessen Radius c ist und dessen Mittelpunkt sich im Abstande k vom Ursprung befindet, sich durch die Gleichung

$$k^2 = r^2 + c^2 - 2\,c\,p$$

ausdrücken lässt, so dass

$$a^2 = c^2 - k^2.$$

Ist daher $A\,O\,A'$ eine Sehne des Kreises, welche durch den Ursprung geht, so ist das Rechteck $A\,O\,.\,O\,A' = a^2$. Dieses Resultat gilt für jeden beliebigen Strahl, und es sind somit A und A' einander konjugirte Punkte. Jedes Paar konjugirter Punkte liegt daher auf derselben durch den Mittelpunkt der sphärischen Straten gehenden Linie, und das Produkt ihrer Abstände von jenem Centrum ist a^2.

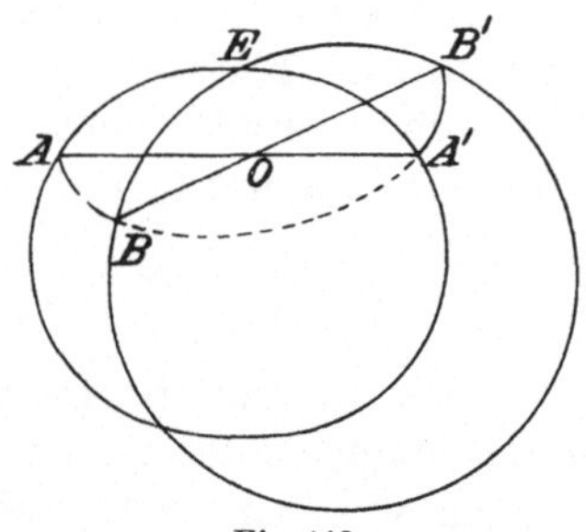

Fig. 146.

Angenommen nun, das Auge betrachte einen Gegenstand durch ein derartig zusammengesetztes Medium und es befinde sich in einer kleinen, von orthotomischen Flächen begrenzten Einsenkung und zwar in Luft dicht neben der Fläche der Einsenkung.

Ist in Fig. 146 A B ein kleines Objekt, A' B' dessen Bild und E die Stellung des Auges, so wird man, wenn das Auge auf das Objekt gerichtet wird, das letztere aufrecht stehend erblicken; wird das Auge dagegen von dem Objekt abgewendet, so wird es immer noch in seiner Lage A' B' sichtbar bleiben, aber in umgekehrter Stellung. Verfolgen wir ferner die Strahlen, durch welche das letztere Bild dem Auge sichtbar wird, so erkennen wir alsbald, dass dieselben von der Rückseite des Objektes kommen; man erblickt demnach bei A' B' die Rückseite des Objektes.

Den so erzeugten Bildern kommt noch eine andere Eigenthüm-lichkeit zu. Es wird nämlich im Allgemeinen die Divergenz in der

Ebene der Zeichnung nicht die nämliche sein wie in der zu dieser senkrecht gerichteten Ebene; die Strahlen weisen daher für Höhe und Breite verschiedene Divergenzen auf.

§ 306. Mit astronomischer Refraktion bezeichnet man den Winkel, welchen die scheinbare Richtungslage eines durch die Atmosphäre erblickten Sternes mit derjenigen Richtung einschliesst, in welcher der Stern erblickt werden würde, wenn keine Atmosphäre vorhanden wäre.

Man kann, ohne einen merklichen Fehler zu begehen, die Erde als sphärisch gestaltet ansehen, und ebenso kann man annehmen, die Atmosphäre sei um den Erdmittelpunkt hohlkugelförmig geschichtet. Es wurde oben bereits gezeigt, dass für den Verlauf eines Strahls in einem derartig konstituirten Medium die Gleichung besteht:

$$n\,p = \text{const.},$$

worin p das Loth von dem Erdmittelpunkt auf die Tangente zur Kurve des Strahlenganges in dem Punkte, für welchen der Brechungsexponent n ist, darstellt. x sei der von dem Mittelpunkt nach irgend einem Punkt des Strahlenverlaufs gezogene Radius vector; der Radius vector wird dann eine Normale zum betreffenden sphärischen Stratum sein; i sei der Winkel zwischen dem Strahl und dieser Normalen. Die letzte Gleichung lässt sich dann folgendermaassen schreiben:

$$n\,x\sin i = n_0\,a\sin z, \qquad \ldots \ldots \ldots \ldots \quad (3)$$

wo n_0, a, z die Werthe von n, x, i an der Erdoberfläche darstellen.

Ist ferner i' der Winkel, welchen ein unendlich benachbartes Element des Strahlenweges mit der Normalen einschliesst, so stellt die Ablenkung $i - i'$ die Zunahme in der atmosphärischen Refraktion dar. Bezeichnen wir daher die atmosphärische Refraktion mit r, so ist $i - i' = \partial r$. Das Gesetz für die Brechung lautet also

$$n\sin i = (n + \partial n)\sin(i - \partial r),$$

oder

$$n\sin i = (n + \partial n)(\sin i - \partial r\cos i),$$

oder

$$\partial n\sin i - n\,\partial r\cos i = 0,$$

woraus folgt

$$\frac{dr}{dn} = \frac{\operatorname{tg} i}{n}. \qquad \ldots \ldots \ldots \ldots \quad (4)$$

Substituiren wir hierin i nach z aus Gleichung (3), so erhalten wir

$$\frac{dr}{dn} = \frac{1}{n}\, \frac{n_0\, a \sin z}{\sqrt{n^2 x^2 - n_0{}^2 a^2 \sin^2 z}}\,,$$

$$r = n_0\, a \int \frac{\sin z\, dn}{n \sqrt{n^2 x^2 - n_0{}^2 a^2 \sin^2 z}} \quad\ldots\ldots\ldots \quad (5)$$

Um dies Integral zu lösen, hat man die Relation zwischen n und a zu kennen.

§ 307. Simpson nahm an, dass die Dichtigkeit der Atmosphäre derartig abnimmt, dass eine gewisse Potenz des Brechungsexponenten der Entfernung vom Erdmittelpunkt proportional sei. Diese Hypothese ist durch die Gleichung

$$\left(\frac{n}{n_0}\right)^{m+1} = \frac{a}{x} \quad\ldots\ldots\ldots\ldots \quad (6)$$

dargestellt.

Aus dieser Gleichung folgt

$$\sin i = \left(\frac{n}{n_0}\right)^{m} \sin z.$$

Logarithmiren und differentiiren wir diese Gleichung, so erhalten wir

$$\frac{di}{\operatorname{tg} i} = \frac{m\, dn}{n}\,, \quad\ldots\ldots\ldots\ldots \quad (7)$$

somit

$$dr = \frac{di}{m}\,. \quad\ldots\ldots\ldots\ldots \quad (8)$$

Um für diese Gleichung die Integrationsgrenzen zu finden, nehmen wir an, dass in grosser Entfernung vom Erdmittelpunkt die Luft so dünn wird, dass ihre brechende Wirkung vernachlässigt werden kann. Ist θ der Werth von i für den Theil des Strahlenganges, wo eine Ablenkung nicht mehr stattfiandet, so ist nach (7)

$$\sin \theta = \left(\frac{1}{n_0}\right)^{m} \sin z.$$

Hieraus ergiebt sich durch Integration von (8)

$$r = \int_{\theta}^{z} \frac{di}{m} = \frac{1}{m}\, (z - \theta),$$

und daher ist schliesslich, wenn man die Substitution für θ vornimmt, die astronomische Refraktion

$$r = \frac{1}{m}\left[z - \text{arc sin}\left(\frac{\sin z}{n_0^m}\right)\right] \;\ldots\ldots\;\; (9)$$

Dies ist Simpson's Formel zur Bestimmung der astronomischen Brechung.

§ **308.** Bradley gab dieser Formel eine andere Form. Für Simpson's Formel lässt sich schreiben

$$\frac{\sin z}{\sin (z - m\, r)} = n_0^m \; .$$

Es ist daher

$$\frac{\sin z - \sin (z - m\, r)}{\sin z + \sin (z - m\, r)} = \frac{n_0^m - 1}{n_0^m + 1} \; ;$$

hieraus

$$\text{tg} \; \frac{m\, r}{2} = \frac{n_0^m - 1}{n_0^m + 1} \; \text{tg} \left(z - \frac{m\, r}{2}\right),$$

oder angenähert

$$r = \frac{2}{m} \; \frac{n_0^m - 1}{n_0^m + 1} \; \text{tg} \left(z - \frac{m\, r}{2}\right) \;\ldots\ldots\;\; (10)$$

Bradley schrieb diesen Ausdruck in der Form:

$$r = g \; \text{tg} \, (z - f\, r) \;\ldots\ldots\;\; (11)$$

und fand, dass für den durchschnittlichen Zustand der Luft bei einem Druck von 752 mm und einer Temperatur von 15,5⁰ C. man mit ziemlicher Genauigkeit

$$g = 57,036'', \quad f = 3 \;\ldots\ldots\;\; (12)$$

nehmen kann.

§ **309.** Biot und Arago haben experimentell nachgewiesen, dass, wenn n der Brechungsexponent, ϱ die Dichtigkeit der Atmosphäre ist,

$$n^2 - 1 = 4\, k\, \varrho, \;\ldots\ldots\;\; (13)$$

wo $4\, k$ eine empirische Konstante ist, welche den Werth hat

$$4\, k = \cdot\, 000\, 588\, 768. \;\ldots\ldots\;\; (14)$$

Drückt man die Dichtigkeit nach x aus, nach der Theorie des atmosphärischen Gleichgewichtes, so lässt sich die genaue Relation zwischen n und x bestimmen. Dies geschah durch Laplace und noch vollständiger durch Bessel; diese Untersuchung ist aber sehr verwickelt und gehört kaum ins Gebiet der Optik. Ausführliches über Bessel's Untersuchung findet sich in Chauvenet's *Astronomie*, Vol. I.

§ **310.** Untersuchen wir nun den Fall, wo ein Strahl in einer Ebene verläuft in einem Medium, welches in Bezug auf die Ebene symmetrisch ist. Es ist die Gleichung für den Strahlenverlauf zu bestimmen.

Wir nehmen zunächst an, der Brechungsexponent folge einem bekannten Gesetz

$$n = f(x, y).$$

In Fig. 147 sei P der Einfallspunkt des Strahls in irgend einem Stratum von konstantem Brechungsvermögen. Q P sei die Richtung des Strahls vor, Q' P R nach der Brechung und beide Richtungen schliessen Winkel θ resp. $\theta + \partial \theta$ mit der X-Axe ein.

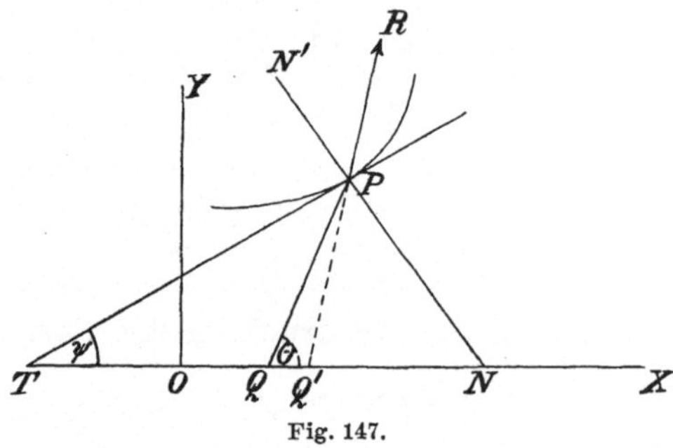

Fig. 147.

Man ziehe die Tangente P T und errichte die Normale N P N' zu der durch P gehenden Kurve von gleichem Brechungsexponenten, und P T schliesse einen Winkel ψ mit der Axe ein. Nach dem Brechungsgesetz ist dann

$$n \sin \mathrm{QPN} = (n + \partial n) \sin \mathrm{RPN'} = (n + \partial n) \sin \mathrm{Q'PN}$$

oder

$$n \cos (\theta - \psi) = (n + \partial n) \cos (\theta + \partial \theta - \psi).$$

Vernachlässigt man die höheren Potenzen von ∂n, $\partial \theta$, so erhält man aus dem letzten Ausdruck:

$$\partial n \cos (\theta - \psi) = n \, \partial \theta \sin (\theta - \psi).$$

Da ferner P T die Tangente an eine Kurve von der Gleichung $n = $ const. ist, so ist

$$\frac{dn}{dx} \cos \psi + \frac{dn}{dy} \sin \psi = 0$$

und

$$\cos \theta = \frac{dx}{ds}, \quad \sin \theta = \frac{dy}{ds};$$

und aus diesen drei Gleichungen folgt

$$\operatorname{tg}(\theta - \psi) = \frac{\operatorname{tg}\theta - \operatorname{tg}\psi}{1 + \operatorname{tg}\theta\operatorname{tg}\psi} = \frac{\dfrac{dn}{dy}\cdot\dfrac{dy}{ds} + \dfrac{dn}{dx}\cdot\dfrac{dx}{ds}}{\dfrac{dn}{dy}\cdot\dfrac{dx}{ds} - \dfrac{dn}{dx}\cdot\dfrac{dy}{ds}},$$

wofür sich schreiben lässt

$$\frac{dn}{ds}\operatorname{cotg}(\theta - \psi) = \frac{dn}{dy}\cdot\frac{dx}{ds} - \frac{dn}{dx}\cdot\frac{dy}{ds}.$$

An Stelle der Gleichung für die Brechung lässt sich aber schreiben

$$\frac{dn}{ds}\operatorname{cotg}(\theta - \psi) = n\frac{d\theta}{ds} = \frac{n}{\varrho},$$

wo ϱ der Krümmungsradius des Strahlenverlaufs ist. Die Gleichung des Strahlenverlaufs lautet somit

$$\frac{n}{\varrho} = \frac{dn}{dy}\frac{dx}{ds} - \frac{dn}{dx}\frac{dy}{ds}.$$

Da nun $-\dfrac{dy}{ds}$ und $\dfrac{dx}{ds}$ die Richtungskosinusse der Normalen, in der Richtung von ϱ gemessen, sind, so kann man für diese Gleichung schreiben

$$\frac{n}{\varrho} = \frac{dn}{d\nu},$$

wo ν ein Element der Normalen zur Kurve ist; oder endlich

$$\frac{1}{\varrho} = \frac{d}{d\nu}(\log n). \quad\ldots\ldots\ldots\ldots \quad (15)$$

§ 311. Ist das Medium aus horizontalen Schichten zusammengesetzt, so ist der Brechungsexponent eine Funktion von y allein und der Winkel ψ ist dann gleich 0. Aus der früheren Untersuchung ergiebt sich dann

$$\partial n \cos\theta = n\,\partial\theta \sin\theta,$$

oder

$$\partial(n\cos\theta) = 0.$$

Hieraus erhalten wir durch Integration

$$n\cos\theta = c,$$

wo c eine Konstante ist; diese Gleichung hätte man direkt aus dem

Brechungsgesetz ableiten können. Die Differentialgleichung des Strahlenweges ist daher

$$n^2 = c^2 \left\{ 1 + \left(\frac{dy}{dx} \right)^2 \right\}$$

oder

$$\frac{dx}{c} = \pm \frac{dy}{\sqrt{n^2 - c^2}} \; .$$

Sobald n als Funktion von y gegeben ist, kann diese Gleichung integrirt und die Gleichung für den Strahlenverlauf bestimmt werden.

Die Gestalt der Kurve ist symmetrisch in Bezug auf eine zur Y-Axe parallel gerichtete Axe. Um die Lage des Scheitels zu bestimmen, haben wir nur die Tangente horizontal werden zu lassen, d. h.

$$\frac{dy}{dx} = 0$$

zu setzen, und es wird dann

$$n^2 = c^2.$$

Lassen wir den Strahl durch einen Punkt $(0, b)$, z. B. das Auge gehen, so finden wir einen geometrischen Ort für die Scheitelpunkte. Schreibt man $\Phi_{(y)}$ für n^2, so lautet die Gleichung für einen durch den Punkt 0, b gehenden Strahl

$$x = c \int_b^y \frac{dy}{\sqrt{\Phi_{(y)} - c^2}} \; .$$

Den Scheitel dieser Kurve findet man aber, wenn man deren Gleichung mit der anderen

$$\Phi_{(y)} = c^2$$

verbindet und es ist daher, wenn man mit (ξ, η) den Scheitel irgend eines ins Auge gelangenden Strahls bezeichnet,

$$\xi = \sqrt{\Phi_{(y)}} \int_b^\eta \frac{dy}{b\sqrt{\Phi_{(y)} - \Phi_{(\eta)}}} \; . \quad \ldots \ldots \quad (16)$$

Um zu bestimmen, in welcher Lage ein dicht am Horizont befindliches Objekt erblickt werden würde, wenn das Auge sich mit demselben auf gleichem Niveau befände, haben wir die Scheitelkurve für sämmtliche Strahlen, welche ins Auge gelangen, zu verfolgen und die Punkte zu bestimmen, wo sie von einer in der Mitte zwischen Objekt und Auge befindlichen Vertikalen getroffen wird;

jeder der Schnittpunkte ist ein Scheitelpunkt des Verlaufs eines Strahls, mittelst dessen das Objekt erblickt wird. Neigt sich an einem dieser Punkte die Scheitelkurve dem Auge entgegen, so kreuzen sich zwei benachbarte Strahlen und es entsteht ein umgekehrtes Bild; neigt sich dagegen die Scheitelkurve vom Auge fort, so kreuzen sich die benachbarten Strahlen nicht und das entstehende Bild erscheint somit aufrecht.

§ 312. Im Allgemeinen nimmt die Dichtigkeit der Luft mit der Höhe über dem Boden ab. In sandigen Gegenden tritt jedoch häufig der Fall ein, dass der Sand sich erhitzt, dann die ihm zunächst liegenden Luftschichten erhitzt und verdünnt, so dass die Dichtigkeit der Luft von dem Boden nach oben zu bis zu einer gewissen Grenze zunimmt, dann aber wieder abnimmt. In der Höhe, wo die Dichtigkeit ein Maximum ist, ist n unveränderlich, so dass hier $\dfrac{dn}{dy} = 0$; aus der Gleichung des Strahls schliessen wir dann, dass $\dfrac{d^2x}{dy^2} = 0$ ist, so dass der Strahlenverlauf einen Wendepunkt besitzt.

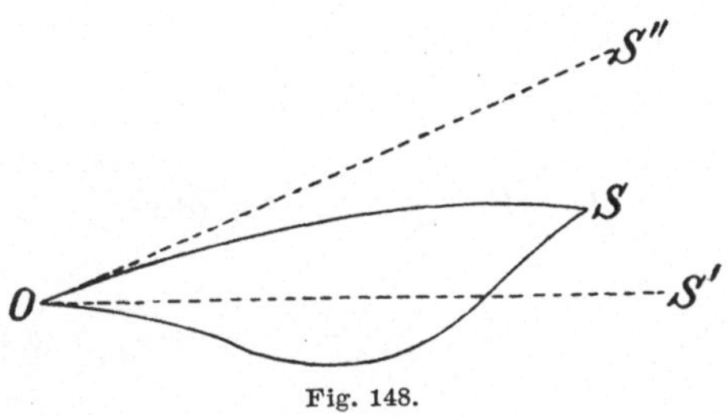

Fig. 148.

Ist S in Fig. 148 ein Gegenstand, O des Beobachters Auge, welche beide über der Schicht grösster Dichtigkeit liegen mögen, so wird ein von S nach O durch die oberen Luftschichten verlaufender Strahl dem Horizont gegenüber eine konkave Kurve beschreiben.

Verfolgen wir den Verlauf von Strahlen, welche in geringerer Neigung zum Horizont von S ausgehen, so werden einige konkav bleiben, dagegen werden die zum Horizont stärker geneigten Strahlen unter Umständen einen Wendepunkt haben und in diesem Falle kann ein Strahl, wenn er in seinem Verlauf durch den Boden unterbrochen wird, das Auge auf einem zweiten Wege erreichen. Es wird dann der Beobachter das Objekt direkt und aufrechtstehend durch den oberen Strahlenweg in der Richtung OS'', und ein umgekehrtes Bild in der Richtung OS' vermöge des unteren Strahlenverlaufs erblicken. Man gewinnt hierbei den Eindruck, als würde ein oberes, aufrecht stehendes Objekt bei S'' in einem Spiegel oder einer Wasserfläche reflektirt.

Auf See tritt diese Erscheinung oft in umgekehrter Form auf. Hier nimmt die Dichtigkeit der Luft von der Wasserfläche aus schnell ab. Das Bild eines entfernten Schiffes oder der Küste wird daher oft aufrechtstehend durch die fast gleichförmigen unteren Luftschichten erblickt, während gerade über demselben ein umgekehrtes Bild entsteht, welches von den Strahlen herrührt, welche durch die oberen Schichten verlaufen. Diese Erscheinungen sind unter dem Namen Luftspiegelungen bekannt und wurden zuerst von Monge erklärt.

§ **313.** Der Brechungsexponent sei zunächst ganz allgemein durch

$$n = f_{(x,\ y,\ z)}$$

ausgedrückt.

Ein jeder Strahl wird so verlaufen, dass $\int n\,ds$ ein Minimum wird.

Es sei $V = \int n\,ds$ für den Strahlenverlauf zwischen zwei Punkten A und B. Erfährt nun der Strahlenverlauf eine kleine Aenderung, so wird

$$\partial V = \int \partial n\,ds + \int n\,\partial(ds).$$

Da ferner

$$ds = \sqrt{(dx)^2 + (dy)^2 + (dz)^2},$$

so ist auch

$$\partial(ds) = \frac{dx}{ds}\,\partial(dx) + \frac{dy}{ds}\,\partial(dy) + \frac{dz}{ds}\,\partial(dz),$$

und das zweite Integral lässt sich daher in folgender Weise umformen:

$$\int\left\{ n\,\frac{dx}{ds}\,\partial(dx) + n\,\frac{dy}{ds}\,\partial(dy) + \frac{dz}{ds}\,\partial(dz)\right\}.$$

Es ist aber $\partial(dx) = d(\partial x)$.

Durch partielle Integration erhält man daher

$$\left[n\,\frac{dx}{ds}\,\partial x + n\,\frac{dy}{ds}\,\partial y + n\,\frac{dz}{ds}\,\partial z\right]_A^B$$

$$- \int\left\{\frac{d}{ds}\left(n\,\frac{dx}{ds}\right)\partial x + \frac{d}{ds}\left(n\,\frac{dy}{ds}\right)\partial y + \frac{d}{ds}\left(n\,\frac{dz}{ds}\right)\partial z\right\}ds.$$

Nach gehöriger Reduktion erhält man als Werth von ∂V

$$\partial V = \left[n \left(\frac{dx}{ds} \partial x + \frac{dy}{ds} \partial y + \frac{dz}{ds} \partial z \right) \right]_{A}^{B}$$

$$+ \int \left[\left\{ \frac{dn}{dx} - \frac{d}{ds} \left(n \frac{dx}{ds} \right) \right\} \partial x + \left\{ \frac{dn}{dy} - \frac{d}{ds} \left(n \frac{dy}{ds} \right) \right\} \partial y + \right.$$

$$\left. + \left\{ \frac{dn}{dz} - \frac{d}{ds} \left(n \frac{dz}{ds} \right) \right\} \partial z \right] ds.$$

Es muss aber ∂V für alle unendlich kleinen Verschiebungen des Strahlenweges verschwinden, so dass für alle Punkte der Kurve die Relationen bestehen:

$$\left. \begin{aligned} \frac{d}{ds} \left(n \frac{dx}{ds} \right) &= \frac{dn}{dx} \\[2mm] \frac{d}{ds} \left(n \frac{dy}{ds} \right) &= \frac{dn}{dy} \\[2mm] \frac{d}{ds} \left(n \frac{dz}{ds} \right) &= \frac{dn}{dz} \end{aligned} \right\}.$$

Für Eintritt und Austritt lautet dann die Endgleichung

$$\frac{dx}{ds} \partial x + \frac{dy}{ds} \partial y + \frac{dz}{ds} \partial z = 0.$$

Nehmen wir an, A und B seien gezwungen, sich auf Flächen zu bewegen, für welche V konstant ist, so ist diese Gleichung die Bedingung dafür, dass beiderendig der Strahl senkrecht zur Fläche V = konstant gerichtet ist.

Aus der Integration irgend zweier der obigen allgemeinen Gleichungen ergiebt sich die Gleichung für den Strahlenverlauf.

Die Richtungskosinusse des Krümmungsradius des Strahlenverlaufs sind

$$\varrho \frac{d^2 x}{ds^2}, \quad \varrho \frac{d^2 y}{ds^2} \quad \text{und} \quad \varrho \frac{d^2 z}{ds^2}.$$

Ist dm ein Element dieser Hauptnormalen, so ist

$$\frac{dn}{dm} = \varrho \left\{ \frac{d^2 x}{ds^2} \frac{dn}{dx} + \frac{d^2 y}{ds^2} \frac{dn}{dy} + \frac{d^2 z}{ds^2} \frac{dn}{dz} \right\} = n \varrho \left\{ \left(\frac{d^2 x}{ds^2} \right)^2 + \left(\frac{d^2 y}{ds^2} \right)^2 + \left(\frac{d^2 z}{ds^2} \right)^2 \right\}$$

$$+ \varrho \frac{dn}{ds} \left\{ \frac{dx}{ds} \frac{d^2 x}{ds^2} + \frac{dy}{ds} \frac{d^2 y}{ds^2} + \frac{dz}{ds} \frac{d^2 z}{ds^2} \right\} = \frac{n}{\varrho}.$$

Hieraus ergiebt sich

$$\frac{1}{\varrho} = \frac{d}{d\,m}\,(\log n) \quad \ldots \ldots \ldots \ldots \quad (17)$$

als die Differentialgleichung des Strahlenverlaufs.

Der Regenbogen.

§ 314. Die erste befriedigende Erklärung des Regenbogens lieferte Antonius de Dominis, Erzbischof von Spalatro, in seinem Werke „De Radiis Visus et Lucis" (1611). Er weist hierin nach, dass der innere Bogen durch zwei Brechungen und eine dazwischen liegende Reflexion des Sonnenlichtes im Regentropfen entstehe, während der äussere Bogen von zwei Brechungen und zwei dazwischenliegenden Reflexionen herrühre. Descartes nahm ebenfalls diese Erklärung an und bestätigte deren Richtigkeit experimentell durch mit Wasser gefüllte Glaskugeln, welche so aufgestellt waren, dass sie einen künstlichen Regenbogen hervorriefen. Newton vervollständigte die Theorie, indem er das Auftreten der Farben erklärte. Die vollständige Theorie führt auf Erörterungen, welche in die physikalische Optik gehören, und wurde von Airy durchgeführt. Wir müssen uns hier mit der approximativen Theorie begnügen.

§ 315. Fallen die parallel gerichteten Sonnenstrahlen auf einen Wassertropfen, so wird ein Theil des Lichtes an der äusseren Fläche des Tropfens diffus gemacht und bewirkt, dass der Tropfen sichtbar wird; ein anderer Theil dringt in den Tropfen ein und wird gebrochen; von diesen Strahlen wird wieder ein Theil beim Austritt aus der entgegengesetzten Fläche des Tropfens gebrochen, während der andere Theil in den Tropfen reflektirt wird; dieser Vorgang wiederholt sich beliebig oft. Verfolgen wir nun die Strahlen, welche innerhalb einer Symmetrieebene zum Eintritt gelangen und welche nach einer Reflexion durch Brechung aus dem Tropfen treten; es ist leicht ersichtlich, dass nicht alle Strahlen in derselben Richtung zum Austritt gelangen, denn bekanntlich hängt die Ablenkung von dem Einfallswinkel ab. Ferner, nimmt der Einfallswinkel gleichmässig zu, so ändert sich die Ablenkung bald schneller, bald langsamer; je langsamer die Ablenkung sich ändert, um so geringer wird die Divergenz der austretenden Strahlen sein. Fängt man daher die austretenden Strahlen auf einem Schirm auf, so erscheint die beleuchtete Fläche nicht gleichmässig hell; vielmehr wird sie da am hellsten sein, wo die Divergenz am geringsten ist, d. h. da, wo die Ablenkung die langsamste Veränderung erfährt. Die Veränderungen der Ablenkung erfolgen aber immer in der Nähe eines Maximums oder Minimums am langsamsten; die Lichtfläche wird demnach da am hellsten sein, wo die Ablenkung ein Minimum ist. Innerhalb der Richtung kleinster Ablenkung wird überhaupt kein Licht transmittirt.

Wird anstatt eines einzelnen Tropfens eine ganze Schaar von Tropfen von Sonnenstrahlen beleuchtet, so werden diejenigen Tropfen, aus welchen vermöge ihrer Stellung die Strahlen in der Richtung nach dem Auge mit minimaler Ablenkung austreten, heller leuchtend erscheinen als andere und heben sich gegen die Wolke als besonders hell ab. Diese Erscheinung ist dieselbe für alle durch die Verbindungslinie zwischen Sonne und dem Auge des Beobachters gelegten Ebenen, und es wird daher die Vereinigung der hell erglänzenden Tropfen einen Kreisbogen bilden, dessen Mittelpunkt auf dieser Verbindungslinie liegt und dessen Radius vom Auge aus gemessen nur von dem Brechungsexponenten abhängt. Dieser ist aber nicht für alle Strahlengattungen des Sonnenlichtes der nämliche, sondern hat seinen grössten Werth für die violetten, seinen kleinsten Werth für die rothen Strahlen, und es wird daher die Lage des leuchtenden Bogens nicht für alle farbigen Strahlen dieselbe sein. Es entsteht daher eine Reihe von farbigen, ein Spektrum darstellenden Banden. Dies ist das Princip der Erklärung des Regenbogens.

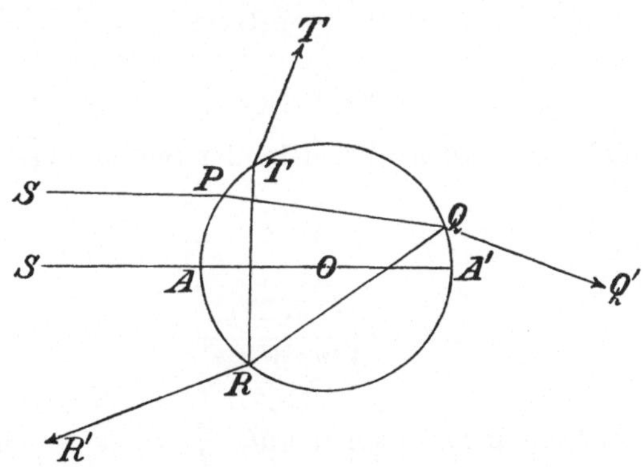

Fig. 149.

§ **316.** S P sei in Fig. 149 ein Lichtstrahl, welcher bei P auf einen Wassertropfen fällt, P Q sei der in dem Tropfen gebrochene Strahl. Ein Theil des Lichtes tritt durch Brechung bei Q in der Richtung Q Q' aus, während ein anderer Theil bei Q in der Richtung QR reflektirt wird, wo wieder theilweise Reflexion und Brechung stattfindet, und so fort; i sei der Einfallswinkel bei P, i' der zugehörige Brechungswinkel, so dass $\sin i = n \sin i'$. Die Ablenkung bei P ist dann $i - i'$. Beim Eintritt bei Q ist der Einfallswinkel i', und der Theil der Strahlen, welcher bei Q zum Austritt gelangt, erfährt wieder eine Ablenkung $i - i'$ in derselben Richtung wie vorher. Für den bei Q reflektirten Theil ist die Ablenkung aber $\pi - 2\,i'$, und da, wo der Strahl die Fläche wieder bei R trifft, ist der Einfallswinkel wiederum i'. Erfährt der Strahl daher m innere Reflexionen und tritt dann durch Brechung wieder hervor, so wird die Gesammtablenkung:

$$D = 2\,(i - i') + m\,(\pi - 2\,i') \qquad\qquad (18)$$

Die wirksamsten Strahlen sind, wie wir gesehen haben, diejenigen, welche die Ablenkung ein Maximum oder Minimum werden lassen. Um für solche Strahlen den Einfallswinkel zu finden, differentiiren wir D nach i und setzen den Differentialquotienten gleich 0. Es wird dann

$$0 = 1 - (m + 1)\,\frac{d\,i'}{d\,i} \qquad\qquad (19)$$

Aus der Relation $\sin i = n \sin i'$ folgt durch Differentiation

$$\cos i = n \cos i'\,\frac{d\,i'}{d\,i} \qquad\qquad (20)$$

und daher aus (19) und (20)

$$n \cos i' = (m + 1)\cos i \qquad\qquad (21)$$

Ferner ist

$$n \sin i' = \sin i\,.$$

Durch Quadratur und Addition beider Seiten dieser Gleichungen findet sich

$$n^2 = (m + 1)^2 \cos^2 i + \sin^2 i,$$

und hieraus

$$\cos i = \sqrt{\frac{n^2 - 1}{m^2 + 2\,m}} \qquad\qquad (22)$$

Da i zwischen den Grenzen 0 und $\frac{\pi}{2}$ liegt, so hat i einen unzweideutigen Werth.

§ 317. Für Wasser hat n ungefähr den Werth $\frac{4}{3}$, und damit i einen reellen Werth hat, muss der Zähler in (22) kleiner sein als der Nenner; es muss also sein $(m + 1)^2 > n^2$ oder $m + 1 > \frac{4}{3}$. Es muss also m wenigstens gleich 1 sein und das in diesem Falle bei Q aus dem Tropfen tretende Licht hat weder maximale noch minimale

Ablenkung und bildet daher keinen Regenbogen. Für m existirt keine obere Grenze und theoretisch können Bögen nach jeder beliebigen Anzahl von inneren Reflexionen entstehen.

§ **318.** Wir haben noch festzustellen, ob der in (22) gegebene Werth von i für D ein Maximum, Minimum oder keines von beiden verursacht. Wir haben also noch den zweiten Differentialquotienten auf dessen Vorzeichen zu untersuchen.

Durch successive Differentiation von (18) erhalten wir:

$$\frac{d\,\mathrm{D}}{d\,i} = 2 - 2\,(m+1)\,\frac{d\,i'}{d\,i}\,,$$

$$\frac{d^2\,\mathrm{D}}{d\,i^2} = -\,2\,(m+1)\,\frac{d^2 i'}{d\,i^2}\,.$$

Nach (20) ist aber

$$\frac{d\,i'}{d\,i} = \frac{\cos i}{n\cos i'}$$

und hieraus

$$\frac{d^2 i'}{d\,i^2} = \frac{-\,n\cos i'\sin i + n\sin i'\cos i\,\dfrac{d\,i'}{d\,i}}{n^2\cos^2 i'}\,.$$

Das Vorzeichen von $\dfrac{d^2\,\mathrm{D}}{d\,i^2}$ ist somit dasselbe wie dasjenige von

$$\cos i'\sin i - \sin i'\cos i\,\frac{di'}{di}\,.$$

Für $\dfrac{di'}{di}$ dessen Werth substituirt, ergiebt sich für den letzten Ausdruck

$$\frac{n\cos^2 i'\sin i - \cos^2 i\sin i'}{n\cos i'}\,.$$

Da nun i' immer kleiner als $\dfrac{\pi}{2}$ ist, so ist der Nenner dieses Bruches positiv und der Bruch nimmt also das Vorzeichen des Zählers an, also von

$$n\cos^2 i'\sin i - \cos^2 i\sin i'\,,$$

oder

$$n\,(1 - \sin^2 i')\sin i - (1 - \sin^2 i)\sin i'\,,$$

oder

$$n\sin i - \frac{\sin i}{n}\,,$$

oder schliesslich von

$$\sin i\,\frac{n^2 - 1}{n}\,.$$

Für Regentropfen ist $n = \dfrac{4}{3}$ und daher verursacht, da i immer positiv ist, der in (22) gegebene Werth von i für D ein Minimum für jede beliebige Anzahl von inneren Reflexionen. Die Ablenkung erfolgt naturgemäss in verschiedenen Richtungen, je nachdem die obere oder untere Hälfte des Tropfens getroffen wird.

§ 319. Wir haben nun die Aufeinanderfolge der Strahlenfarben festzustellen, indem wir die Veränderungen in der Richtung der wirksamsten Strahlen für verschiedene Brechungsexponenten bestimmen. Stellt $\varDelta$ die kleinste Ablenkung dar, so ist nach (18)

$$\varDelta = m\,\pi + 2\,i - 2\,(m+1)\,i'\cdot$$

und nach (21)

$$n \cos i' = (m+1)\cos i.$$

Aus der ersteren Gleichung ergiebt sich

$$\frac{d\varDelta}{dn} = 2\left\{\frac{di}{dn} - (m+1)\frac{di'}{dn}\right\},$$

ferner aus der Differentiation der Beziehung $\sin i = n \sin i'$

$$\cos i\,\frac{di}{dn} = n\cos i'\,\frac{di'}{dn} + \sin i'$$

und daher

$$\frac{d\varDelta}{dn} = \frac{2}{\cos i}\left[\sin i' + \left\{n\cos i' - (m+1)\cos i\right\}\frac{di'}{dn}\right] = \frac{2\sin i'}{\cos i};$$

das heisst

$$\frac{d\varDelta}{dn} = \frac{2}{n}\,\operatorname{tg} i.$$

Hieraus folgt, dass $\dfrac{d\varDelta}{dn}$ positiv ist; es nimmt also $\varDelta$ mit n zu und die Ablenkung ist somit am stärksten für die violetten, am geringsten für die rothen Strahlen.

§ 320. Es wurde bereits gezeigt, dass zur Erzeugung eines Regenbogens mindestens eine Reflexion innerhalb des Regentropfens erforderlich ist. Bei jeder weiteren Reflexion geht ein Theil des Lichtes verloren und die entsprechenden Regenbögen erscheinen lichtschwächer. Den durch eine innere Reflexion erzeugten Bogen nennt man den Hauptregenbogen. Der Einfallswinkel für die wirksamsten Strahlen ergiebt sich aus der Formel (22), wenn man hierin $m = 1$ setzt; es ist also

$$\cos i = \sqrt{\frac{n^2 - 1}{3}},$$

und für die Ablenkung haben wir die Formel:

$$D = 2\,(i - i') + \pi - 2\,i',$$

welche sich aus (18) ergiebt.

Die Brechungsexponenten von Wasser für rothe und violette Strahlen sind beziehungsweise $\frac{108}{81}$ und $\frac{109}{81}$. Setzen wir diese Werthe von n in die beiden letzten Formeln ein, so ergeben sich folgende Werthe für die den rothen und violetten Strahlen entsprechenden Ablenkungen

$$D_R = 137^0\,58'\,20''$$

$$D_V = 137^0\,43'\,20''.$$

Ist O in Fig. 150 das Auge des Beobachters und $S\,O\,S'$ eine die Richtung der Sonnenstrahlen darstellende Linie, und machen wir den

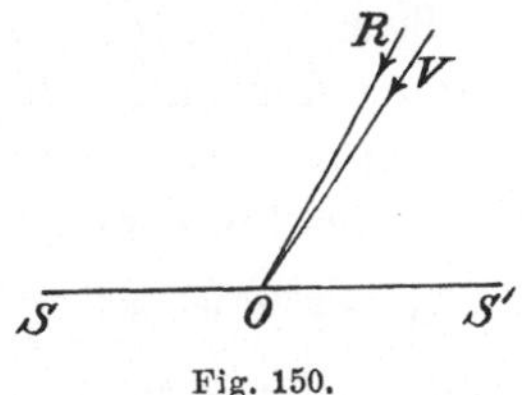

Fig. 150.

Winkel $S'\,O\,R$ gleich dem Supplement von D_R, also gleich $42^0\,1'\,40''$, so ist RO die Richtung, in welcher die wirksamsten Strahlen ins Auge gelangen. Ist ferner $S'OV$ ein Winkel, welcher gleich dem Supplement von D_V, also gleich $40^0\,16'\,40''$ ist, so ist VO die Richtung, in welcher die wirksamsten violetten Strahlen ins Auge gelangen. Die dazwischen liegenden farbigen Strahlen gelangen in Richtungen, welche zwischen $O\,R$ und $O\,V$ liegen, in's Auge.

Lässt man ferner die Linien OR und OV sich um die Linie OS' als Axe drehen (Fig. 150), so ist klar, dass alle Tropfen, welche auf der durch Rotation von $O\,R$ entstandenen Kegelfläche liegen, rothe Strahlen ins Auge senden; und Aehnliches gilt für die übrigen Farben. Das Auge erblickt daher eine Reihe von verschieden farbigen Bögen, deren violetter der am weitesten nach innen gekehrte ist.

Die Wirkung derjenigen Strahlen, welche das Auge mit grösserer Ablenkung treffen, besteht darin, dass sie eine Wolke innerhalb des Bogens mit schwachem Licht beleuchten, während kein Licht von Tropfen ausserhalb des Bogens in das Auge gelangt.

Die Trennung der Farben ist nicht eine vollständige; sie überdecken einander, so dass einige derselben kaum erkannt werden können. Diese Erscheinung findet, genau wie beim Newton'schen Prismenexperiment, ihren Grund darin, dass die Sonne einen Durchmesser von 33′ hat und, da jeder Punkt der Sonne Strahlen aussendet, so erhalten wir, entsprechend den verschiedenen Elementen der Sonnenoberfläche, eine Reihe von einander überdeckenden und in einander verschmelzenden Regenbögen.

Ausser den bereits betrachteten ist noch eine andere Gruppe von Strahlen vorhanden, welche mit kleinster Ablenkung durch den Tropfen treten; es ist dies diejenige Gruppe von Strahlen, welche den Tropfen auf dessen Unterseite im gleichen Winkel wie vorher treffen. Diese werden nach der Brechung von der Erde abgelenkt und sind einem auf der Erde stehenden Beobachter nicht sichtbar, obgleich sie Bögen erzeugen, welche bisweilen bei Ballonfahrten oder auf über die Wolken sich erhebenden Bergspitzen erblickt werden. Steht die Sonne hinreichend tief, so lässt sich in dieser Weise zuweilen ein vollständiger Kreis beobachten.

§ 321. Erfahren die Strahlen zwei innere Reflexionen, so erzeugen sie einen Regenbogen, den man als den sekundären oder Nebenregenbogen bezeichnet. Lässt man $m = 2$ werden und setzt die entsprechenden Werthe für n ein, so erhält man nach (18):

$$D_R = 230^0\,58'\,50''$$

$$D_V = 234^0\,9'\,20''.$$

Da diese Ablenkungen grösser als 180^0 sind, so erkennt man ohne Weiteres, dass diejenigen Strahlen, welche in das Auge eines auf der Erde stehenden Beobachters gelangen, auf der Unterseite des Tropfens zum Eintritt gelangen.

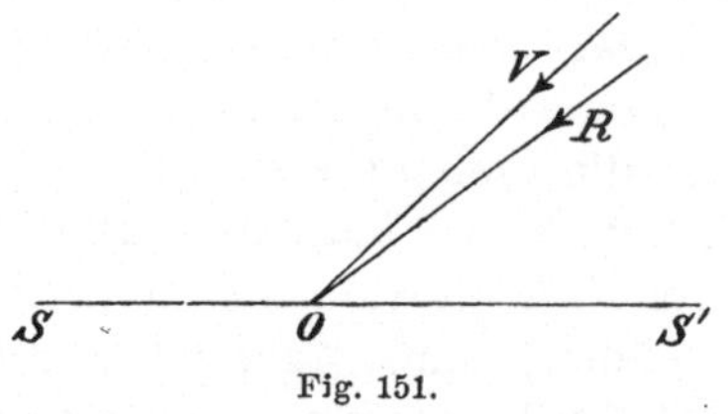

Fig. 151.

Ist $S\,O\,S'$ in Fig. 151 eine in der Richtung der Sonnenstrahlen durch das Auge des Beobachters gezogene gerade Linie und stellen die Winkel $S'\,O\,R$ und $S'\,O\,V$ beziehungsweise die Winkelgrössen $D_R - 180^0 = 50^0\,58'\,50''$ und $D_V - 180^0 = 54^0\,9'\,20''$ dar, so sind $R\,O$ und $V\,O$ die Richtungen der wirksamsten rothen und violetten Strahlen und die Erscheinung des sekundären Bogens lässt sich durch Rotation der Linien $O\,R$ und $O\,V$ um $O\,S'$ als Axe ableiten. Die Aufeinanderfolge der Farben ist in diesem Falle die umgekehrte wie vorher; das Violett bildet den äusseren, das Roth den inneren Saum.

Die Strahlen, welche das Auge unter grösserer Ablenkung treffen, beleuchten eine ausserhalb des Bogens befindliche Wolke. Der Nebenbogen ist weniger hell als der Hauptbogen, aus zwei Gründen: einmal erfährt das Licht infolge zweimaliger innerer Reflexion eine Abschwächung, dann aber auch ist die Dispersion der Strahlen bei diesem Bogen grösser als bei dem Hauptbogen.

§ 322. Diese beiden Regenbögen sind die einzigen, welche unter gewöhnlichen Umständen sichtbar werden, wenn auch in der Theorie die höheren Bögen vorhanden sind. Die dritten und vierten Bögen werden nur unter ganz besonderen Umständen sichtbar. Denn nehmen wir $m = 3$, so wird für rothe Strahlen $D = 318^0\,24'$ $= 360 - 41^0\,36'$. Die Richtung der Strahlen fällt somit hinter die Wolken und würden einem dort befindlichen Beobachter gegenüber dem weit helleren direkten Sonnenlicht verloren gehen.

Für $m = 4$ ist $D = 360^0 + 44^0\,13'$. Der Fall vierer innerer Reflexionen unterscheidet sich daher nur wenig von dem letzten Fall. Die wirksamen Strahlen treten in die obere Hälfte des Tropfens und fallen wieder hinter die Wolken.

Für den fünften Bogen ist $D = 360 + 126^0$. Der Bogen hat also einen Radius von 54^0 und kann ausserhalb des Nebenbogens bemerkt werden; namentlich tritt dies bei Wasserfällen ein, wo die Tropfen sich in der Nähe der Augen befinden. Die Bögen höherer Ordnung lassen sich nur in Laboratorien unter sorgfältig vorbereiteten Bedingungen sichtbar machen.

Höfe und ähnliche Erscheinungen.

§ 323. Ausser dem Regenbogen, welcher seine Entstehung Brechungen und Reflexionen des Sonnenlichts an in der Luft befindlichen Wassertropfen verdankt, giebt es andere Erscheinungen ähnlicher Art, welche sich auf die Gegenwart von das Sonnenlicht brechenden und reflektirenden Eiskrystallen in der Luft zurückführen lassen. Wir wollen im Folgenden diese Erscheinungen kurz behandeln.

Die am häufigsten vorkommenden sind die sogenannten Höfe. Es sind dies farbige Ringe, welche um die Sonne und auch um den Mond sichtbar werden. Der am häufigsten zu beobachtende Hof hat einen Radius von 22^0. Die Farben folgen vom inneren roth bis äusseren violett. Diese Erscheinung, welche in nördlichen Breiten eine sehr gewöhnliche ist, lässt sich auch in unserem Klima beobachten; meteorologische Stationen vermögen gewöhnlich mehrere wöchentliche Fälle anzuführen.

Ein anderer Kreis, dessen Winkel 46^0 beträgt, umgiebt den ersteren und enthält die Farben in derselben Aufeinanderfolge.

Die nächst dieser am häufigsten vorkommende Erscheinung ist ein Kreis weissen Lichtes, welcher durch die Sonne geht und dem Horizont parallel gerichtet ist. Man nennt ihn den parhelischen Kreis.

Auf dem parhelischen Kreis bemerkt man mehrere weisse oder farbige Bilder der Sonne; an den Punkten, wo der Kreis den inneren Hof trifft, beobachtet man zwei farbige Bilder der Sonne, deren inneren Säume roth erscheinen. Diese Bilder treten deutlich hervor, wenn die Sonne am Horizont steht; bei höherer Stellung bemerkt man sie etwas ausserhalb der Schnittpunkte. Man nennt diese Bilder der Sonne Parhelia oder Nebensonnen.

Seltener erblickt man zwei ähnliche Bilder, ebenfalls auf dem parhelischen Kreise und zwar an den Schnittpunkten desselben mit dem äusseren Hof.

Noch seltener erblickt man auf dem parhelischen Kreise Punkte, welche sich durch eine plötzliche Zunahme in der Helligkeit bemerkbar machen. Diese Punkte sind ihrer Lage nach nicht unveränderlich; sie liegen zwischen 90 und 140^0 von der Sonne. Sie heissen Paranthelia. Das Anthelion ist ein weisses Bild, welches auf dem parhelischen Kreise der Sonne gerade gegenüber erscheint.

Ausserhalb des parhelischen Kreises sieht man oft Kurven, welche weniger einfach gestaltet sind als die Höfe oder der parhelische Kreis. Von den Parhelien des inneren Hofs gehen zwei schräge Bögen aus, welche man als Löwitz'sche Bögen bezeichnet.

Zu anderen Zeiten erblickt man an den oberen und unteren Theilen jedes Hofs tangentiale Bögen. Diejenigen des inneren Hofs erscheinen zuweilen verlängert und bilden dann gewissermaassen einen elliptischen Hof. Der Hof von 46^0 hat auch Tangentialbögen; diese treten aber niemals verlängert auf.

Schliesslich lassen sich an den Seiten des Hofes von 46^0 supra-laterale und infra-laterale Tangentialbögen beobachten.

§ 324. Diese Phänomene lassen sich nicht auf kleine Wassertropfen zurückführen. Bei den meisten derselben treten Farbenerscheinungen auf, ein Beweis, dass sie auf Brechung beruhen. Ferner kommen sie in unseren Himmelsstrichen öfter im Winter als im Sommer vor; in den Polargegenden scheinen sie mit einer Lebhaftigkeit, welche wir nie zu beobachten Gelegenheit haben.

Mariotte führte einige der beobachteten Erscheinungen auf die Anwesenheit von winzigen Eiskrystallen in der Luft zurück und andere Phänomene hat man derselben Ursache zugeschrieben. Einige von den hierbei gemachten Annahmen sind zwar willkürlich, aber

Galle und Bravais haben diese Theorie auf eine so feste Basis gestellt, dass sie kaum mehr bezweifelt werden darf.

Man hat die Eiskrystalle sorgfältig untersucht und hat konstatirt, dass eine Krystallform öfters vorkommt als alle anderen; es ist dies die hexagonale Säule, und zwar entweder in ihrer länglichen Form als Nadel, oder in ihrer flachen Form als hexagonales Blättchen.

Aus diesen Formen von Eiskrystallen resultiren drei Arten von brechenden Winkeln. Zwei benachbarte Seiten schliessen einen Winkel von 120°, zwei nicht benachbarte Seiten einen Winkel von 60° mit einander ein, während die Seiten mit der Basis einen Winkel von 90° einschliessen.

§ 325. Der Hof von 22° wurde von Mariotte erklärt. Angenommen, die Atmosphäre sei mit nach allen Richtungen geneigten Eiskrystallen erfüllt, so wird unter diesen sich stets eine grosse Anzahl solcher Krystalle befinden, deren Axen senkrecht zu einer die Sonne und das Auge des Beobachters verbindenden Geraden gerichtet sind. Nun stellt aber ein Winkel von 22° die kleinste Ablenkung für einen durch ein Prisma mit einem brechenden Winkel von 60° tretenden Strahl dar. Hiernach würde also für alle Richtungen, welche einen Winkel von 22° mit der Auge und Sonne verbindenden Geraden einschliessen, ein Maximum für das transmittirte Licht bestehen. Ferner ist der Winkel kleinster Ablenkung für rothe Strahlen kleiner, als für violette und es wird daher der Hof farbig, und zwar roth innen, violett aussen erscheinen müssen.

Cavendish erklärte den Hof von 46° als von der Lichtbrechung durch Flächen herrührend, welche unter 90° zu einander geneigt sind; bei einer solchen Brechung ergiebt sich 46° als kleinster Ablenkungswinkel. Diese Erscheinung lässt sich im Uebrigen genau so wie die frühere erklären, und man erhält auch hier dieselbe Aufeinanderfolge der Farben. Da aber der brechende Winkel für den äusseren Hof grösser als für den inneren ist, so wird im ersteren Falle das Licht stärker diffundirt. Hieraus erklärt sich, dass der Hof von 46° weniger lichtstark ist, denn das Licht vertheilt sich über eine Ringfläche von doppelt so grossem Radius und doppelt so grosser Breite.

§ 326. Die beiden Höfe sind die beiden einzigen Phänomene, deren Erklärung die Annahme zulässt, dass die Eiskrystalle in allen möglichen Richtungen angeordnet sind. Es ist indessen sehr wohl denkbar, dass gewisse Richtungen vorherrschen, indem die nadelförmigen Krystalle vermöge ihrer Schwere sich mit Vorliebe in vertikaler Stellung gruppiren werden, während die flachen Krystalle sich bestreben werden, sich mit ihren Grundflächen vertikal zu stellen.

Die Reflexion des Lichtes an den nach allen Richtungen vertheilten, aber mit ihren brechenden Flächen vertikal gerichteten Eisprismen bringt den parhelischen Kreis hervor. Sind diese vertikalen Flächen sehr zahlreich, so rufen sie im Auge den Eindruck eines vollständigen Kreises hervor. Die Reflexion an den Vertikalflächen der flachen Säulen führt zu derselben Erscheinung. Diese Erklärung wurde von Young geliefert.

§ 327. Die Parhelia wurden von Mariotte erklärt. Sie sind auf die Anwesenheit von vertikal gruppirten, nadelförmigen Krystallen zurückzuführen. Angenommen, es sei eine grosse Anzahl vertikal gestellter Prismen mit einem brechenden Winkel von 60⁰ vorhanden und es befinde sich die Sonne am Horizont, so werden die Sonnenstrahlen auf den Hauptschnitt der Prismen fallen. Die kleinste Ablenkung für solche Strahlen ist 22⁰, so dass die Parhelia sich nicht nur auf dem parhelischen Kreise, sondern auch auf dem Hof von 22⁰ befinden. Befindet sich die Sonne über dem Horizont, so liegen die Sonnenstrahlen nicht in einer Hauptebene; sobald sie aber aus den Prismen hervortreten, schliessen sie denselben Winkel mit den brechenden Kanten, also mit der Vertikalen, ein wie beim Eintritt, so dass die Strahlen scheinbar von Punkten auf dem parhelischen Kreise ins Auge gelangen. Die kleinste Ablenkung in Bezug auf den Azimuth ist grösser als 22⁰ und hängt von der Höhe der Sonne ab. Da die kleinste Ablenkung für verschiedene Farben eine verschiedene ist, so werden die Farben ein Spektrum bilden, dessen rother Bezirk der Sonne zugekehrt ist; auf der von der Sonne abgekehrten Seite überdecken die Strahlen einander, so dass sie einen Schweif weissen Lichtes bilden, welcher über 10 bis 20⁰ längs des parhelischen Kreises sich erstreckt. Die Parhelia sind heller als die Höfe, da die vertikalen Prismen zahlreicher sind als die nach allen Richtungen geneigten.

Die von Löwitz beobachteten schrägen Bögen wurden von Galle und Bravais erklärt und kleinen Oscillationen der vertikalen Prismen um ihre mittlere vertikale Axe zugeschrieben. Die Konsequenzen dieser Anschauung sind indessen noch unvollkommen durch die Beobachtung bestätigt worden.

Die Parhelia von 46⁰ sind sehr selten zu beobachten und man kennt ihre Lage mit wenig Bestimmtheit. Bravais nimmt an, sie entstehen bei 44⁰ infolge der wie die Sonne wirkenden Parhelia von 22⁰.

§ 328. Um eine Erklärung für die Entstehung der Paranthelia, der Punkte auf dem parhelischen Kreise, welche eine grössere Helligkeit besitzen als der übrige Theil des Kreises, zu finden, haben wir diejenigen Krystallformen ins Auge zu fassen, welche eine konstante Ablenkung in den Lichtstrahlen hervorrufen. Bekanntlich tritt dies bei zwei Reflexionen an ebenen Flächen auf; denn wird ein Lichtstrahl an jeder von zwei ebenen Flächen reflektirt, so erfährt der Strahl eine Ablenkung, welche gleich dem doppelten Winkel zwischen den reflektirenden Flächen ist. Eisprismen aber, deren Axen vertikal sind und welche sich an zwei Flächen berühren, weisen äusserlich zwei reflektirende Flächen auf, welche um 120⁰ gegen einander geneigt sind. Strahlen, welche an diesen Flächen reflektirt werden, erfahren eine Ablenkung von 240⁰. Hierdurch entstehen zwei weisse Bilder der Sonne auf dem parhelischen Kreise, jedes in einer Entfernung von 120⁰ von der Sonne.

Dieselbe Wirkung wird durch Reflexion an den inneren Flächen eines Prismas hervorgerufen. Denn tritt ein Strahl an der Fläche a ein, wird dann bei b reflektirt, dann bei c und gelangt schliesslich bei d zum Austritt, so sind, wenn man die Winkel zwischen den Seiten mit $(a\,b)$, $(b\,c)$ und $(c\,d)$ bezeichnet und voraussetzt, dass

$$(a\,b) + (c\,d) = (b\,c),$$

Einfalls- und Austrittswinkel bei a und d einander gleich sind mit entgegengesetzten Vorzeichen und daher die Ablenkung gleich dem doppelten Winkel $(b\,c)$, also konstant ist. Prismen von Dreiecksquerschnitt oder sternförmigem Querschnitt liefern die hierzu erforderlichen Bedingungen.

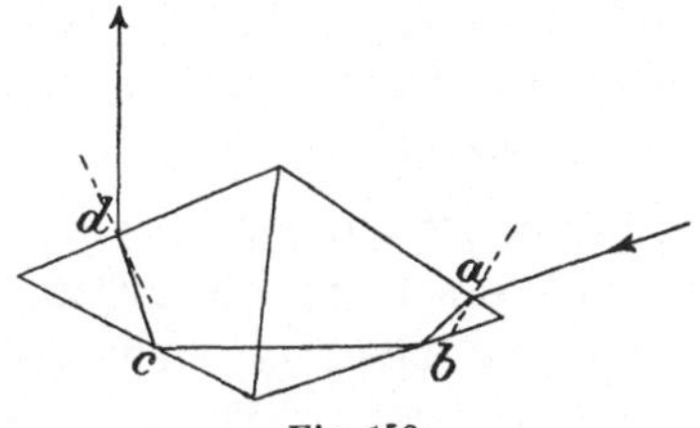

Fig. 152.

Figur 152 stellt zwei in Kontakt befindliche Prismen von dreieckigem Querschnitt dar, Fig. 153 einen sternförmigen Krystall mit sechs Spitzen. In jedem der beiden Fälle beträgt die hervorgerufene Ablenkung 240⁰ und die Kombination erzeugt daher ein weisses Sonnenbild auf dem parhelischen Kreise in einem Abstande von 120⁰ von der Sonne.

Verfolgen wir nun den Verlauf eines Strahls durch einen Krystall, dessen orthogonaler Querschnitt ein gleichseitiges Dreieck (Fig. 154) ist, und nehmen wir an, der Strahlengang erfolge innerhalb einer Hauptebene, der Strahl treffe zuerst die Basis, werde dann durch die beiden anderen Seiten reflektirt und gelange schliesslich in der Basis wieder zum Austritt, so erkennt man alsbald, dass in einem solchen Falle $\varphi + \psi$ die gesammte Ablenkung darstellt, wenn hierin φ und ψ beziehungsweise den Einfalls- resp. Austrittswinkel bezeichnen.

Für diese Ablenkung besteht ein Minimum, wenn sie 98° mit der Richtung der Sonnenstrahlen einschliesst; es entsteht dann ein farbiges Bild der Sonne auf dem parhelischen Kreise, in einem Abstande von ungefähr 98° von der Sonne.

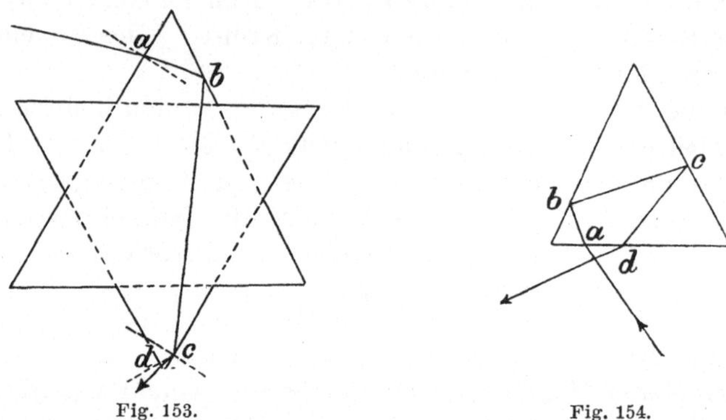

Fig. 153.   Fig. 154.

Befindet sich die Sonne nicht am Horizont, so lässt sich die letztere Untersuchung auf die Projektion des Strahlenganges auf eine horizontale Ebene anwenden, indem man an Stelle des Verhältnisses $n : 1$ das Verhältnis $n \cos \eta' : \cos \eta$ einführt, so dass

$$\sin \eta = n \sin \eta'.$$

§ 329. Das Anthelion ist ein heller weisser Lichtfleck von undeutlichen Kontouren und erscheint oft grösser als der scheinbare Durchmesser der Sonne. Es befindet sich auf dem parhelischen

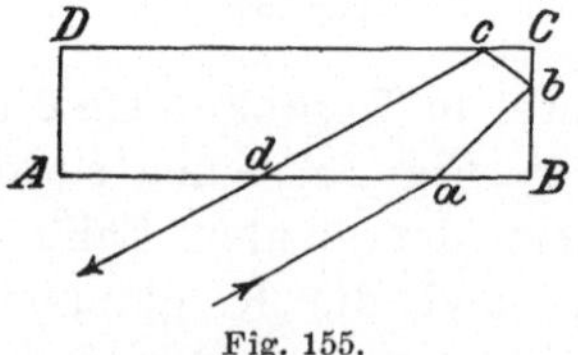

Fig. 155.

Kreis der Sonne diametral gegenüber. Um hierfür eine Erklärung zu finden, hat man anzunehmen, dass die sechsseitigen flachen Prismen so gruppirt sind, dass die Axe horizontal, eine der drei Diagonalen dagegen vertikal ist. Verfolgen wir nun die Lichtstrahlen, welche nach dem Durchtritt durch eine der vier vertikalen Flächen des Krystalles innerhalb desselben zweimal an Krystallflächen, welche unter rechtem Winkel gegen einander geneigt sind, reflektirt werden und schliesslich an der Eintrittsfläche wieder zum Austritt gelangen, so erkennt man ohne Weiteres, dass die Strahlen beim Austritt parallel zur Eintrittsrichtung gerichtet sind (Fig. 155).

Diese Rückkehrstrahlen veranlassen das Anthelion. Befindet sich die Sonne über dem Horizont, so gilt das soeben Bemerkte in Bezug auf die horizontale Projektion des Strahlenweges.

§ 330. Die Tangentialbögen wurden von Young, der sie erklärte, Krystallen mit brechendem Winkel von 60^0 und horizontaler Axe zugeschrieben. Sind von solchen Krystallen eine grosse Anzahl so gruppirt, dass deren horizontale Axen alle möglichen Lagen einnehmen, so erzeugen sie eine unendlich grosse Anzahl von Parhelien, von denen eines das Parhelion von 22^0 ist und auf dem höchsten Punkt des inneren Hofes liegt. Diese Reihen von Parhelien bilden zwei den Hof tangirende Bögen, welche sich zuweilen zu einem kontinuirlichen Bogen vereinigen. Ist eine grosse Anzahl von mit ihren Axen horizontal gerichteten Prismen vorhanden, so werden die winzigen Seiten dieser Prismen nur eine geringe Menge Licht transmittiren, so dass die Lichtstärke der Bögen verglichen mit derjenigen des parhelischen Kreises nur schwach ist.

Die den Hof von 46^0 tangirenden Bögen werden öfter sichtbar und leuchten dann mit grösserer Helligkeit; sie entstehen durch Lichtbrechung bei einem brechenden Winkel von 90^0, welchen die nicht zugespitzten vertikalen Prismen darbieten; diese Prismen kommen in der Atmosphäre sehr oft vor. Jedes System von Prismen, deren Kanten zu einer bestimmten Richtung innerhalb einer horizontalen Ebene parallel gerichtet sind, erzeugt einen Lichtpunkt, und das Aggregat dieser Punkte bildet den Tangentialbogen an den Hof.

Die seitlichen Tangentialbögen rühren von flachen, mit ihren Axen horizontal gerichteten Prismen her.

Wegen näherer Ausführungen über diese Erscheinungen und ihre Theorie sei auf die Abhandlungen von Fraunhofer, Theorie der Höfe, Nebensonnen und verwandter Phänomene in Schumacher's Astron. Abh. 3. Heft, S. 31—92, 1825 (Ges. Schriften hrsg. v. Lommel, München 1888, S. 181—232), Bravais, Ueber Höfe, Journ. de l'École polytechn. t. XVIII, 1847, und das Werkchen von Clausius, Die Lichterscheinungen der Atmosphäre (Beiträge zur meteorologischen Optik, hrsg. v. Grunert I, 4, S. 367—462), Leipzig 1850, verwiesen.

Sach- und Personenregister.